全国高等学校教材

供药事管理、医药市场营销专业用

国际医药贸易

主 编 马 进

副主编 董国俊 江启成

编 者（以姓氏笔画为序）

马 进（上海交通大学公共卫生学院）

江启成（安徽医科大学）

李 歆（南京医科大学）

应维华（杭州师范学院医学院）

张 力（上海交通大学公共卫生学院）

翁开源（哈尔滨医科大学）

董 丽（沈阳药科大学）

董国俊（广东药学院）

人 民 卫 生 出 版 社

图书在版编目（CIP）数据

国际医药贸易/马进主编．—北京：人民卫生出版社，2006.7

ISBN 7-117-07731-X

Ⅰ.国… Ⅱ.马… Ⅲ.药品—国际贸易—高等学校—教材 Ⅳ.F746.3

中国版本图书馆 CIP 数据核字（2006）第 063459 号

国际医药贸易

主　　编：马　进

出版发行：人民卫生出版社（中继线 010-67616688）

地　　址：北京市丰台区方庄芳群园 3 区 3 号楼

邮　　编：100078

网　　址：http://www.pmph.com

E - mail：pmph @ pmph.com

购书热线：010-67605754　010-65264830

印　　刷：北京市卫顺印刷厂

经　　销：新华书店

开　　本：850×1168　1/16　**印张：**15.75

字　　数：450 千字

版　　次：2006 年 7 月第 1 版　　2006 年 7 月第 1 版第 1 次印刷

标准书号：ISBN 7-117-07731-X/R·7732

定　　价：25.00 元

出版说明

管理学、经济学、药学都有着完善的知识体系，药事管理、医药市场营销学源于这三门学科，但又不能完全归入其中任何一个学科。随着我国高等教育事业的蓬勃发展和培养药事管理、医药市场营销人才的需要，全国高等医药教材建设研究会、卫生部教材办公室邀请各方面专家，组织编写了全国高等学校药事管理、医药市场营销专业规划教材。本套教材在内容编排上始终坚持从医药卫生角度出发，采取差异化战略，突出“药”味，体现了与传统管理学、经济学的不同，写出了其独有的理论结合实际的特色。

这套教材 2004 年 7 月开始调研，2004 年 12 月召开论证会议，2005 年 6 月召开主编人会议。教材编写时严格遵循“五性”（思想性，科学性，先进性，启发性，适用性）原则，把“三基”（基本理论、基本知识、基本技能）内容讲透，“授之渔”，让学生综合素质得到提高，学会利用所学知识独立分析、解决问题的方法。

本套教材供药事管理、医药市场营销专业学校教育和医药企业员工培训等相关继续教育使用，也可作为选修课教材供药学、公共卫生事业管理等专业学生使用。为了紧扣培养目标，以学生为中心，以市场为导向，理论联系实际进行编写。从论证会议开始，在依靠各有关高等学校的基础上，我们邀请了国家食品药品监督管理局执业药师资格认证中心和部分著名医药企业参与了其中的工作，力争使读者通过对药事管理、医药市场营销专业课程的学习有一个客观、整体的认识，最终成为为公众提供良好药学服务的专业人员；同时我们也希望这套教材能够进一步推进我国药事管理、医药市场营销人才培养和医药市场规范化进程，让公众拥有一个更好的用药环境。

全国高等学校药事管理、医药市场营销专业第一轮规划教材共计 6 种，于 2006 年 7 月出版。具体书目如下：

医药市场营销学	主编	顾　海
	副主编	叶　桦　杨金凤
医院药事管理	主编	杨世民
	副主编	詹学锋　赖　琪
药物经济学	主编	陈　洁
	副主编	刘国恩　高丽敏
药物信息应用	主编	周　怡
	副主编	章新友
国际医药贸易	主编	马　进
	副主编	董国俊　江启成
医药消费者行为学	主编	王明旭
	主审	李兴民
	副主编	陈　晶　王丽敏

全国高等医药教材建设研究会
卫生部教材办公室
2006 年 3 月 30 日

前　言

随着我国社会主义市场经济的逐步建立与完善，我国经济已经步入国际经济大循环，国际贸易是实现这一循环的必要手段，也是联系世界各国经济的基础。国际贸易作为研究国家之间商品与服务交换活动一般规律的科学，越来越受到广泛的重视。医药产品作为一种特殊商品，在现代国际贸易中占有举足轻重的地位，对其贸易规律的研究也同样受到普遍关注。为适应这一需要，各国纷纷开设了国际医药贸易的专门课程。为满足我国对国际医药贸易专门人才的需要，国内部分高等院校，特别是药学院和医学院的医药营销专业也开设了这一课程，并将其作为医药营销专业的骨干课程之一。因此，加强《国际医药贸易》的教材建设就成了一项十分紧迫的任务。为此，在全国高等医药教材建设研究会、卫生部教材办公室的积极倡导和领导下，我们七家高等院校组织编写了这本供全国高等学校药事管理、医药市场营销、卫生管理等专业使用的《国际医药贸易》本科教育用规划教材，期望能为我国的国际医药贸易实用型人才的培养提供一本较为适宜的教科书，为我国国际医药贸易高等教育的繁荣增添一抹新的色彩。

本教材的一个显著特点就是注重培养学生的实际工作能力。全书共分十二章，仅用了一章介绍国际贸易的经济学理论，一章介绍国际贸易政策，其余各章着力讲述国际医药贸易实务。

本书第一、十二章由主编、上海交通大学公共卫生学院马进教授编写，第二、三章由副主编、广东药学院董国俊老师编写，第四章由沈阳药科大学的董丽副教授编写，第五章由副主编、安徽医科大学卫生管理学院江启成教授编写，第六、七、八章由杭州师范学院应维华老师编写，第九章由哈尔滨医科大学翁开源教授编写，第十章由南京医科大学李歆老师编写；第十一章由上海交通大学公共卫生学院张力老师编写。全书由马进教授提出编写大纲，并对全书进行修订和统稿。其他各位编委互审书稿。张力为编写委员会秘书，负责全书书稿的收集和与编委的联络工作。在本书的编写过程中，编者参阅了大量相关文献并吸收了国内外一些专家学者的研究成果，所引用的参考文献已一一列出，特此表示衷心的感谢！

本书可作为普通高等院校本科学生教材，也可作为大专院校教材，同时也可作为相关专业和对这门学科感兴趣的研究者参考使用。

国际医药贸易在我国毕竟还是一门新兴学科，加之编写时间仓促，编者的学识、水平有限，本书如有不当之处，敬请专家和读者不吝指教。

编　者

2006年5月

目 录

第一章
绪　论

第一节　国际贸易基本概念

一、国际贸易的概念

国际贸易(international trade)是指不同国家或地区之间的商品和服务的交换活动,是国际分工的具体表现形式。其中货物贸易一般是指有形商品贸易(tangible goods),而服务贸易一般称为无形商品贸易(intangible goods trade)。商品和服务在这里是一个广义的概念,除了包括一般货物商品(goods)和国际服务(international services),还包括与贸易有关的投资(trade-related investment)和知识产权(trade-related aspects of intellectual property rights)。由于国际贸易是一种世界性的商品、劳务、投资和知识产权的交换活动,所以国际贸易也可以称为世界贸易(world trade)或全球贸易(global trade)。

对国际贸易概念的进一步理解:

1. 国际贸易是不同国家之间的商品和服务的交换活动。它的产生和发展是以国家的存在为前提的,没有国家就不会有国际贸易。因此,国际贸易是一个历史范畴,是人类社会发展到一定历史阶段的经济现象。一个国家(或地区)同其他国家(或地区)之间进行的货物和服务的交换活动,称为该国的对外贸易(foreign trade)。对外贸易与国际贸易都是指越过国界所进行的商品和服务的交换活动,但两者是有区别的,前者是以一个国家为主体,它从一个国家的角度来看商品和服务的交换活动,是相对国内贸易(domestic trade)而言的,如我国与别国的贸易,就称为中国对外贸易。从整个国际范围来看,这种商品和服务的交换活动,就称为国际贸易了。

2. 国际贸易是商品所有权在不同国家之间进行的转让。只有不同国家商品所有者之间发生了商品买卖关系,商品所有权从一个国家的所有者手中转让到另一个国家的所有者手中,其交易活动才成为国际贸易。

3. 国际贸易中包含出口贸易(export trade)和进口贸易(import trade)两个部分。它们是根据一个国家贸易货物的流向而做出的划分。一个国家从其他国家或地区购进商品或服务用于国内生产和消费的活动称为进口贸易;反之,一个国家向其他国家或地区输出本国商品和服务的活动称为出口贸易。这里值得注意的是,列入进口和出口范围的货物必须是因为买卖而运进或运出的货物,其他如外国馈赠而运进的货物、本国在国外举行展览而运出的货物就不能算作进出口货物。进口贸易是从外汇储备向外国商品存量转型的贸易形式,即进口意味着本国外汇储备的支出,但通过进口可以换取本国市场缺乏或需要补充的商品。出口贸易是从本国商品存量向外汇转型的贸易形式,即出口意味着本国商品存量的减少,但通过出口可以换取更多的外汇收入。一国出口的商品,除本国原产品外，还包括本国使用进口原材料制成的加工产品。前者称为原产品出口贸易，后者则称为加工产品出口贸易，或者称为加工贸易(improvement trade)。

4. 总贸易(general trade)和专门贸易(special trade)是以国境或关境划分进出口的贸易形式。国境是指一个国家行使行政主权的领土。关境是一个国家有效行使海关法令的领土。一般情况下国境和关境是统一的，但当今世界上也存在国境与关境不相等的现象。一种是国境大于关境，例如设有自由港、自由贸易区、特区、保税区的国家；另一种是国境小于关境，例如组成经济同盟、关税同盟的国家。

总贸易是以国境为标准划分的进出口贸易。凡进入一个国国境的商品一律列为进口，称为总进口；凡离开该国国境的商品一律列为出口，称为总出口。总出口额加上总进口额称为一个国家的总贸易额。目前采用这种划分方法的国家有我国、美国、英国、加拿大等90多个国家和地区。

专门贸易是以关境为标准划分的进出口贸易。当外国商品进入国境后，暂时保存在保税仓库，不进入关境，一律不列为进口。只有从外国进入关境的商品以及从保税仓库提出进入关境的商品才列为进口，称为专门进口。对于从国内运出关境的本国产品以及由外国进口的商品未经过加工又运出关境的商品则列为出口，称为专门出口。但从关境外国境内输出往其他国家的商品则不被统计为出口。专门进口额和专门出口额相加称为专门贸易额。目前采用这种划分办法的国家有瑞士、法国、德国等80多个国家。

5. 对外贸易依存度，亦称对外贸易指数，是指一个国家在一定时期内的对外总贸易额在该国国内生产总值所占的比重。一国的对外贸易依存度反映了该国的对外开放程度。一般说来，对外贸易依存度越大，该国的开放程度也越大；反之，则开放程度越小。此外，对外贸易依存度还可以在一定程度上表示一国经济发展的水平和参与国际经济的程度。因此，发达国家的对外贸易依存度普遍比发展中国家的对外贸易依存度高。

对外贸易依存度又可分为出口贸易依存度和进口贸易依存度。前者指一国在一定时期内的出口贸易额占国内生产总值的比重，后者指一国在一定时期内的进口贸易额占国内生产总值的比重。大多数国家会更注重出口贸易依存度，因为它能比对外贸易依存度更直接、更真实地反映一国的经济发展水平和参与国际经济的程度。

6. 一个国家(地区)在一定时期(如一年)内，出口额与进口额的相差数，称为贸易差额(balance of trade)。当出口额与进口额相等时，称为贸易平衡。进口额大于出口额称为贸易顺差或贸易盈余，亦称出超；如果出口额小于进口额，称为贸易逆差或贸易赤字，亦称入超。贸易差额是衡量一国对外贸易状况的重要标志。一般来说，贸易顺差表明一国在对外收支上处于有利地位，贸易逆差则表明一国在对外贸易收支上处于不利地位。

7. 贸易条件(terms of trade)指用出口交换进口的条件。贸易条件的好坏可以用实物和货币两种方式衡量。用实物衡量贸易条件：若等量出口能够换到的进口量增加，表明贸易条件改善；反之，则表明贸易条件恶化。用货币衡量贸易条件则表示为一国整体进出口的交换比价，即一定时期内出口商品的平均价格指数与所有进口商品平均价格指数之比。

$$\text{贸易条件指数}=\frac{\text{出口商品平均价格指数}}{\text{进口商品平均价格指数}}\times 100$$

如果某一时期内一国的贸易条件指数大于100，则表明出口商品价格上涨，即同等数量的出口商品能换回比基期更多的进口商品，也就是说该国的贸易条件改善了；反之，则表示该国的贸易条件恶化了。

8. 国际贸易已成为各国国内再生产顺利进行不可缺少的条件。当今的国际贸易已不再是简单偶然、可有可无的物质交换，也不仅仅为调节余缺、互通有无，而是各国参与国际分工、发挥比较优势、加速经济发展、实现强国富民的必有之路。

二、国际医药贸易的概念

国际医药贸易是国际贸易的一个特别领域，专指不同国家或地区之间的药品和医疗服务的交换。药品在这里是一个广义的概念，不仅包括一般的药品，还包括医疗设备等其他与医疗卫生领域有关的有形商品，它与一般商品差异不大。

医疗服务同样是一个广义的概念，还包括与医药贸易有关的投资和知识产权等。

按照1994关税与贸易总协定(GATT)服务贸易的定义：服务提供者从一国境内向他国境内通过商业现场向服务消费者提供服务活动并获得外汇收入的活动过程。国际医疗服务贸易可以归纳为以下四种：

1. 跨境交付，即通过电讯、因特网等信息手段实现的服务，如远程会诊、视听和信息等。

2. 境外消费，如治疗外国患者等的支付服务。

3. 商业存在，这是国际医疗服务贸易的主要形式，如到国外开办各种医疗机构以及设立各种事务所等。

4. 自然人流动，指除移民以外的各种个体服务人员的国际间流动。如医生、护士等到其他国家行医或提供护理服务等。

三、国际医药贸易的特点

由于国际医药贸易是跨越国境或关境的经济活动，受到各国语言、文化、宗教、习俗以及疾病模式等方面差异或不同的影响，使得国际医药贸易相对于国内医药贸易具有其自身的特点。

(一) 国际医药贸易较国内贸易具有更大的困难性

1. 语言不同，交流困难　由于国际医药贸易是指各国之间的药品和医疗服务的交换活动，要实现这种交换活动，各国医药贸易代表在许多环节上需要交换意见，如谈判、电话会议或书信往来。各方语言不同给这种交流带来诸多困难。各方都希望用一种各方都能听得懂的语言进行交流，目前国际医药贸易中比较通用的语言为英语。但因为对于很多贸易伙伴的英语不是母语，再加上文化、宗教和习俗上的不同，有时在交流中会存在误解，从而使得国际医药贸易比国内贸易困难得多。

2. 法律、政策和风俗习惯不同　各国医药贸易和广大消费者的民族特性、宗教信仰、风俗习惯，特别是疾病模式和对药物的反应有较大差异，甚至对药品包装的颜色、数字、图案都有不同的忌讳和偏好，这就要求进入国际医药贸易领域的药品无论在品质特征上还是在外观装潢上都需要有更强的适应性和针对性。这些都对贸易和出口药品生产者提出了更高的要求。

3. 市场调查困难　在国际市场上进行药品和医疗服务的交易，出口厂商必须随时掌握国际医药市场的药品和医疗服务的需求信息，了解贸易伙伴的资信等情况。这就需要进行市场调查，收集相关的资料，然而由于国家之间各种自然与人为的障碍，使得这些资料的收集难度要比国内医药贸易更大。

(二) 国际医药贸易比国内医药贸易具有更大风险

由于国际医药贸易要跨越国界，经历众多环节，因此比从事国内贸易要面临更大的风险。

1. 汇兑风险　在浮动汇率制度下，汇率经常随市场供求关系及其因素的变化而变化，这会直接影响进口方的进口成本和出口方的出口收入，因此，如果交易国各国之间的货币不同，交易双方必然要面临汇兑的风险。

2. 政治风险　由于国际医药贸易是超越国境的交易，交易国内政局是否稳定以及交易国之间的外交关系将直接影响到交易的成本、交易的及时性和最终是否能够实现交易。因此，国际医药贸易的政治风险会明显高于国内医药贸易。

3. 运输风险　在国际医药贸易中，往往伴随着大宗货物的长时间、远距离的运送和交付。在托运至交货这一运输过程中，存在着诸多与运输货物有关的内在因素和外部环境，航空运输与海运存在着发生意外事故的风险。

综上所述，凡从事对外医药贸易的企业家和驰骋国际医药商坛的人员，都应该具有更高的素质，具备和练就一套专门技术和能力：具有长远的眼光，预测未来的本领；全面掌握相关的专业理论知识，熟悉和精通几门外语；具有善于捕捉国际商业机遇和收集商业情报，并及时予以加工和整理的能力；拥有雄厚的资金和高效而完备的组织指挥机构等。

第二节　国际医药贸易的分类

国际医药贸易按照不同的标准，可以划分为不同的类别。

（一）按贸易是否有第三者参加，可划分为直接贸易、间接贸易与转口贸易

直接贸易是指药品或医疗服务生产国与消费国直接买卖药品或医疗服务而没有第三国参与的交换活动。其中生产国是直接出口，消费国是直接进口。

间接贸易是指药品生产国与消费国之间没有直接发生贸易关系，而是通过第三国买卖药品的行为。药品通过第三国销售到消费国，对生产国来说是间接出口，对消费国来说是间接进口。

转口贸易是间接贸易的主要表现形式。药品生产国与消费国通过第三国进行的贸易，对第三国来说是转口贸易。即使药品直接由生产国运到消费国，只要这两国之间并未直接发生交易关系，而是由第三国转口商分别同生产国与消费国发生的贸易关系，仍属于转口贸易。从事转口贸易的通常都是一些地理位置优越、运输便利、贸易限制少的国家或地区，如英国的伦敦、我国的香港等。

（二）按贸易清算平衡的范围，可划分为双边和多边贸易

双边贸易是指两个贸易伙伴之间用双边支付结算的方式进行的贸易，这种方式多适用于外汇管制的国家。由于货币不能自由兑换，因贸易而发生的应收应付货款不能用现汇支付，只用记账抵冲；一国对另一国的出口债权，只能用以抵偿对另一国的进口债务。战后以来，随着各国逐步放松外汇管制，单纯的双边贸易支付逐步减少。目前，双边贸易也可以用来泛指两国之间的贸易关系。

多边贸易是各国在多边结算基础上进行的贸易。在这个结算体系中，每个国家的出口可以用来支付从其他国家的进口，即贸易收支之间、贸易外收支之间可以互抵，贸易收支与贸易外收支之间也可以互抵。如果多边贸易结算只限于三个国家，则称为三边贸易或三角贸易（triangular trade）。进行三边贸易往往是因为两国在进行双边贸易时，或者出现不适销对路，或者因为进出口不能平衡造成外汇困难而把交易活动扩大到第三国。多边贸易一般以多国共同签订相互贸易协定来保证其顺利进行的。1995年建立的世界贸易组织（WTO）就是一个多边贸易协定体系。这些成员国之间的贸易关系不仅包括货物贸易，还包括服务贸易，以及与贸易有关的投资和知识产权领域。它们之间的贸易关系不仅包括了双边贸易，而且还要求成员国之间必须遵守多边贸易协定的规则。

（三）按照清算工具不同，国际贸易可分为现汇贸易和易货贸易

现货贸易（spot exchange trade）是指以国际通用货币作为清偿手段的药品交易活动，又称为自由结汇贸易。其特点是通过银行逐笔支付货款以结清债券和债务。被用做偿付的货币必须可以自由兑换，如美元、英镑、德国马克、瑞士法郎、日元和欧元等。

易货贸易（barter trade）是指货物经过计价，作为偿付工具的贸易方式，又称换货贸易。其特点是将进口、出口贸易直接联系起来，双方有进有出，进出基本平衡。互换的货物要品种相当，可以

是一种对一种，一种对多种或多种对多种。易货贸易产生的主要原因是由于某些国家外汇不足，无法以正常的结汇方式进行一定规模的贸易。易货贸易常作为一个国(或地区)与另一国家(或地区)间货物互换的贸易方式。

(四) 按货物运送方式不同，国际贸易可划分为陆路贸易、海路贸易和空运贸易

陆路贸易(trade by roadway)是指采用汽车、火车和管道等陆路运输方式的贸易。陆路相邻国家的贸易，通常采用陆路运送货物的方式，我国与俄罗斯，美国与加拿大间一部分贸易就是通过陆路贸易实现的。

海路贸易(trade by seaway)是指利用各种船舶通过海洋运输商品的贸易。由于海运具有运量大、运费低等特点，国际贸易中大部分货物运输是通过海路贸易实现的。

空运贸易(trade by airway)是指利用飞机运送商品的贸易。航空运输运费较高，一般适用于贵重物品、精密元件和鲜活商品等，药品贸易通常是采用这种贸易方式。

(五) 按贸易过程中是否使用单证等商业文件，可划分为单证贸易与电子贸易

单证贸易是指在国际买卖中，通过单证等商业文件的交换，进行结算支付的一种贸易方式。在单证贸易中单据是双方履行权利和义务的重要依据。

电子贸易及电子数据交换(electronic data interchange，EDI)，也称为无纸贸易，指利用电子数据交换代替传统的纸张单证进行贸易活动，将标准的经济信息通过通讯网络，在商业伙伴的计算机之间进行传输和处理，以实现买卖双方交易。在国际贸易中运用电子贸易方式，不仅可以大量减少甚至消除传统贸易活动中的各种纸张文件和单据，简化工作流程，还能够加快信息的反馈速度，提高效率，增强企业竞争力。目前，国际贸易中使用电子贸易方式的越来越多。

第三节 国际医药贸易的研究对象与主要内容

国际贸易是研究国际商品和服务交换特点，并揭示国际商品和服务运动规律的一门学科，国际医药贸易是国际贸易理论在医药卫生领域的应用。

国际贸易产生的原因是因为国际分工。这种分工是一个国家内部社会分工的自然延伸。从历史上看，社会分工促进了生产力的发展，使生产主体有了剩余产品用于交换，从而产生了商品生产和商品交换。在国家政权产生以后，当一个国家的剩余产品与其他国家相交换时，国际贸易便应运而生了。国际医药贸易的产生当然主要原因也是由于国际分工。当一个国家医药行业比较发达，存在药品生产过剩时，就会与药品缺乏的国家进行商品的交换。从而产生国际医药贸易。

因为国际医药贸易是国与国之间的药品和医疗服务的交换，所以必然涉及到国家与国家间的经济利益，由此决定了国际医药贸易的行为主体只能是主权国家和单独的贸易地区。由于本国政府都有保护本国医药产业或排斥进口的偏好，所以产生了形形色色的贸易保护主义和政策。从国际贸易的全局看，这些保护措施和政策形成了贸易壁垒，不利于扩展和推进国际贸易的正常进行。为了确保世界各国都能在国际医药贸易中受益，因此有必要对国际医药贸易的内在规律进行研究。国际医药贸易的研究对象从大的方面说，应包括两个方面，即对学科本身的研究和对国际医药贸易活动内在规律性的研究。

国际贸易具体的研究内容包括三个方面，一是要回答为什么要进行国际贸易，这部分研究内容为国际贸易理论；二是要回答如何保护本国的贸易利益，这部分研究内容为国际贸易政策；第三部分要回答怎样进行国际贸易，这部分研究内容为国际贸易实务。国际医药贸易作为国际贸易理论在医药卫生领域的应用，其研究内容也包括以上三部分内容。

1. 国际医药贸易理论　国际医药贸易理论是对国际医药贸易发展历史和现实情况的具体描

述和理论说明，是国际医药贸易活动实践的经验总结和升华，是国际贸易理论体系的重要组成部分。国际医药贸易理论的基础是国际贸易理论，但由于药品和医疗服务的特殊性，国际医药贸易理论又有自己的特殊性。

2. 国际医药贸易政策　国际医药贸易政策是指各国政府站在一个主权国家或单独关税区的角度制定的对进出口医药贸易进行管理的有关方针和法规。无论发达国家还是发展中国家，医药贸易政策都带有一定的保护倾向。当然，这种保护倾向受到两种约束：一是多边贸易规则的约束；二是不同国家医药贸易政策博弈的约束。在国际贸易规则下，国际医药贸易政策的差异可以得到一定程度的解决或修正。

3. 国际医药贸易实务　国际医药贸易实务是指外贸企业在充分理解国际贸易理论和国际医药贸易政策、遵循国际医药贸易规则和惯例的基础上，怎样合法有效地开展国际医药贸易活动以获取利润。国际医药贸易实务涉及到国际医药市场调研与行情研究、国际医药商务谈判、医药贸易合同条款的磋商与订立、国际医药贸易惯例实务与国际贸易理论、医药贸易政策结合在一起，保证了国际医药贸易从理论到实践的全面性和系统性。

第四节　国际医药贸易的产生与发展

一、国际贸易的产生与发展

国际贸易作为一种经济现象，属于历史的范畴，它是在一定历史条件下产生，并随着人类社会历史的发展而发展的。社会分工、具有可供交换的剩余产品和存在各自为政的社会实体是国际贸易得以产生的前提条件。

社会分工和剩余产品是商品进行交换的前提。在人类社会发展历史上，有三次大的社会分工，第一次是畜牧业和农业的分工，它促进了畜牧的驯养和繁殖，剩余产品开始出现，氏族部落间偶然出现了剩余产品的交换。第二次是手工业与农业的分离，直接导致以交换为目的的商品生产出现，随着商品生产和商品交换的发展，出现了货币，物物交换演变成以货币为等价交换物的商品-货币-商品关系。这直接促使第三次社会大分工的出现，专门从事贸易活动的商人和商业产生了。第三次社会大分工促进了生产力的进一步发展，商品生产和交换活动日益频繁和广泛，商品交易最终超出了国界，国际贸易的前提完全具备，国际贸易应运而生。

国际贸易的前提是商品生产，因而最早的国际贸易首先在世界四大文明古国埃及、巴比伦、印度和中国及其附近区域展开。公元前五千年到四千五百年间，古埃及王国已经和努比亚、利比亚以及叙利亚沿岸的腓尼基之间有着频繁的海外贸易。但由于那时商品生产在整个经济生活中比例较低，进入流通领域的商品就更少，仅仅局限在王室和奴隶主所追求的奢侈品，如宝石、装饰品、纺织品、香料等，这个阶段的国际贸易仅仅是个开始，并不发达。

随着社会商品生产的增多，奴隶社会的消亡，特别是封建地租由劳役和实物形式转化为货币形式，使得进入流通领域的商品更加丰富，国际贸易开始形成相当规模，在世界范围内形成了若干个国际贸易中心，如以意大利的威尼斯、热那亚和比萨等城市为中心的地中海贸易中心；以布鲁日等城市为中心的北海和波罗的海贸易中心；不列颠贸易中心等。这个时期的贸易主要有东方的丝绸、珠宝、香料、茶叶和部分草药；西方国家的金银、呢绒和酒等。到了 16～18 世纪中叶西欧各国资本主义原始积累时期，生产力的迅速发展为国际贸易的扩大提供了物质基础，同时这个时期的四次地理大发现打破了先前局限于各州之内和欧亚大陆之间的贸易，开始了全球范围的、真正意义上的“国际贸易”。

到了 18 世纪 60 年代，随着西欧各国基本完成资本的原始积累，欧洲各国先后发生了工业革命，生产力水平极大提高，可供交换的产品大幅度增加，对国际贸易的发展产生了巨大影响。19 世纪的前70年中，国际贸易量增长了10多倍。工业大革命促进了交通的发展。铁路、轮船、汽车以及电报、电话的应用将世界连接为一体，使国际贸易变得更加便利和快速。

19世纪末20世纪初，自由竞争的资本主义进入垄断阶段，世界市场的范围和规模迅速扩展，为世界各国的经济发展提供了更广阔的场所、更丰富的资源。同时产业革命的不断深入，使一些国家从农业社会进入工业社会。制造业的发展使运输业、批发业、零售业、金融业、保险业和房地产业等也得到了迅猛发展，更加促进了国际贸易的发展。

20世纪50年代以后，即第二次世界大战以后，国际贸易增长率超过历史水平，从1950年到1990年，全球国际贸易额年平均增长率为11.4%，远远高于历史上1870年至1900年的3.2%和1900年至1913年的3.8%。这主要归功于战后世界经济的恢复与发展、国际分工的细化、贸易自由化以及贸易手段现代化等。

从整个世界范围来看，各国的贸易依存度都呈不断提高的趋势。根据有关历史资料和世界银行的统计，从1820年到2003年，世界出口依存度从1%上升到20.8%，长期上升的趋势非常明显。并且，这一趋势在当代变得更加明显。1820～1950年，世界出口依存度仅仅上升了6个百分点；而1950～2003年，世界出口依存度却上升了近14个百分点。

世界贸易依存度之所以不断上升，是因为世界各国的贸易的增长速度始终快于生产增长速度。尤其是在经济全球化不断发展的当代，贸易作为经济全球化的基本纽带，其增长速度明显大于生产的增长速度。根据统计，1960～2003年，世界货物贸易出口的年均增长率为9.9%，比世界生产总值年均增长率高2个百分点。同期世界货物贸易规模扩大了57倍，而世界经济总量只增长了26倍。

世界贸易依存度的长期上升趋势表明，贸易在世界各国经济发展中的作用越来越重要。可以说，除极个别国家外，世界各类国家都卷入了世界分工和贸易体系之中，对外贸易成为世界各国经济增长越来越重要的发动机。

在社会分工的过程中，医药行业很快独立出来。从而，国际医药贸易从而也应运而生。据统计，2000年世界医药市场销售额已高达3790亿美元。

二、我国对外贸易和对外医药贸易

(一) 中国对外贸易的起源与发展

在我国，随着公元前2200年历史上的第一个奴隶制王朝夏王朝的出现，我国开始有了国家间的贸易。但缺乏当时的历史记载来说明贸易的情况。商周两朝的文字记载证明了当时与邻近方国的贸易往来。但这些贸易还不具备科学意义上的国际贸易。国际贸易是指国家间的商品交换。夏商周的方国实际上是正在走向全国统一的地方政权，他们不是另外的国家。因此中央朝廷和当时的方国贸易应当视为国内贸易范畴。

科学意义上讲，我国的对外贸易始于秦代。秦国是我国地主封建社会中的第一个中央集权国家，虽然它是一个历史短暂的王朝，但毕竟是地主封建国家的先行，奠定了二千年地主封建国家的基础。因此，我国的国际贸易始于秦朝。但由于秦朝在经济政策上是重农抑商的，尽管秦朝是国际贸易的开始，但国际贸易真正发展的时代却始于汉朝。汉朝顺应历史的发展，在经济政策上更开明，采取了边境贸易和海外互市的政策。即使对多年宿敌也采取有战有和的政策，战时用兵，和时同市，政策比较灵活。张骞、班超等人出使西域，表明了新兴的汉王朝发展对政治、文化、经济贸易关系的愿望和决心。丝绸之路就是在这个时期诞生的。它沟通了东西方的交往。

在我国古代医药贸易史上，与阿拉伯地区的医药交流是极为重要的。我国的炼丹术、麻醉法、脉学曾被阿拉伯医生吸取，曾为阿拉伯和世界医药的发展起到了积极的作用。阿拉伯医药对我国医药学的发展也起到了同样的作用。自宋太祖开宝四年(公元971年)至南宋孝宗乾道三年(公元

1167年)的238年中,阿拉伯进贡49次,其中明确记载有药物者10次。《宋史·大食传》非常明确地记载了阿拉伯贡奉的药物有:麝香、白龙脑、蔷薇水、象齿、乳香、龙眼、眼药、舶上五味子等。在阿拉伯与我国之间的民间贸易中,药物是其重要的组成部分。唐末著名的文学家兼药学家李珣著有《海药本草》,总结和记述了由阿拉伯和波斯等海外传入中国的药物。我国商人和阿拉伯商人也把很多的药物运往阿拉伯地区的国家销售,包括人参、茯苓、附子、川芎、肉桂等47种植物药和朱砂、雄黄等矿物药。

(二)新中国对外医药贸易的发展

新中国成立至今的50多年来,我国的对外贸医药贸易发展与整个国家的经济发展一样,经历了十分剧烈的调整和改革。主要分为三个阶段:①计划经济时代(1949年～1978年);②改革开放时代(1978年～2001年);③加入世贸(2001年至今)时代。

1949年至1978年间,我国实行计划经济体制,对外贸易的原则是"互通有无,调节余缺",并实行对外医药贸易的国家统制,对外经营方面的经营权由国家垄断。除了直属国家的外贸公司和所属的口岸分公司外,其他部门和公司不得开展国际医药贸易活动。

1978年12月,国家制定了以经济建设为中心、对内改革、对外开放的新的政策方针,从而开始了对外医药贸易随全国对外贸易实施体制改革和发展的新阶段。随着改革的深入,全国对外贸易开始高速发展,进出口贸易总额从1978年的355亿美元迅速增长到2001年5098亿美元,增长了14.36倍,年均增长率高达12.28%。其中2001年贸易出口额已达2436亿美元,外向型经济逐步形成。同年医药商品进出口总额为71.54亿美元,其中出口额为38.32亿美元,进口额为33.22亿美元。

2001年11月10日我国加入世界贸易组织,使我国经济全面纳入经济全球一体化轨道,进出口贸易总额从2001年的5098亿美元迅速上涨到2004年11548亿美元,年均增长率高达31.33%,远超过了改革开放初期,更远远超出了同期世界进出口年均增长率。

此阶段,我国的医药贸易同整个对外贸易一样获得了突飞猛进的发展。2004年我国医药保健品进出口贸易取得了突破性进展,进出口总额达到221.02亿美元。进口额、出口额双双突破了100亿美元大关,创造了历史上的最高水平,其年均增长率高达45.64%,还要高于已经很高的同期进出口贸易年均增长率,开始了我国对外医药贸易的新篇章。而世界国际医药贸易2000年以来年均增长率为23%,是全球商品贸易增长率的4倍。

但值得注意的是,从进出口成分分析,我国仍然没有摆脱传统的出口附加值较低、污染较重的化学原料药及常规手术器械、卫生材料、中药材,而进口价格昂贵的制剂及大型、高档医疗设备的进出口模式,见表1-1。

表1-1 2002～2003年中国医药进出口情况

项目\出口额	2002年(亿美元)		2003年(亿美元)	
	进口	出口	进口	出口
医药进出口总额	43.38	59.05	55.60	74.38
-西药原料	13.41	30.15	15.45	37.76
-医疗器械	18.09	15.28	25.57	20.37
-西药制剂	8.72	2.00	11.16	2.54
-生化药	1.81	2.11	1.96	2.41
-医用敷料	0.21	3.15	0.25	3.62

复 习 题

1. 国际贸易的内涵是什么?
2. 如何对外理解贸易依存度?
3. 国际医药贸易的分类?
4. 国际医药贸易的研究对象和内容主要有哪些?
5. 我国的对外贸易是何时产生的? 新中国医药贸易历程主要分为哪几个阶段?

(马 进)

第二章

国际贸易理论

本章我们将追溯及梳理亚当·斯密、大卫·李嘉图等古典经济学家有关贸易的思想脉络，了解和认识国际贸易理论是如何从现实的经济生活中产生和发展的，经济学的模型是如何一步步突破理论局限性而完善起来的。国际贸易理论是研究国际贸易产生的原因、贸易利益、贸易格局变动的理论。从亚当·斯密在《国富论》第一次系统提出国际贸易理论至今已经有 200 多年的历史了，期间经历了古典国际贸易理论、新古典国际贸易理论和当代国际贸易理论三个阶段。本章着重讨论古典国际贸易理论和新古典国际贸易理论。

第一节　早期贸易思想

在第一章国际贸易的产生与发展中提到，贸易理论起源于社会分工和商品交换的思想，只是研究的对象从一国的生产交换扩大到不同国家之间的分工和交换。社会分工、具有可供交换的剩余产品和存在各自为政的社会实体是国际贸易得以产生的前提条件。

一、分工交换思想

贸易思想的起源可以追溯到古罗马古希腊时代出现的分工交换思想。荷马的两部史诗《伊利亚特》和《奥德赛》中就已经有过“一个女奴隶等于四条公牛”、“一个铜制的三角鼎等于二十条公牛”等的记述。这一经济思想反映出当时人们已经意识到交换能够给他们带来利益。

分工学说是由古希腊思想家柏拉图(Plato，公元前 427～公元前 347 年)率先提出的。当时，处于城邦国时代，每个城邦的经济都相对单一，需要与别的城邦进行交换以获取必要的资源和商品。柏拉图强调，每一个人都有多方面的需求，但是人们生来却只具有某种才能，因此一个人不可能无求于他人而自足自立，需要互助。他进一步指出，一人而为多数之事，不如一人专心于一事。如果一个人专门做一种和其他人性情相近之事，他所生产出来的必定较优和较多。所以，一国中应该有专门从事各行各业的人。他还认为，在社会分工中，每一个人应该从事哪种行业担任何种职务，都取决于各人的秉性，是由先天决定的。古希腊人和古罗马人也意识到，农业的专业化分工取决于人们拥有什么样的土壤，适合种植什么样的作物。这些思想都是后来贸易理论中的自然差别决定生产比较优势思想的最初表达。

二、重商主义的贸易观点

约 14 世纪末到 18 世纪，各国学者开始对国际贸易进行系统研究，并出现于重商主义经济学时代。

(一) 重商主义产生的背景

这一时期正是资本主义经济的资本原始积累阶段，其重要手段是国际贸易和海外掠夺。在 15 世纪，商品交换的目的已从以互通有无为主变成了以积累货币财富为主，而积累财富的主要手段是获取黄金。当时，在西欧本土黄金的开采和储备有限情况下，迫切需要通过国际贸易和对外掠夺方式来满足西欧国家的“黄金渴望”。而 15 世纪末 16 世纪初的一系列地理新发现则给了西欧人通过扩大国际贸易和掠夺海外殖民地来积累资本（黄金）的机会。恩格斯在《论封建制度的解体及资产阶级的兴起》一文中描述当时的情景：“中国人在非洲海岸、印度及整个远东地区搜寻着黄金；黄金这两个字变成了驱使西班牙人远渡大西洋的符咒；黄金也是白种人刚踏上新发现的海岸时所追求的头一项重要的东西。”因此，重商主义正是在这样一个时代背景下产生和发展的。

(二) 早期重商主义和晚期重商主义

重商主义的对外贸易理论在其发展过程中经历了两个阶段。从 15 世纪到 16 世纪中叶为早期重商主义时期，16 世纪下半叶到 18 世纪为晚期重商主义时期。

1. 早期重商主义　早期重商主义的基本思想是货币差额论。主要以美国的威廉·斯塔福（William Staffword，1554～1662）和法国的孟克列钦（Montchrestien，1575～1622）为代表人物。威廉·斯塔福认为从国外输入商品对本国产业是有害的，而从外国输入本国能够制造的商品害处更大。他在《对我国同胞某些控诉的评述》一书中，把增加国内货币的积累，防止货币外流视为对外贸易政策的指导性原则。他从国际贸易的角度论述了货币与物价问题，提出应实行保护贸易政策；即使某些国内商品价格高于进口商品，也不应允许外国商品输入。只有这样，本国工业才能很快发展起来。这一方面避免美国货币的外流，以降低物价，保留国家财富；另一方面，通过禁止外国制成品的进口和本国原料品的出口，增加本国工人就业。

当时，美国曾规定“使用条款”。条款规定，外国人来美国进行贸易时，必须将其销售货物所得到的全部货款，用于购买本国的货物，并禁止货币出口，以求通过金银货币的积累来实现国家的强大。

2. 晚期重商主义　晚期重商主义的中心思想是贸易差额论。学者们认为，一国的货币财富来自于本国与外国之间的贸易。

晚期重商主义的主要代表人物是美国的托马斯·孟（Thomas Mun，1571～1641）。他在《美国得自对外贸易的财富》著作中，认为国际贸易顺差是获取财富的唯一的手段，是衡量一国财富多寡的唯一尺度。并主张保持贸易总值的顺差，增加货币流入量。即在开展对外贸易时，“必须时时谨守这一原则：在价值上，每年卖给外国人的货物，必须比我们消费他们的为多。”（[英]托马斯·孟：《美国得自对外贸易的财富》中译本，商务印书馆，第 4 页）他还批驳了早期重商主义的禁止金银输出的思想，认为尽管对外贸易顺差是利润和财富的源泉，但是本国国内金银积累过多，会导致国内商品价格上涨。其结果一方面国内消费减少；另一方面出口量因成本上升而下降，这就直接影响贸易顺差，甚至会因之出现逆差和金银外流。

(三) 对重商主义的评价

以贸易差额论为代表的重商主义是西方最早的国际贸易理论。其理论思想是：一国可以通过出口本国产品从国外获取货币从而使国家变富，但同时也会由于进口外国产品造成货币输出从而使国家丧失财富。因此，重商主义对贸易的研究主要集中在如何进行贸易，即怎样通过鼓励商品出口、限制商品进口，从而增加货币的流入，增加社会财富。重商主义者的这些思想实际上只是反映了商人的目标，或者说只是从商人眼光来看待国际贸易的利益，因此，这种经济思想被称为“商人主义”(Mer—cantilism)或“重商主义”。

对怎样能够做到多输出少进口，晚期的重商主义与早期的观点有所不同。早期重商主义者强调绝对的贸易顺差（有时也称为"出超"），即出口值超过进口值，他们主张多卖少买或不买并主张采取行政手段，控制商品进口，禁止货币输出以积累货币财富。早期重商主义者的这种思想被称为货币平衡论。

晚期重商主义重视长期的贸易顺差和总体的贸易顺差。从长远的观点看，认为在一定时期内的外贸逆差是允许的，只要最终的贸易结果能保证顺差，保证货币最终流回国内就可以。

从总体的观点看，重商主义者认为不一定要求对所有国家都保持贸易顺差，允许对某些地区的贸易逆差，只要在对外贸易的总额保持出口大于进口（顺差）即可。因此，晚期重商主义的思想被称为贸易平衡论。

晚期重商主义者为了鼓励输出实现顺差，积极主张国家干预贸易。重商主义者提出了一系列政策以鼓励本国商品出口限制外国商品进口。其中不少政策迄今仍被许多国家使用。例如，"出口退税"，即当商品出口时，国家全部或部分地退还商人原先缴纳的税款；当进口商品经过本国加工后重新输出时，国家则退还这些商品在进口时所交付的关税。"奖励出口"，即国家颁发奖金，奖励出口本国商品的商人。这实际上也是一种出口补贴。晚期重商主义者还积极鼓励扩大出口商品的生产，扶植和保护本国工厂手工业的发展。"关税与非关税壁垒"，即对输入本国的外国商品课以高额关税或者禁止进口本国不需要的商品，以达到保护本国工业和保持贸易顺差的目的。"进口替代"，通过扩大国内耕地面积来自己生产原来需要进口的作物，等等。

通过重商主义的各种政策主张，我们可以看到，重商主义者的基本错误在于认为国际贸易是一种"零和游戏"，一方得益必定使另一方受损，出口者从贸易中获得财富，而进口则减少财富。这种思想的根源是他们只把货币当作财富而没有把交换所获得的产品也包括在财富之内，从而把双方的等价交换看作一得一失。

尽管重商主义的国际贸易思想存在一定错误和局限性，但他们提出的许多重要概念为后人研究国际贸易理论与政策打下了基础，尤其是关于贸易的顺差逆差进一步发展到后来的"贸易平衡"、"收支平衡"概念。重商主义关于进出口对国家财富的影响，对后来凯恩斯的国民收入决定模型亦有启发。更重要的是，重商主义已经开始把整个经济作为一个系统，而把对外贸易看成为这一系统非常重要的一个组成部分。经济学家熊彼特（J. A. Schumpeter）对重商主义的评价是："开始为 18 世纪末和 19 世纪初形成的国际贸易一般理论奠定基础。"

三、重农学派的贸易观点

从 17 世纪下半期开始，首先在法国出现了反对重商主义政策，主张经济自由和重视农业的思想，从而逐渐形成了重农学派。重农学派的创始人是弗朗斯瓦·魁奈（Francois Quesnay，1694～1774）。另一个重要人物是杜尔阁（AR. J. Turgot，1727～1781）。在他们的思想体系中，"自然秩序"的观念占有重要地位，是整个重农主义学说的基础。这个所谓的"自然秩序"，实际上是指经济社会中不以人们意志为转移的客观规律。因此，重农学派的核心思想是主张自由经济，包括自由贸易。

重农学派对贸易并不重视，但他们从"自由经济"的基本理念和法国农民的实际利益出发，反对重商主义对贸易进行干预的政策，提出了自由贸易的口号，尤其主张谷物的自由出口。法国重农学派的先驱者之一布阿吉尔贝尔（P. Boisguillebert，1646～1714）在他的《谷物论》一书中强调，"从法国运出小麦愈多，对极端高价的畏惧愈少"，认为反对小麦出口的成见荒谬可笑。布阿吉尔贝尔用了整整 10 章的篇幅来说明为什么应当实行谷物的自由贸易。他认为，如果限制谷物（小麦）的出口，一旦国内谷物丰收时，就会出现可怕的跌价。而跌价的结果必然造成谷物的销毁和生产的削减，从而成为将来谷物价格高涨的主要原因。因此，布阿吉尔贝尔认为，"谷物的自由输出是平衡生产者与消费者利益或维持社会安定和公正的唯一方法"。从重农学派的观点来看，"自然秩序"（包括自由贸易)是保证市场均衡和物价稳定的重要机制。

第二节　绝对优势贸易理论

18世纪中叶,美国经济学家亚当·斯密(Adam Smith,1723～1790)建立起市场经济学分析框架。斯密花了将近10年的时间,于1776年撰写了一部奠定古典政治经济学理论体系的著作《国民财富的性质和原因的研究》(简称《国富论》)。在这部著作中,斯密第一次把经济科学所有主要领域的知识归结成一个统一和完整的体系,而贯穿这一体系的基本思想就是自由放任的市场经济思想。

一、绝对优势贸易理论的经济思想

亚当·斯密在《国富论》中,通过对比分析来描述国际贸易的必要性,认为每个家庭都认为只生产一部分它自己需要的产品而用那些它能出售的产品来购买其他产品是合算的,同样的道理应该适用于每个国家。

如果一件物品的购买费用小于自己生产的成本,那么就不应该自己生产,这是每一个精明的家长都知道的格言。裁缝不想自己制作鞋子,而向鞋匠购买。

如果每一个私人家庭的行为是理性的,那么整个国家的行为就很难是荒唐的。如果一个国家能以比我们低的成本提供商品,那么我们最好用自己有优势的商品同他们进行交换。

所以,斯密的贸易思想是其整个自由竞争市场经济体系的一个有机组成部分。斯密认为,自由竞争和自由贸易是实现自由放任原则的主要内容。他极力论证实现这一原则的必要性与优越性。

亚当·斯密首次从消费者(裁缝)的角度强调进口(从鞋匠那里购买鞋子)的利益(比自己在家生产便宜),他从分工交换的好处来分析贸易所得。在国际贸易中,不仅出口带来利益,进口也同样给一国带来好处。因此,在斯密的体系中,无论是进口还是出口,都应是市场上的一种自由交换。这种自由交换的结果,是双方都会得到好处。国际贸易只是自由市场经济的一部分,不应加以任何限制。

亚当·斯密进一步认为,国际贸易的重要基础是各国之间生产技术的绝对差别。他认为,一国的劳动生产率和职业分工解释国际贸易的原因是最恰当的:裁缝之所以自己不去制作靴子,是因为从鞋匠那里购买靴子比自己在家生产要便宜;而裁缝擅长做衣服,在做衣服方面裁缝比鞋匠能干(劳动生产率高),裁缝应该用衣服来换靴子。因此,一国进口其他国家的产品,是因为该国生产这种产品的技术处于劣势,自己生产比购买其他国家产品的成本要高;而一国之所以能够向其他国家出口产品,是因为该国在该产品的生产技术上比其他国家有优势,即具有绝对优势。这样该国用同样的资源可以比其他国家生产出更多的产品,从而使单位产品的生产成本低于其他国家。

因此,斯密认为,国际贸易和国际分工产生的原因及基础是各国间存在的劳动生产率和生产成本的绝对差别。一个国如果在某种产品上具有比其他国家高的劳动生产率,那么该国在这一产品上就具有绝对优势;相反,劳动生产率低的产品,就不具有绝对优势,即具有绝对劣势。

绝对优势也可间接地由生产成本来衡量:如果一国生产某种产品所需的单位劳动比其他国家生产同样产品所需的单位劳动要少,该国就具有生产这种产品的绝对优势,反之则具有劣势。所以,一个国家在进行国际贸易时,应集中生产并出口其具有劳动生产率和生产成本"绝对优势"的产品,进口其不具有"绝对优势"的产品,其结果比自己什么都生产更有利。亚当·斯密的这一贸易思想,在贸易理论上被称为"绝对优势理论"(absolute advantage)。

二、绝对优势贸易理论模型

(一)基本假设

在研究国际贸易时,经济学家常常将许多不存在直接关系和并不重要的变量假设为不变,并将不直接影响分析的其他条件尽可能地简化。绝对优势理论模型的基本假设如下：

(1)两个国家和两种可贸易产品。

(2)两种产品的生产都只有一种要素投入:劳动。

(3)两国在不同产品上的生产技术不同,存在着劳动生产率上的绝对差异。

(4)给定生产要素(劳动)供给。要素可以在国内不同部门流动但不能在国家之间流动。

(5)规模报酬不变。

(6)完全竞争市场。各国生产的产品价格都等于产品的平均生产成本,无经济利润。

(7)无运输成本。

(8)两国之间的贸易是平衡的。

(二) 生产和贸易模式

绝对优势贸易理论认为,各国应该专门生产并出口其具有“绝对优势”的产品,不生产但应进口其不具有“绝对优势”(或“绝对劣势”)的产品。

绝对优势的衡量有两种办法：

(1)用劳动生产率,即用单位要素投入的产出率来衡量。产品 j 的劳动生产率可用($\frac{Q_j}{L}$)来表示,其中 Q_j 是 j 产品的产量,L 是劳动投入。一国如果在某种产品上具有比其他国家高的劳动生产率,该国在这一产品上就具有绝对优势。

(2)用生产成本,即用生产 1 单位产品所需的要素投入数量来衡量。单位产品的生产成本(劳动使用量)可用 $a_{Li}=\frac{L}{Q_j}$ 表示。如在某种产品的生产中,一国单位产量所需的要素投入低于其他国家,该国在这一产品上就具有绝对优势。

我们假设两个进行贸易的国家,“中国”和“美国”,来更清楚地说明这一模型。

“中国”和“美国”都生产“大米”和“小麦”,但生产技术不同,劳动是唯一的生产要素,两国有相同的劳动力资源,都是 100 人。在国际分工发生前,“中国”和“美国”各自生产“大米”和“小麦”两种产品,所消耗的劳动力数量如下：

表 2-1 生产可能性(1)

国家	大米		小麦	
	劳动力(人)	产量(吨)	劳动力(人)	产量(吨)
中国	100	100	100	50
美国	100	80	100	100
合计	200	180	200	150

从表 2-1 可以看出,两国由于生产技术的不同,同样的劳动人数,可能的产出是不同的。如果两国所有的劳动都用来生产大米,假设中国可以生产 100 吨,美国只能生产 80 吨。如果两国的劳动都用来生产小麦,假设中国能生产 50 吨,而美国能生产 100 吨。

从劳动生产率的角度说,中国生产大米的劳动生产率,即每人生产大米的数量是 1 吨,美国生产大米的劳动生产率,即每人生产大米的数量是 0.8 吨,中国具有生产大米的绝对优势。美国生产小麦的劳动生产率是 1 吨,中国生产小麦的劳动生产率是 0.5 吨,美国生产小麦的劳动生产率高于中国,所以美国在小麦的生产上具有绝对优势(见表 2-2)。

表 2-2 两国的劳动生产率(Q_i/L)

国家	大米(人均产量)	小麦(人均产量)
中国	1	0.5
美国	0.5	1

从生产成本的角度来说，中国生产大米的成本，即生产 1 吨大米所需投入的劳动力数量是 1 单位，美国生产大米的成本则所需投入的劳动力数量是 1.25 单位。相反，中国生产每吨小麦所需投入的劳动力数量是 2 单位，美国生产每吨小麦所需投入的劳动力数量是 1 单位。因此，美国生产 1 单位小麦的生产成本低于中国，所以美国在小麦的生产上具有绝对优势(见表 2-3)。

表 2-3 两国的生产成本(a_{Li})

国家	大米	小麦
中国	1	2
美国	1.25	1

通过两种方法确定两国各自具有的绝对优势的产品是一致的，所以按照绝对优势的贸易理论，中国应该专业化生产大米，美国应该专业化生产小麦。在国际分工后，两国各自生产的商品数量见表 2-4：

表 2-4 国际分工后

国家	大米		小麦	
	劳动力(人)	产量(吨)	劳动力(人)	产量(吨)
中国	200	200	-	-
美国	-	-	200	200
合计	200	200	200	200

中国和美国都进行专业化分工后，中国专门生产大米，美国专门生产小麦，中国将其所有的劳动力资源 200 人用于生产大米，可生产 200 吨大米，美国将其所有的劳动力资源 200 人用于生产小麦，可生产 200 吨小麦。所以，在同样的劳动投入情况下，大米的生产总量由原来的 180 吨增加到 200 吨；小麦的生产总量由原来的 150 吨增加到 200 吨；通过国际分工，使大米和小麦的总产量分别增加了 20 吨和 50 吨。因此，从世界范围来看，虽然技术条件等并没有变化，而仅仅是由于开展了国际分工，两国都进行专业化生产，即各自生产具有绝对优势的产品，使世界范围内的总产量增加了。

亚当·斯密在论述自由贸易给贸易双方带来的好处时，主要包括三个方面：

第一，互通有无，交换多余的使用价值。就是说，把本国多余的商品输出国外，换回本国无法生产或生产不足的商品，满足了双方需要；

第二，增加社会价值，获取更大利益。由于各国的社会劳动生产率参差不齐，商品价值的货币表现自然不尽相同，这样，通过对外贸易得到的某些商品的数量会超过本国所可能生产的，从而节省了本国的劳动力或增加了使用价值；

第三，互惠互利，共同富裕。一国从对外贸易中得到的主要利益在于输出了本国消费不了的剩余货物，因此，即使两国贸易平衡，由于都为对方的剩余货物提供了市场，双方还是都有利益。所以对外贸易具有共同利益，而不是一方得到，一方受损。不难看出，亚当·斯密关于国际分工和国际贸易利益的分析基本上是正确的。他对国际贸易的产生原因首先作了理论探讨，同样应予肯定。

同时，他指出，国际贸易可以是一个“双赢”的局面而不是一个“零和游戏”。可以说，斯密把国际贸易理论纳入了市场经济的理论体系，开创了对国际贸易的经济分析。

三、贸易利益

进行专业化的分工和交换给各国带来哪些好处呢？我们通过一个假设的例子来说明。如果没有贸易的话，两国都是封闭经济，自给自足，因此，为了满足不同的消费，每个国家都要生产两种产品。为了方便起见，我们假设每个国家都将自己的劳动资源平均分布在两种产品的生产上。那么，中国的大米产量是100吨，小麦是50吨，美国则生产80吨大米和100吨小麦。在封闭经济中，各国的生产量也是各国的消费量。

在两国开放自由贸易和专业化分工之后，中国生产200吨大米而美国生产200吨小麦。假设中国仍然保持自给自足时的大米消费量(100吨)，拿出另外的100吨去跟美国交换小麦，而美国也是如此，保证原来的小麦消费量(100吨)，将余下的100吨小麦去交换大米。这样，中国与美国用100吨大米换100吨小麦。贸易的结果是，中国现在有100吨大米(自己生产的)和100吨小麦(进口的)，比自给自足时多了50吨小麦。而美国也有100吨小麦和100吨大米，比自给自足时多了20吨大米。两国都比贸易前增加了消费，都达到了在自给自足时不可能达到的消费水平。即都获得了贸易利益。

在这个例子中，中国大米与美国小麦的交换比例是1比1，而实际中这一比例会变动。究竟以什么样的比例(即价格)进行交换，取决于国际市场上两种产品的供给与需求。这一点，我们会在后面详细讨论。但有一点非常明确，中国用1吨大米换取的小麦不能少于0.5吨，否则不如自己生产；进口1吨中国大米，美国愿意支付的小麦不会超过1.25吨，否则无利可图。两国都能从分工和贸易中获利的小麦/大米交换比例(大米的相对价格)应在0.5与1.25之间。

四、该理论的局限性

亚当·斯密的“绝对优势”理论解释了产生贸易的部分原因，也首次论证了贸易双方都可以从国际分工与交换中获得利益的思想。国际贸易可以是一个“双赢”的局面而不是一个“零和游戏”。可以说，斯密把国际贸易理论纳入了市场经济的理论体系，开创了对国际贸易的经济分析。但是，绝对优势贸易理论的局限性很大，因为在现实社会中，一些国家科学技术水平比较先进，经济水平发达，有可能在各种产品的生产上都具有绝对优势，而另一些国家可能不具有任何生产技术上的绝对优势，但是贸易仍然在这两种国家之间发生，而斯密的理论无法解释这种绝对先进和绝对落后国家之间的贸易。

为了说明“绝对优势”学说的局限性，我们对前面的例子(表2-1)作以下改动：假设美国的劳动力都用来生产大米的话，每年的生产能力不是80吨，而是150吨；中国的生产能力不变。这样，两国的生产可能性变成如表2-5所示。

表2-5 生产可能性(2)

国家	大米		小麦	
	劳动力(人)	产量(吨)	劳动力(人)	产量(吨)
中国	100	100	100	50
美国	100	150	100	100
合计	200	250	200	150

在这种情况下，美国小麦和大米的劳动生产率都比中国高，在大米和小麦上都有绝对优势。根据斯密的绝对优势贸易理论，美国应该出口小麦，也出口大米，而中国没有任何产品可以出口，不但

应该进口小麦，还应该进口大米。可是，如果中国不能出口的话就没有能力来支付进口产品，也就无法进口，国际贸易也就没有可能。因此，斯密的绝对优势贸易理论在解释国际贸易的实际现象时有很多局限性。

第三节　比较优势贸易理论

在亚当·斯密之后的另一位著名的古典经济学家是大卫·李嘉图（David Ricardo，1772～1823）。李嘉图的贸易学说是他整个经济理论中的一个重要组成部分。大卫·李嘉图所创立的著名的“比较优势贸易理论”（comparative advantage doctrine）奠定了国际贸易理论演进的重大基础，以后一个多世纪的有关研究很大程度上都是对其理论的补充、发展和修正。李嘉图在其代表作《政治经济学及赋税原理》（1817）一书论证了以“比较优势贸易理论”为中心的国际贸易理论。

一、比较优势贸易理论的经济思想

作为古典政治经济学的重要人物，李嘉图与斯密一样，主张自由贸易，认为每个个人在自由追求个人利益的同时会自然而然地有利于整个社会。

与重商主义不同，李嘉图认为国际贸易给社会带来利益并非因为某国商品价值总额的增加，而是因为某国商品总量的增长。国际贸易之所以对国家极为有利，是因为“它增加了用收入购买的物品的数量和种类，并且由于商品丰富和价格低廉而为节约和资本积累提供刺激”。李嘉图也强调进口带来的利益。不过，李嘉图并非只是重复斯密关于自由贸易的好处，而是提出了更加系统的自由贸易理论，他从资源的最有效配置（使用）角度来论证自由贸易与专业分工的必要性。

在斯密的理论中，鞋匠有制鞋的绝对优势，裁缝有做衣服的绝对优势，两者的分工比较明确。但假如两个人都能制鞋和做衣服，而其中一个在两种职业上都比另一个人强，那么应该怎样分工呢？或者说，怎样的分工（资源配置）是最有效的呢？李嘉图认为，这要看两人在两种职业上的劳动生产率相差多少。如果一个人比另一个人在制鞋上强三分之一，而在做衣服上只强五分之一，那么这个较强的人应该制鞋而那个较差的人应该去做衣服。这样的分工（资源配置）对双方都有利，也是资源的最佳配置。

李嘉图用这一“比较成本”的概念来分析国际贸易的基础，建立了“比较优势贸易理论”（comparative advantage）。比较优势理论认为，国际贸易的基础非仅限于劳动生产率上的绝对差别。只要国与国之间存在着劳动生产率上的相对差别，就会出现生产成本和产品价格的相对差别，从而使各国在不同的产品上具有比较优势，使国际分工和国际贸易成为可能。根据李嘉图的比较优势贸易理论，每个国家都应集中生产并出口其具有“比较优势”的产品，进口其具有“比较劣势”的产品。

在说明“比较优势”国际贸易理论的时候，李嘉图用了一个中国与美国进行葡萄小麦和棉布贸易的例子。即“比较优势”原理最有权威的阐述。其著名的论述如下：

“美国的情形可能是生产棉布需要100个人劳动一年，而如果酿制葡萄小麦则需要120人劳动同样长的时间。因此，美国发现通过出口棉布来进口葡萄小麦对自己比较有利。

中国生产葡萄小麦可能只需要80人劳动一年，而生产棉布却需要90个人劳动一年。因此，对中国来说，出口葡萄小麦以交换棉布是有利的。即使中国进口的商品在本国制造时所需要的劳动少于美国，这种交换仍然会发生。虽然中国能够以90个人的劳动生产棉布，但它宁可从一个需要100个人的劳动生产的国家进口棉布。对中国来说，与其挪用种植葡萄的一部分资本去织造棉布，还不如用资本来生产葡萄小麦，因为由此可以从美国换得更多的棉布。

因此，美国将以100个人的劳动产品交换80个人的劳动产品。”（摘自李嘉图：《政治经济学及赋税原理》，商务印书馆1979年版，第532～533页。

经济学者通常将“比较优势”与李嘉图联系起来，认为这是他的理论，事实上，在李嘉图发表他的《政治经济及赋税原理》(1817年)两年前的1815年,罗勃特·托伦斯(Robert Torrens)在他《关于玉米对外贸易的论文》中就已提出了比较优势的概念。托伦斯认为,由于波兰在制造业方面与美国的巨大差距,即使美国能够非常有效地生产玉米,美国也最好不要自己生产而应从波兰进口。这对美国更有利,因为美国用生产玉米的资本生产出来的棉布,可以从波兰换取高出在美国土地上生产玉米的量。"尽管在本国用于耕种的资本比国外用来耕种的资本可能得到更多的利润,但是在这种情况下,资本应该被用于制造业,并将获得更多的利润。这一更大的利润应该决定我们的产业发展方向。"

托伦斯在比较优势贸易理论创立中也做出了卓越的贡献,是创始人之一。但大卫·李嘉图的主要贡献是:第一个用具体数字来说明比较优势原理的经济学家。所以,当代经济学家萨缪尔森曾戏谑地称李嘉图"棉布和葡萄小麦贸易"一例中的数字为"四个有魔力的数字"。由于这四个数字,使得人们在讨论这一理论时只记住了李嘉图而不知道托伦斯。事实上,托伦斯对"比较优势"的理论也有重要的贡献,他应该和李嘉图分享提出"比较优势贸易理论"的诺贝尔奖(如果有的话)。

二、比较优势贸易理论模型

比较优势贸易理论模型的假设与绝对优势模型基本一样,除了强调两国之间生产技术存在相对差别而不是绝对差别之外。

在比较优势模型中,生产和贸易的模式是由生产技术的相对差别以及由此产生的相对成本差别决定的。各国应该专门生产并出口其拥有"比较优势"的产品,进口其不具有"比较优势"(或有"比较劣势")的产品。

确定某国生产某种商品的比较优势一般采用相对劳动生产率、相对生产成本或者机会成本来确定。

假设中国和美国都生产大米和小麦,但两国生产两种产品的劳动生产率不同,每单位产品所耗费的劳动量见表2-6。

表2-6　国际分工前

国家	一单位大米	一单位小麦
中国	90人/年	80人/年
美国	100人/年	120人/年

我们按照确定某国生产某种商品的比较优势的方法来确定两国各自所具有的比较优势的商品。

1. 用产品的相对劳动生产率来衡量。相对劳动生产率是不同产品劳动生产率的比率,或两种不同产品的人均产量之比。用公式表示则可写成:

$$\text{产品 A 的相对劳动生产率(相对于产品 B)}=\frac{\text{产品 A 的劳动生产率(人均产量:}Q_A/L\text{)}}{\text{产品 B 的劳动生产率(人均产量:}Q_B/L\text{)}}$$

如果一个国家某种产品的相对劳动生产率高于其他国家同样产品的相对劳动生产率,该国在这一产品上就拥有比较优势。反之,则只有比较劣势。

表2-7　中国和美国生产商品的相对劳动生产率

	大米/小麦	小麦/大米
中国	0.89	1.125
美国	1.2	0.83

用相对劳动生产率来衡量的话,中国大米的相对劳动生产率是0.89,小麦的相对劳动生产率是1.125;美国大米的相对劳动生产率是1.2,小麦的相对劳动生产率是0.83。由此可见,美国大

米的相对劳动生产率较高，所以美国在大米的生产上具有比较优势；中国小麦的相对劳动生产率较高，所以中国小麦的生产具有比较优势，见表 2-7 所示。

2. 用相对成本来衡量。所谓“相对成本”，指的是一个产品的单位要素投入与另一产品单位要素投入的比率。用公式表示：

$$\text{产品 A 的相对成本(相对于产品 B)}=\frac{\text{单位产品 A 的要素投放量}(a_{LA})}{\text{单位产品 B 的要素投放量}(a_{LB})}$$

如果一国生产某种产品的相对成本低于别国生产同样产品的相对成本，该国就具有生产该产品的比较优势。

用相对成本来衡量的话，中国大米的相对成本是 1.125，小麦的相对成本是 0.89；美国大米的相对成本是 0.83，小麦的相对成本是 1.2。可见，中国小麦的相对成本较低，所以中国在小麦的生产上具有比较优势；美国大米的相对成本较低，所以美国在大米的生产上具有比较优势，见表 2-8 所示。

表 2-8　两国生产商品的相对成本

	大米	小麦
中国	1.125	0.89
美国	0.83	1.2

3. 一种产品是否具有生产上的比较优势还可用该产品的机会成本来衡量。所谓“机会成本”指的是为了多生产某种产品(例如小麦)而必须放弃的其他产品(大米)的数量。用公式表示为：

$$\text{产品 A 的机会成本}=\frac{\text{减少的 B 产量}(\Delta Q_B)}{\text{增加的 A 产量}(\Delta Q_A)}$$

用机会成本来衡量的话，中国生产大米的机会成本是 1.125，生产小麦的机会成本是 0.89；美国生产大米的机会成本是 0.83，生产小麦的机会成本是 1.2。由此可见，中国生产小麦的机会成本低于美国，所以中国在小麦的生产上具有比较优势；美国生产大米的机会成本低于中国，所以美国在大米的生产上具有比较优势，见表 2-9 所示。

表 2-9　两国生产商品的机会成本

	大米	小麦
中国	1.125	0.89
美国	0.83	1.2

由此可见，三种方法的结论是相同的，都能确定两国各自具有的比较优势的产品。然后，两国开展国际分工，专门生产其具有比较优势的产品，即中国专门生产小麦，美国专门生产大米，其结果见表 2-10。

表 2-10　国际分工后

	大米	小麦
中国	/	(90＋80)÷80＝2.125
美国	(100＋120)÷100＝2.2	/

三、贸易利益

中国专门生产小麦，美国专门生产大米的情况下，两国的一年劳动总量，即中国的(90＋80)人/年和美国的(100＋120)人/年，就能生产比分工前更多的产量。具体地说，正如表 2.10 所示，中国生产出 2.125 单位小麦，比原先总共的 2 单位多出 0.125(2.125－2)单位小麦，美国生产出 2.2 单位大米，比原先的 2 单位增加 0.2(2.2－2)单位大米。显然，按照比较优势进行国际分工，一定的劳动总量就能创造出更多的财富或使用价值。

现在假定国际市场上按照 1 单位大米换 1 单位小麦的交换比例进行交换，则交换后两国各自消费的两种商品的数量如表 2-11。

表 2-11　分工后贸易利益

	大米	小麦
中国	1.1 单位	1.025 单位
美国	1.1 单位	1.1 单位

至于两国从贸易中获得利益的多寡，则取决于这两种商品的国际市场交换比率。李嘉图假定这里的交换比率为 1 单位大米与 1 单位小麦相交换。按照这一贸易条件，如果中国用 1.1 单位小麦与美国 1.1 单位大米相交换，两国所得的贸易利益可用表 2-11 说明，即：中国增加 0.1(1.1－1)单位大米和 0.025(1.025－1)单位小麦，美国增加 0.1(1.1－1)单位大米和 0.1(1.1－1)单位小麦。

可以看到，李嘉图的“比较优势贸易理论”不仅论述了国际贸易能够互惠互利，而且阐明这种国际贸易利益具有适用于所有国家的普遍意义。更重要的是，他指明了取得国际贸易利益的关键所在，那就是在自由贸易条件下扬长避短、发挥自己的相对优势。这是其国际贸易理论的核心思想，它准确地概括出国际贸易的基本原则，极具启迪意义。

必须指出，李嘉图的“比较利益说”是个简化了的理论模式，有着许多重要的假定作为前提条件。大致说来，主要有如下八条：

(1)世界上只有两个国家，它们只生产两种产品。此即所谓的两个国家、两种产品模型或 2×2 模型。

(2)两种产品的生产都只有一种要素投入：劳动。

(3)两国在不同产品上的生产技术不同，存在着劳动生产率上的差异。

(4)给定生产要素的供给量，要素可以在国内不同部门流动但不能在国家之间流动。

(5)规模报酬不变。

(6)完全竞争市场。

(7)无运输成本。

(8)两国之间的贸易是平衡的。

以上八个假设条件对正确理解“比较优势说”十分重要。

李嘉图的比较优势理论认为贸易的基础是生产技术相对差别以及由此产生的相对成本的不同。一国欲从出口获利，只需在该产品的生产上有比较优势而不一定要有绝对优势。一国可能会在所有的产品上都不具有绝对优势，但一定会在某些产品上拥有比较优势。因此，任何国家都可以有能够出口的产品，都有条件参与国际分工和国际贸易。

与“绝对优势”学说相比，“比较优势”学说更有普遍意义。在前面的例子(表 2-5)中，美国不但拥有生产小麦的绝对优势，也拥有生产大米的绝对优势。根据“绝对优势”学说，美国应该生产所有两种产品并向中国出口，中国应该什么产品也不生产只是进口。但是，这种情况实际是不可能发生的，因为贸易本身是双向的。一个国家不可能只有进口没有出口。如果只有在绝对优势的条件下才能出口获利的话，中国什么产品都不能出口，中国和美国就不会发生贸易。

但是，根据比较优势学说，贸易仍能在两国间发生。中国虽然在所有两种产品上都不拥有绝对优势，却在大米生产上拥有比较优势。生产 1 吨大米的机会成本，在美国是 1.2 吨小麦，在中国只是 0.89 吨小麦，也就是说，用 0.89 吨小麦在中国就可以换到 1 吨大米，在美国则要用 1.2 吨，中国则有生产大米的比较优势。从而中国可以集中生产大米并出口美国，同时从美国进口小麦，两国之间发生了贸易。通过这个例子我们可以看到，“比较优势”学说不仅在理论上更广泛地论证了贸易的基础，在实践上也部分解释了先进国家与落后国家之间贸易的原因。

第四节　要素禀赋理论

斯密的绝对优势理论和李嘉图的比较优势理论，古典贸易理论学派在解释国际贸易基础，揭示决定生产和贸易模式的因素，以及衡量国际贸易对本国经济的影响和贸易所得等方面都做出了极其重要的贡献。当今的许多重要理论与政策仍然得益于古典贸易理论的启示。

古典贸易理论的基础是古典经济学，古典贸易理论是建立在“劳动价值论”的基础之上的，即认为劳动是创造价值和造成生产成本差异的惟一要素。因此，对古典学派的分析，只要生产技术不变，只有一种要素(劳动)投入。而在有两种或两种以上要素投入的情况下，许多分析过程和结论不再有效。然而，随着资本主义生产关系的出现以及工业革命的发生，资本越来越成为一种重要的生产要素，产品生产不再由单一要素决定，研究投入产出关系的有关经济学理论也随之发展。19 世纪末 20 世纪初，以瓦尔拉斯、马歇尔为代表的新古典经济学逐渐形成，在新古典经济学框架下对国际贸易进行分析的新古典贸易理论也随之产生。

一、新古典国际贸易理论的形成与发展

新古典经济学家认为生产中有至少两种或两种以上的要素投入，这与古典经济学不同。我们知道，在一种要素投入的情况下，投入产出之间的关系通常可以假定为不变的，产品生产的边际成本和机会成本都是不变的。但若有两种或两种以上要素投入时，每一种要素投入与产出的关系要受到其他要素投入量的影响，在其他要素的投入量不变时，随着某一要素投入量的不断增长，由此新增的产出(即“边际产出”或“边际收益”)会逐渐减少。这就是所谓的“边际收益递减”的规律。

以“劳动价值论”为基础的古典经济学向新古典经济学的过渡不仅仅只是要素投入数量上的变动，基本分析框架也从单一要素投入发展为一个多种产品、多种要素的总体均衡体系。这一新的理论发展也为国际贸易的研究开辟了新的领域，提供了新的分析工具。新古典经济学的形成，使许多微观经济学的理论被运用于对国际商品贸易和要素流动的分析，并建立起了比较完整的国际贸易理论体系。

与古典贸易理论相比较，新古典贸易理论的发展主要表现如下：

(1)在两种或两种以上生产要素的框架下分析产品的生产成本。在只有一种要素投入的模型中，厂商在要素方面没有选择，产品成本完全由该要素的生产率(投入产出率)和价格决定。要素的生产率及其价格都是给定的，都是由产品产量以外的因素决定的。对产品的成本来说，这些都是外生变量。在李嘉图的比较优势模型中，甚至连一国要素供给的绝对量都无关紧要了。但在两种或两种以上要素的模型中，不同的商品生产使用要素比例不同，生产同种同量的产品，也可以有不同的要素组合，要素的生产率不再是固定的，而是取决于产品生产中对要素比例的选择和要素供给的约束。产品生产中要素的使用比例(要素需求)和一国的资源储备比例(要素供给)决定要素价格从而影响产品成本，成为决定比较优势和生产贸易模式的重要因素。生产要素价格已不再是外生变量，而是与产品价格相互决定相互影响的内生变量。

(2)运用总体均衡的方法分析国际贸易与要素变动的相互影响。国际贸易不仅影响贸易双方的产品市场价格，而且造成各国要素市场价格的变动。产品价格和要素价格的变动也不仅仅影响一国的生产和消费，还会引起各要素之间收入的再分配。而要素在国内各部门之间的流动或要素

储备比例的变动也会反过来影响生产和贸易模式。

对新古典国际贸易理论体系建立贡献较大的学者主要有：埃利·赫克歇尔（Eli Heckscher）、伯尔蒂尔·俄林（Bertil Ohlin）和保罗·萨缪尔森（Paul Samuel—son）等。拓展、应用或检验新古典国际贸易理论做出重要贡献的学者包括：杰罗斯拉夫·凡耐克（Jaroslav Vanek），罗纳德·琼斯（Ronald Jones），沃夫冈·斯托尔珀（Wolfgang Stolper），罗勃津斯基（T. M. Rybczynski），瓦西里·里昂惕夫（Wassily Leontie），杰格迪西·巴格沃蒂（JagdishBhagwati）等。下面着重介绍赫克歇尔和俄林对国际贸易理论的主要贡献以及在他们的理论基础上建立起来的资源禀赋的贸易模型。

二、资源禀赋理论的基本内容

（一）基本假设

赫克歇尔-俄林模型（简称 H-O 模型）的基本假设如下：

（1）两种生产要素：假定为劳动和资本。

（2）两种可贸易产品：假定为大米和钢铁。无论生产大米还是生产钢铁，都要使用劳动和资本，但使用的比例不同。假定大米是劳动密集型产品，钢铁为资本密集型产品。

（3）两个国家：假定为中国和美国。中国是劳动充裕的国家，美国是资本充裕的国家。

（4）每个国家的生产要素都是给定的：劳动和资本可以在国内各部门自由流动，但不在国际间流动。各国的资源禀赋和生产可能性曲线不变，但劳动和资本在国内可以自由地从低收益的地区和产业流向高收益的地区和产业，直到该国所有地区和所有产业的劳动收益相同，资本收益相同。另一方面，若没有国际贸易，两国的两种要素之间将存在着收益上的差异。

（5）生产技术假定相同：为了集中分析要素禀赋差别的作用，各国的生产技术假定是相同的。假如大米在中国是劳动密集型产品，那么大米在美国也是劳动密集型产品，即不存在“生产要素密集型逆转”的情况。如果一定的人均资本在美国生产出某个产量的产品，同一资本劳动比例会在中国生产出相同产量的产品。

（6）生产规模报酬不变：这意味着如果在任何一种商品生产中的劳动量和资本量一同增加，则该商品的产出也以相同比例增加。如果劳动和资本量同时翻倍，则产出也翻倍。

（7）两国的消费偏好相同：这意味着表现两国需求偏好的无差异曲线的形状和位置是完全相同的。当两国的商品相对价格相同时，两国以相同的比率消费大米和钢铁。

（8）完全竞争的商品市场和要素市场：两国都有许许多多的大米和钢铁的生产者和消费者，没有任何单个的生产者和消费者能够左右商品的价格，也没有任何单个的厂商或要素的拥有者能够决定要素市场的价格。完全竞争也意味着商品价格等于其生产成本，没有经济利润。

（9）无运输成本，无关税，或其他阻碍国际贸易自由的障碍。这一假设也是为了简化分析，以便于集中讨论贸易的原因及结果。运输成本和关税的多少只是在最终产品价格上的单调增减。

在以上这些基本假设中，后面 4 个在古典贸易模型中也同样存在，而最前面的 5 个是 H-O 模型中特有的。其中第 1 到第 4 个假设强调了两国和两种产品差异所在（资源禀赋和使用比例），第 5 个假设是为了简化分析，有别于古典贸易模型。这并不意味着赫克歇尔和俄林认为技术的差别不存在。

（二）H-O 理论

赫克歇尔和俄林理论的产生始于对斯密和李嘉图贸易理论的质疑。在斯密和李嘉图的模型中，技术不同是各国在生产成本上产生差异的主要原因。可是，到了 20 世纪初，各国尤其是欧美之间的交往已很普遍频繁，技术的传播已不是一件非常困难的事。许多产品在不同国家的生产技术已非常接近甚至相同，但为什么成本差异仍然很大？赫克歇尔认为，除了技术差异以外，一定有其他原因决定各国在不同产品上的比较优势，而其中最重要的是各国生产要素的禀赋不同和产品生产中使用的要素比例不同。

赫克歇尔和俄林克服了斯密和李嘉图贸易模型中的某些局限性，认为生产商品需要不同的生产要素而不仅仅是劳动。资本、土地以及其他生产要素也在生产中起了重要作用并影响到劳动生产率和生产成本。而且，他们注意到不同的商品生产需要不同的生产要素配置。有些产品的生产技术性较高，需要大量Q的机器设备和资本投入。这种在生产中所需的资本投入比例较高的产品可以称为资本密集型产品。有些产品的生产则主要是手工操作，需要大量的劳动投入。这种在生产中所需的劳动投入比例较高的产品则称为劳动密集型产品。

这里的“密集型”是一个相对概念，如果钢铁生产中所需要的资本/劳动的比率高于大米生产中的资本/劳动比率，那么钢铁就是资本密集型产品，大米就是劳动密集型产品。反之，钢铁是劳动密集型产品，大米是资本密集型产品。

另外，各国生产要素的储备比例也是不同的。有的国家资本相对雄厚，被称为“资本充裕”国家；有的国家人口众多，被称为“劳动充裕”国家。这里的“充裕”也是一个相对概念，用资本/劳动的比率（人均资本）来衡量。如果美国的人均资本高于中国，美国就是资本充裕的国家，中国则是劳动充裕的国家。但如果中国与柬埔寨或孟加拉国等相比，中国也许又该算是“资本充裕”的国家。

由于产品的生产需要使用多种要素，产品的相对成本不仅可以由技术差别决定，也可以由产品生产中的要素比例和一国资源储备的稀缺程度决定。一般来说，劳动力相对充裕的国家，劳动力价格会偏低，因此，劳动密集型产品的生产成本会相对低一些。而在资本相对充足的国家里，资本的价格会相对较低，生产资本密集型产品可能会有利。因此，劳动力相对充裕的国家，一般拥有生产劳动密集型产品的比较优势，而资本相对充裕的国家，则具有生产资本密集型产品的比较优势。根据赫克歇尔——俄林的理论，各国应该集中生产并出口那些能够充分利用本国充裕要素的产品，以换取那些需要密集使用其稀缺要素的产品。换句话说，如果中国是劳动力充裕的国家，中国就应该多生产和出口劳动密集型产品，进口资本密集型产品。这种国际贸易的基础是生产要素的禀赋和使用比例上的相对差别。

依据上述分析，要素禀赋理论认为，商品价格在国家之间的绝对差异是产生国际贸易的直接原因。当同种商品在不同国家里用同种货币表示的价格不同时，商品从价低的国家输往价高的国家，只要价格差额大于运输成本等费用，这种贸易对双方都有利益，即能够得到的商品都比自己生产的更多。并且强调，虽则国际贸易的产生起因于商品价格在国家之间的绝对差异，但它真正能发生的话，还须具备重要的前提条件，即贸易双方商品的国内价格比例必须不同。这是因为，没有这种商品的相对价格差异，就无比较优势可言，国际贸易自然无从发生。进一步认为，商品相对价格不同是由生产要素的相对价格不同所决定的。很清楚，商品价格的国际差异来自各国生产成本的差异。生产同种商品，有的花费较多的成本，有的则用较少的成本，前者的价格就会高于后者。

那么，如何衡量生产成本的大小呢？俄林认为，这是商品生产所支付的要素费用即要素报酬所决定的。支付工资、利息、地租的货币额越多，意味着所花费的生产成本就越高。简言之，商品价格的不同取决于生产要素价格的不同，所以，反映商品比较优势的相对价格的差异自然来自生产要素的国内价格比例的不同。

我们用表2-12来说明。这里必须注意，俄林通常采用两个国家使用两种生产要素（劳动和资本）生产出两种商品进行贸易的分析模式，即2×2×2模型。同时为了更明了地说明问题，他还假设两国生产的物质条件或技术系数都一样，即生产要素的密集性相同。此外，俄林仍继承李嘉图的大多数假定。

表 2-12　美日两国纺织品生产成本比较

		技术系数 劳动(A)资本(C)	(2)要素价格 工资(W)利息(I)	(3)成本 P=W·A+I·C
日本	纺织品	0.75　　0.25	60(日元)200(日元)	P=95(日元)
	机器	0.25　　0.75	60(日元)200(日元)	P=165(日元)
美国	纺织品	0.75　　0.25	1(美元)　1(美元)	P=1(美元)
	机器	0.25　　0.75	1(美元)　1(美元)	P=1(美元)

在表 2-12 中，美国和日本都用劳动和资本两种要素生产纺织品和机器。假定单位劳动的价格(工资 W)和单位资本的价格(利息 I)在日本分别为 50 和 200 日元，在美国分别为 1 美元。再假定两种商品的要素密集性在两国都一样，纺织品为 0.75：0.25，机器为 0.25：0.75。这样，纺织品和机器的单位价格在日本分别为 95 和 165 日元，在美国分别为 1 美元。由此可知，日本纺织品的相对价格较低(用 2 单位纺织品换 1 单位机器)，美国机器的相对价格较低(1 单位机器换 1 单位纺织品)，它们分别是该国具有相对优势的产品。于是日本的纺织品和美国的机器相交换，彼此都得到贸易利益。很显然，两种产品的相对价格不同是由生产要素的国内相对价格不同所带来的。日本的劳动价格相对便宜，于是劳动密集型产品(如纺织品)的成本较低和价格较低。它的资本价格相对较昂贵，则资本密集型产品(如机器)的成本和价格就较高。美国的情况恰好相反。

那么，为什么日本的劳动价格相对便宜而美国则是资本价格相对便宜呢？在俄林看来，尽管生产要素的价格受到其供求双方的影响，但要素的供给是主要的。因此，他强调指出，一国生产要素价格的高低是由它的生产要素禀赋的不同所引起的。一国某种生产要素的供给丰裕，该要素在该国的价格相对便宜，一国某种要素稀缺，该要素在该国的价格相对昂贵。必须指出，生产要素的丰裕是个相对的概念，意指要素的供给相对需求而言比较充足，相对他们要素的供给而言也更为充足。它不能简单用绝对数值加以衡量，可采用两种定义。一种是价格定义，倘一单位某种生产要素的价格低于其他要素的价格，则称该要素丰裕，另一种是实物定义，用生产要素供给的实物量表示，如一单位劳动拥有资本量很多，说明资本丰裕。所以，日本的劳动力丰裕导致其劳动价格相对便宜，美国的资本量丰裕造成其资本价格的相对便宜。俄林进而得出结论，在每一个地区，应该进口那些昂贵生产要素占较大比重的商品，而出口那些便宜生产要素占较大比重的商品。可见，生产要素禀赋的不同既决定了各国的相对优势和贸易格局，又是进行国际贸易的基本原因。

三、里昂惕夫之谜

二次大战以后，随着经济计量方法等经验检验手段的发展，西方学者纷纷从不同角度用经验资料来验证李嘉图的比较利益和赫克歇尔—俄林学说。一些著名国际贸易理论家所作的几项有重要影响的验证工作，似乎证实了李嘉图理论的有效和正确。但是，关于赫克歇—俄林学说的验证则出现复杂情况，不少经验性工作非但未能证明该学说的有关命题，反而得出完全相对立的结论，其中最著名的是里昂惕夫的研究，即里昂惕夫之谜。

对 H-O 模型的验证是美国著名经济学家瓦西里·里昂惕夫(Vassily W·Leontif,)于 1953 年做出的。里昂惕夫是投入产出法的奠基人，并因此获得了诺贝尔经济学奖。

里昂惕夫运用他的投入产出分析法，根据 1947 年美国 200 种产业部门的出口产品和进口产品的资料，编制了美国的投入产出表。他假设美国减少出口品生产和进口品的数值都为 100 万美元，然后考察它们各自的资本与劳动的比率有何影响：当出口减少时，将有多少数量的资本和劳动会多余，而当进口替代商品生产增加时，资本和劳动的需求量会如何增加。按照赫—俄学说，一国出口的是密集使用本国丰裕的生产要素所生产的商品，进口的是密集使用本国稀少的生产要素所生产的商品。一般认为美国是个资本丰裕的国家,它应该出口资本密集型商品,进口劳动密集型商品。因此,里昂惕夫期望他的验证将表明,出口产业部门将有相对多的资本量被释放出来,而进口替代产业部门会相对需求较多的劳动量。可是,他所发现的恰好是完全相反的结果。

表 2-13 美国进出口品之间人均资本量比较

	1947 年		1951 年	
	出口品	进口替代品	出口品	进口替代品
资本(1947 年美元)	2,550,780	3,091,339	2,256,800	2,303,400
劳动(人/年)	181.31	170.00	173.91	167.81
人均资本量	14,015	18,184	12,977	13,726

从表 2-13 中可以看到,在 1947 年,美国出口每 100 万美元的商品,在国内使用资本 2,550,780 美元,劳动力 182 个,即每个工人耗用的资本量为 14,015 美元。同时,美国每进口 100 万美元商品的国内替代品,则用 3,091,339 美元资本和 170 个劳动力,即每个工人耗用的资本量为 18,184 美元。这样,在每 100 万美元的商品中,进口品与出口品之间人均资本量的比值为 1.30(18,184÷14,015)。这意味着,美国出口的是劳动密集型商品,进口则为资本密集型商品。里昂惕夫后来又用 1951 年的有关资料再次验证,所得结果(进口品与出口品之间的人均资本量比值是 1.06 即 13,726÷12,977)仍然同生产要素禀赋说的推论相矛盾。于是,里昂惕夫所得的验证结果被称为"里昂惕夫之谜"(Leontief Paradox)。

"里昂惕夫之谜"的出现引起国际贸易理论界的很大震动。一些学者采用投入产出法又对其他一些国家进行验证,得出了互相矛盾的研究结果。例如,日本是一个劳动要素丰裕的国家,却出口资本密集型产品,进口劳动密集型产品。但要仔细的分析显示,它向欠发达国家出口资本密集型产品,对美国和西欧出口的则为劳动密集型产品。又如,对原东德的验证证实了赫-俄学说的结论。还有,关于加拿大和印度对外贸易的研究结果表明,它们都向美国出口资本密集型产品,进口劳动密集型产品。可见里昂惕夫之谜有着一定的普遍性。这样,围绕如何解释里昂惕夫之谜的问题,西方学者们提出了各种各样的理论见解。

四、对里昂惕夫之谜的解释

(一) 需求偏好论

有学者认为,生产要素禀赋的差异确实决定了一国的比较利益,促使其出口那些密集使用丰裕生产要素所生产的商品,不过需求偏好状况可能会抵消这种作用。如果一国的需求状况特别偏好那些密集使用了本国丰裕生产要素所生产的商品,这就可能使得这类物质数量上十分丰富的商品相对需求而言却是稀少的,因而,它此时就会改变原先的贸易结构,进口而不是出口该类商品。因此,美国尽管是一个资本丰富的国家,如果它对资本密集产品相对说来有很高国内需求,则完全可能进口这类商品。可见,单是根据进出口商品的生产要素数量资料,并不能对要素禀赋说做出任何推论。应该说,这种说法在理论上能够解释"里昂惕夫之谜",但它未能找到多少经验证据予以支持,因而没有被人们所接受。

(二) 劳动高效率论

里昂惕夫自己有种解释,美国工人的劳动效率远远高于其他国家(大约达到别国的 3 倍),如果美国的劳动供给按照劳动效率的高低加以调整,即现有的劳动量乘以 3 倍,那么,美国实际是一个劳动相对丰富、资本相对稀缺的国家。所以里昂惕夫之谜的出现就不足为怪了。至于美国劳动效率高,是因为工人所受的文化教育和职业培训较好、企业管理水平高以及具有较强的进取精神。他还用美国出口产业部门的工资高于进口替代产业部门的工资作为事实证据。但是,这种基于劳动熟练程度有差别的解释，违背了赫-俄学说中劳动同一性的假定，又夸大了美国工人的劳动效率（别人证明至多是 1.2～1.25 倍），反而真正接受的人也不多。

（三）要素密集倒转论

有人认为，由于生产要素的价格在每一个国家是不相同的，那么，在一组要素价格下，商品 A 相对商品 B 而言就是资本密集型的，而在另一组要素价格下，商品 A 却变成了劳动密集型的，这就是说，判断一种商品究竟属于哪一种要素密集型产品并没有绝对的标准。例如，农产品在美国被看成是资本密集型的商品，而在广大经济落后国家则是劳动密集型的产品。这就是要素密集的倒转。这样，美国进口的商品本来明明是劳动密集型产品，但在美国国内可能属于资本密集型的，从而在美国人心目中造成一种错觉，似乎进口品以资本密集型为主。这种解释明确否定赫-俄学说关于一种商品总是以某种要素密集型方法所生产的假定，实际上指明了它的重大缺陷，具有一定的说服力。然而，该解释面对着大量与其相矛盾的事实，仍然未能令人信服地证实要素密集倒转具有普遍性，因此有些人认为它还是没有能用要素禀赋不同来解开此谜。

（四）自然资源缺乏论

有人提出，决定一国生产能力的生产要素，除了劳动和资本外，还有自然资源。里昂惕夫的验证明显忽略了自然资源投入。各国自然资源的种类和数量有很大不同，例如美国就是大量矿产和木材的进口国。如果美国严重依赖几种自然产品（如原油、纸浆、铜、铅以及其他金属矿产）的进口，而这些产品还是使用大量非人力资本的资本密集型产品，那么里昂惕夫之谜就能得到解释。里昂惕夫本人也讲过，倘若自然资源行业不包括在计算范围之内，美国进口资本密集型商品和出口劳动密集型商品的情形便不复存在。可见他实际上是支持这个解释的。还有人按照里昂惕夫的计算方法，发现里昂惕夫之谜并不存在于美国同日本、西欧之间的贸易，却存在于同加拿大等自然资源丰富国家的贸易中。这似乎也给用美国缺乏自然资源作为理由来解里昂惕夫之谜的做法提供了某些支持。但是这种解释的适用范围其实十分有限，因为美国毕竟没有长期地严重依赖国外自然资源，该解释未免有无的放矢之嫌。

（五）关税结构论

有学者认为，里昂惕夫之谜是美国的关税结构所造成的。美国政府出于政府需要和集团利益的考虑，对那些雇用大量不熟练和半熟练工人的劳动密集型产业，采取了较严厉的保护贸易政策。它运用关税政策限制和阻碍劳动密集型商品进口，从而人为地增加了进口商品中资本密集型的比重。里昂惕夫是依据实际的进口构成来计算的，这里已包含着关税结构带来的后果。如果实行自由贸易的话，美国就会进口比现在更多的劳动密集型商品。这种见解注意到贸易政策对国际贸易格局的明显影响，但没有能具体计量这种保护究竟多大程度上促成了里昂惕夫之谜。因而它只是部分地解释了此谜。

总之，里昂惕夫对赫-俄学说的验证，不仅开创了用“投入-产出法”一类经验手段检验理论假说的先河，大大推动了国际贸易的实证研究，而且第一个指明该理论学说与事实相悖逆，从而促进了战后各种各样贸易理论和见解的涌现。可见，里昂惕夫之谜的发现已成为战后国际贸易发展的基石。对该谜的种种解释，也没有从根本上否定赫-俄学说，而只是试图改变该学说的某些理论前提以适用实际情况。这表明，比较利益说仍是这些理论解释的内核。

人物介绍

亚当·斯密（Adam Smith，1723—1790，67。）①

亚当·斯密于 1723 年诞生在苏格兰法夫郡（County Fife）的克考第（Kirkcaldy）。斯密自小博览群书，在14岁时就进入了格拉斯哥大学(Glas—gow University)学习。他选定了人文科学的方向，在逻辑、道德哲学、数学和天文学方面都成绩斐然。1740年，他又进入牛津大学深造，闭门苦读了6年。由于某些政治事件的原因，斯密不得不于1746年回到克考第。之后，他经常到爱丁堡作讲演，内容涵盖法学、政治学、社会学和经济学。这时，斯密开始对政治经济学表现出了特殊的兴趣。

到了18世纪50年代，斯密就提出经济自由主义的基本思想。从1751年开始，斯密在格拉斯哥大学连续任教12年，先后讲授逻辑学和道德哲学(即社会科学)，颇受学生欢迎。在这段被他称为"一生中最幸福的时期"中，斯密参加了政治经济学俱乐部活动(被称为"俱乐部人")，而且，他每年总要到爱丁堡呆上二至三个月，宣扬他的经济自由思想。他曾在讲演中说道："应该让人的天性本身自然发展，并在其追求自己的目的和实施其本身计划的过程中给予它充分自由……"

1759年，斯密发表了他的第一部科学巨著：《道德情操论》。这部著作标志着他哲学和经济思想的形成。反封建的平等思想在他的学说中占据显著地位，他否定了宗教道德和"天赋道德情操论"，而代之以另一抽象原则——"同情心"。在《道德情操论》创作的过程中，内在的兴趣和时代的需要(发展格拉斯哥工商业)使斯密沉湎于政治经济学的研究之中。在1762—1763年的讲稿里，他提出了一系列出色的唯物主义思想，在讲稿的经济学部分中，已出现了在《国富论》中得到发展的思想萌芽。

1765—1766年在法国巴黎期间，斯密批判性地借鉴重农主义学派，沿着英国传统的道路，在劳动价值论的基础上创立了自己的经济理论。同法国唯物主义伦理学的重要代表爱尔维修结识后，斯密又将其关于新伦理的思想用于政治经济学，创造了关于人的本性和人与社会相互关系的概念，成了古典学派观点的基础。斯密通过"经济人"这一概念，提出了一个具有重大理论意义和实际意义的问题：关于人的经济活动的动因和动力问题。而"看不见的手"这一提法指出了客观经济规律的自发作用。斯密又把利己主义和经济发展自发规律相结合，提出了自然秩序这一概念。这是他放任主义政策的原则和目的。当他最后写作《国富论》之时，竞争和自由已成为他的经济学的基石，作为一条主线贯穿于整部《国富论》之中。

1767年春，斯密回到克考第开始写作。1776年3月，《国民财富的性质和原因，的研究》(即《国富论》)在伦敦出版并在其后被翻译成多种语言。斯密在著作中坚定地提出经济自由主义，重新定义了价值、劳动分工、生产过程、自由贸易、制度发展、天赋人权、政府的作用和资本的作用。书中所提出的尖锐的社会、政治问题很快引起了广大读者的注意。斯密将其渊博的学问、深刻的洞察力和别具一格的幽默贯注于这部著作之中。《国富论》无疑是政治经济学史上最引人入胜的著作之一。当时一位有名的学者指出，这不仅是一篇经济专题论文，而且是"一本描述时代的非常有趣的书"。

斯密成名后，曾在海关工作，但大部分时间还是致力于精炼修改他的这部著作。1790年7月，斯密逝世于爱丁堡，享年68岁。

大卫·李嘉图(David Ricardo，1772—1823)②

大卫·李嘉图于1772年出生于英国伦敦一个富有的交易所经纪人家庭。他所受的学校教育不多，14岁就开始跟随父亲在交易所做事。后来，因婚姻和宗教问题与父亲脱离关系，自己经营交易所，干得非常成功，十年之后就拥有了200万英镑的财产。功成名就后，他利用空闲时间学习了自然科学；1799年李嘉图在巴思逗留期间偶然得到一本《国富论》，成为这本书的一个真正"赞赏者"。同时当时英国脱离金本位制的特定环境使李嘉图对政治经济学产生了很大的兴趣。最终，他在分析、批判前人经济理论的基础上，结合时代提出的问题，将经济理论推上了一个新的阶段。

李嘉图对经济理论的研究和所写的著作，几乎涉猎了经济学中的所有方面。他首先研究的是货币。李嘉图是货币数量论的倡导者。他在1809年、1811年发表的几篇文章和几本小册子中，批判了当时的货币流通制度，并且拟定了一个实事求是的纲领，甚至提出要创立新的国家银行，显示了他极大胆的建议方式和极雄辩的著作能力。他的货币理论思想主要有：①稳定货币流通是发展经济的最重要条件;②这种稳定只有在以黄金为基础的条件下才有可能实现;③在流通中黄金可以在相当大程度上,甚至完全为按固定平价兑换黄金的纸币所取代。之后,他出版了《论谷物低价对资本利润的影响》一书。书中,他主要研究了价值理论。他以斯密的价值理论为出发点研究价值问题,力图在基本点上纠正和揭露斯密价值学说的混乱和矛盾。他坚持了耗费劳动量决定商品价值的原理,并将这一原理始终贯穿在他的经济理论中。他考虑了劳动性质与价值的关系,认为各种不同性质的估价由市场决定,并且主要决定于劳动者的相对熟练程度和所完成的劳动的强度;最不利条件下的劳动决定价值;决定商品价值的是劳动总量,即不仅包括生产该商品时所需的劳动,而且包括生产用于该过程的资本物所需的劳动。

李嘉图对国际贸易理论有开创性的贡献。他是贸易自由的坚决支持者。在他的主要著作《政治经济学及赋税原理》中,李嘉图以一个有关国际贸易的一般理论支持了自己的观点。该理论包括了比较优势学说——该学说或许可以说是政治经济学中最广泛地为人所接受的"真理"。在《政治经济学及赋税原理》的《论对外贸易》一章中,他对苏格兰和葡萄牙的外贸进行了研究,用精彩的例子"葡萄酒"和"棉布"说明了比较成本,并得到了贸易的结果使贸易参与国更加富裕的结论,即后来所谓的比较优势原则。这个基本思想在后来被无数经济学者们引用并发展。他还从比较耗费原则得出了与他的在贸易自由条件下和谐发展国际经济关系理论相适应的结论。

终其一生,李嘉图都以严谨的思维、数学逻辑性和精确性著称。他是古典政治经济学的集大成者。他发展了斯密的工资、利润和地租的观点,即社会三个主要阶层最初收入的观点。他认为,地租只是从利润中扣出的部分,从而利润被说成是收入的最初的基本形式,而资本是收入的基础,即利润实质上就是剩余价值。这又是他在科学上取得的光辉成就之一。1817 年 4 月,他的名著《政治经济学及赋税原理》出版。该书包含了他丰富的经济思想,在经济史上有着很重要的地位。1819 年,他成为一名议员,积极参与讨论银行改革、税收提议等问题,并成为了伦敦政治经济俱乐部的奠基人。

赫克歇尔(EliF. Heckscher,1879—1952)③

赫克歇尔于 1879 年生于瑞典斯德哥尔摩的一个犹太人家庭。1897 年起,在乌普萨拉大学(Uppsala University)学习历史和经济,并于 1907 年获得博士学位。毕业后,他曾任斯德哥尔摩大学(University of Stockholm)商学院的临时讲师;1909—1929 年任经济学和统计学教授。此后,因他在科研方面的过人天赋,学校任命他为新成立的经济史研究所所长。他成功地使经济史成为瑞典各大学的一门研究生课程。

他对经济学的贡献主要是在经济理论上的创新和在经济史研究方面引入了新的方法论——一种定量研究方法。

他在经济理论方法方面最重要的贡献是他最著名的两篇文章:《外贸对收入分配的影响》和《间歇性免费商品》。1919 年发表的《外贸对收入分配的影响》是现代赫克歇尔—俄林要素禀赋国际贸易理论的起源。他集中探讨了各国资源要素禀赋构成与商品贸易模式之间的关系,并且,一开始就运用了总体均衡的分析方法。他认为,要素绝对价格的平均化是国际贸易的必然结果。他的论文具有开拓性的意义,其后,这个理论由他的学生俄林进一步加以发展。

《间歇性免费商品》(1924)一文提出的不完全竞争理论,比琼·罗宾逊和爱德华·张伯仑的早了 9 年。文章中还探讨了不由市场决定价格的集体财富(即所谓的公共财物)的问题。

在经济史方面,赫克歇尔更享有盛名。主要著作有:《大陆系统:一个经济学的解释》、《重商主义》、《古斯塔夫王朝以来的瑞典经济史》、《历史的唯物主义解释及其他解释》、《经济史研究》等。

赫克歇尔通过对史料提出更广泛的问题或假定,进行深入的批判性研究,从而在经济史和经济理论两个方面架起了桥梁,并把两者有机地结合起来。他是瑞典学派的主要人物之一。

俄林(Bertil Gotthard Ohlin,1899—1979)④

俄林于 1899 年 4 月生于瑞典南方的一个小村子克利潘(Klippan)。他 1917 年在隆德大学获得数学、统计学和经济学学位。1919 年在赫克歇尔的指导下获得斯德哥尔摩大学工商管理学院经济学学位。1923 年在陶西格(Taussig)和威廉斯(Williams)的指导下获得哈佛大学文科硕士学位。1924 年在卡塞尔(Cassal)的指导下获得斯德哥尔摩大学博士学位。1925 年任丹麦哥本哈根大学经济学教授,5 年后回瑞典在斯德哥尔摩大学商学院教学,1937 年在加利福尼亚大学(伯克利)任客座教授。俄林最为著名的工作是他对国际贸易理论的现代化处理,并由此获得 1977 年的诺贝尔经济学奖。

他的研究成果主要表现在国际贸易理论方面,1924 年出版《国际贸易理论》,1933 年出版其名著,即美国哈佛大学出版的《区间贸易和国际贸易论》,1936 年出版《国际经济的复兴》,1941 年出版《资本市场和利率政策》等。俄林受他的老师赫克歇尔关于生产要素比例的国际贸易理论的影响,并在美国哈佛大学教授威廉斯的指导下,结合瓦尔拉斯和卡塞尔的总体均衡理论进行分析论证,在《区间贸易和国际贸易论》中最终形成了他的贸易理论。因此,俄林的国际贸易理论又被称为赫克歇尔—俄林理论。

资料来源

①《新帕尔格雷夫经济学大辞典》第 4 卷,经济科学出版社 1992 年版,第 384—404 页。
②《新帕尔格雷夫经济学大辞典》第 4 卷,经济科学出版社 1992 年版,第 196—214 页。
③《新帕尔格雷夫经济学大辞典》,经济科学出版社 1992 年版,第 2 卷第 666—667 页,第 3 卷第 747—749 页。
④《新帕尔格雷夫经济学大辞典》,经济科学出版社 1992 年版,第 3 卷第 747—749 页。

复　习　题

1. 简述重商主义保护贸易思想的主要内容。
2. 绝对优势理论的主要内容是什么?
3. 比较优势理论的主要内容有哪些?
4. 论述“里昂惕夫之谜”及经济意义。

(董国俊)

第三章

国际贸易政策与措施

第一节　国际贸易政策概述

国际贸易政策是指各国政府站在一个主权国家或独立关税区的角度制定的对进出口贸易进行管理的有关方针和法规，是世界各国贸易政策措施的总和。当从特定的国家（地区）考察贸易政策时即为对外贸易政策，即指一国（地区）政府根据本国的政治经济利益和发展目标而制定的一定时期内影响其进出口贸易的法律、规章、条例等政策措施的总和。

一、国际贸易政策的内容

对外贸易政策，一般由三部分内容构成。

1. 对外贸易总政策　它是根据一国国民经济的总体情况，制定的在一个较长时期内实行的对外贸易总的原则、方针和策略。包括进口总政策和出口总政策。

2. 国别（或地区）对外贸易政策　它是根据对外贸易总政策及本国与不同国家（或地区）不同的经济政治关系和世界政治经济形势，分别制定的适应特定国家（或地区）的对外贸易政策。

3. 进出口商品政策　它是在对外贸易总政策的基础上，根据国内的产业结构情况、不同商品在国内外市场的供求情况制定的适用于不同产业或不同类别商品的具体对外贸易政策。

二、国际贸易政策的目的

1. 保护本国的生产和国内市场。
2. 扩大本国产品的出口市场。
3. 促进本国产业结构的改善和完善本国的经济体制。
4. 协调国际经济和政治关系。

三、国际贸易政策的类型与演变

从国际贸易的历史和实践来看，对外贸易政策有两大基本类型：自由贸易政策和保护贸易政策。

1. 自由贸易政策　自由贸易政策是指国家对本国的对外贸易放任自由，不加干预，即对进口商品不加限制，对出口商品也不给以特权和优惠，使商品在国内外市场上自由竞争。

2. 保护贸易政策　保护贸易政策是指国家对本国的对外贸易积极加以干预，在进口方面，采取各种措施限制外国产品进入本国市场，保护国内市场和国内生产；在出口方面，给予本国出口商品各种优惠和补贴，鼓励扩大出口。

不同国家在不同的历史阶段,保护贸易政策保护的对象、目的和手段不同,出现过不同的情况:

(1)重商主义:重商主义产生于15世纪,16~17世纪盛行于欧洲主要工业国家,是资本主义原始积累时期的保护贸易政策。重商主义把货币(金银)看成是财富的唯一形态,主张国家干预经济活动,鼓励出口、限制进口,以期把金银财富集中在国内,实现资本积累。早期重商主义着眼于流通领域,注重货币差额,主张多卖少买,最好不买,禁止金银外流。晚期重商主义将重心从流通领域转移到生产领域,注重贸易差额,允许适当的进口和金银输出,主张通过奖出入保持贸易顺差出超,达到货币流入的目的。

(2)幼稚工业保护政策:幼稚产业保护理论产生于18~19世纪的美国和德国,最先由美国当时的财政部长汉密尔顿提出,后经德国的李斯特系统、深刻的阐述而发展并完善。当时资本主义处于自由竞争时期,英国等先进欧洲国家完成工业革命,而美国刚刚独立、德国刚刚从封建割据中完成统一,两国工业化程度低,工业处于刚刚起步的幼稚阶段,缺乏竞争力,为发展本国工业,开始实行保护贸易政策。保护的方法主要是建立严格的保护关税制度,通过禁止输入与征收高关税的方法削弱外国商品的竞争能力,保护本国幼稚工业,同时实行差别关税率,以免税或征收轻微进口税方式鼓励复杂机器进口,引进并吸收先进技术;实行有选择性的保护,保护针对的那些经过保护可以成长起来的,能够获得国际竞争力的产业,对于那些通过保护也不能成长起来的产业则不予以保护,并且,保护是有限期的,超过了规定的限期,即使该产业没有成长起来,也要解除对它的保护;同时也采取一些鼓励出口的措施,提高国内商品的竞争力,以达到保护民族幼稚工业发展的目的。幼稚工业保护政策在美国、德国工业资本主义的发展过程中起到了积极的作用,使两国迅速建立起自己雄厚的工业基础,一跃而成为资本主义强国。

(3)超保护贸易政策:超保护贸易政策是19世纪末至第二次世界大战期间各资本主义国家普遍实行的保护贸易政策。19世纪末资本主义进入垄断时期,资本主义社会的各种矛盾进一步暴露,经济危机周期性爆发,失业成为最严重的经济问题,同时,世界市场的竞争开始变得激烈,于是,各国纷纷要求实行保护贸易政策,保护国内市场、争夺国外市场,转嫁国内危机。超保护贸易政策是一种侵略性的保护贸易政策,与自由竞争时期的保护贸易政策有明显的区别:保护的对象不再是国内幼稚工业,而是一切受到国外竞争的产业,包括国内高度发达的垄断工业;保护的目的不再是保护国内市场以培植国内工业的自由竞争能力,而是要保护就业和垄断国内外市场;保护的性质不是防御性的,而是进攻性的;保护的手段不仅仅是关税壁垒,而且出现了各种各样的限进奖出的非关税壁垒。因而被称为超保护贸易政策。

(4)新贸易保护主义:新贸易保护主义形成于20世纪70年代中期,70年代初的两次石油危机,使发达国家结束的战后的繁荣,经济出现衰退,陷入滞胀状态,失业问题日趋严重。在这种情况下,以美国为首的发达国家结束了战后贸易自由化,重新推行贸易保护政策。

新贸易保护主义是相对于以前的贸易保护主义而言的,其特点是:

保护措施多样化,以关税壁垒和直接的数量限制为主逐渐为以非关税壁垒为主的间接进口障碍所取代;奖出限入的重点从过去的限制进口转向鼓励出口;保护商品增加,被保护产品从传统产品、农产品扩展到工业品服务部门;管理贸易盛行,国家对内制定一系列的贸易法规、条例,加强本国对外贸易的有秩序、健康的管理,对外签订双边、区域及多边贸易条约或协定,协调与其他贸易伙伴国在经济贸易方面的关系。

资本主义生产方式的发展,经历了几个不同的阶段。不同的阶段,世界政治经济形势和国际关系不同,各国生产力发展状况不同,一国在国际分工体系中的地位及本国商品在国际市场上竞争能力不同,因此,对外贸易政策的两大基本类型在不同的历史阶段,不同国家和地区,又有不同的表现形式,不仅在同一时期的不同国家往往实行不同的对外贸易政策,而且在不同时期,同一国家也往往实行不同的对外贸易政策。

在资本主义生产方式的准备时期,为完成资本的原始积累,以英国为首欧洲一些国家采取了重商主义的保护贸易政策，实行严厉的贸易保护，以高额关税和行政手段限制国外产品的进口，并积极增加出口，扩大本国的贸易顺差，积累了大量的货币资本，为资本主义生产方式的确立奠定了雄厚的物质基础。

在资本主义的自由竞争时期，自由贸易政策和保护贸易政策并存。以英国为首的先进国家完成了工业革命，开始推行自由贸易政策，向全球出口其具有强大竞争力的工业品，进口原材料和粮食，取得了国际经济体系中的统治地位，使世界大多数落后国家成为其经济附庸。但是，一些后起的工业国家，如美国和德国，采取了保护贸易政策，保护本国幼稚工业，使本国实现了工业化，跻身先进工业国家的行列。

资本主义进入垄断时期后，资本主义社会的各种矛盾进一步暴露，生产过剩、就业不足日益成为困扰着资本主义国家的严重问题，经济危机周期性爆发。发达国家纷纷采取超保护贸易政策，以输出危机，刺激本国经济。

二战后，随着生产国际化和资本国际化的发展，及美国扩张其势力范围的需要，积极推行贸易自由化运动，使西方国家走向了自由贸易的道路。与此同时，刚刚独立的发展中国家和社会主义国家为建立本国的工业基础，采取了保护贸易政策。

20 世纪 70 年代中期以后，经历一段时期的贸易自由化之后，欧共体和日本的经济崛起，对美国在国际分工的主导地位提出了强有力的挑战，伴随两次石油危机的爆发，发达国家经济衰退，陷入滞胀，又开始兴起了新贸易保护主义。

第二节　关　税

关税（gustoms duties；tariff），是一国政府设置的海关依据本国的海关法和海关税则，对通过其关境的进出口商品所征收的税。

关境与国境是两个不同的概念，关境是海关设置的征收关税的领域，而国境是一国行使主权的领域。一般说来，二者是一致的，但也有不一致的情况，例如，当一国在国境以内设置自由港或自由贸易区等免税区域时，关境小于国境；而当某些国家相互之间结成关税同盟时，参加同盟的国家在领土基础上合成统一的关境，对某一国而言，关境就大于国境。

一、关税的特点

关税的税收主体即纳税人，是本国进出口商，税收客体即依法被征税的标的物，是进出口货物，关税是针对进出口商品征收的，关税的征收机构是政府在关境上设立的海关。

关税是一种间接税，虽然由进出口商交纳，但最终会作为成本转嫁到货价上由国内外的消费者负担，关税具有强制性、无偿性和固定性特征，与其他税赋一样由国家凭借政治权力规定与征收。

二、关税的种类

（一）按商品流向分类

按征税商品的流向可分为进口税、出口税和过境税三类。

1. 进口税（import duties）是进口国海关在外国商品输入时，对本国进口商所征收的关税。进口税是关税中最主要的税种，它一般在外国商品进入关境、办理海关手续时征收。

2. 出口税（export duties）是出口国海关在本国商品输出时，对本国出口商所征收的关税。目前大多数国家为了鼓励出口、增强本国商品的在国际市场上竞争力，对绝大部分的商品出口已不再征收出口税。

征收出口税的主要目的，一是增加财政收入；二是保护国内生产；三是保障国内市场。以财政收入为目的的出口税，税率一般都不高，过高的税率会减少出口，从而减少财政收入。以保护国内生产为目的的出口税，主要是针对某些出口的原料征收，以保证国内相关产业对原材料的需要和增加国外产品的生产成本。以保障国内市场为目的的出口税，旨在通过征收出口税减少出口，保障国内生产不足而又有较大需求的产品的供给，抑制通货膨胀、稳定国内经济。

3. 过境税（transit duties）是一国海关对通过其关境运往另一国的外国货物所征收的关税也称转口税、通过税。过境税在资本主义发展初期盛行，后来，随着运输业的发展及运输竞争的加剧，从19世纪后半期开始，各国相继废止了过境税。

（二）按征税目的分类

按征税目的可分为财政关税和保护关税。

财政关税（revenue tariff；revenue customs duties）又称收入关税，是以增加政府财政收入为目的而征收的关税。

财政关税一般与较低的经济发展水平相联系，在历史上关税产生以后的一个很长时期内，由于国内经济不发达，直接税源有限，征收关税的目的主要是为了国家的财政收入。随着经济的发展，目前发达国家的财政收入改为以直接税为主，财政关税已很少使用，关税在国家财政收入中仍占很大比重的国家主要是一些发展中国家。

保护关税（protective customs duties）是以保护国内产业为目的设置的关税。其税率一般都很高，有时高达百分之几百，使征税后进口商品价格等于或高于国内相同产品的价格，以保持或刺激对国内相同产品的需求，从而起到了保护该产品的国内生产的作用。

（三）按征税待遇分类

按征税待遇可分为普通税、优惠关税、进口附加税和差价税

1. 普通税（common duty） 是不附加任何优惠条件的关税，适用于无贸易协定的国家的进口商品，是最高的税率，现在仅个别国家的商品实行这种税率。

2. 优惠关税 优惠关税适用于有经济贸易关系的国家的进口商品。优惠关税包括最惠国关税、普惠税、特惠税等多种形式。

（1）最惠国关税是签订含有最惠国待遇条款的贸易协定的国家之间相互实行的关税，税率较普通税低，但比普惠税高。

（2）普惠税（generalized system of preference，GSP）是发达国家根据联合国贸发会议决议对发展中国家的某些商品，特别是制成品或半制成品给予的普遍性、非歧视性和非互惠性优惠关税待遇。普遍性是指所有发达国家对发展中国家出口的制成品和半制成品给予普遍的优惠；非歧视性是指所有发展中国家无例外地享受普遍优惠待遇；非互惠性是指发达国家单方面给予发展中国家关税优惠，而不要求发展中国家或地区提供反向优惠。

普惠制的实行是发展中国家长期斗争的结果。1968年联合国贸易与发展会议上，发展中国家团结一致，促使会上做出了普惠制决议。1971年7月欧洲共同体首先制定普惠制方案，随之，28个国家先后实行普惠制，其中市场经济国家22个，计划经济国家6个。享受普惠制待遇的发展中国家和地区达170多个国家或地区。

实践中，实施普惠制的国家在提供关税优惠待遇的同时，又规定了诸如受惠国或地区、受惠商品范围、减税幅度、保护措施、原产地规则等种种限制措施，最终并没有实现扩大发展中国家对发达国家制成品和半制成品的出口，促进发展中国家的工业化的预期目标。

（3）特惠关税（preferential duties）是一种特别优惠的关税，它是对某些特定国家或地区进口的全部或部分商品，给予特别优惠的低关税或免税待遇，其税率低于最惠国关税，也低于普惠税。特惠关税最早实行于宗主国与殖民地之间，其目的是为了保持宗主国在殖民地市场上占据优势，英联

邦帝国特惠制就是最有名的特惠关税。

3. 进口附加税　进口附加税(import surtax),也称特别关税,是指一国对进口商品除了征收正常的一般进口关税以外,根据某种目的临时加征的额外进口税。进口附加税是为特殊目的设置的,在海关税则中并不载明,其主要目的包括:应付国际收支危机,维持进出口平衡;抵制不公平贸易;3)对某个国家实施歧视或报复等。

进口附加税主要有反贴补税、反倾销税两种。

(1)反贴补税(counter-vailing duty)又称抵消税或补偿税,它是进口国对在生产、制造、加工、买卖、输出过程中直接或间接接受任何奖金或贴补的外国商品进口所征收的一种附加税。征收的目的在于提高进口商品的国内价格以抵消其所享受的贴补金额,削弱其竞争能力,保护本国产业。

(2)反倾销税(anti-dumping duty)是对实行商品倾销的进口货物所征收的一种进口附加税。其目的在于抵制商品倾销,保护本国产品的国内市场。倾销是指低于正常价格在其他国家进行商品销售的行为。

4. 差价税　差价税(variable levy)又称差额税,是当本国生产的某种商品的国内价格高于同类进口商品的价格时,为削弱进口商品的竞争能力,保护国内生产和国内市场,按国内价格与进口价格之间的差额征收的关税。由于税额随国内外价格差额的变动而变动,因此差价税也是一种滑动关税。

(四)按征收关税的标准,可以分成从价税、从量税、复合税、选择税和滑动关税。

1. 从价税(advalorem duties)　是一种最常用的关税计税标准。它是以贸易商品的价格为征税标准征收的关税,以应征税额占货物价格的百分比为税率,价格越高,税额越高。货物进口时,以此税率和海关审定的实际进口货物完税价格相乘计算应征税额,计算公式是:从价税额=商品价值×从价税率。从价税的特点是,税额随商品价格涨落而升降。优点是:税负公平明确,征收比较简单,易于实施;但是,从价税存在完税价格如何确定的问题,现在一般有三种方法即到岸价格、离岸价格和海关估价作为征税标准,同时,不同品种、规格、质量的同一货物价格有很大差异,海关估价有一定的难度,因此计征关税的手续也较繁杂。目前,我国海关计征关税标准主要是从价税。

2. 从量税(specific duties)　是根据贸易商品的物理量(数量、重量、体积、容量等计量单位)为计税标准征收的关税,以每计量单位货物的应征税额为税率。从量税的特点是,每一种货物的单位应税额固定,不受该货物价格的影响。计税时以货物的计量单位乘以每单位应纳税金额即可得出该货物的关税税额。从量税的优点是:计算简便,通关手续快捷,并能起到抑制低廉商品或故意低瞒价格货物的进口。缺点是,由于应税额固定,物价变化时,税额不能相应变化,因此,在物价上涨时,关税的调控作用相对减弱。二战前,资本主义国家普遍采用从量税的方法计征关税。战后,由于商品种类、规格日益繁杂和通货膨胀,大多数资本主义国家普遍采用从价税的方法。

3. 混合税(mixed or compound duties)　又称复合税,是对某些进口商品既征收一定比例的从价税,也征收一定比例的从量税,即征收时两种税率合并计征。混合税具体运用时,可根据不同情况,对某种进口货物以从量税为主,加征从价税,或以从价税为主加征从量税。其目的在于既发挥从量税抑制低价进口货物的特点,又发挥从价税税负合理、稳定的特点。

4. 选择税(alternative duties)　是对进口商品同时规定从价税率和从量税率,征收时选择其中一种方法课征,一般选择税额较高的一种方法计征。此税的方法比较灵活,进口国可以根据进口商品的价格变动和国内经济情况的需要选择有利的课征方法。

5. 滑动关税(sliding duty)　是根据进出口商品价格或数量的变动而升降税率的一种关税。滑动关税的经济功能是通过关税水平的适时调节影响进出口价格水平,以适应现时国际、国内市场价格变动的基本走势,免受或少受国内外市场价格水平波动的冲击。滑动税包括滑动进口税和滑动出口税。滑动进口税是对某些输入商品,根据输入国同类商品国内市场价格高低确定其关税税率的高低。国内市场价格低时，提高其进口税率；国内市场价格高时，降低其进口税率，从而使该商品的国内市场价格保持稳定，保护国内同类商品的生产，防止国内该种商品脱销、短缺或外国货物倾销。滑动出口税是根据某些输出商品的国际市场价格高低决定其税率的高低，当某种商品国际市场价格上涨时，即提高其出口关税税率，转嫁该产品的成本和国内税负，当国际市场价格下跌时，则减轻其出口税率，增加该产品的国际市场竞争能力。滑动关税的优点在于它能平衡物价，保护国内产业发展。

三、海关税则

海关税则(customs tariff)也称关税税则(tariff schedule)是一国海关据以对进出口商品计征关税的规章和对进、出口的应税与免税商品加以系统分类及税率的一览表。

关税税则一般包括两个部分：一部分是海关征税规章；一部分是商品分类及关税税率一览表。

关税税率表包括税则号例(Tariff No. 或 Heading No. 或 Tariff Item)，简称税号；货物分类目录(description of goods)和税率(rate of duty)三部分。

关税税则的货物分类是一项十分复杂的工作，各国关税税则分类不尽相同，主要是根据进出口货物的构成情况，对不同商品使用不同的税率以及便于贸易统计而进行系统的分类。为了统一各国的商品分类，减少税则分类的矛盾，曾先后形成三种商品分类目录：布鲁塞尔税则目录(Brussels tariff nomenclature-BTN)；标准分类(standard international trade classification，SITC)；协调制度(the harmonized commodity description and coding system，HS)。

海关税则可分为单式税则和复式税则两类：

单式税则也叫一栏税则。即一个税目只有一个税率，适用于来自任何国家的商品，没有差别待遇。目前，只有少数发展中国家如乌干达、巴拿马、委内瑞拉等实行单式税则。

复式税则也叫多栏税则。即往往在一个税目下订有两个或两个以上的税率，对来自不同国家或地区的进口商品，给予不同的关税税率待遇。这种税则有二栏、三栏和四栏不等。大多数国家为了在关税上进行差别和歧视待遇，或争取关税上的互惠，都放弃单式税则转为复式税则。

四、关税的经济效应

征收关税会对进出口国的经济造成多方面的影响，产生一系列的经济效应：降低资源的配置效率，在各国间和各国内的不同利益集团之间进行收入的再分配，从总体上降低贸易参加国的福利水平，损害世界的经济利益。下面我们主要以贸易小国为例，用图 3-1 分析说明关税的经济效应，在此基础上再简单讨论一下大国的情况。

1. 关税的价格效应　关税是一种间接税，对进口产品征收关税，进口商会提高商品价格，使进口产品的国内价格上升，至于上涨的幅度则取决于征税国对世界市场价格的影响能力，贸易小国的进口量占世界市场的比例很小，因而征税对世界市场价格没有影响，征税后，国内价格由 P_w 上升到 P_t。

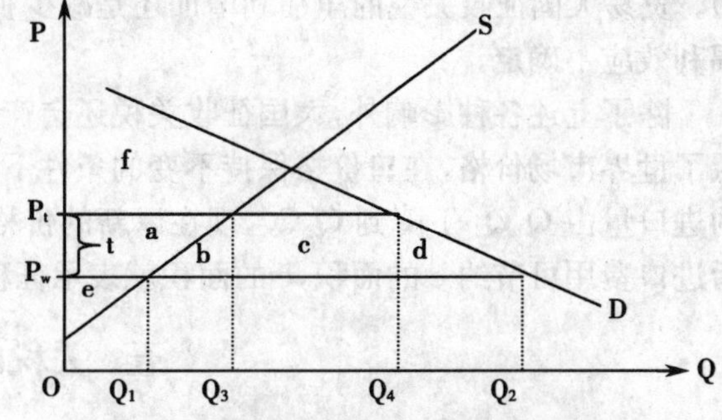

图 3-1　贸易小国关税的经济效应

图中横轴表示商品数量，纵轴表示价格，S 表示国内供给曲线，D 表示国内需求曲线，P_w 表示征收关税前的世界市场价格(即自由贸易下的价格)，P_t 表示征收关税后的国内价格，t 为从量税(对单位进口商品所征收的关税)，$P_t=P_w+t$ 表示征收关税后的国内价格。

2. 关税的消费效应　征收关税使商品的价格上升，进口国消费者对该商品的需求量和进口量会减少，需求量由自由贸易条件下的 OQ_2 减少到征税后的 OQ_4，进口量由 Q_1Q_2 减少到 Q_3Q_4，该国的消费者剩余由征税前的 f＋a＋b＋c＋d 减少到 f，减少了 a＋b＋c＋d，损害消费者的利益。

3. 关税的生产效应　征收关税后，国内市场价格上升，国内进口替代部门的生产厂商会国内生产增加，国内的生产水平由 OQ_1 增加到 OQ_3，增加了 Q_1Q_3 的产量。国内生产者获得的生产者剩余由 e 增加到 a＋e，增加了 a，提高了进口国生产者的福利水平。

4. 关税的财政效应　一般情况下，征收关税会增加政府的财政收入。征收关税的财政收入＝进口量×单位关税额，表现为图 3-1 中的 c 部分。

5. 关税的再分配效应　由上述分析可知，征收关税后，国内的不同利益集团之间进行收入发生了转移，政府收入和生产者剩余的增加（a 和 c）实际上消费者剩余损失的一部分，即消费者收入向政府和生产者转移。

6. 关税的净经济效应　征收关税的影响是多方面的，对不同利益集团福利的影响不同，对关税的净经济效应分析要综合考虑国内各利益集团的得失。

关税的净经济效应＝消费效应＋生产效应＋财政效应＝－(a＋b＋c＋d)＋a＋c＝－(b＋d)＜0。

其中，b 表示 Q_1Q_3 数量的商品在征税后由国内成本高的生产替代原来来自国外成本低的生产，从而导致资源低效率源配置造成的损失；d 表示征税后因消费量下降 Q_4Q_2 所导致的损失，即生产 Q_4Q_2 数量商品的资源闲置。

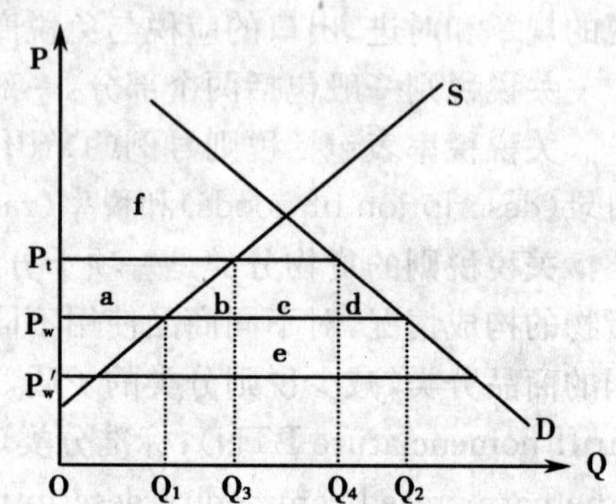

图 3-2　贸易大国关税的经济效应条件效应

图中横轴表示商品数量，纵轴表示价格，S 表示国内供给曲线，D 表示国内需求曲线，P_w 表示征收关税前的世界市场价格（即自由贸易下的价格），P_t 表示征收关税后的国内价格，P_w' 表示征收关税后的世界市场价格，t 为从量税（对单位进口商品所征收的关税），$P_t=P_w'+t$ 表示征收关税后的国内价格。

这表明，综合来看，关税造成净福利损失。

下面结合图 3-2 简单介绍一下贸易大国的情况。

大国的情况与小国有差别，关税其对价格的影响不仅仅表现为本国国内市场价格的上升，同时也影响国家价格。由于大国进口量占世界市场比重较大，国内市场价格上升，使得进口量的减少将促使世界市场价格下降，即世界价格也由 P_w 降至 P_w'，关税负担实际上由国内消费者和国外出口商共同承担，相应的，国内市场价格 P_t＝征收关税后的世界市场价格 P_w'＋关税 t。

关税的净福利效应＝消费效应＋生产效应＋财政效应＝－(a＋b＋c＋d)＋a＋(c＋e)＝e－(b＋d)。贸易大国征收关税的净福利增加还是减少视 e 和(b＋d)二者面积的大小而定，因而关税的净福利效应不确定。

除了上述各种影响外，大国征收关税还会产生贸易条件效应。因为在大国情况下，征收关税降低了世界市场价格，在口价格保持不变的条件下，则本国的贸易条件改善，对征税国有利。征税后的进口量由 Q_1Q_2 下降到 Q_3Q_4，现在以新的价格 P_w'进口，和征税前进口同样多的商品相比，征税后进口费用可节约 e 的面积，e 的面积就表示征税国因贸易条件改善而获得的利益。

五、关税的保护程度

关税保护程度指一国所定的关税税则在保护本国生产中所起的作用大小。一般从以下四个方面衡量。

（一）关税水平

关税水平（tariff level）是指一个国家的平均进口税率。关税水平越高，说明进口关税越高，保护性越强。它的计算主要由简单平均法和加权平均法。

1. 关税水平计算的简单平均法　简单平均法只根据一国税则中的法定税率来计算，即不管每个税目实际的进口数量，只按税则中的税目数求其税率的算术平均值。由于税则中很多不同税率的商品在一国进口比重存在很大差异，如有些高税率的商品很少或根本没有进口，而有些零关税或免税的商品却有大量进口，因此，将贸易中的重要税目和次要税目均以同样的权重计算显然不合理，不能如实反映一国关税水平，故很少被使用。

2. 关税水平计算的加权平均法　加权平均法是用进口商品的数量或价格作为权数进行平均。按照统计口径或比较范围的不同，又可分为全额加权平均和取样加权平均两种。

(1)全额加权平均。即按一个时期内所征收的进口关税总金额占所有进口商品价值总额的百分比计算。计算公式为：

关税水平＝进口关税总额/进口商品总额×100%

由于各国的税则分类不尽相同，因而这种方法使各国关税水平的可比性相对减少。

(2)取样加权平均。即选取若干种有代表性的商品，按一定时期内这些商品的进口税总额占这些代表性商品进口总额的百分比计算，公式为：关税水平＝若干种有代表性商品进口关税总额/若干种有代表性商品进口总额×100%

这种方法下，若各国选取同样的代表性商品进行加权平均，则各国关税水平的可比性大大提高。比全额加权平均更为简单和实用。

关税水平的数字虽能比较各国关税的高低，但还不能完全表示保护的程度。

(二) 名义保护率

名义保护率(nominal rate of protection，NRP)。即由于实行保护而引起的国内市场价格超过国际市场价格的部分与国际市场价格的百分比。

名义保护率＝(进口货物国内市价－国际市场价格)/国际市场价格×100%

名义保护率衡量的是一国对某一类商品的保护程度。由于在理论上，国内外差价等于关税额，因而在不考虑汇率的情况下，名义保护率在数值上和关税税率相同。

(三) 有效保护率

有效保护率(effective rate of protection，EPR)即征收关税所引起国内加工增加值同国外加工增加值的差额占国外加工增加值的百分比。用公式表示为：

$$ERP=(V'-V)/V\times 100\%$$

ERP：有效保护率；

V'：国内加工增加值；

V：国外加工增加值。

有效保护率也可用下列公式计算：

$$ERP=(T-\sum a_i t_i)/(1-\sum a_i)\times 100\%$$

T：为进口最终产品的名义关税率；

a_i：自由贸易条件下进口投入原料价值在最终产品中所占的比重；

t_i：进口原料的名义关税率。

由公式不难看出，只有当最终产品的名义税率高于原材料的名义税率时，最终产品的有效保护率才会高于对其征收的名义税率，而当最终产品的名义税率小于原材料的名义税率时，最终产品的有效保护率小于对其征收的名义税率，特别是，当原材料的名义关税率高出产品的名义关税率很多时，甚至会出现负保护，损害了要保护产业的发展。

其思路在于：一国对某一产业的保护程度不能单纯从该产业产品关税率的高低来判断，对生产被保护产品所消耗的投入品(原材料或中间产品)课征关税，会提高产品的成本，从而降低对该产业产出品的保护。因此,不能只考虑关税对最终产品的国内市场价格的影响,还应着眼于生产过程的增值,考察整个关税制度对被保护商品在生产过程中的增加值所产生的影响。

为避免出现负保护,提高有效保护率,世界各国关税税率一般都表现为关税税率随产品加工程度的逐渐深化而不断提高,这种关税结构现象称为关税升级(tariff escalate)或阶梯式关税结构。关税结构(tariff structure)又称为关税税率结构,是指一国关税税则中各类商品关税税率之间高低的相互关系。

第三节 非关税壁垒

非关税壁垒(non-tariff barriers)是指关税以外的所有用以限制进口的措施。是当今各国保护国内市场的主要手段。

一、非关税壁垒的特点

非关税壁垒与关税壁垒都有限制进口的作用,但与关税壁垒比较,非关税壁垒具有以下特点:

1. 非关税壁垒比关税壁垒具有更大的灵活性和针对性;关税税率的制定必须通过立法程序,要求具有相对的稳定性。这在需要紧急限制进口时往往难以适应。非关税壁垒措施的制定通常采取行政程序,比较便捷,能随时针对某国的某种商品采取相应的措施,较快地达到限制进口的目的。

2. 非关税壁垒比关税壁垒更能达到限制进口的目的;关税壁垒是通过征收高额关税,提高进口商品的成本和价格,削弱其竞争能力,从而间接地达到限制进口的目的。但如果出口国采用出口补贴,商品倾销等办法来降低出口商品的成本和价格,关税往往难以起到限制商品进口的作用。但是非关税壁垒措施,则更能有效地起到限制进口的作用。

3. 非关税壁垒比关税壁垒更具有隐蔽性和歧视性。

关税率确定以后,要依法执行。任何国家的出口商都可以了解,但一些非关税壁垒措施往往并不公开,而且经常变化,使外国出口商难以对付和适应。

二、非关税壁垒的种类

(一) 进口配额制

进口配额(import quota)又称进口限额,是指一国政府为保护本国工业,在一定时期(如一季度、半年或一年)内,对于某些商品的进口数量或金额加以直接限制。

进口配额有以下分类:

1. 配额按其限制的严格程度的不同可以分为两大类:绝对配额和关税配额。

(1)绝对配额(absolute quotas):指在一定时期内,对某些商品的进口数量或金额规定一个最高额度,达到了这个额度后,便禁止进口。

(2)关税配额(tariff quotas):是指在配额额度内进口,可以享受低关税或免税,超过额度的进口征收高关税。

2. 配额按其实施方式的不同可以分为三大类:国别配额、全球配额和进口商配额。绝对配额具体实施过程中有三种形式。

(1)全球配额(global quotas):是适用世界范围内的对配额,它规定该国对某种商品在一定时间内的进口数量或金额,数量限额不区分国别地区,谁先申请谁先获得,适用于来自任何一国的商品进口。

(2)国别配额(country quotas):是进口国对来自不同国家的进口商品,规定不同的进口限额,即将总配额按国家或地区分配。为了区分来自不同国家或地区的商品,在进口时必须提交原产地证明书。国别配额可以根据国家关系不同而给予差别待遇，具有很强选择性和歧视性。国别配额的分配方式有自主配额和协议配额两种：自主配额（autonomous quotas）或称单边配额（unilateral import quotas），即由进口国单方面、自主的强制规定在一定时间内从某国进口某种商品的配额，而不必征求出口国的同意。协议配额（agreement quotas）或称双边配额（bilateral quotas），即由进口国和出口国政府或民间团体通过协议协商确定的配额。

（3）进口商配额（importer quotas）即将一定时间内某些商品的数量限额直接分给本国的进口商。

（二）自愿出口限制

自动出口限制（voluntary restriction of export）又称“自愿出口配额制”（“voluntary” export quotas）也是一种限制进口的手段。是指出口国家或地区在进口国的要求或压力下，“自愿”规定某一时期（一般为五年）内某些商品对该国出口的数量或金额的限制，在限定的配额内自行控制出口，超过配额即禁止出口。其目的在于避免因这些商品出口过多而招致进口国采取更加严厉的进口配额措施。自动出口限制名义上是出口国自愿承担的单方面行动，实则是在进口国的压力下做出的，更加具有隐蔽性。

1.“自愿”出口限制的种类　“自愿”出口限制一般采取两种形式：非协定的出口限制和协定出口限制。

（1）非协定的出口限制指由出口国单方面自行规定出口到某国的限额，以限制商品的出口，不受国际协定的约束。这种限制可由政府规定配额并予以公布，出口商必须向有关机构申请配额，领取出口授权书或出口许可证才能输出，也可以是出口国的出口厂商和同业公会“自愿”规定额度控制出口。

（2）协定出口限制指由出口国与进口国通过谈判的方式签订“自限协定”（self-restriction agreement）或“有秩序的销售协定”（orderly marketing agreement）。

2.“自愿”出口限制协定的内容　各种自愿出口协定的内容不尽相同，一般包括以下几个方面。

（1）配额水平（quota level）：即协定有效期内各年度“自愿”出口的限额。通常以协定缔结前一年的实际出口量，或原协定最后一年的配额为基础商定新协定第一年的限额，并确定以后各年度的增长率。

（2）自限商品的分类和细目：早期自限商品的品种较少，分类较笼统。20 世纪 70 年代以来，品种日益增多，分类日趋复杂。

（3）限额的融通：即各种自限商品的限额相互之间融通使用的权限。主要有水平融通和垂直融通两种融通做法，前者指同一年度内组与组、项与项之间在一定百分率内的融通使用的权限，一般在 1%～15%之间，有些品种禁止融通；后者指同组同项水平在上下年度间的融通。协定中通常规定有留用额（carry-over）和预用额（carry-in），留用额指当年未用完的配额拨入下年度使用的额度和权限，预用额是指当年配额不足而预先使用下年度的额度的权限。

（4）保护条款：指协定规定进口国方面有权通过一定的程序，限制或停止进口扰乱本国市场或使本国厂商受损害的商品。

（5）出口管理规定：即协定中规定出口国应对自限商品执行严格的出口管理，保证出口不超过限额水平并尽量按季度均匀出口。

（6）协定的期限：协定的有效期一般为 3～5 年。

（三）进口许可证制

进口许可证制（import licence system）是一种限制进口，指一国政府规定某些商品必须领取许可证才可以进口，否则一律不准进口的行政管理措施。大多数国家将进口许可证制与进口配额结合起来使用。

进口许可证的分类：

1. 从进口许可证制与进口配额的关系上划分为有定额与无定额进口许可证。

(1)有定额的进口许可证，即将进口许可证制与配额结合起来，管理当局预先规定有关商品的进口配额，然后在配额的限度内，根据进口商申请逐笔发放具有一定数量或金额的许可证，配额用完即停止发放。

(2)无定额的进口许可证。即进口许可证制不与配额结合，管理当局不公开配额数量，发放有关商品的进口许可证只是根据具体情况对进口商的申请个别考虑。由于此种许可证没有公开的标准，在执行上具有很大的灵活性，起到的限制作用更大。

2. 从进口商品有无限制的角度划分为公开一般许可证和特种许可证。

(1)公开一般进口许可证(open general licence，OGL)，又称公开进口许可证、一般进口许可证或自动进口许可证，是指对国别或地区没有限制的许可证。凡列明属于公开一般许可证项的商品，进口商只要填写许可证便可获准进口。此类商品实际上是“自由进口”的商品，填写许可证只是履行报关手续，供海关统计和监督需要。

(2)特种许可证(special licence，SL)又称非自动进口许可证，即进口商必须向有关当局提出申请，经逐笔审查批准后才能进口。这种许可证大都指定进口国别和地区。

(四) 外汇管制

外汇管制(foreign exchange control)是一国政府通过法令、规定和措施，对国际结算和外汇买卖加以限制以平衡国际收支，维持汇率，及集中外汇资金，根据政策需要加以分配的一种管理措施。在外汇管制下，出口商必须把出口所得的外汇收入按官方汇率卖给政府指定的外汇银行，进口商必须向外汇管理机构申请，得到政府外汇管理机构的批准购买外汇，本国货币的携带出入国境也受到严格的限制等。由于外汇汇率、供应数量等受到外汇管理当局的严格控制，国家就能有效地控制商品的进口数量、种类和来源国或地区，从而起到限制进口的作用。外汇管制较为复杂，一般可分为以下几种：

1. 数量性外汇管制　指国家外汇管理机构对外汇买卖的数量直接进行限制和分配，其目的在于通过集中外汇收入，控制外汇支出，实行外汇分配，达到限制进口商品品种、数量和国别的目的。一些国家实行数量性外汇管制时，往往规定进口商必须获得进口许可证后，方可得到所需的外汇。

2. 成本性外汇管制　是指国家外汇管理机构对外汇买卖实行复汇率制，利用外汇买卖成本的差异，间接影响不同商品的出口。

所谓复汇率制，是指一国货币的对外汇率不止一个，而是两个或两个以上。其目的是利用汇率的差别来限制或鼓励某些商品的进口或出口。通常做法是：在进口方面，对于国内急需而又供应不足或不生产的重要原料、机器设备和生活必需品，实行较为优惠的汇率；对于国内可大量供应和非重要的原料和机器设备实行一般的汇率；对于奢侈品和非必需品使用最不利的汇率；在出口方面，对于缺乏国际竞争力但又需要扩大出口的某些商品，给予较为优惠的汇率；对于其他一般商品的出口实行一般的汇率。

3. 混合性外汇管制　指同时使用数量性和成本性外汇管制，实行更为严格的外汇控制，以控制商品的进出口。

(五) 歧视性的政府采购政策

歧视性的公共采购(discriminatory government procurement policy)是指根据国家有关法律制度，国家行政部门在采购时必须优先购买本国产品的做法。

这种优先购买本国产品的政策实际上是一种歧视性的政策，这使得本国的生产者在和外国的销售商竞争时处于一个更加有利的地位，从而限制了进口，保护了本国工业。

（六）最低限价

最低限价（minimum price）指一国政府规定某种商品进口的最低价格，进口时低于该价格则禁止进口或征收附加税。进口国有时把最低限价定得很高，使得进口商无利可图，达到限制进口的目的。

（七）歧视性的国内税

国内税（internal taxes）是指产品进入一国国内市场后，在流通领域发生的税。歧视性的国内税指一国专门针对进口商品征收国内税或对进口商品征收高于国内产品的税，即对进口商品和国内生产的商品实行差别税收，增加进口商品的国内税收负担，限制商品的进口。

国内税的制定和执行属于本国政府机构，通常不受贸易条约和多边协定的约束，是一种比关税更灵活、更隐蔽的限制进口的措施。

（八）进口押金制度

进口押金制（advanced deposit）又称进口存款制，它是指一国政府规定在进口商品时，进口商必须预先按进口金额的一定比率和规定的时间，在指定的银行无息存放一笔现金，并且存款须经一定时期后才发还给进口商。这实际上增加了进口商的成本，从而起到了限制进口的作用。

（九）海关壁垒（customs barriers）

1. 海关估价（customs valuation）　是指海关按照国家规定，对申报进口的商品价格进行审核，确定或估定其完税价格，并以海关估定的完税价格作为计征关税的基础的一种制度。

专断的海关估价措施（arbitrary measures for customs valuation）是指有些国家根据某些特殊规定，违背海关估价协议，人为的提高某些进口货的海关估价，增加进口商的税收负担税，来阻碍商品的进口。

在国际贸易中，有些国家为了限制进口，对进口货物采取任意武断的估价，成为非关税壁垒的重要形式。

2. 繁琐的海关手续　繁琐的海关手续指进口国有关当局在通关环节中故意制造麻烦，增加进口阻力。如：在进口商办理通关手续时，要求提供非常复杂或难以获得的资料、通关程序耗时冗长，海关人员推迟结关等等。

（十）对外贸易的国家垄断

对外贸易的国家垄断是指，国家机构直接经营，或者是把某些商品的进口或出口的专营权给予某些垄断组织。一般发展中国家在其经济发展的初级阶段都由政府直接经营所有的进出口，在以私营经济为主体的发达国家，仅对少数商品如军火、烟和酒、农产品等商品实施国家垄断。

三、非关税壁垒的经济效应

虽然非关税壁垒种类繁多，但其作用都是以关税之外的手段限制进口为目的，因此我们主要以进口配额为例分析非关税壁垒对经济的影响。

一般情况下，配额小于自由贸易下的进口量，所以实施配额后进口会减少，进口商品在国内市场的价格要上涨。与我们前面分析的关税的经济效应一样，小国实施配额只影响国内市场的价格，对世界市场的价格没有影响；大国实施配额则不仅导致国内市场价格上涨，还会导致世界市场价格下降。这里我们只分析小国进口配额对一国福利产生的影响，大国的情况可结合前面关税的经济效应自行分析。

见图 3-3，在世界市场价格为 P_w 的条件下，国内的供给量为 OQ_1，国内的需求量为 OQ_2，进口量为 Q_1Q_2。假设该国政府实行进口配额，只允许 Q_3Q_4 所示的商品数量进口，则在 P_w 价格水平上，国内外总供给量（$OQ_1+Q_3Q_4$）低于国内需求量 OQ_2，商品供不应求，国内市场价格上升，导致厂商增加供给量，消费者需求量下降。需要注意的是，但由于实行配额，国外供给量不能增加，增加的只是国内厂商的商品提供量。当价格上升到 P_Q 价格水平时，国内生产增加到 OQ_3，国内需求量减少到 OQ_4，供求之间达到平衡。

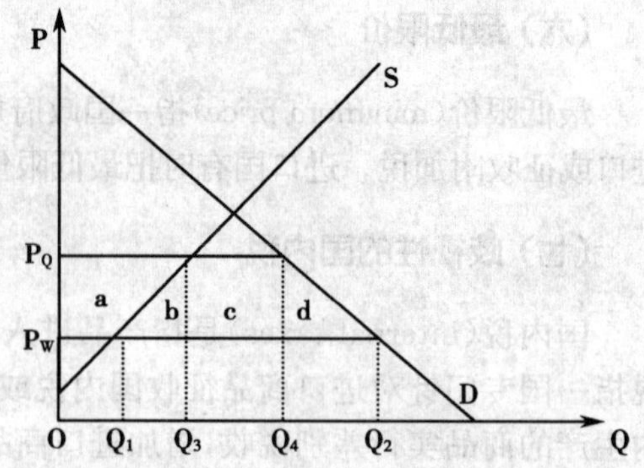

图 3-3　进口配额对一国福利的影响

图中横轴表示商品数量，纵轴表示价格，S 表示国内供给曲线，D 表示国内需求曲线，P_w 自由贸易下的价格条件下的世界市场价格，P_Q 表示实施配额后的国内价格。

与关税不同的是，政府没有从实施配额中直接获得财政收入，因此，配额的净福利效应＝消费效应＋生产效应＝－(a＋b＋c＋d)＋a＝－(b＋c＋d)。此时，生产者剩余增加了 a，而消费者剩余减少了(a＋b＋c＋d)。其中，b、d 分别表示资源低效率源配置造成的损失和消费量下降导致的损失，(b＋d)为配额的净损失，至于 c，它是一种垄断利润，既没有直接形成政府的财政收入，也没有通过国际市场价格变动为国外出口商获得，它的归属取决于政府分配配额的方式。

第四节　新贸易壁垒

新贸易壁垒，是相对于传统贸易壁垒而言的，指以技术壁垒为核心的包括绿色壁垒和社会壁垒在内的所有阻碍国际商品自由流动的新型非关税壁垒。传统贸易壁垒指的是关税壁垒和传统的非关税壁垒（参见本章二、三节）。新贸易壁垒与传统贸易壁垒的根本区别在于传统贸易壁垒主要是从商品数量和价格上实行限制，体现的是商业利益；而新贸易壁垒考虑的是商业利益以外的关于人类健康、安全以及环境的问题，体现的是社会利益和环境利益。

一、新贸易壁垒产生的原因

新贸易壁垒的出现是国际经济、社会、科技不断发展的产物，其产生的原因最主要的在于以下几点。

1. 随着可持续发展理念深入人心，环保意识、安全健康意识的提高，人们越来越关心赖以生存的地球和社会的可持续性发展，使人、自然与社会重新结合成有机、和谐的统一体，因而要求国际贸易中的产品本身及其生产加工、使用、消费及处理过程都要不以牺牲环境和劳动者的健康为代价，这是新贸易壁垒产生的思想根源。

2. 社会进步和人民生活水平的不断提高，人们的消费观念日益更新，安全健康意识空前加强，对环保、健康和安全的产品需求的扩大是新贸易壁垒形成的内在原因。

3. 科学技术的进步为新贸易壁垒的发展提供了技术和物质基础。科技的进步和发展，使技术密集型产品在国际贸易中的比重不断提高，而技术密集型产品涉及的技术问题较为复杂，容易形成新贸易壁垒。同时随着科技水平的提高，出现了高灵敏和高技术检测仪器，使设置新贸易壁垒在技术上成为可能。

4. 各国经济发展水平、技术实力的差异，是新贸易壁垒产生的客观原因。发达国家由于经济发展水平和技术水平较高，其技术标准、环保要求、劳工标准等也较高。发展中国家由于资金和技术上的限制，根本无法达到发达国家的要求，这在客观上造成了新贸易壁垒。

5. 国家利益与贸易保护主义是新贸易壁垒产生的根源。传统贸易壁垒的使用受到国际公约制约和国际舆论的约束，而且也易遭到对等报复，其作用不断弱化，因此，各国主要是发达国家纷纷寻求新贸易壁垒，以保护其国内产业。

二、新贸易壁垒的特点

相对于传统贸易壁垒，新贸易壁垒有如下特点：

1. 双重性　新贸易壁垒保护人类生命、健康和保护生态环境有其合理性，世贸组织协议也允许各成员方采取必要的技术措施，因而新贸易壁垒也有一定的合法性。然而新贸易壁垒在实施中，一国往往提出远高于国内标准的标准，或对某些国家的产品进行有意刁难或歧视，实行双重标准。

2. 不平衡性　发达国家无视发展中国家的现实情况，以其先进的技术、雄厚的资金、发达的经济水平提出发展中国家很难达到的过高标准，以保护消费者、劳工和环境为名，行贸易保护之实，把发展的不平衡导入国际贸易领域，加剧了不平衡的程度。

3. 隐蔽性　传统贸易壁垒的限制体现在数量和价格上，因而较为透明，相对而言比较容易掌握和应对。而新贸易壁垒涉及的多是产品标准和产品以外的东西，使出口方难以预见具体的内容及其变化。

4. 复杂性　新贸易壁垒涉及的多是技术法规、标准及国内政策法规，比传统贸易壁垒复杂得多，涉及的商品非常广泛，评定程序更加复杂。

5. 争议性　不同国家和地区的标准不一致，并且不易协调，经常引起争议，成为现在国际贸易争端的主要内容。

6. 歧视性　有些国家往往根据自身与其他国家的具体贸易状况采取不同的手段，对不同国家区别对待。

7. 灵活性　由于各国的标准不统一，因此新贸易壁垒有较大的选择余地。

8. 技术性　新贸易壁垒对产品的生产、使用、消费和处理过程的鉴定都包括较多的技术性成分。

三、新贸易壁垒的种类

(一) 技术壁垒

技术壁垒(technical barriers to trade，TBT)指的是一国以维护国家或地区安全、保障人类、动物或植物的生命或健康、保护环境、防止欺诈行为、保证出口质量等为由制定和实施的有关进口商品的技术法规、标准以及确定产品是否符合这些技术法规和标准的合格评定程序等技术性措施。这些措施对外国进口商品制定苛刻的技术、卫生检疫、商品包装和标签等标准，从而提高对进口商品的技术要求，在主观或客观上成为自由贸易的障碍，限制其他国家商品自由进入本国市场。

技术性贸易壁垒的主要措施

1. 技术标准(technical standards)　即工业产品的技术标准。由于各国工业化程度、科技发展水平的不同，导致各国之间的技术法规和技术标准具有很大的差异性，许多发达国家有意识的、有针对性地制定了某些严格、繁琐的技术标准，进口工业产品只有符合这些标准才能进口，使得出口国特别是发展中国家难以适应而形成十分有效的贸易障碍。

2. 卫生检验检疫规定(health and sanitary regulation)　指以人类、动植物的生命或健康为由而采取的限制或禁止商品进口的贸易措施。从发展趋势看，要求卫生检验检疫的商品种类越来越多，规定越来越严格，由于各国的文化背景、生活习惯、收入水平和生活环境等方面的差异，发展中国家的产品往往难以达到发达国家的近乎苛刻的要求。

3. 商品包装和标签规定(packaging and labeling regulation)　主要是通过对商品的包装和标签进行强制性规定来达到限制或者禁止进口的目的。这些规定手续麻烦、内容复杂，商品必须符合这些规定才能进口。例如美国对木质包装要求经过高温、熏蒸或防腐处理，对除新鲜肉类、家禽、鱼类和果菜以外的全部进口食品强制使用新标签，导致国外商品不得不重新包装和改换标签，大大增加了进口商品的成本。

(二) 环境壁垒

环境壁垒(environmental trade barriers)又称绿色壁垒，是一国以保护资源、环境和人类健康为借口，对国外商品进行准入限制的贸易壁垒。环境壁垒起因于全球日益严重的生态灾难，初期，环境壁垒的起因主要是出于保护生态环境和人类的安全的要求，但实践中成为各国的一项重要的贸易保护措施，自20世纪90年代以来，此措施开始在国际贸易中广为盛行。

目前与环境密切相关的绿色贸易壁垒措施主要有环境技术标准、环境标志、绿色包装、绿色卫生检疫制度以及环境贸易制裁等。

1. 环境技术标准　发达国家利用其科技水平较高和技术垄断的地位，以保护环境的名义下，制定严格的强制性技术标准，采用某一环境技术标准的国家有权对未达到该标准的产品禁止或限制进口。由于这些标准均根据发达国家生产和技术水平制定，发展中国家的产品很难达到其要求。国际标准化组织在汲取发达国家多年环境管理经验的基础上，制订并颁布了ISO14000环境管理体系标准，得到世界各国政府、企业界的普遍重视和积极响应，成为影响最大、使用国家最多的一种国际现行的环境技术标准。ISO14000要求各国公开其有关体系、产品标准和认证方法，统一环境管理体系，有助于消除贸易壁垒。但它的实施客观上又是另一种壁垒，它对那些信息不通、行动缓慢的发展中国家将造成实际上的贸易障碍。

2. 环境标志　环境标志是一种印刷或粘贴在商品或其包装上用以表明该产品质量达标，在生产、使用、消费及处理过程中符合环保要求的图形标志。发达国家纷纷制定、实施环境标志制度，无环境标志的商品将被拒于门外。

3. 绿色包装制度　绿色包装是指能节约资源，减少废弃物，用后易于回收再生或再利用，易于自然分解，不污染环境的包装，如可回收再循环包装、多功能包装、以纸代塑包装等。

4. 绿色卫生检疫制度　绿色卫生检疫是指为保护人类与动植物的健康，确保人畜食物免遭污染物、毒素、添加剂影响，确保人类健康免遭进口动植物携带的疾病造成伤害而对进口产品是否符合安全卫生标准进行的检测。重点是对涉及生态环境和人体健康的农药残留量、放射性残留量、重金属含量等进行的检测。

5. 环境贸易制裁　即一国以另一国违反国际环境条约为理由采取的强制性进口限制措施。

(三) 社会壁垒

社会壁垒(social barriers)是指以劳动者劳动环境和生存权利为借口采取的贸易保护措施。这种贸易壁垒的理论依据源于国际公约中有关社会保障、劳动者待遇、劳工权利、劳动标准等方面的条款，它与公民权利和政治权利相辅相成。相关的国际公约有100多个，包括《男女同工同酬公约》、《儿童权利公约》、《经济、社会与文化权利国际公约》等，其核心是劳工标准问题，诸如不使用或支持使用童工、为劳工提供安全、健康的工作环境、保证达到最低工资标准等等。这些标准的提出对提高劳工福利健全一国的社保、医保制度具有积极的意义，但在国际贸易领域，发展中国家由于受经济发展水平的限制，普遍存在劳动报酬低廉、工作条件简陋、劳动环境状况较差的状况，遭到发达国家以人权、环境保护和劳动条件等为借口的贸易制裁，社会壁垒的出现，使发展中国家普遍建立在低水平劳工成本基础上的竞争能力大大削弱。

目前，在社会壁垒方面颇为引人注目的标准是美国经济优先准入权认证机构理事会制定的社会责任认证标准，简称SA8000(social accountability 8000)，该标准是从ISO9000系统演绎而来，用以规范企业员工职业健康管理。其标准包括：不使用或支持使用童工；为劳工提供安全、健康的工作环境；尊重劳工的集体谈判权；遵守工作时间的规定；保证达到最低工资标准等。SA8000 是继 ISO9000、ISO14000 之后出现的又一个重要的国际性标准，发展中国家应高度重视其可能产生的巨大影响。

随着新贸易壁垒的出现和发展，贸易壁垒正在发生结构性变化。传统贸易壁垒逐渐走向分化，关税、配额和许可证等壁垒逐渐弱化，反倾销等传统贸易壁垒仍是贸易保护有力武器并具有强化的趋势。以技术壁垒为核心的新贸易壁垒正处在发展之中，显示了强大的生命力，将逐渐取代传统贸易壁垒成为国际贸易壁垒中的主体，对国际贸易产生越来越大的影响。

第五节 出口鼓励与出口管制

世界各国在利用贸易壁垒限制进口的同时，也采取各种措施鼓励本国商品的出口争夺国外市场。另一方面，在一些特殊的情况下，为实现特定的政治、经济、军事等目的，对本国商品的出口也有一定程度的管制。因此出口鼓励与出口管制的政策和措施，也是一国贸易政策的重要组成部分。

一、鼓励出口的措施

国际贸易中，各国鼓励出口的政策、措施很多，主要有以下几个方面。

(一) 出口信贷

出口信贷(export credit)即国家通过银行对本国出口商品、外国进口商或进口方银行提供的贷款，用以促进和扩大出口。

出口信贷按时间长短分为短期信贷、中期信贷和长期信贷。短期信贷(short-term credit)一般在 180 天以内，主要适用于原料、消费品及小型机器设备的出口；中期信贷(medium-term credit)期限 1 至 5 年，适用于中型机器设备出口；长期信贷(long-term credit)期限在 5 年以上，一般是 5 到 10 年，用于重型机器、成套设备等。

按借贷关系划分，出口信贷可分为卖方信贷和买方信贷。

(1)卖方信贷(supplier′s credit)，指出口国银行向本国出口商提供的信贷。实际上，卖方信贷就是银行直接资助出口厂商向外国进口商提供延期付款的优惠支付条件，以利商品出口。

(2)买方信贷(buyer′s credit)是出口国银行直接向进口商或进口国银行提供的信贷。买方信贷必须用于购买债权国的商品，因而也称为约束性贷款(tied credit)。

(二) 出口信贷国家担保制

出口信贷国家担保制(export credit guarantee system)，即政府设置专门的机构或专业银行，为本国提供出口信贷的厂商或商业银行进行提供担保。当外国进口商不能按时付款或拒付货款时，由出口国政府按照承保的数额支付一部分或全部货款。英国的出口信贷担保署，法国的对外贸易保险公司等都是这种专门机构。

出口信贷国家担保的业务项目，一般都是商业保险公司所不承担的出口风险。主要有两类：一是政治风险，二是经济风险。前者是由于进口国发生政变、战争以及因特殊原因政府采取禁运、冻结资金、限制对外支付等政治原因造成的损失。后者是进口商或借款银行破产无力偿还、货币贬值或通货膨胀等原因所造成的损失。承保金额一般为贸易合同金额的 75%至 100%。

(三) 出口补贴

出口补贴(export subsidies)又称出口津贴，是一国政府为了降低出口商品的价格，加强本国商品在国际市场的竞争力，在商品出口时给予出口厂商的现金补贴或财政上的优惠。出口补贴的基本形式有两种:直接补贴和间接补贴。直接补助是政府直接向出口商提供现金补贴,或津贴。间接补助是政府对选定商品的出口给予财政上的优惠,如对出口的商品采取减免国内税收、进出口税等。

(四) 商品倾销

商品倾销(dumping)是指一国商品以低于正常价格向国外抛售,借以打击竞争者、占领市场的一种手段。

确定正常价格方法有三种:①相同产品或类似产品在出口国的国内市场价格;②相同产品或类似产品出口到第三国的最高可比价格;③结构价格,即产品在原产国的生产成本加上销售费用和利润。

判断出口商是否构成倾销的依据是:①进口国生产同类产品的企业是否受到低价进口品的冲击,以致其市场份额明显减少;②进口国同类企业的利润水平是否明显降低;③在低价进口品的冲击下,进口国的同类工业是否难以建立起来。

从表面上看,倾销尤其是低于成本的倾销会使出口商蒙受经济损失。实际上,倾销的这种损失可以通过各种途径(如:以国内垄断高价补偿国外低价销售的损失;通过倾销击败竞争者、占领市场后,以垄断高价补偿倾销时期的损失;接受国家组织的出口补贴来补偿倾销亏损)得到补偿,甚至可以获得更高的利润。

商品倾销可以分为以下三种:偶然性倾销、掠夺性倾销、长期性倾销。

偶然性倾销(sporadic dumping)是指对于某些季节性商品,销售季节已过或公司业务转移等短期原因,在国内造成大量无法销售的剩余货物,在国际市场上倾销。

掠夺性倾销(predatory dumping)是指以倾销方式打垮国外竞争对手,占领国外市场,在达到目的后提高价格,获得垄断利润的倾销。

长期性倾销(persistent dumping)是指长期以不正常的低价向国外市场出售商品,这种倾销一般由国家的出口补贴作为后盾,或者厂商具有垄断地位。

(五) 外汇倾销

外汇倾销(exchange dumping)是指政府以本国货币对外贬值的方法争夺国外市场的一种手段。一般情况下,货币贬值后,出口商品以外国货币表示的价格会降低,提高了出口商品的价格竞争能力,从而刺激商品的出口。但外汇倾销并不是无限制和无条件的,它具有滞后性、暂时性和有限性等特点,只有具备两个条件才能起到扩大出口的作用:①本国货币贬值的幅度要大于国内物价上涨的幅度;②其他国家或地区不同时实行同等程度以上的货币贬值或采取其他的一些报复性措施。一般来讲,货币贬值会引发国内物价上涨,若物价上涨的程度赶上或超过货币贬值的幅度,则贬值带来的对外价格优势为国内物价上涨的优势抵消,这也决定了外汇倾销的目的暂时性;另一方面,若贸易伙伴国实行同样幅度货币贬值或其他报复措施(如提高关税),则本国货币贬值的作用同样被抵消。

(六) 经济特区

1. 经济特区的含义及其发展　所谓经济特区(special economic zone),指的是一个国家(或地区)在其国境以内、关境以外划出一定的区域,在这区域内实行各种特殊的优惠政策,吸引外国企业从事贸易与出口加工工业等活动,推动该地区和邻近地区经济贸易的发展。

2. 经济特区的种类　世界经济特区一般有自由港、自由贸易区、出口加工区、保税区、边境自由区、过境区、科学工业园区及综合经济特区几种类型。

(1)自由港(free port):自由港又称自由口岸,是全部或绝大多数外国商品都可以豁免关税自由进出口的港口。它的特征是:①对商品的输出入不征关税或仅对少数商品征税(如烟、酒等),不必办理海关手续;②一般准予在港内自由进行改装、加工、装卸、整理、买卖、展览、销毁和长期储存等。

(2)自由贸易区(free trade zone):又称免税贸易区(tax-free trade zone)和自由区(free zone),也有的称为对外贸易区(foreign trade zone)等,它是以自由港为依托,将范围扩大到自由港的邻近地区。自由贸易区一般可分为两种:一种是把港或设区所在的城市都划为自由贸易区。例如,香港整个城市是自由港。另一种是把港口或设区城市的一部分划为自由贸易区,也称为自由港区。例如,汉堡自由贸易区是由汉堡市的两部分组成。自由贸易区一般有以下几个特点:①关税减免:除少数特殊商品外,一般都允许商品自由进出,不必办理海关手续且免征关税。②活动自由:进入自由贸易区的商品,一般允许在区内自由地拆散、分类、改装、储存、展览、重新包装、重整贴标签、清洗、整理、加工、制造、销毁以及与外国或国内的原料混合再出口,海关不予监督或控制。③特殊商品受限制。各国一般都禁止武器、弹药、毒品等进入自由贸易区,国家专卖的烟草、酒等特殊商品进入则规定必须凭特种进口许可证。自由贸易区是在自由港的基础上发展起来的,都划在一国关境以外,推行的政策基本相似,设立的目的都是为了方便转口和对进口货物进行简单加工,并以转口邻近国家和地区为主要对象,主要面向商业,获取商业方面利益为主。

(3)出口加工区(export processing zone):是一个国家或地区在其港口、机场附近交通便利的地区,划出一定区域范围,并提供减免关税和国内税等优惠待遇,鼓励外国企业在区内进行投资设厂,生产以出口为主的制成品的加工区域。出口加工区源于自由贸易区,与自由港或自由贸易区的区别在于自由港或自由贸易区是以发展转口贸易,取得商业收益为主;而出口加工区是以发展出口加工工业,取得工业收益为主。出口加工区有两种类型:一是综合性出口加工区,即在区内可以经营多种产品的出口加工。二是专业性出口加工区,即区内只能经营某种特定产品的加工。

(4)保税区(bonded area):又称保税仓库区,是由海关设置或经海关批准的特定的地区和仓库。外国商品进入保税区无需缴纳进口税,区内可以进行储存、分类、改装、混合、展览甚至加工和制造后再出口,也免征出口税。但如进入国内市场,则需办理海关手续和交纳关税。总体来讲,保税区以仓储为主。

(5)自由边境区(free perimeter):设置主要是少数美洲国家(如墨西哥)的鼓励措施,一般设在本国的一省或几个省的边境地区,目的是利用外资开发边区的经济。

自由边境区指一国在其一省或几省的边境地区,按照自由贸易区或出口加工区的优惠措施,对区内使用的机器、设备、原材料和消费品的进口,一律减税或免税,以吸引国外厂商投资。其特征与自由贸易区基本一致,不同之处在于与出口加工区相比,在自由边境区内加工制造的商品主要用于区内使用,仅少数用于出口。设立自由边境区的目的,主要在于吸引外资开发边区经济。

(6)过境区(transit zone):是指沿海国家为了便利内陆邻国的进出口货运,在某些海港、河港或国境城市所开辟的特殊区域。对在过境区内过境的货物简化海关手续,免征关税或只征小额的过境费用。过境货物可以在过境区作短期储存、重新包装,但不得加工。

(7)综合型经营经济特区(special economic zone for multi- management):指一国在其港口或港口附近等地划出一定范围,新建或扩建基础设施和提供减免税收等优惠待遇,吸引外国或境外企业在区内从事外贸、加工工业、农畜业、金融保险和旅游业等多种经营活动的区域。是在出口加工区基础上形成和发展起来的,它不但具有一般出口加工区和自由贸易区的特点,而且规模大,经营范围广,是一种多行业、多功能的特殊经济区域,比小型的出口加工区具有更大的优势。

此外还存在诸如科学工业园区、设立专门的官方促进出口组织和机构、外汇留成和进出口挂钩的制度等等的一些其他的鼓励出口措施。

二、出口管制

1. 出口管制的原因与目的　出口管制的目的涉及政治军事和经济等方面:

(1)出口管制的政治军事原因与目的:对具有战略或军事意义的物资实施出口管制,遏制敌对国或臆想中的敌对国家的经济发展和军事实力的增强,维护本国或国家集团的政治利益和国家安全。通过出口控制手段向进口国施加压力，迫其就范，实现某种外交或政治目的。

(2)管制出口的经济目的：保护国内稀缺资源或再生资源；保护国内工业和国内市场；防止国内通货膨胀；维持国际收支平衡；稳定出口商品价格，避免本国贸易条件的恶化等。

(3)其他原因与目的：如基于人权生态环境和历史文物的保护等，对某些商品的出口实行管制。

2. 出口管制的商品　出口管制国家一般对以下几类商品实行管制：战略物资、尖端技术和先进技术资料；国内生产所需的各种原材料、半成品及国内市场供应不足的某些商品；自愿出口限制的商品；历史文物、艺术珍品、贵重金属等特殊商品；对进口国或地区进行经济制裁而限制或禁止出口的商品；国家实行出口管制以促使其在国外有较强竞力的商品。

3. 出口管制的形式　出口管制一般有两种形式：单边出口管制和多边出口管制。前者指一国根据本国的出口管制法案，成立专门的执行机构，对本国的某些商品出口进行管制；后者指两个以上国家的政府，通过一定的方式达成共同的管制出口的协议，建立国际性的多边出口管制机构，协调相互的出口管制政策和措施，达到共同的政治和经济目的。

4. 出口管制的主要措施　进行出口管制的国家通常采取以下一些措施来实现其控制目标。

国家专营：某些贸易商品的生产与交易由政府指定的机构和组织直接掌握。

出口税：海关就某些出口商品对本国出口商征收出口税。

出口工业的产业税：有些国家对某些生产资源密集型产品的产业征收产业税。这些产业往往是出口产业。

出口许可证：这是某些国家对本国出口商品实行全面管制的一种措施，出口必须得到政府有关部门的批准，获得出口许可证才能出口。

出口配额：出口国政府规定一定时期内某种商品出口的数量或金额，超过这一额度不准出口。

出口禁运：这是贸易制裁的一种手段。它是指出口国为迫使被制裁国做出某种让步，而禁止本国出口商向该国出口商品。

出口卡特尔：它是指某些商品的主要出口国组成的国际性垄断组织，他们采取联合行动，主宰国际市场的价格。

三、出口鼓励与出口管制的经济效应分析

这里分别以贸易小国的出口补贴和出口税为例进行分析。

(一) 出口补贴的经济效应分析

假设一国某种商品的供需情况如图 3-4 所示，参与国际贸易后，国内价格为 P_1，与国际市场价格一致，此时国内的供给量为 OS_1，需求量为 OD_1，出口量为 D_1S_1。为鼓励出口，政府给予本国出口生产者每单位出口商品金额为(P_2-P_1)的出口补贴，则本国出口商出口一单位商品可以获得 P_2 的收益，产品产量由原来的 OS_1 增加到 OS_2。由于该产品在国内销售的部分不享受政府补贴，于是在国内销售的价格上升到 P_2。如此一来，国内消费减少至 OD_2。出口量增加到 D_2S_2。

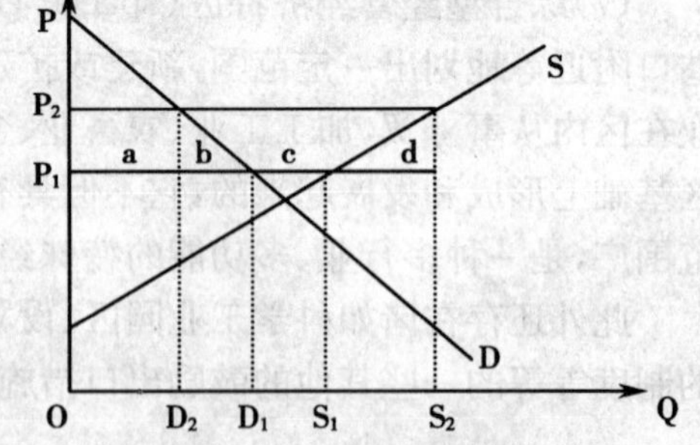

图 3-4　出口补贴的经济效应

图中横轴表示商品数量，纵轴表示价格，S 表示国内供给曲线，D 表示国内需求曲线，P_1 为自由贸易条件下世界市场的价格。

出口补贴使本国的消费者面对的价格由 P_1 上升到 P_2，消费者剩余减少了 a＋b 的面积。生产者剩余则增加了 a＋b＋c 的面积。本国政府给予的补贴为(b＋c＋d)部分的面积。综合起来，出口补贴的净福利效果＝消费效应＋生产效应＋政府补贴＝－(a＋b) ＋(a＋b＋c)－(b＋c＋d)＝－(b＋d)＜0。其中 b 是过度出口造成国内

消费者转移给国外消费者的利益，d 是过度生产造成的低效率生产的损失，出口补贴使一国福利水平下降。

（二）出口税的经济效应分析

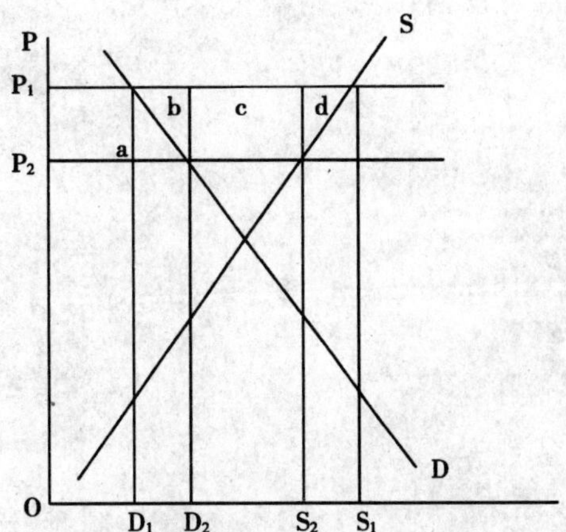

图 3-5　出口税的经济效应分析图

图中横轴表示商品数量，纵轴表示价格，S 表示国内供给曲线，D 表示国内需求曲线，P_1 为自由贸易条件下世界市场的价格。

假设一国某种商品的供需情况如图 3-5 所示，在自由贸易贸易条件下后，国内价格与国际市场价格一致，同为 P_1，此时国内的供给量为 OS_1，需求量为 OD_1，出口量为 D_1S_1。为限制出口，政府对本国出口生产者每单位出口商品征收金额为（P_2-P_1）的出口税，则本国出口商出口一单位商品只能获得 P_2 的收益，产品产量由原来的 OS_1 减少到 OS_2。因此生产者会将出口商品转到国内销售，导致国内销售的价格下降到 P_2，此时才会对外出口。如此一来，国内消费增加至 OD_2。出口量减少到 D_2S_2。

出口税使本国的生产者单位产品收益由 P_1 下降到 P_2，生产者剩余减少了 a＋b＋c＋d 的面积消费者剩余减少了 a 的面积。本国政府征收出口税的收入为 c 部分的面积。综合起来，出口税的净福利效果＝消费效应＋生产效应＋政府收入＝a －(a＋b＋c＋d)＋c＝－(b＋d)＜0，出口税使一国福利水平下降。

复　习　题

1. 对外贸易政策有哪些类型？
2. 关税的种类有哪些？关境与国境有什么不同？
3. 非关税壁垒都有哪些特点和具体措施？
4. 新贸易壁垒产生的原因是什么？它有哪些种类？
5. 出口鼓励的措施有哪些？
6. 出口管制的原因是什么？

（董国俊　韩利文）

第四章

公平贸易制度

第一节　反倾销规则

最初的反倾销规则只是《1947 年关税与贸易总协定》(以下简称《1947 年关贸总协定》,或《GATT1947》,详见第五章)第 6 条一个条款的规定。该条规定:某一产品以倾销方式,即以低于正常价值的价格输出到其他国家,使得输入国的国内产业蒙受损害,输入国可以征收不超过倾销差额的反倾销税。由于该条款只是一条原则性规定,关贸总协定各缔约方在依此进行反倾销调查时易导致混乱,因而在 1967 年的肯尼迪回合谈判中缔结了专门的反倾销协议,后经东京回合、乌拉圭回合的两次修改,就形成了现在的《关于履行 1994 年关贸总协定第六条的协议》(agreement on implementation of article VI of GATT 1994),简称《反倾销协议》。《反倾销协议》共包括 3 部分 18 个条款。第一部分内容包括:总则、倾销的确定、损害的确定、国内产业的定义、反倾销调查程序、证据、临时措施、价格承诺、反倾销税的征收、追溯效力、反倾销税和价格承诺的期限及复审、公告和裁决的解释、司法审查、代表第三国的反倾销诉讼、发展中国家成员方等;第二部分包括:反倾销实施委员会、协商和争端解决等;第三部分是最后条款。此外还有两个附录:关于反倾销的现场调查程序和反倾销调查中的最佳资料提供。根据《反倾销协议》第 1 条"总则"的规定,各成员方只有在符合《1994 年关贸总协定》第 6 条规定的情况下方可采取反倾销措施,并已应当按照该协议规定的程序发起和进行调查。

一、倾销的确定

(一)倾销的概念

根据《反倾销协议》第 2 条第 1 款的规定,一项产品从一国出口到另一国,如果该产品的出口价格低于出口国国内"同类产品"的价格,即低于其正常价值,该产品就被认为是倾销。这里的同类产品是指在所有方面都跟出口产品相似的产品,或虽在所有方面与出口产品不尽相同,但具有与该产品非常类似的特性的其他产品。由此可见,认定倾销是否存在取决于两个价格的比较:"正常价值"与"出口价格"。如果经调查认定倾销成立,则二者之间存在的差额即是倾销幅度。

(二)"正常价值"的确定

根据《反倾销协议》第 2 条第 2 款的规定,确定"正常价值"有三种方法。其中,第一种方法是最主要、最常用的方法,只有在第一种方法由于存在特殊情况不能使用时,才使用另外两种方法。

1. 如果出口国国内有该产品的销售价格,并且产品的销售是用于国内消费,则该销售价格即是“正常价值”。但当存在下述情况时，出口国国内虽有该产品的销售，其售价却不能作为确定“正常价值”的依据：①在出口国国内市场的销售太少(按《协议》的注解，如果该产品在出口国国内市场的销售量低于向进口成员销售的5%，将不足以用于确定正常价值)；②在出口国国内市场上同类产品的销售价格低于每单位生产成本加上行政管理费、销售费和一般费用，即低于成本销售。这种销售不是在正常贸易过程中进行的，因而不能作为确定“正常价值”的依据。

2. 以产品出口到第三国市场销售的价格作为“正常价值”。由于实践中可能存在许多除出口国与进口国之外的“第三国”，因而就存在一个选择哪一个国家作为“第三国”的问题。选择第三国的标准如下：①向第三国出口的产品应是向进口成员国出口产品的相同或类似产品；②产品在第三国的销售也是用于其国内消费；③向第三国出口该产品的数量不得小于向进口成员国出口数量的5%；④在第三国的销售不存在低于成本销售的非正常贸易情况。

3. 以结构价格作为确定“正常价值”的依据。所谓结构价格是指产品原产地国的生产成本加上合理数额的管理费、销售费、一般费用和利润。这里的生产成本费用应根据受调查的出口商或生产商存有的记录计算，这些记录应符合出口国普遍接受的会计原则，合理反映与生产有关的成本以及有关产品的销售。反倾销调查当局应考虑全部现有的成本适当分配的证据，该分配应是在历史上一直被出口商或生产商所使用的。关于管理费、销售费、一般费用和利润的计算，应以与生产有关的实际数据以及出口商或生产商在正常贸易过程中相关产品的销售为根据。

(三)“出口价格”的确定

一般情况下，出口价格指出口商将产品出售给进口商的价格。具体到每一笔交易，出口价格的确定取决于交易双方使用的价格术语，不同的价格术语代表着不同的价格条件。

特别情况下，例如交易属于易货贸易或补偿贸易，则不存在出口价格或者出口价格是不真实、不可靠的。根据《反倾销协议》第2条第3款的规定，如果不存在出口价格，或者由于出口商与进口商或第三者之间有某种特殊关系(如有联合或补偿安排)使出口价格不可靠时，确定出口价格的方法是：①出口产品首次转售给无特殊关系的独立购买人的价格；②调查当局可在合理的基础上确定出口价格(具体方法可见《海关估价协议》)。

(四)“正常价值”与“出口价格”的比较

正常价值与出口价格比较的目的，是为了最终确定进口产品是否存在倾销及其倾销幅度的大小。由于通常情况下正常价值与出口价格是两个不同国家市场的销售价格，正常价值一般不包括出口所必需的税费等，但出口价格则包括出口税费。因此在对二者进行比较前，首先需要对两个价格进行适当的调整。根据《反倾销协议》第2条第4款的规定，对二者的比较应体现公平合理的原则，应尽可能在出厂价的基础上进行比较，并对运输费、保险费等一些因素予以考虑和调整，同时应尽可能就同一时期的销售进行比较。

在对正常价值和出口价格进行比较时，涉及以下几个问题：

(1)货币兑换：在比较中需要进行货币兑换时，该兑换应按销售日(通常指购买定单、定单确认或发票的日期)使用的外汇汇率做出。假如在期货市场上出售外币与有关的出口销售有直接联系，则应使用期货销售的外汇汇率。

(2)比较的方式，包括三种：①在加权平均正常价值与全部可比的出口交易的加权平均价格之间进行比较；②正常价值与每项交易的出口价格进行比较；③加权平均正常价值与单独出口交易的价格进行比较。通常情况下应采用第1种方式进行比较。

(3)如果产品不是直接从原产地国进口，而是通过一个中间国向进口成员出口的，则该产品从出口国向进口成员销售的价格既可以与出口国的可比价格进行比较，也和以与原产地国的价格进行比较。例如，在出口国国内不存在该产品的生产，也没有国内销售价格，这时的价格比较应以原产地国的国内价格为准。

二、损害的确定

确定进口国“国内产业”遭到了损害是进口国对倾销产品征收反倾销税的另一个主要条件。

(一)“国内产业”的认定

根据《反倾销协议》第4条的规定，“国内产业”是指出口国国内生产相同或类似产品的生产者全体，或虽不构成全体，但构成其国内生产相同或类似产品产业的大部分生产者。所谓“相同或类似产品”，是指那些与被调查的进口产品同样的产品，即在所有方面都跟该产品相似的产品；如果不存在所有方面都跟该产品相似的产品，则指那些虽在所有方面与其不尽相同，但在物理性质与功能上一样或最接近的进口国其他产品，而且必须能从进口厂商的资料和数据上分别出来。

根据《反倾销协议》第4条第1款第2项的规定，在符合下述条件时，“国内产业”也可以以位于某一成员方境内的一个地区为范围构成，条件是：①该地区已形成一个相对独立的竞争市场；②该地区生产者生产的相同或类似产品的全部或绝大部分在本地区内销售；③该市场的需求在很大程度上不是由成员方境内其他地方的有关产品生产者供给的。根据《反倾销协议》第4条第2款的规定，当“国内产业”被这样解释为某一地区的生产者时，反倾销税就应只对该地区进行最终消费的有关产品征收，而不能对销往其他地区的产品征收反倾销税。

根据《反倾销协议》第4条第3款的规定，当两个或两个以上的国家按照《1994年关贸总协定》第24条第8款的规定已达到一体化程度时，即它们具有一个单一的统一市场的性质特点，则该地区的整个产业应被视为“国内产业”。

(二)损害的定义

反倾销中的损害指因倾销的存在对某一“国内产业”造成了重大损害、形成重大损害的威胁或对某一产业的建立造成严重的阻碍。即反倾销法上的损害有三种情况：重大损害、重大损害威胁和重大阻碍。

根据《反倾销协议》第3条第1、2款的规定，确定损害应包括对下面几方面的客观审查：①倾销进口产品的数量是否存在大量增加的情况。进口产品数量的大量增加包括绝对数量的大量增加和相对数量的大量增加，无论存在哪一种情况，都可认定存在进口产品的大量增加。②倾销进口产品对价格的影响。通过对倾销进口产品与进口成员同类产品价格进行比较，确定是否存在导致同类产品大幅度地降价销售的情况，或者是否在很大程度上阻碍国内同类产品价格提高的情况。③倾销进口产品对国内相同产品生产商造成的影响。审查倾销的进口产品对有关国内产业的冲击程度，应包括对有关产业状况的所有有关的经济因素和指数的评估，包括销量实际或潜在的下降，利润、产量、市场份额、生产率、投资收益、生产设备的利用，影响国内价格的因素，倾销幅度大小，对现金流动、库存、就业、工资、增长率等方面的负面作用。

(三)累积评估

根据《反倾销协议》第3条第3款的规定，如果受到调查的产品来自多个国家，在符合下列条件时，调查当局应对所有进口产品对国内产业造成的影响进行累积评估，即对所有该产品的进口对国内产业造成的影响相加的总和进行评估：①从这些国家进口产品的倾销幅度都大于2%；②从其中一个国家进口倾销产品的数量被确定为占进口成员国内市场上同类产品数量的3%以上，或者从单个国家进口数量不足3%，但从几个国家进口产品数量之和超过了该进口成员同类产品进口量的7%；③这些来自不同国家的进口产品之间的竞争条件基本相同，并且这些进口产品与国内同类产品之间的竞争条件也基本相同。

（四）倾销与损害的因果关系

如果经过调查，认定既存在倾销，设存在损害，并不能当然导致反倾销措施的实施，还应证明倾销与损害之间的因果关系。因为有时国内相关产业的损害可能是由其他原因造成的。如果损害的发生同时也受到其他因素的影响，这种损害不能单单归咎于倾销。《反倾销协议》第 3 条第 5 款规定，调查当局必须证明倾销是造成损害的原因。证明这个因果关系的存在应当基于对所有相关证据的审查。同时，当局也应审查除倾销以外的其他因素，包括：①未以倾销价格出售的进口产品的数量和价格；②进口国需求的减少和消费模式的变化；③外国与国内生产商之间的竞争以及限制贸易竞争的行为；④技术的发展；⑤进口国相关产品出口的下降和生产能力的下降；等等。这些因素的存在，将导致排除倾销与损害间的因果关系。

（五）重大损害威胁

重大损害威胁是指实际的实质性损害尚未发生，但如果倾销产品继续进口，则在不久的将来将有发生实质性损害的趋势或极大的可能性。由于在做出裁定时，实质性损害并没有实际发生，因此在认定实质损害威胁时应十分慎重，否则可能会因主观判断的失误导致反倾销措施的滥用。《反倾销协议》第 3 条第 7 款规定，在确定损害威胁时，调查当局应特别考虑以下因素：①倾销的进口产品以极大的增长比例进入进口国国内市场，表明由此引起进口巨大增加的可能性；②出口商能充分自由处置迫近的大量增长的情况，表明存在着倾销产品向进口成员市场出口大量增长的可能性；③进口产品是否会对国内价格带来重大的压抑或抑制性影响，以及可能会增加进一步进口的需求；④受调查产品的库存情况。

三、反倾销调查程序

（一）申请人的资格

要发起反倾销调查可以有两种方式：一是由国内受到倾销影响的产业提起申请；二是由反倾销调查当局自主决定进行反倾销调查。其中前一种形式在实际中运用较多。

提出发起反倾销调查的申请人，必须能够代表国内相关产业。根据《反倾销协议》第 5 条第 4 款的规定，审查申请人是否具有代表国内产业的资格，应考虑以下标准：①申请人的集体产量必须达到该产品国内全部生产量的 25%以上；②申请人的集体产量必须达到支持或反对该申请的国内生产商产量的 50%以上。

（二）申请书的内容

根据《反倾销协议》第 5 条第 2 款的规定，申请书应包括以下内容；

1. 申请人的身份，包括名称、主要产品、地址、电话等表明申请人身份的基本资料。

2. 对国内同类产品生产价值和数量的陈述。

3. 对倾销产品的一套完整的陈述，包括该产品所属国家的名称、每一个已知的出口商或外国生产者的身份以及已知的进口该产品的进口商的名单。

4. 倾销产品在原产地国或出口国国内市场上出售的价格资料，以及出口价格的资料，或者在必要时提供该产品在进口国首次转售给独立购买人的价格资料。

5. 倾销进口产品的数量发展变化的资料，包括进口产品对国内市场同类产品价格的影响以及对国内有关产业造成冲击的程度的资料。

（三）证据的收集

根据《反倾销协议》第 6 条的规定，调查当局对证据的收集主要包括：

1. 调查当局应将要求提供的信息资料通知所有有利害关系的当事人，并给予充分的机会让其用书面形式提出与调查有关的全部证据。出口商或外国生产者在收到调查表后，应给予至少 30 天的答复时间。一个当事人提供的证据应迅速提供给其他当事人。

2. 在调查期间，所有有利害关系的当事人应有充分的机会为其利益进行辩护，调查当局应为当事人提供会见并辩论的机会。

3. 调查当局应及时向所有有利害关系的当事人提供一切与案件有关的资料。

4. 涉及机密性资料时，调查当局应要求当事人提交一份非机密的概要，否则该资料将不能作为证据使用。

5. 如果当事人拒绝提供资料，则在现有资料基础上做出裁决。

6. 在终裁前，当局应将考虑中的事实通知所有有利害关系的当事人，使其有充分的时间维护其权益。

7. 当局应对有关的每一个已知的出口商或生产者单独的倾销幅度做出裁决，如果出口商、生产者数目特别大，则可采取抽样方法进行调查，但主动提供资料的不得予以压制。

上面提到的"有利害关系的当事人"包括：①受调查产品的出口商、生产商、进口商，或其大多数成员是该产品的生产者、出口商或进口商的商会、同业公会；②出口成员政府；③进口成员同类产品的生产商，或者大多数成员是进口成员地域内生产同类产品的商会和同业公会。

（四）反倾销裁定

反倾销调查当局应分别对倾销和损害做出初步裁定和最终裁定。初步裁定是反倾销调查的初步结论，如果初步裁定存在倾销和损害，可以采取临时反倾销措施或实施价格承诺；如果初步裁定不存在倾销和损害，则应终止反倾销调查。最终裁定是反倾销调查当局在肯定性初步裁定的基础上，继续对申请人提出的反倾销指控作进一步调查后做出的最后结论。无论最终裁定是肯定的，还是否定的，都将导致反倾销调查程序的结束。肯定性的最终裁定一般将导致采取反倾销措施；否定性的最终裁定(无论是对倾销的最终裁定还是对损害的最终裁定)将导致案件以不采取反倾销措施的形式结束。

（五）行政复审

根据《反倾销协议》第 11 条的规定，一般情况下，采取反倾销措施的期限是 5 年。在此期间，与该案有利害关系的当事人可以提出行政复审的要求。调查当局在审查当事人提供的资料后决定是否进行复审。此外，调查当局认为有必要时，也可主动发起复审。如果经复审，证明继续征收反倾销税已没有必要，则应终止征税。如果在 5 年期限届满时，复审正在进行，还未结束，则应继续征税。通常情况下，复审应自开始之日起的 12 个月内结束。

（六）司法审查

《反倾销协议》第 13 条规定，各成员方在国内立法中应包括有司法审查的程序，即有利害关系的当事人对最终裁决和复审决定不满的，可以通过诉讼程序请求司法审查。进行司法审查的法庭应完全独立于做出最终裁决和复审决定的调查当局。

（七）公告

《反倾销协议》第 12 条规定，反倾销调查当局决定开始进行反倾销调查程序时，应发布发起调查的公告，内容包括：出口国的名称和涉及的产品；开始调查的日期；申请书中证明倾销的依据；导致损害存在的因素的概要说明；有利害关系的当事人提交其陈述的地址和时间限制。

反倾销调查当局在做出最初或最终的裁决时，以及有关接受承诺的决定和最终反倾销税终止的决定，行政复议结束的决定和适用追溯征税的决定等，都应予以公告。上述每项公告都应包含调查当局认为关系重大的所有问题。这些公告都应送交所有有利害关系的当事人。

四、反倾销措施

反倾销措施包括临时措施、价格承诺和征收反倾销税。

（一）临时措施

《反倾销协议》第7条规定，在符合下列条件时，调查当局可以采取临时反倾销措施：①已开始调查，已予以公告，并已给予有利害关系的当事人提供资料和提出意见的充分机会；②已做出倾销存在和对国内相关产业造成损害的肯定性初步裁定；③调查当局认定采取临时措施对防止在调查期间继续发生损害是必需的。

临时措施的种类包括：①征收临时反倾销税；②采用担保方式，支付现金或保证金。临时反倾销税和保证金的数额不得高于初步裁定确定的倾销幅度。

临时措施应从开始调查之日起的60天后方可采取，其实施的期限一般不能超过4个月；如果有关贸易的大部分出口商提出要求，由调查当局决定，该期限可延长至6个月。如果调查过程中调查当局正在审查征收低于倾销幅度的税额是否能消除损害时，则上述期间可分别为6个月和9个月。

此外，采取临时反倾销措施应遵守征收固定反倾销税的其他规定。

（二）价格承诺

根据《反倾销协议》第8条的规定，价格承诺是指进口国调查当局与出口商或出口国政府就提高倾销产品价格或停止以倾销价格向进口国出口以便消除损害影响而达成的一种协议。其中，以提高倾销产品价格形式做出的价格承诺，其价格提高不得超过经初步裁定已确认的倾销幅度。

做出价格承诺的前提是已经做出了倾销存在和由倾销造成国内相关产业的损害的肯定性初步裁定。在初步裁定做出之前，或做出的裁定是否定的情况下，调查当局不能寻求或接受价格承诺。

达成价格承诺的要求可以是调查当局提出的，也可以是受调查的出口商提出的，但无论是谁首先提出的，对方都没有必须接受的义务。在出口商提出价格承诺的要求时，如果调查当局认为接受价格承诺在实际上是行不通的，如存在出口商的数目过大等情况，则可以不接受价格承诺。在调查当局提出价格承诺的要求时，出口商也没有义务必须接受，并且其拒绝接受的行为不应影响到对案件的最终裁决结果。

价格承诺一旦做出，其效果是导致反倾销调查的暂时中止，进口国反倾销当局应立即停止调查程序。在承诺执行期间，调查当局可要求出口商定期提供其执行承诺的有关信息资料。如果发现违反承诺的情况出现，调查当局可终止承诺协议的执行，并立即重新启动反倾销调查程序，调查当局可根据现有的证据资料立即采取临时反倾销措施，并且这时采取的临时措施可以追溯至采取措施前90天输入的产品，但这一追溯不适用于在违反承诺之前就已经进口的产品。

（三）反倾销税

反倾销税是最主要的一种反倾销措施，它是在反倾销调查当局在最终裁定中做出肯定性的倾销和损害存在的结论时所征收的税项。值得注意的一点是，并非在所有征收条件都已满足的情况下（指存在倾销、损害以及二者之间存在因果关系），必然要征收反倾销税。根据《反倾销协议》第9条第1款的规定，在此情况下，是否征收反倾销税将由进口成员方当局自己决定。

征收反倾销税应遵循以下原则：①征收额度应低于或等于倾销幅度。如果以较少的征税就能足以消除对国内产业造成的损害，最好征税额小于倾销幅度。②多退少不补。如果最终确定的反倾销税额高于临时反倾销税，则差额部分不能要求出口商补交；反之，如果最终确定的反倾销税额低于临时反倾销税，则出口商多交的部分税款应当退还，并且退款应在做出决定后 90 天内进行。③非歧视原则。反倾销税的征收应一视同仁，其税率不能因国别不同而有差异，除非依照《反倾销协议》存在可以忽略不计的情况或存在倾销幅度的差异。

反倾销税应自征税之日起 5 年内结束，但如果在 5 年期限到来之前的一段合理时间内提出了复审要求，则在做出复审结果之前，反倾销税应继续征收。如果复审结果表明损害已不存在或不存在重新发生损害的可能，则反倾销税的征收应当停止；如果复审结果表明损害依然存在，或者停止征收反倾销税将导致倾销和损害继续发生或重新发生，则原有的反倾销税可以继续维持下去。

一般情况下，反倾销税的征收效力发生于最终裁定做出之后。但在特殊情况下，调查当局也可以对临时措施适用之前 90 天进入进口国消费领域的产品追溯征收反倾销税。根据《反倾销协议》第 10 条的规定，追溯征收反倾销税的条件包括：①倾销产品有对国内产业造成损害的倾销历史，或者倾销产品的进口商知道或应当知道产品的出口商在倾销产品，并且倾销将对国内产业造成损害；②倾销产品在短期内大量进口，并且已对国内产业造成损害。

五、机构设置与争端解决

（一）机构设置

《反倾销协议》第 16 条规定，应成立一个反倾销措施委员会。该委员会的成员由每一成员方的代表组成。委员会通过选举产生主席，每年至少举行两次会议，或者应任何一成员方要求召开会议。世界贸易组织的秘书处应作为该委员会的秘书处。委员会可设立适当的附属机构。

各成员方应尽快地向委员会报告其采取的所有反倾销行动，并每半年一次向委员会提供有关反倾销调查的报告，该报告应按规定的标准形式提交。各成员方应通知委员会以下有关反倾销程序的事项：①由哪一个主管部门负责发起反倾销调查；②国内反倾销调查程序的法律规定。

委员会和其附属机构应当每年对《反倾销协议》的执行和运作情况进行年度审议，并将审议情况向货物贸易理事会通报。委员会及其附属机构在行使职权时，可以向有关成员方或其管辖范围内的企业索求信息资料，但在此之前，应当通知有关的成员方并取得有关成员方和其所属企业的同意。

（二）协商和争端解决

根据《反倾销协议》第 17 条的规定，每一成员方如果认为其他成员方的行为使它本应从该协议中获得的利益受到了损害，或认为其他成员方的行为有违反该协议的规定，可书面提出进行协商的请求，其他成员方对此请求应给予同情的考虑。

一成员方认为另一成员方采取的下述措施不符合《反倾销协议》的有关规定，又无法与该成员方经协商达成一致，则它可将此事提交世界贸易组织的争端解决机构：①进口成员方当局已经采取最终反倾销措施，征收最终反倾销税或者接受价格承诺；②进口成员方当局采取了具有重大影响的临时反倾销措施，而出口成员方认为该临时措施的采取不符合《反倾销协议》第 7 条第 1 款的规定。

争端解决机构应当事方的要求，应当设立一个专家组审查有关事项。专家组在审查中应主要审查调查当局确立的事实是否适当以及他们对事实的评估是否公正和客观，而不能根据自己已经调查查明的事实推翻进口当局的决定。

六、《反倾销协议》中给予发展中国家的例外

《反倾销协议》规定，发达国家在实施反倾销时，对发展中国家出口的产品在特殊情况时要给予特别考虑，尤其该发展中国家成员如果主要依靠某一种或几种出口产品时，针对这些产品的反倾销措施，应当尽可能考虑采用协议规定的建设性救济措施。

针对发展中国家的产品，如果倾销幅度低于2%或损害是微不足道的，以及原产于一个发展中国家成员的倾销产品的数量不足进口国同类产品进口总量的3%，则终止倾销调查，对这些产品不征收反倾销税；但是，如果由数个这种不足3%的单个发展中国家的产品，累积占进口国同类产品的7%时，则倾销调查要继续进行。

反倾销行动对发展中国家的出口威胁较大，从以往的情况看，反倾销的主要使用者是澳大利亚、加拿大、欧盟和美国，20世纪80年代以来，其他一些国家如日本、韩国也开始频繁使用。据关贸总协定世贸组织的调查，70年代后期以来，关贸总协定缔约方约发起了2000起反倾销调查，其中1985年至1992年期间就超过1000多起，主要的受害者是发展中国家。虽然世贸组织《反倾销协议》的这一规定有内容较为模糊，不易操作等弊漏，但毕竟对进一步规范发达国家的反倾销做法起了积极作用，有利于发展中国家的出口。

七、国际反倾销的新趋势

21世纪初期，随着国际经济一体化的发展和世界贸易组织(world trade organization，WTO)成员国范围的扩大，各国间的贸易摩擦日益频繁，国际反倾销出现一些最新趋势，主要表现在以下几个方面：

1. 从倾销的规模来看，由过去传统的几个贸易大国指控倾销转变为反倾销全球化趋势。经济全球化是当今世界经济发展的趋势，越来越多的国家意识到反倾销不仅具有防御性特征，它的进攻性与对抗性也是保护国内市场、促进公平竞争的有效武器。因此无论是发达国家还是发展中国家，不管是贸易大国还是贸易小国，也不管是富国还是穷国，都把反倾销作为主要贸易保护手段，国际反倾销被越来越多的国家熟悉和运用呈现出全球化的趋势。

2. 从反倾销运用的手段来看，由过去单一的关税壁垒转变为以反倾销为主导的多元化的非关税壁垒。GATT和WTO在经过总共8轮的多边贸易谈判后，WTO各成员国的关税率已大幅度降低。税率的下降，使得利用关税壁垒的作用日益下降，新的更有效的贸易壁垒，如反倾销、反补贴、反规避、技术壁垒等层出不穷。反倾销作为其中手段之一越来越受到关注，成为21世纪国际贸易壁垒的主导。

3. 从反倾销的应诉情况来看，由过去怠于应诉转变为积极应诉。20世纪80年代以前，反倾销的应诉率极低，特别是发达国家对发展中国家发起的反倾销。但随着多边贸易体制的不断发展，反倾销作为世贸组织认可的贸易保护措施被越来越多的国家所认识。许多国家和企业从具体的个案实践中认识到，应诉与不应诉的结果差别很大，应诉就有双赢的机会，不应诉就等于承认倾销，被征收高额反倾销税后，很可能会失去原来开拓的市场。因此，从20世纪90年代中期开始，世界反倾销应诉热情高涨且有不断攀升趋势。

国际反倾销的发展变化，也使得反倾销法日臻完善。所谓反倾销法是指进口国为了保护经济和本国生产者的利益，维护正常的国际经济贸易秩序，对倾销行为进行限制和调整的法律规范的总称。从国际反倾销立法上看，1947年关贸总协定(GATT)第6条创立了世界第一个反倾销保护的国际规则，成为各国反倾销立法的指导性法律文件。由于当时时代背景和立法实践的局限，该条款规定得过于简单和笼统。1967年《反倾销守则》从内容上丰富和发展了GATT第6条的规则。1973年开始的东京回合多边谈判，讨论通过的1979年《反倾销守则》是对1947年的GATT反倾销规则的重大发展。乌拉圭回合制定的《关于实施1994年关税与贸易总协定第6条的协议》即"WTO反倾销守则"在继承1947年的GATT原有规则的基础上，对东京守则作了重大修改和补充，提高了透明度和法律的预见性，强化了反倾销规则，形成一套包括实体和程序规则的完整体系，成为世界各国制定和修改国内反倾销法的主要依据。从各国反倾销立法上看，20世纪80年代，许多国家都未颁布反倾销立法，特别是发展中国家反倾销立法史短，在处理倾销案件时，随意性大，透明度低。而WTO的基本原则之一是法制的统一性，它是不允许不同地区不同法律规则的存在，不容忍对不同市场主体不同法律规则的存在，不允许相互矛盾的不同阶位的法律规则的存在，一切相同的市场行为均应遵守同样的法律规则。因此，当今各成员国在制定反倾销政策时为避免与国际规则发生误解和矛盾，大量参照国际惯例和规则，使本国的反倾销政策透明、严密而倾向一致，以便有效地保护本国贸易市场。

八、我国的现状和案例

各国的反倾销法旨在维护其国家利益，而关贸总协定与世界贸易组织条例也主要是根据西方发达国家的经济发展状况而制定的。据世贸组织秘书处统计，从1995年到2004年，世贸组织各成员共进行反倾销立案调查2643起，其中针对中国出口产品的立案数量高达411起，占到15.55%。而发展中国家针对中国的反倾销案已占全部案件数的三分之二。众多具有比较优势的出口产品，如纺织品、鞋类、家具、化工产品、水产品等成为反倾销“重灾区”。

在这种情况下，我国反倾销的形势越来越严峻：首先，对我国提出反倾销调查的主要是欧盟、美国、墨西哥、印度、澳大利亚等国家和地，而这些国家和地区也是我国最重要的贸易伙伴。其次，我国出口产品主要集中在劳动密集型产品，如服装、棉布、棉针织品、粮食等，质量和附加值不高；而且缺少品牌商品，轻易就被外国以种种理由拒之门外。有数据显示，由此国外对我国反倾销造成直接经济损失高达100亿美元。再次，由于中国企业为追求短期经济利益，见到某种商品畅销便蜂拥而上，竞相低价出口，是短期内进口国的某一商品猛增，从而引发反倾销指控。最后，我国企业应诉、起诉少，我国企业在2000年前大约有1/3的反倾销案件无人应诉。不应诉等于不战自败。因为不应诉，起诉国政府直接适用“最佳可获得信息”裁决征收反倾销税。

针对中国的反倾销调查排在首位的是印度。1995年到2004年，印度对中国共发起了76起反倾销调查，美国57起，欧盟52起。

2005年8月22日，印度商工部公布了新的统计数字，截至该日，印度已经对涉及35个国家（地区）的185起案件进行反倾销立案调查（其中欧盟25国作为一个地区）。印度反倾销案件涉及的产品类别包括化学品、石化产品、医药品、纺织品、钢铁和金属制品以及其他消费品。在这185起案件中，有163起案件已经做出终裁，2起案件做出初裁。有11起案件正在进行初裁前/终裁前的调查；9起案件立案后由于证据不足已经被终止。在已做出终裁的163起案件中，有152起案件被裁定征收反倾销税。目前，有95起案件的反倾销措施正在实施中，余下的57起案件，有些已经完成了5年期调查，有些案件印度商工部裁定不征收反倾销税。

自2005年1月1日开始，印度商工部反倾销调查局已经发起了8起反倾销调查，而这8起案件均已做出了初裁或终裁。

由此可见，印度对反倾销规则的使用比较多，事实上，印度是对中国提出医药反倾销最多的国家。根据中国医药保健品进出口商会的资料，一直以来，印度对我医药产品立案最多，从1990年至今，在我国医药类产品遭受国外反倾销共43起案件中就有22起由印度提起，占51%，涉案产品均为化学原料药。

据了解，在世界化学原料药生产中心转移的过程中，印度和中国一样，已经成为化学原料药主要生产国和出口国。海关统计表明，2003年我国向印度出口化学原料药近3.2亿美元，仅次于对美国出口，列化学原料药品出口第二位。印度作为发展中国家已经超过了德国、日本等众多发达国家，成为我国化学原料药的主要出口市场。

同时，中国和印度的制药工业在制造能力上都已步入世界大国行列，尤其是大宗抗生素的生产，两国已基本能够左右国际市场行情。而这种特别相似的特点，导致印度与中国的原料药贸易摩擦不仅频繁，有时甚至很严重。

2004年7月，印度有关方面以我国出口的青霉素工业盐“量增价跌”对其相关产业造成冲击为理由，启动了变相的“特定产品过渡性保障条款”，当时该条款的核心内容有二，一是暂停一个月的进口许可证审批；二是从第一笔进口货物清关起算，必须在3个月之内出口。针对的产品则从青霉素工业盐扩大到青霉素及6-APA（青霉素工业盐裂解后的一种化学物质，是合成阿莫西林、派拉西林的重要原料）。印度政府这招旨在削减印度抗生素企业的库存量，进而削减青霉素工业盐的进口量，但却直接危害到中国青霉素生产企业的利益。由于我国每年向印度出口的青霉素工业盐占出口总额的比重较大，2003年为71%，印度对青霉素工业盐的暂时封关，直接导致2004年7月当月全国出口总量同比骤跌46%，中国青霉素工业盐产业顿时陷入了危机之中。

尽管印度青霉素进口审批工作在2004年8月底重新恢复，而且随后印度已将先前规定的清关后3个月的出口时间限制放宽到半年，但此次印方反倾销消息的传出，更说明了中国相关企业对出口问题不能存有丝毫侥幸心理。

下面这个案例是我国和印尼之间的：

2003年9月2日，印尼对我国对乙酰氨基酚立案调查，涉案金额为722万美元，是医药保健类产品遭国外反倾销以来涉案金额最大的一起，也是2003年印尼对我国提起反倾销调查的4起案件中唯一有我国企业应诉的案件。

在我国，对乙酰氨基酚是仅次于维生素C的第二大原料药。2004年，我国对乙酰氨基酚的产量超过3万吨，约占全球40%的市场份额，而东南亚市场占到我国对乙酰氨基酚出口区域份额的1/3。其中，印尼是对乙酰氨基酚最主要的出口国之一。

我国目前为止涉案金额最高的药品反倾销案，在历时一年半之后，终于落下帷幕。2005年3月14日，中国医药保健品进出口商会正式对外公布，印尼反倾销调查委员会对我国出口对乙酰氨基酚反倾销做出终裁，征收反倾销税，税率最高达18.62%。

在印尼对该案件做出的最终裁决中，只有参与应诉的6家企业避免了超过10%的高税率，而其他企业则将被统一征收18.62%的反倾销税。这6家企业包括：安丘鲁安药业有限公司、衡水冀衡药业有限公司、罗地亚（无锡）制药有限公司、浙江康乐药业有限公司、湖州康全药业有限公司、常熟华港药业有限公司。这6家"幸运儿"，主要是积极应诉的结果。

中国企业若能在反倾销斗争中获得10%的税率，基本就能够保住原来的出口市场，而超出该数字则会有一定的麻烦。而我国能真正积极面对反倾销调查的医药企业并不多，很多企业都采取回避态度。

第二节　补贴与反补贴规则

补贴是各国政府为了支持国内某些产业部门的发展而提供的财政资助或其他形式的收入或价格的支持措施。补贴有助于提高国内相关产业在国际贸易中的竞争力，因而被各国政府广泛采用。反补贴是各国政府为了保障本国经济发展而针对从其他国家进口的补贴产品采取的限制措施。无论是补贴还是反补贴，其作用都有两面性：如果运用恰当，则有助于国际贸易发展，维持贸易的公正性；如果运用不恰当，对补贴措施过度滥用，它们反而会成为贸易保护主义的工具，对国际贸易的发展有害无益。

为了协调和规范各国的补贴与反补贴措施，防止补贴与反补贴措施对国际贸易造成扭曲与损害，《1947年关贸总协定》在第6条、第16条和第23条对有关补贴与反补贴的问题做出了原则性的规定，其主要内容是有关反补贴税的征收。由于《1947年关贸总协定》的上述规定过于笼统，无法解决补贴与反补贴中存在的实际问题，各成员方经过努力，于1979年东京回合达成了《关于解释和适用关贸总协定第6条、第16条和第23条的协议》（简称《反补贴协议》）。该协议虽对有关补贴与反补贴措施的适用作了较详细的规定，但由于它属于成员方签字才生效的诸边协议，适用范围有限，只有20多个成员方参加，影响其实际作用的发挥。正因为如此，乌拉圭回合又将补贴与反补贴问题列入议题，在东京回合《反补贴协议》的基础上，通过了新的《反补贴协议》。该协议作为乌拉圭回合一揽子协议的组成部分，对全体成员方普遍适用。1994 年的《反补贴协议》共由 11 部分、32 个条款和 7 个附件组成，内容包括：补贴的定义、禁止性补贴、可诉的补贴、不可诉补贴、反补贴措施、管理机构、发展中国家成员方的差别待遇、过渡期安排等。

一、补贴的定义

根据《反补贴协议》第 1 条的规定，补贴是指成员方政府或任何公共机构（以下统称“政府”）提供的财政资助或其他任何形式的收入或价格支持。根据这一定义，补贴只有在满足下列 3 个条件时才能成立：

1. 提供了财政资助。

2. 资助是成员方领土内的公共机构提供的。

3. 资助授予了某项利益。《反补贴协议》第 1 条以列举形式明确列出的补贴形式有：

(1)政府的行为涉及到某项直接的资金转移（如赠款、贷款和财产投入）和潜在的直接转移资金或债务（如贷款担保）。

(2)政府放弃或者不征收本应收缴的税收。

(3)政府提供除一般基础设施之外的商品或服务，或者购买商品。

(4)政府向资金备付机构如基金机构或信托机构提供支付，或者政府指定一个私人机构执行上述 1 至 3 项本应由政府执行的行为。

(5)《1994 年关贸总协定》第 16 条所规定的任何形式的收入或者价格支持。

根据《反补贴协议》第 2 条的规定，上述所列补贴只有在符合下列“专向性”条件时，即属于给予特定企业或产业的补贴，才受该协议的各项纪律与规则约束。具体来说，补贴的“专向性”包括以下 4 种类型：

1. 企业专向性　一国政府只向特定的一个或几个企业进行补贴；

2. 产业专向性　一国政府针对某一个或几个特定部门进行补贴；

3. 地区专向性　一国政府对其领土内特定地区的生产进行补贴；

4. 被禁止的补贴：与出口实绩或使用国产投入物相联系的补贴。《反补贴协议》规定的专向性补贴有以下几种：

(1)有关当局通过立法形式明确限定某些企业得到补贴。

(2)有关当局在法律、法规或其他官方文件中明确规定了获得某项补贴的客观标准和条件，一旦符合这些标准和条件，企业或个人就可自动获得补贴。

(3)符合下列条件的补贴：①明确限制获得某项补贴的企业数量；②不适当地给予某些企业不成比例的大量补贴；③有关当局采用随意的方式做出授予一项补贴的决定。

(4)有关当局授予其管辖范围内特定地理区域内的企业的补贴，但政府确定或改变普遍适用的所有税率水平的行为，不应判断为具有补贴的明确性。

(5)在法律上或事实上对出口行为的应急补贴。

(6)对使用国产品进行补贴，而对使用进口产品不予以补贴。

如果属于上述所列补贴，应可以判断该补贴存在的明确性，即专向性，其他成员方可因此采取有关措施。根据《反补贴协议》第 2 条第 4 款的规定，判断一项补贴是否属于上述所列的一种，应基于确凿的证据。

二、禁止性补贴及其救济

（一）禁止性补贴

所谓禁止性补贴是指不允许成员方政府实施的补贴，一旦实施，任何受其影响的其他成员方可以直接采取反补贴措施，又称为“红色补贴”。这类补贴实际上是很明确地专门用于影响贸易的补贴，因此最有可能对其他成员方的利益造成损害。根据《反补贴协议》第 3 条的规定，下列补贴为禁止性补贴：①在法律上或事实上对出口行为的应急补贴；②对使用国产品进行补贴，而对使用进口产品不予以补贴。

《反补贴协议》附件 1 具体列举了下列几项属于对出口的补贴行为：①政府对出口企业直接给予的现金补贴；②给予出口企业的外汇留成或其他类似的鼓励措施；③在运输上为出口货物运输提供更优惠的待遇；④在生产上和服务上为出口企业提供更优惠的待遇；⑤减免、退回或缓征出口企业应缴或已缴的直接税和社会福利缴款；⑥给予出口企业比内销企业更高的征税基数折扣，以减少出口生产的征税额；⑦对出口企业在生产与销售之间的间接税的征收上予以较内销企业更优惠的减免、退还、缓缴待遇；⑧在按生产流程分级征收的间接税上，给予出口企业较内销企业更优惠的减免、退还、缓缴待遇；⑨对出口企业因生产出口产品所使用的进口原材料实行进口退税超过进口关税实际征收额，或者在已有部分进口替代之后仍继续实施进口关税的退还；⑩以更优惠的条件向出口生产企业提供信贷担保或保险，这些信贷担保或保险实际上起到了降低出口产品成本的作用；⑪政府给予出口企业的信贷利率低于市场实际利率；⑫对初级产品以外的任何出口产品给予直接或间接补贴，导致其出口售价低于可比的内销价格。对初级产品的补贴导致补贴国在世界出口贸易中占有不合理的较高份额；⑬以任何形式向出口经营活动和进口替代经营活动所提供的其他政府补贴。

（二）针对禁止性补贴的救济措施

《反补贴协议》第 4 条规定，对其他成员方的禁止性补贴，受到影响的成员方可以采取以下救济措施：

1. 磋商　一个成员方有充分理由认为另一成员方正在实施一项禁止性补贴并对其造成了损害，可提出磋商请求。磋商请求应包括所涉及的补贴的存在和性质的陈述与证据。被请求的成员方应尽可能快地进行磋商。磋商应在 30 天内结束。

2. 专家小组　如果经过磋商在 30 天内没有达成双方满意的解决方法，任何参加磋商的成员方可将所涉及的问题提交争端解决机构，并请求设立专家小组。专家小组成立后，可请求争端解决机构常设专家小组就所争议事项是否是一项禁止性补贴予以审理。常设专家小组应当在接到请求后立即审查有关证据，并应向实施该措施的成员方提供机会证明该措施不属于禁止性补贴措施。常设专家小组就该措施是否属禁止性补贴一事在专家小组规定时间内向其报告结果，专家小组应无条件接受这一结论。专家小组就该事项所作的最后报告应在专家小组成立后 90 天内分发给各成员方。如果该措施属于禁止性补贴，专家小组应建议实施补贴的成员方立即撤销该项补贴。自专家小组报告分发给各成员方后 30 天内，除非当事方上诉或争端解决机构全体协商一致决定不通过该报告外，争端解决机构应通过该报告。

3. 上诉　争端所涉及任何一当事方对专家小组报告提出上诉后，上诉机构应自上诉之日起 30 天内做出决定，特殊情况下最迟也得在 60 天内做出决定。上诉报告一旦通过，争端各方应无条件地予以接受，但自该报告分发给各成员方之后 20 天内，争端解决机构通过全体协商一致决定不通过者除外。

4. 执行　如果争端解决机构的建议在专家小组报告规定的具体期限内没有得到执行，争端解决机构应当批准起诉方采取适当的反补贴措施。

5. 争端解决的期限　《反补贴协议》第 4 条第 12 款规定，除该协议对有关禁止性补贴争端解决的具体期限有明确规定外，争端解决机构关于该类争端解决适用的期限应是一般争端解决机构审案期限的一半。

三、可诉的补贴及其救济

(一) 可诉的补贴

可诉的补贴是指在一定范围内允许实施,但如果其实施对其他成员方的经济贸易利益造成了损害,受到损害的成员方可就此采取反补贴措施的补贴,又称为“黄色补贴”。这类补贴的特点是:因其具有存在的合理性,因而世界贸易组织规则允许其存在;但如果它的实施损害到其他成员方的利益时,就具有不合理性,这时它就不为世界贸易组织规则所承认,反而要受到一定的制裁。所谓可诉的补贴就是因为它具有在一定条件下被提起诉讼的可能性,但如果运用得适当,也可以不被提起诉讼。

根据《反补贴协议》第 5 条、第 6 条的规定,下述情况可以认为是因实施可诉的补贴对其他成员方的利益造成了损害(但此条规定不适用于《农产品协议》第 13 条所规定的对农产品的补贴):

1. 对另一成员方的国内产业造成损害。例如由于补贴的实施使某种受补贴产品凭借低成本而大量涌入另一成员方境内,或短时期内明显地阻碍另一成员方的产品进入补贴实施国市场,从而对其他成员方国内产业造成损害。

2. 取消或者损害了其他成员方根据《1994 年关贸总协定》直接或间接获得的利益,特别是根据《1994 年关贸总协定》第 2 条所规定的关税减让应得到的利益。例如因采取了补贴措施而减少、抵消或损害了其他成员方在世界贸易组织体系下所享受的低关税市场准入的利益。

3. 严重侵害其他成员方的利益。根据《反补贴协议》第 6 条第 1 款的规定,如果存在下列情况,应认为存在对其他成员方的严重侵害:

(1)对一种产品的补贴超过该产品总价值的 5%。

(2)对一个行业的全部经营损失进行补贴。

(3)对一个企业的全部经营损失进行补贴,这种补贴是指经常性的、重复提供的补贴;如果仅是不能再重复的一次性措施或是为了解决企业长期发展问题和避免敏感的社会问题而采取的措施,则不受此限制。具体地说,如果此类补贴导致了下列一个或数个后果,应认为是造成了对其他成员方的严重侵害:①补贴导致取代或排除另一成员方相同产品向补贴成员方市场的进口;②补贴导致取代或排除另一成员方的相同产品对第三国的进口;③补贴导致另一成员方相同产品的价格受到抑制或产品销售不出去;④补贴导致补贴成员方受补贴的产品在市场份额上较前 3 年平均水平有所增加,并且这种增加在给予补贴期间有连续增长的趋势。根据《反补贴协议》第 6 条第 7 款的规定,如果上述替代或排除是由下列原因引起的,则不应认为是对另一成员方利益的严重损害:①起诉成员方限制或禁止其相同产品的出口;②由于非商业原因,政府因实行垄断贸易或国营贸易而改变进口产品的来源;③由于自然灾害、罢工、交通瘫痪或其他不可抗力事件而对起诉成员方出口产品的质量、数量、价格等造成的实质性影响;④存在着限制从起诉成员方进口的各种双边、多边协议安排;⑤故意减少起诉成员方有关产品的进口;⑥出口产品不符合进口成员方的技术标准及其他法定要求。

(4)直接免除债务及偿还债务。

(二) 对可诉的补贴的救济措施

《反补贴协议》第 7 条规定了对可诉的补贴可以采取以下几种救济方法:

1. 磋商　无论何时,如果一个成员方有充分理由认为另一成员方正在实施的补贴对其国内产业造成了损害,该成员方可以要求与另一成员方进行磋商。被要求磋商的成员方应尽可能快地进行磋商。

2. 专家小组　如果经过 60 天磋商无法达成双方满意的解决办法,则参与磋商的任何成员方可将该问题提交世界贸易组织争端解决机构，以便成立一个专家小组。自专家小组成立之日起15天内，应当确定专家小组的组成和授权调查范围。专家小组经审查就该问题做出最后报告，该报告应在专家小组组成之日起120天内分发给所有成员方。自报告分发给各成员方起30天内，除非一当事方提出上诉或争端解决机构经全体协商一致决定不通过该报告，该报告应获得争端解决机构通过。

3. 上诉　争端一当事方就专家小组报告提出上诉后，上诉机构应在60天内做出决定，特殊情况下该时限可延长至90天。上诉机构报告经争端解决机构通过后，争端各当事方应无条件地接受。但如果上诉机构报告分发给各成员方后20天内，争端解决机构经协商一致决定不通过上诉报告者除外。

4. 执行　如果通过的专家小组报告或上诉机构报告判定补贴已导致另一成员方的利益受到损害，实施该补贴的成员方应采取适当的措施消除这种损害后果或者撤销该补贴。

如果争端解决机构通过专家小组报告或上诉机构报告后6个月内，实施补贴的成员方没有采取措施消除损害后果或撤销补贴，并且没有与起诉成员方达成补偿的协议，争端解决机构应批准起诉成员方采取相应的反补贴措施。实施补贴的成员方可就反补贴措施实施的程度与性质是否适当提请仲裁。

四、不可诉补贴及有关争议的解决

(一) 不可诉补贴

不可诉补贴是指成员方所采取的、为世界贸易组织规则所允许的、一般不受其他成员方反对或因此而采取反补贴措施的补贴，又称为“绿色补贴”。根据《反补贴协议》第8条的规定，不可诉补贴措施包括：

1. 非专向性补贴，指对所有企业都适用、而非专门向某些特定企业提供的补贴。

2. 对企业所进行的或由与企业签订合同的高等教育研究机构所进行的研究活动给予的补贴，该补贴应符合以下条件：

(1)该补贴占产业研究成本不超过75%或者占先期开发活动成本不超过50%。

(2)该补贴仅能用于：①研究人员、教师和其他受雇于研究活动的人员的劳务费；②专门并且永久用于研究活动的仪器、设备、土地与建筑物的费用；③专门用于研究活动的咨询费用和类似费用，包括购买用于研究的技术知识、专利、研究成果等的费用；④因研究活动而直接发生的附加日常开支费用。

3. 对落后地区提供的补贴，该补贴应符合以下条件：

(1)所称的落后地区必须是成员方从经济上和行政上明确界定的一定区域。

(2)落后地区的标准应该是公正的和客观的，并且该标准是在法律文件中明确规定的。

(3)落后地区的标准应至少符合下列经济指标：①人均收入或家庭平均收入或人均国民生产总值不超过该成员方平均水平的85%；②失业率至少达到该成员方平均水平的110%；③以3年为期衡量一次。

4. 为了适应新环境需要，根据有关法律、法规对现有设备进行改造的企业给予的补贴，该补贴应符合以下条件：①补贴是一次性的、不再发生的；②补贴程度不得超过改造工程费用的20%；③应与企业计划减少废料和污染直接相关并且比例相符；④补贴对所有采用新设备或新工序的改造企业的机会应是均等的。

(二) 有关不可诉补贴的争议的解决

1. 通报　《反补贴协议》第8条第3款规定，成员方在实施上述不可诉补贴计划之前，应通知世界贸易组织补贴与反补贴委员会，其通报内容应当具体明确，足以使其他成员方能够评价该补贴是否与《反补贴协议》所规定的不可诉补贴的条件与标准相一致。

2. 秘书处的审议 《反补贴协议》第 8 条第 4 款规定，应一个成员方的请求，世界贸易组织秘书处可以向上述通报采取补贴措施的成员方要求提供更多的信息，以便对此事予以审查。秘书处审查后的结果应向委员会报告，委员会经过对该审查结果的审查，做出某项补贴是否与《反补贴协议》所规定的不可诉补贴的条件与标准相一致的决定。

3. 仲裁 《反补贴协议》第 8 条第 5 款规定，如果某一成员方对上述委员会所作的决定不服，或委员会根本没有做出这种决定，应当将此事提交有约束力的仲裁机构仲裁。仲裁机构应在接到本争议后 120 天内将仲裁结果送达各成员方。其仲裁程序应适用《争端解决谅解》的规定。

4. 磋商 根据《反补贴协议》第 9 条的规定，如果一个成员方认为另一个成员方所实施的不可诉补贴在事实上不符合《反补贴协议》规定的标准与条件，并且已导致对其国内产业的严重损害后果，例如已经造成了无法挽回的损失，该成员方可以要求与实施补贴的成员方进行磋商。接到磋商请求的成员方应当尽可能迅速地开始磋商。

5. 委员会审议 上述磋商如自提起磋商要求之日起 60 天内没有达成一个双方都可接受的解决方法，要求磋商的成员方可将此问题提交补贴与反补贴委员会。委员会应立即审查有关事实及造成的后果。如果委员会认为已造成了严重损害的后果，可以建议实施补贴的成员方对该补贴计划进行修改以消除损害后果。委员会应在接到该问题之日起 120 天内做出结论。如果委员会的建议在 6 个月内没有得到贯彻执行，委员会可批准受到损害的成员方采取与认定的损害程度相一致的反补贴措施。

五、反补贴措施

反补贴措施是指进口成员方针对出口成员方对其出口产品进行法律不允许的补贴而对该产品征收反补贴税的措施。各成员方采取反补贴措施必须依据法定的程序和标准进行。

(一) 反补贴调查

1. 调查的发起 《反补贴协议》第 11 条规定，任一成员方如果有证据证明其他成员方采取的补贴措施对本国国内产业造成了损害，都可向本国调查当局提出发起反补贴调查的申请。该申请应以书面形式提出，并且应当能够证明存在补贴、因该补贴造成的对其国内产业的损害以及补贴进口产品与损害之间存在因果关系。具体地讲，发起调查申请书应包括以下几项内容：

(1)申请人的身份和对申请人国内生产的相同产品的数量与价值的说明。

(2)对被指控补贴产品的一个全面说明，包括原产国或出口国的名称、每个已知出口商或外国生产者的身份以及已知进口商的名称等。

(3)有关所指控补贴的存在、数量与性质的证据。

(4)由于进口补贴产品而导致的对国内产业损害的证据，包括所指控补贴产品进口数量的变化情况、这些进口对国内市场相同产品的价格的影响以及进口对国内产业的影响。

2. 调查当局的审查与调查 成员方反补贴调查当局应对申请书中所提供的资料的准确性进行审查，以便决定所提供的证据是否足以发起一项反补贴调查。在判断申请人是否能够代表国内产业时，应考虑申请人的国内生产产量是否占支持或反对申请的国内相同产业总产量的 50%以上，或者是否占支持申请的国内相同产业总产量的 25%以上。如不符合上述任一条件，申请人就不具备代表国内产业发起反补贴调查的资格。

《反补贴协议》第 11 条第 6 款规定，在特殊情况下、调查当局在掌握足够证据的条件下也可自主发起反补贴调查。

《反补贴协议》第 11 条第 9 款规定，调查当局一旦确信没有足够证据证明调查是合理的，应当拒绝当事人的申请。如果在调查中发现一项补贴的数量是微不足道的(指补贴占产品总价值低于1%),或者补贴进口产品的数量或造成的损害是可以忽略不计的,应当立即终止调查。一般情况下,调查应在1年内结束,特殊情况下最多可延长至18个月。

3. 证据 《反补贴协议》第12条规定了反补贴调查中证据的收集,主要内容包括:

(1)调查当局应当给予所有与案件有利害关系的各方当事人提供证据的机会。当出口商、生产者或利害关系成员方收到反补贴调查的问卷后,应当最迟在30天内予以答复。调查当局对于有关当事方要求延长此期限的要求应予以适当的考虑。

(2)除机密资料外,调查当局对利害关系方提供的各种书面证据资料应立即提供给其他利害关系方。

(3)调查当局应当为所有利害关系方提供阅读有关该案的各种信息资料的机会。

(4)对于机密信息,未经提供方的特别许可不得公开。调查当局可要求提供机密信息的利害关系方提供机密信息的非机密摘要。如果信息提供者不愿提供摘要,调查当局可以不考虑使用该信息。

(5)调查当局可以到其他成员方境内进行必要的调查,但必须提前通知并得到该成员方的许可。调查也可在有关成员方及其境内公司同意的前提下审查该公司的有关记录。

(6)调查在做出最后决定之前,应当将其确认的基本事实通知所有利害关系方,这些基本事实将是做出最后决定的基础。从披露此类信息到做出最后决定之间,应为各当事方保护其利益留有足够的时间。

4. 磋商 《反补贴协议》第13条规定,在调查开始前和整个调查过程中,各当事方之间应当进行磋商,发起调查的当事方应当邀请可能或已经受到调查的成员方进行磋商,但是当事方不能利用磋商的机会故意阻止调查当局的调查进程。

(二)补贴所获利益及损害的确认

1. 因补贴所获得利益的计算 调查当局所在国应在法律、法规中规定如何计算接受补贴者获得的利益,在每一个具体案件中如何适用这一规定应具有透明度并加以充分说明。成员方计算接受补贴者所获利益的规定应符合以下原则:

(1)政府投资于新企业的资本不应视为给予企业的利益,但政府的投资决策与该成员方境内的通常投资做法不一致的除外。

(2)政府提供的贷款不应视为给予企业的利益,但企业支付从政府所获贷款与支付从市场上获得的商业贷款的数额之间有差距的除外。在这种情况下,两者之间的差额即是企业所获得的利益额。

(3)政府提供的贷款担保不应视为给予企业的一种利益,但企业支付由政府担保的贷款与支付没有政府担保的可比商业贷款的数额之间有差别的除外。在这种情况下,两者之间的差额即是企业所获得的利益额。

(4)政府提供商品或服务或政府采购不应认为是给予企业的一项利益,但是政府所作的提供低于适当的报酬或者所作的购买高于适当的报酬的除外。

2. 损害的确定

《反补贴协议》第15条是关于如何确定补贴措施对成员方国内产业造成了损害的规定,损害的确定是决定是否最终采取反补贴措施的关键。其具体内容包括:

(1)确定损害应当考察三个方面的情况:补贴进口的总量、补贴进口对国内相同产品价格的影响和补贴进口对国内相关生产者的影响。

(2)当反补贴调查涉及到来自不同国家的进口产品时,调查当局可以合并评估这些进口对国内产业的影响,但下述情况除外:①来自每一个国家或地区的进口产品的补贴额度不超过价格的

1%，且补贴进口产品数量较少，可以忽略不计；②进口产品之间以及与国内相同产品之间的竞争条件差别较大，因而进行合并评估是不适当的。

(3)审查补贴对国内产业的影响应包括所有反映产业状况的经济因素与指标，具体包括：实际的与潜在的产量、销售、市场份额、利润、生产力、投资回报、影响国内价格的各种因素，对现金流量、存货、就业、工资、增长、投资能力等的负面作用。

(4)应当证明补贴进口与对国内产业造成损害之间存在因果关系。调查当局在对损害原因进行审查时，应考虑除补贴之外的其他因素，以确定补贴是否是造成损害的主要原因。这些可能的其他因素包括：有关产品的非补贴进口的数量与价格；需求减少或者消费类型变化；外国与国内生产者之间的贸易限制惯例；技术发展等等。

(5)对于重大损害威胁的判断，应当基于事实，特别应考虑以下因素：①有关补贴的性质以及补贴可能对贸易造成的影响；②受补贴产品生产的高增长率显示了大量增加进口的可能性；③出口商可自由处置的、近期可大量增加的生产能力显示了进口产品大量增加的可能性；④正在进口的产品的价格是否会对国内相同产品产生压价、抑价作用；⑤被调查进口产品的库存情况。

（三）反补贴措施

调查当局的调查结果显示存在补贴及损害事实，并且补贴与损害事实之间存在因果关系，此时调查当局可以对补贴进口产品采取反补贴措施。《反补贴协议》规定的反补贴措施有以下几种：

1. 临时措施　《反补贴协议》第 17 条规定，调查当局只能在以下情况下使用临时措施：①已正式立案并已公告，且所有利害关系方已得到充分提供信息和发表意见的机会；②经初步审查已肯定存在补贴并因此补贴造成对国内产业的损害；③调查当局断定采取临时措施对于防止调查期间损害的扩大是必要的。

临时措施的形式是征收临时反补贴税，具体形式包括交付现金或存款保证书，其数额应与临时估计的补贴数额相等。临时措施应自发起调查之日起 60 天后方可采取，实施期限不得超过 4 个月。

2. 承诺　根据《反补贴协议》第 18 条规定，在调查当局做出肯定性的初步裁决之后，出口成员方政府或企业为了避免征收反补贴税可以自愿承诺取消或限制补贴，或提高价格以消除损害影响。对于这种自愿承诺，调查当局可自主决定是否接受。如果当局认为不能接受承诺，应向出口商提出其认为的理由，并为出口商提供修改承诺内容的机会。如果是调查当局主动提出要求出口商做出此类承诺，应获得其所属出口成员方的同意。

调查当局与出口成员方或出口商之间一旦达成有关承诺的协议，调查应当终止。调查当局可以要求出口成员方或出口商提供履行承诺的情况，如果一旦发现其违反承诺，调查当局可以立即适用临时措施，并且其适用可追溯至采取临时措施之前 90 天的有关产品进口。

3. 反补贴税　《反补贴协议》第 19 条规定，在调查最终结果表明存在补贴、损害及二者间存在因果关系时，是否征收反补贴税由调查当局自主决定。如果决定征收反补贴税，所征数额应与补贴数额相等或比之更少。反补贴税的征收应对所有被发现有补贴及造成损害的进口产品征收，不得对任何一方有歧视。

《反补贴协议》第 20 条规定，如果最终确定的反补贴税高于临时反补贴税，差额部分不再征收；如果低于，已征收的超过部分应当返还。如果是对一项严重损害威胁适用反补贴税(此时没有任何实际损害发生)，则只能从最终决定之日起征收，不能采取临时措施，已运用临时措施的应当返还。如果最终决定是否定的，则适用临时措施所征收的现金等应立即返还。

《反补贴协议》第 21 条规定，反补贴税适用的期限应以足以抵消补贴造成的损害为限，最长期限不得超过 5 年，但在期满前经审查发现终止征收反补贴税有可能导致补贴与损害的继续或重新发生者除外。

(四) 公告

《反补贴协议》第 22 条规定，调查当局决定发起一项反补贴调查、调查过程中做出临时或最终决定以及承诺协议的达成等，均应予以公告。

有关发起调查的公告应包括以下信息：①出口国的名称与所涉及的产品；②发起调查的日期；③对要调查的补贴的说明；④确定损害的各种因素；⑤利害关系方寄出其陈述的地址；⑥允许利害关系方提出其意见的时限。

决定采取反补贴措施的公告应包括以下信息：①出口商或出口成员方的名称；②该产品足以征收反补贴税的说明；③所确定的补贴数额；④有关损害存在的说明；⑤导致做出该决定的主要理由。

六、管理与监督

(一) 补贴与反补贴委员会

《反补贴协议》第 24 条规定，世界贸易组织建立之后，成立一个补贴与反补贴委员会。委员会由每个成员方的代表组成，应选举自己的主席，至少每两年召开一次会议。委员会履行《反补贴协议》和各成员方赋予的各项职责，为各成员方提供有关补贴与反补贴争议问题的磋商机会。委员会可以下设若干附属机构。委员会设立一个常设专家小组，由 5 名在补贴与贸易关系领域资深的专家组成，专家由委员会选举，并每年轮换其中 1 名专家。任何成员方可向常设专家小组进行咨询。

(二) 通知义务

根据《反补贴协议》第 25 条的规定，各成员方在下列方面负有通知义务：

1. 将在其境内实施的明确的补贴通知补贴与反补贴委员会，通知应于每年的 6 月 30 日前提交。此类通知应包括以下内容：①补贴的形式(如给予、贷款、税收减免等)；②补贴的数额(可以是单位补贴额，也可以是该补贴的年度总数额)；③补贴的目的；④补贴的期限；⑤该补贴可能对贸易产生的影响的评估数据。如果通知中缺少上述某一项内容，成员方应就此做出适当的解释。

2. 当成员方认为在其境内不存在《1994 年关贸总协定》第 16 条第 1 款及上述规定的要求通知的补贴措施，该成员方应以书面形式将此情况通知秘书处。

3. 任何成员方在任何时候可以书面形式要求有关另一成员方提供其实施补贴措施的信息，或要求其解释未就某项措施予以通知的原因。被要求的成员方应尽可能快地提供上述信息。如果要求未得到满足。该成员方可将此问题提请委员会注意。

4. 各成员方应及时向委员会报告所采取的临时反补贴措施和最终反补贴措施。各成员方还应每半年报告一次其前 6 个月采取的全部反补贴行动，此类报告应以统一的标准形式提交。

5. 各成员方应通知委员会其境内负责反补贴调查的机构及国内法律、法规有关调查程序的规定。

(三) 监督

委员会应每三年举行一次特别会议，就各成员方所通知的实施补贴措施的新的和全部情况进行审查。

七、发展中国家成员方的特殊待遇

在《补贴与反补贴措施协议》中给予发展中国家的例外条款较为详尽。

1. 如果反补贴调查发现，原产于发展中国家的受调查产品所得到的补贴不及该产品单位价值的 2%(发达国家的相应数字为 1%，最不发达国家为 3%)，或者受补贴产品的进口值不到进口国同类产品进口总值的 4%，且所有不到 4%的发展中国家的合计进口量不及进口国同类产品进口总值的 9%，则应立即取消反补贴调查。

2. 最不发达国家和人均国民收入不到 1000 美元的发展中国家不必取消禁止使用的出口补贴，其他发展中国家则可在 8 年时间内(并可申请延长)逐步取消此类补贴。

3. 对于那些在 8 年期满之前已取消出口补贴的发展中国家，以及最不发达国家和人均国民生产总值不到 1000 美元的发展中国家，若它们对产品的补贴不及该产品单位价值的 3%，则也应立即取消反补贴调查，这项规定截止到 2003 年年底。

4. 发展中国家达到出口竞争性标准的产品(即有较强竞争力的产品)，在 2 年内逐步取消补贴，对最不发达国家和年人均国民生产总值不足 1000 美元的发展中国家，可在 8 年内逐步取消。出口竞争性标准是指该产品连续 2 年在世界贸易中占 3.25%及以上的份额。

5. 对于依国内产品使用情况而定的补贴(即当地成分要求)，其禁令在 5 年内不适用于发展中国家，最不发达国家为 8 年。

6. 在发展中国家和最不发达国家的过渡期内，争端解决的相关规定采用有关可诉补贴的规定，而不采用有关被禁止的补贴的规定。

7. 一般被认为对其他成员的利益造成严重侵害的补贴，对于发展中国家则不被认为如此。这些补贴包括：对一产品从价补贴的总额超过 5%；用以弥补一产业或一企业所承受的经营损失的补贴；直接的债务免除合用以弥补偿还债务的赠款。如果针对发展中国家成员提出了此类补贴导致严重侵害的起诉，那么提供证据的责任应由起诉方承担。

8. 发展中国家保留的可诉补贴(上述补贴除外)，只有在对起诉方的产业造成损害或造成另一成员根据 GATT1994 获得的利益丧失或减损，从而排斥或阻碍另一成员的同类产品进入发展中国家成员市场的情况下，才能在多边范围内成为可诉补贴。

9. 应一发展中国家成员请求，补贴与反补贴措施委员会应审议另一成员的反补贴措施是否符合适用第 27 条第 10 款和第 11 款所规定的特殊和差别待遇。

10. 如果债务的直接免除和某些其他补贴在发展中国家成员内部授予并与该成员的私有化计划有直接联系，那么这些补贴不属于多边规则所规定的可诉补贴。任何此类计划和所涉及的补贴应通知委员会，并应仅在有限期限内授予。

八、国际反补贴的新特点

1. 使用反补贴手段的国家比较集中，反补贴手段并没有在多数国家中得到广泛使用。这是因为补贴作为一种政府行为，在调查过程中要触及他国国内法和涉及大量政府间交涉，同时还要考虑自身国家整体利益的平衡；另外，反补贴的技术性要求较高，证据要求必须确凿，程序要复杂得多。

2. 虽然使用反补贴手段的国家较少，但其中少数国家的使用频率较高。如美国、欧盟、加拿大、南非等国家和地区。

3. 在所有发起的反补贴调查中只有近一半最终采取了反补贴措施，说明使用反补贴手段的要求较高、标准较严。主要表现在两个方面：一是确定补贴存在和所涉补贴是否属于禁止性补贴的难度较大；二是在计算补贴金额方面也比较复杂，取证相对困难。

4. 在国际反补贴案件中，发达国家明显占据主动和优势地位。在国际反补贴案件中，发展中国家明显处于劣势和被动地位。

5. 反补贴案所涉及的产品类型主要为金属及金属制品、农产品、轻工产品、纺织品和服装等。

我国已成为 WTO 正式成员，我们在承诺履行 WTO 相关义务的同时，也应充分享受其权利。如何利用反补贴这一法律武器，保护好国内产业的合法权益，值得我们深入研究。

第三节　保障措施规则

保障措施是指根据各国之间签订的协议，当某个产品的进口突然大量增加并对进口国国内相同产业造成损害时，该国所采取的撤回或修改减让的措施。广义的保障措施最早体现在《1947 年关贸总协定》的下述条款中：对不公平贸易征收反倾销税、反补贴税的第 6 条、为维护本国国际收支平衡的第 12 条、发展中国家为保护本国新兴工业的第 18 条、为保障本国资源与安全的第 20 条、21 条以及对进口产品采取紧急保障行动的第 19 条。由于第 19 条是有关保障措施的核心与基础，因而狭义的保障措施专指第 19 条的规定。

由于《1947 年关贸总协定》第 19 条的规定过于笼统、抽象，对许多重要概念缺乏明确的界定，因而实践中易导致成员方的滥用，在其适用中也易发生争议。鉴于此，为了明确和规范各成员方对保障措施的适用，乌拉圭回合将此问题列入议题，并最终达成了《保障措施协议》，作为一揽子协议的一部分适用于所有成员方。该协议共 14 条，明确规定了适用保障措施的条件与程序。在协议的前言中，强调了该协议的目的是进一步澄清和加强《1994 年关贸总协定》第 19 条所规定的保障措施规则。

一、实施保障措施的条件

根据《保障措施协议》第 2 条的规定，一个成员方要实施保障措施应符合以下条件：

1. 已经确定一种产品正以较快增长的数量进入其领土，这里的数量增长包括绝对数量的增加和相对于进口国国内生产的增加。

2. 由于上述进口的增加，对进口国国内产业造成严重损害或有造成严重损害的威胁。根据《保障措施协议》第 4 条的规定，所谓“严重损害”是指对国内产业的一种重大的全面损害；所谓“严重损害威胁”是指严重损害即将发生的情形；所谓“国内产业”是指一个成员方境内作为一个整体从事相同或直接竞争性产品生产的生产者或者其相同或竞争性产品加起来的总和构成该类产品国内生产的主要部分的生产者。

3. 有关产品进口增加与对国内产业造成严重损害或严重损害威胁之间存在因果关系。

4. 保障措施应不分来源地适用于某项进口产品，不能对不同来源的产品有歧视性待遇。

二、调　查

根据《保障措施协议》第 3 条的规定，一个成员方要采取保障措施，必须事先由法定的调查机构根据法定的程序进行调查。调查当局应当公开通知有关进口产品的进口商、出口商及其他利害关系方，并给予他们提出证据与观点的机会，特别是就适用保障措施是否符合公共利益提出自己的看法。

调查当局对当事方提供的机密资料有保密的责任，此类信息未经提供方允许不得泄露。调查当局可要求提供机密信息的当事方提供该机密资料的非机密摘要，如果有关当事方拒绝提供，调查当局可不考虑使用这一信息。

调查当局在确定增加的进口是否对国内产业造成严重损害或严重损害威胁时，应当与对反映该产业情况的各种因素进行权衡，包括有关产品进口的绝对与相对增长率及增长数量、增加的进口占国内市场的份额以及销售、生产、利润及就业水平等的变化。

调查当局经调查做出的结论应予以公告，内容包括它们对所调查案件的详细分析、有关的事实与性质及所做出的裁决。

三、保障措施的适用

（一）临时保障措施

《保障措施协议》第 6 条规定，在紧急情况下，如果不立即采取措施将会造成难以弥补的损失，进口成员方可以采取临时保障措施。进口成员方当局做出采取临时保障措施的决定应当基于进口大量增加并已造成国内产业的严重损害或正在造成严重损害威胁的明确的证据。临时措施的形式主要是增加关税，适用期限不得超过 200 天。如果在随后的继续调查中发现并不存在进口已对国内产业造成严重损害或严重损害威胁的情况，则已增收的部分关税应予以返还。

（二）保障措施

根据《保障措施协议》第 7 条的规定，只有在因大量进口已造成国内相关产业的严重损害时方可采取保障措施。

1. 形式　保障措施的形式有三种：①增加有关产品的进口关税。②数量限制，其数额一般不得低于依统计最近 3 年平均进口的数量。③配额，采取配额形式时进口成员方应与所有有利害关系的成员方就配额的分配进行协商，达成协议，如不能达成协议，则可根据各成员方在过去有代表性阶段进口的比例来进行分配。

2. 期限　保障措施的实施期一般不能超过 4 年。如果期限届满前进口国调查当局经审查认为停止实施保障措施有可能重新导致对国内产业的严重损害，则可将此期限延长，但从适用临时措施开始计算，最长不得超过 8 年。

3. 审查　如果采取的保障措施适用期限超过 1 年，适用该措施的成员方应当在适用期间定期地予以逐步取消。如果该措施的适用超过 3 年，适用成员方应在适用的中期对其适用情况进行审查，并根据适用情况决定何时撤销保障措施的适用。如果根据上述适用期限的规定予以延长期限的话，延长期间采取的措施不得比起始期结束时更加严厉，并且应继续予以逐步取消。

4. 保障措施的再适用　如果一项保障措施适用的期间等于或少于 180 天，则在符合下述条件时，该保障措施可以再次适用于同一项产品；①自对该产品引用一项保障措施之日起至少已过去 1 年时间；②在再次引用该措施 5 年内对相同产品引用该措施的次数不超过 2 次。

四、发展中国家成员方的特殊待遇

《保障措施协议》中给予发展中国家的例外

1. 在下列情况下不得对来自发展中国家成员的进口产品实施保障措施：①这些产品的份额不超过进口成员有关产品总进口的 3%；②不超过 3%进口份额的发展中国家成员所占份额的总和不超过有关产品总进口的 9%。

2. 发展中国家成员与所有成员一样，首次实施保障措施的最长时间可以为 4 年。发展中国家可以延长实施这些措施最多达 6 年，而发达国家的实施期只能延长 4 年。

3. 一般来说，自《WTO 协议》（见第五章）生效后实施的，且实施已超过 180 天的保障措施，在原实施保障措施期限相等的时限内，不得再次实施，“非适用期”至少为两年。但是对于发展中国家成员，在经过等于原实施保障措施期限一年半的期限后，即可以再次实施保障措施，但“非适用期”仍应至少为两年。例如，发展中国家实施已达 5 年的保障措施可以在两年半后再次实施。

五、“灰色区域”的禁止与取消

所谓“灰色区域”是指缔约双方通过自愿出口限制、有秩序的市场安排、数量限制等形式来限制进出口贸易的措施。由于此类措施透明度很低、法律地位不明确，往往成为贸易保护主义的保护伞,因而称之为“灰色区域”。

根据《保障措施协议》第 11 条的规定,所有的“灰色区域”措施,包括自愿出口限制、有秩序的市场安排或其他类似的措施,应自《建立世界贸易组织协定》生效之日起 4 年内废除。各成员方应自《建立世界贸易组织协定》生效之日起 180 天内向保障措施委员会提交分阶段取消“灰色区域”措施的时间表。

六、通知与磋商

为了增加采取保障措施的透明度,《保障措施协议》第 12 条规定,一个成员方在采取保障措施时,应当立即将下列事项通知保障措施委员会:①发起一项与严重损害或严重损害威胁有关的调查程序及其原因;②对由于增加的进口所造成的严重损害或威胁所做出的裁决;③就适用或延长一项保障措施所做出的决定。

在做出上述第 2 和第 3 项的通知时,采取保障措施的成员方应当提供所有有关的信息,包括由于进口增加造成了严重损害或损害威胁的证据、有关产品与准备采取的措施的准确说明、实施日期、期限及其逐步取消的时间表。如果要延长适用某一保障措施,还应提供有关产业正在调整的情况。

《保障措施协议》第 12 条第 4 款规定,一个成员方在采取临时保障措施前,应当通知保障措施委员会。

《保障措施协议》第 12 条第 5 款规定,各成员方应将下列事项通过保障措施委员会通知货物贸易理事会;①采取保障措施的成员方与有利害关系方的磋商结果;②调查当局的中期审查结果;③成员方采取保障措施的具体内容。

《保障措施协议》第 12 条第 6 款规定,各成员方应将本国有关实施保障措施的法律、法规与行政程序及其任何修改及时通知保障措施委员会。

七、管理机构

《保障措施协议》第 13 条规定,为了监督各国实施保障措施的行为,特在货物贸易理事会之下设立保障措施委员会。委员会主要履行以下职责:

1. 管理协议的实施并每年向货物贸易理事会报告实施情况,就协议的改进提出建议。

2. 经受影响的成员方的请求,判断成员方所采取的保障措施行为是否与协议规定的程序相一致,并向货物贸易理事会报告其审查结果。

3. 应成员方要求,帮助他们进行有关的磋商。

4. 检查成员方分阶段取消保障措施的执行情况,并向货物贸易理事会报告。

5. 应采取保障措施的成员方要求,审查其措施是否与损害程度相一致,并向货物贸易理事会报告。

6. 接受各成员方按协议规定提交的各项通知,并向货物贸易理事会报告。

7. 执行货物贸易理事会决定的与协议有关的其他事项。

八、保障措施在世贸组织里的应用情况

1995 年 1 月 1 日至 2005 年 6 月 30 日期间,世贸组织成员共发起 139 项保障调查,实施 68 项保障措施。

保障措施、反倾销措施和反补贴措施是世贸组织成员可用的三种贸易保护措施。1995 年 1 月 1 日至 2005 年 6 月 30 日,世贸组织成员共发起 2743 项反倾销调查,实施 1729 项反倾销措施;共发起 176 项反补贴调查,实施 108 项反补贴措施。

自 1995 年以来,发起保障调查最多的是印度(15 项),随后是智利、约旦和美国(各 10 项)。最

易受保障调查的产品类别依次为化学产品(25 项)、贱金属(21 项)、食品(15 项)、蔬菜(13 项)和畜产品(12 项)。

同期实施保障措施最多的依然是印度(8 项),其后是智利和美国(各 6 项)、捷克和菲律宾(各 5 项)。

保障措施是世界贸易组织《保障措施协议》所允许的保护国内产业免受进口损害的贸易救济手段,即在进口激增、国内产业受到严重损害或严重损害威胁的情况下,进口国可采取提高关税或实施数量限制等手段,对国内产业进行一段时间的保护。它是针对公平贸易条件的进口产品。

其性质完全不同于世贸组织所允许的另两种贸易救济手段——反倾销措施和反补贴措施。它们针对的是不公平贸易(新华网)。

国外对华贸易救济案件统计

一、1979～2005 年 6 月国外对华贸易救济案件统计数据

1. 国外对华贸易救济案件情况

1979～2005 年 6 月,国外对华启动的贸易救济案件数为 804 起(表 4-1)。

表 4-1　1979～2005 年 6 月国外对华贸易救济案件统计　　单位:起

类　型	反倾销	反补贴	保障措施	特别保障措施
案件数(起)	713	3	45	43

注:1979～2005 年 6 月,在国外对华启动的 713 起反倾销案件中,有 18 起案件被提起反规避调查;有 5 起案件被提起反吸收调查。

2. 国外对华贸易救济案件的发起国情况

1979～2005 年 6 月,在国外对华启动的 713 起反倾销案件中,位列前 10 位的发起国(地区)依次是:

(1)美国(112 起);(2)欧盟(111 起);(3)印度(86 起);(4)澳大利亚(61 起);(5)墨西哥(52 起);(6)土耳其(45 起);(7)南非(44 起);(8)阿根廷(42 起);(9)加拿大(28 起);(10)巴西(23 起)。

二、2005 年 1～6 月国外对华贸易救济案件统计数据

1. 国外对华贸易救济案件情况

2005 年 1～6 月,国外对华启动的贸易救济案件数为 39 起(表 4-2)。

表 4-2　2005 年 1～6 月国外对华贸易救济案件统计　　单位:起

类　型	反倾销	反补贴	保障措施	特别保障措施
案件数(起)	22	0	1	16

注:2005 年 1～6 月,国外对华共启动 2 起反规避调查。

2. 国外对华贸易救济案件的发起国情况

(1)反倾销:2005 年 1～6 月,在国外对华启动的 22 起反倾销案件中,欧盟和印度对华启动的反倾销调查位居首位,均为 4 起;其次是墨西哥,为 3 起;位居第三的是美国、澳大利亚、南非,均为 2 起(表 4-3)。

(2)特别保障措施:2005 年 1～6 月,国外对华启动的 16 起特别保障措施案件均由美国和欧盟启动,产品均涉及纺织品。其中,欧盟对华启动的特别保障措施调查为 9 起;美国为 7 起。

表 4-3　2005 年 1～6 月对华启动反倾销调查的国家(地区)统计　　单位:起

发起国(地区)	欧盟	印度	墨西哥	美国	澳大利亚
案件数	4	4	3	2	2
发起国(地区)	南非	土耳其	以色列	巴基斯坦	哥伦比亚
案件数	2	1	1	1	1

第四节　国际贸易争端解决规则

一、WTO 争端解决机制的产生背景

世贸组织争端解决机制,是从关贸总协定有关条款及其 40 多年来争端解决的实践发展而来的。关贸总协定关于争端解决的规定,主要体现在《GATT1947》的第 22 条和 23 条。第 22 条规定了缔约方之间进行磋商的权利;第 23 条规定了提出磋商请求的条件、多边解决争端的主要程序及授权报复等。一般认为,这两条是关贸总协定争端解决机制的主要规则和法律基础。

但是,关贸总协定争端解决机制存在一些严重缺陷。例如,由于没有明确的时限规定,争端解决往往久拖不决;由于奉行"协商一致"原则,被专家组裁定的败诉方可借此规则阻止专家组报告的通过。这些缺陷使得关贸总协定争端解决机制的效率大打折扣。

在此背景下,"乌拉圭回合"将争端解决纳入谈判议程,并最终达成了《关于争端解决规则与程序的谅解》(DSB),建立了 WTO 争端解决机制。该机制克服了旧机制的缺陷,其核心是精细的操作程序、明确的时间限制和严格的交叉报复机制。

"美国根据《清洁空气法案》限制汽油进口案"是 WTO 争端解决机构审理的第一例经过上诉机构的案件。1995 年 1 月委内瑞拉和巴西(1995 年 4 月)诉美国正在使用的规则在进口汽油之间造成了歧视。经过长达一年的调查、审理,WTO 专家小组认为美国颁布的有关汽油标准违反了 WTO 的规定。美国对此提出了异议并上诉。WTO 上诉机构经过认真调查,于 1996 年 5 月维持了专家组的结论,建议争端解决机构要求美国修改国内立法。美国接受裁决,并最终修改自己的国内法。WTO 的争端解决机制经受住考验,并越发成熟起来。

二、WTO 争端解决机制的特点

1. 鼓励成员通过双边磋商解决贸易争端　根据《关于争端解决规则与程序的谅解》的规定,争端当事方的双边磋商是 WTO 争端解决的第一步,也是必经的一步。即使是争端进入专家组程序后,双方仍然可以通过双边磋商达成相互满意的解决方案。从目前来看,约有 80%的争端是在建立专家小组之前通过磋商解决的。

2. 严格规定争端解决的时限　WTO 争端解决的各个环节都被规定了严格、明确的时间表,这使得争端解决的数量和速度大为加快。这既有利于纠正成员违反 WTO 协定或协议的行为,使受害方得到及时救济,也有助于增强各成员对多边争端解决机制的信心。

3. 实行"反向协商一致"的决策原则　WTO 争端解决机制引入了"反向协商一致"的决策原则。在争端解决机构审议专家组报告或上诉机构报告时,只要不是所有的参加方都反对,则被视为通过,从而排除了败诉方单方面阻挠报告通过的可能。

4. 允许交叉报复　DSB 虽然禁止任何未经授权的单边报复性措施,但它规定如果成员在某一领域的措施被裁定违反了 WTO 协定或协议,且该成员未在合理时间内纠正,经争端解决机构授权,利益受到损害的成员可以进行报复。报复应优先在相同领域进行,称为"平行报复";如不可行,报复可以在同一协定或协议下跨领域进行,称为"跨领域报复";如仍不可行,报复可以跨协定或协

议进行，称为“跨协议报复”。

三、WTO 争端解决机制的范围和原则

（一）争端解决的范围

DSB 第一条对 WTO 争端解决机制的管辖范围做了详细的规定：

1. WTO 争端解决机制适用于各成员根据 WTO 各项协定、协议（包括 DSB）所提起的争端，这是解决所有争端的一般规则。

2. 特别规则优先 DSB 附录 2 列出了所有含有特别规则和程序的协议，如《实施卫生与植物卫生措施协议》、《纺织品与服装协议》、《服务贸易总协定》及有关附件等。当特别规则与一般规则发生冲突时，特别规则优先。

3. 对适用规则的协调 当某一争端的解决涉及多个协定或协议时，且这些协定或协议的争端解决规则和程序存在相互冲突时，则争端各当事方应在专家组成立后的 20 天内，就适用的规则和程序达成一致。如不能达成一致，争端解决机构主席应与争端各方进行协商，在任一争端当事方提出请求后的 10 天内，决定应该遵循的规则与程序。争端解决机构主席在协调时应遵守“尽可能采用特别规则和程序”的指导原则。

（二）争端解决的原则

1. 多边原则 WTO 成员承诺，不对其认为违反贸易规则的事件采取单边行动，而诉诸多边争端解决机制，并遵守其规则和裁决。WTO 鼓励各成员在遇到争端时，尽量采用多边机制进行解决。

2. 统一程序原则 WTO 的争端解决机制还规定了统一的争端解决程序。凡是有关《建立世界贸易组织的协定》、“多边货物贸易协定”、《服务贸易总协定》、《知识产权协定》、《谅解》、“诸边协定”等的争端，都适用于统一的程序。其中，关于诸边协议的争端还要适用诸边协议各方通过的决定。

3. 协商解决争端原则 WTO 争端解决机制鼓励争议双方采取友好协商的办法解决问题。每个成员保证对另一成员提出的问题给予考虑，并提供充分的磋商机会。对于成员之间的问题，鼓励寻求与 WTO 规定相一致的、各方都接受的解决办法。

4. 自愿调解与仲裁原则 WTO 调解程序主要规定在第 5 条，即“斡旋、调解和调停”。斡旋是第三方以各种方式促成当事方进行谈判的行为；调停是以第三方的中立身份直接参与有关当事方的谈判；调解是将争端提交一个委员会或调解机构，由其阐明事实，提出报告，特别是提出解决争端的建议，以设法使争端各方达成一致。无论是斡旋、调解还是调停，在 WTO 争端解决机制中，都必须在争端各方的同意下进行。斡旋、调解和调停可以在任何时候进行，也可以在任何时候终止。总干事依照其职权进行斡旋、调解和调停。

仲裁程序必须建立在自愿基础上，它应该以双方达成一致的仲裁协议为基础进行，接受仲裁裁决的各当事方要受到仲裁裁决的约束。

5. 授权救济原则 如果一方违反协议，给另一方造成损失，或者阻碍了协议目标的实现，各方应优先考虑争端当事方一致同意的与各协议相一致的解决办法。如果无法达成满意的结果，申诉方可通过争端解决机制获得救济。手段有：撤除与协议不相符的措施、补偿、终止减让或其他义务。

6. 法定时限原则 WTO 争端解决机制对每个阶段规定了严格的时限，如果一方在时限内没有行使权利，另一方可以立即推动程序进入下一个阶段，或者程序将自动进入下一个阶段。专家小组和上诉机构的审案时限与当事方的诉讼时限一样严格具体。严格的时限原则使争端的解决更为快速。

四、争端解决机构

WTO 争端解决程序中所涉及到的机构有：争端解决机构、专家小组和上诉机构、有关各方和 WTO 秘书处。

(一) 争端解决机构

WTO 总理事会即是争端解决机构，其职责主要有：

1. 成立专家小组并通过其报告。
2. 组建上诉机构并通过其报告。
3. 监督裁决和建议的履行。
4. 根据有关协议授权中止各项减让和其他义务。

(二) 专家小组

在争议双方磋商未果时，申诉方可请求争端解决机构成立临时性的专家组。按照规则，不同的争端，可设立不同的专家组；被诉方同多个申诉方之间发生的关于同一问题的争端，可分别成立专家组，但一般由同一专家组对各个争端统一审理。专家组一般应在争端解决机构第二次审议建立专家组的要求之前建立，由 3 名专家组成，若争端双方同意，可以扩大到 5 名，并在它建立之后的 30 天内组成。在遴选专家组成员时，WTO 秘书处根据需要向争端各方建议 3 名可能的专家组成员，在选择专家组成员有困难时，专家组成员可由总干事指定。专家组成员应为资深的政府官员或非政府人士，并应具有多种不同的背景和丰富的经验，但一般不得是当事方的公民或在争端中有实质利害关系的第三方公民，他们都是以个人身份提供服务，不接受任何政府的指示。专家组每个成员的意见对专家组报告的形成都有重要的影响，一旦争端解决完毕，专家组的使命即告结束。

(三) 常设上诉机构

常设上诉机构由 7 人组成，每一任期为 4 年，可连任一次，其中的 3 人对有关案件的上诉进行审理。7 名成员依照一定的程序定期轮换。这 7 名成员在 WTO 成员中应具有代表性，但不隶属于任何国家的政府，他们必须是法律和国际贸易领域中公认的权威，并且对有关协议具有专业知识的人士。

五、争端解决程序

(一) 磋商程序

磋商是争端解决的第一个阶段，是指两个或两个以上成员为使问题得到解决或达成谅解进行国际交涉的一种方式。WTO 鼓励成员首先通过磋商解决争端。

1. 磋商的一般程序

(1)争端一方可以根据某个有关协定向争端对方提出磋商请求；

(2)接到磋商请求的争端方应自收到请求的 10 天内，对该请求做出答复；

(3)在收到请求后不超过 30 天内，真诚地开始磋商。在紧急情况下，包括涉及易腐货品的争端，应在收到该请求后不超过 10 天的时间内进行磋商。

2. 磋商的规则

(1)请求磋商的争端方应向争端解决机构及有关理事会书面通报其关于磋商的请求，说明提出磋商的理由，包括争端的核实材料及申诉的法律依据；

(2)磋商应秘密进行；

(3)磋商不损害任何一方在进一步程序中的权利；

(4)每个成员方要对磋商的请求提供充分的机会；

(5)在根据某个协议的规定而进行磋商的过程中，各成员应力求使事件的调解得到令人满意的结果；

(6)磋商过程中，应特别注意发展中国家的各项特殊问题和利益；

(7)有重大贸易利益的其他成员方，可在该磋商的请求分发之日起 10 天内，向参与磋商的各成员和争端解决机构通告其参与加磋商的意愿，经同意后可参与磋商。

(二) 调解程序

调解程序的正式名称是“斡旋、调解和调停程序”。该程序是在争端双方同意的基础上自愿进行的。进行程序的请求可由争端任何一方在任何时候提出，也可在任何时候终止。一旦调解程序终止，申诉方可提出成立专家组的要求。如果争端各方同意，在专家组程序进行过程中，仍可继续进行调解程序。WTO 总干事以其职务资格进行斡旋、调解、调停以协助各成员解决争端。在进行调解程序时，应为争端当事方所持立场保密，并应无损于任何一个当事方依照程序进行下一个诉讼程序的权益。

(三) 专家组程序

有下列情况之一时，申诉方可要求成立专家组进入下一程序：

(1)争端另一方收到请求后 10 天内未做答复。

(2)争端另一方收到请求后 30 天内(或双方另外同意期限内)未进入磋商。

(3)争端另一方收到请求后 60 天内磋商未果。

(4)紧急情况下，争端另一方收到请求后 20 天内磋商未果。

(5)若参与磋商的所有当事方一致认为该争端无法通过磋商解决，则申诉方可在 60 天的期限内提出成立专家组的请求。

专家组程序是争端解决机制最为复杂、最核心的部分。

专家组首先听取争端各方陈述和答辩意见，然后，将报告初稿的叙述部分(事实和理由)散发给争端各方，等待其提交书面意见。在收到书面意见后，专家组应在调查、取证的基础上完成中期报告，再散发给各方评议。中期报告包括叙述部分、调查结果和结论。争端各方可以书面要求专家组在提交最终报告前对中期报告进行审查。如专家组在规定时间内未收到该要求，则中期报告应视为专家组的最终报告，并迅速散发给各成员方。

一般说来，专家组应在 6 个月内(紧急情况下 3 个月)完成全部工作，并提交最终报告，最长不得超过 9 个月。应申诉方要求，专家组可暂停工作，但期限不得超过 12 个月。如超过 12 个月，设立专家组的授权即告终止。

在最终报告散发给各成员 60 天内，除非争端当事方正式通知争端解决机构其上诉决定，或争端解决机构经协商一致决定不通过该报告，否则该报告应在争端解决机构会议上予以通过。

(四) 上诉程序

DSB 设立了由 7 人组成的“常设上诉机构”，以受理争端当事方就专家组报告提出的上诉。上诉机构只审理专家组报告中所涉及的法律问题和专家组所做的法律解释。上诉案审理期限原则为 60 天到 90 天。上诉机构可以维持、修正、撤销专家组的裁决结论。上诉机构的裁决为终局意见，当事方应无条件接受，除非争端解决机构一致反对。这就形成了 WTO 的两审终审制，增强了争端解决机构的权威性和灵活性。

（五）裁决执行

专家组或上诉机构的结论报告或建议，经争端解决机构通过后成为后者的正式建议或裁决，有关成员应及时履行。具体的监督措施有：

1. 执行期限　在专家组或上诉机构报告通过后的 30 天内举行的争端解决机构会议上，有关成员应将其执行争端解决机制建议与裁决的打算通知争端解决机制。如果该成员不能及时履行有关建议与裁决，他应在一个合理的期限内来履行。专家组或上诉机构的建议期限不得超过 15 个月。

2. 补偿与减让的中止以及“交叉报复”　如果被诉方的措施被认定违反了 WTO 的有关规定，且其未在合理期限内执行了争端解决机构的建议和裁决，则被诉方应申诉方请求，必须在合理期限届满前与申诉方进行补偿谈判。如果在合理期限届满前双方没有就补偿达成一致，申诉方可要求争端解决机构授权对被诉方进行报复，即中止对被诉方承担的减让或其他义务。争端解决机构应在合理期限届满后 30 天内给予相应授权，除非经协商一致拒绝授权。一般是首先进行平行报复；不奏效时，进行跨部门报复；如果仍不奏效，则可进行跨协议报复。后两项即为“交叉报复”。

报复措施是临时性的。只要出现以下任何一种情况，报复措施就应终止：①被认定违反 WTO 有关协定或协议的措施被撤销；②被诉方对申诉方所受的利益损害提供了解决办法；③争端各方达成了相互满意的解决办法。

复　习　题

1. 构成倾销的条件？
2. 国际反倾销新趋势是什么？
3. 补贴存在的原因？
4. 比较保障措施与反倾销、反补贴措施的区别？

（董　丽）

第五章

国际贸易体制

第一节　国际贸易条约与协定

对外贸易可以促进一国经济的增长、就业的增加和收入水平的提高。在一国的对外贸易中，一般而言，出口贸易比进口贸易对本国经济的发展更为有利，各国在制定外贸政策时，都以“奖出限入”为首要信条，以期从国际贸易中尽可能多的受益。而一国的出口必定是他国的进口，各国只想多出少进的话，必然引起国际贸易的不平衡。而且，各国的社会文化等方面也存在很大差异，因而各国相互之间的贸易政策措施的不协调和贸易活动的纠纷在所难免，这对世界贸易和世界经济的发展是很不利的。因此，必要加强国际间的磋商和协调，签订国际贸易条约与协定，制定出各国都能遵守的国际贸易准则，以减少和平息各种贸易纠纷。

一、国际贸易条约和协定的概念

国际贸易条约与协定是两个或两个以上的主权国家为确定彼此间的经济关系，特别是贸易关系方面的权利和义务而缔结的书面协议。按照缔约方的多少，可分为双边贸易条约和协定、多边贸易条约和协定。按协议的对象不同可分为各种具体形式的协定和条约，如通商航海条约、商品协定、支付协定。按协议的对象不同可分为各种具体形式的协定和条约，如通商航海条约、商品协定、支付协定等。

贸易条约和协定的条款通常是在“自由贸易、平等竞争”的口号下签订的，一般也都反映了缔约方对外政策和对外贸易政策的要求。但在实践中，缔约方的经济利益往往靠缔约方的经济实力来保证。因此，各缔约方从贸易条约和协定中得到的好处是不一样的。

二、贸易条约和协定的种类

贸易条约和协定的种类很多，主要有以下一些：

(一) 贸易条约(commercial treaties)

贸易条约是最为重要的贸易协议。严格意义上的贸易条约通常都是由国家首脑或其特派的全权代表来签订，并经与缔约方的立法机关讨论通过，报请最高权力机构批准后才能生效。贸易条约的名称有很多，如通商航海条约(Treaty of Commerce and Navigation)、友好通商条约、通商条约等。

通商条约在结构上通常由序言、正文和约尾三部分组成。序言也称约首，主要阐明缔约各方建立和发展相互间贸易关系的愿望，以及缔约各方应该遵守的若干法律原则和其他原则。正文是贸易条约的主体，主要规定缔约各方在建立和发展相互间贸易关系的过程中，各自所享有的权利和应承担的义务。约尾通常是有关程序、手续及其他有关问题的必要说明，主要包括条约的生效、有效期、延长、废止的程序，条约的份数、使用的文字及其效力，条约的签订时间、地点以及各方代表的签名。

贸易条约的正文涉及的内容相当广泛，几乎包括经济贸易关系的全部领域。其主要内容和方面有：关税的征收、海关手续的办理、船舶的航行和港口的使用、缔约方公民和企业组织在缔约方对方所享有的待遇，以及知识产权（包括专利权、商标权、版权等）的保护、进口商品应征收的国内捐税、铁路运输、过境和转口便利等等问题。

贸易条约相对于其他协议来说，一般形式比较规范，程序比较复杂，涉及面广泛但内容较为抽象，有效期较长。

（二）贸易协定与贸易议定书

1. 贸易协定（Trade Agreements）　贸易协定是指两个或两个以上的国家为协调和发展彼此之间的贸易关系而签订的一种书面协议。相对于贸易条约来说，贸易协定的重要性有所下降。其特点是对缔约方之间的贸易关系规定的比较具体，有效期较短，签订的程序较简单，只需经签字国的行政首脑或其代表签字即可生效。

贸易协定的内容一般包括：最惠国待遇条款的规定；缔约各方的进出口商品货单与贸易额；作价原则、使用的货币、支付方式、关税优惠等。但上述各项规定有时也允许各缔约方有一定的灵活性，比如贸易额和出口货单就可以在协商的基础上调整。贸易协定往往是已签订贸易条约（相当于贸易条约的协议）各方之间对彼此贸易关系的更进一步的规定，因此，贸易条约中的一切法律原则自然适用于贸易协定。

贸易协定可以有不同性质的参与主体，如政府间贸易协定、民间贸易协定等。贸易协定还可以以各自不同的特定内容为对象，如支付协定、国际商品协定等。

2. 贸易议定书（Trade Protocol）　贸易议定书是指缔约方就发展贸易关系中的某项具体问题所达成的书面协议，一般是对已签订的贸易协定的补充或解释。其签订程序和内容比贸易协定更为简单，由签字国有关行政部门的代表签署后即可生效。贸易议定书常常适用于长期贸易协定下的年度安排、个别条款的调整或修改、专门技术问题的特殊规定或说明等。由于贸易议定书具有简便灵活等优点，其作用和重要性也不可忽视。

（三）支付协定（Payment Agreement）

支付协定是两国间关于贸易和其他方面债权、债务结算办法的一种书面协议。其主要内容涉及对清算机构、清算账户、清算项目与范围、清算货币、清算方式以及清算账户差额处理办法等方面的规定。

支付协定是外汇管制的产物。在外汇管制的情况下，一种货币往往不能自由兑换成另一种货币，对一国所具有的债权不能用来抵偿对第三国的债务，使得结算只能在双边的基础上进行，因而需要通过缔结支付协定来规定两国之间的债权债务，在外汇短缺的情况下，通过这种相互抵账的办法来清算两国的债权债务。从历史上看，支付协定盛行于各国普遍实行外汇管制的时期，尤其是盛行于20世纪30年代大危机后的20年。随着1958年后西方国家实行货币自由兑换和外汇管制的放松，支付协定开始逐渐被废止。而在当前继续适用支付协定的一般都是实行外汇管制的发展中国家和地区。从其效果来看，支付协定通过互相抵账的办法彼此之间的债权债务关系，既有利于双边贸易关系的发展，又可以克服发展中国家普遍存在的外汇短缺的矛盾。因而，支付协定是发展中国家之间促进双边贸易发展的有效手段。

(四) 国际商品协定(International Commodity Agreement)

国际商品协定是指某项商品的主要生产国(出口国)和消费国(进口国)就该项商品的购销和价格的稳定而缔结的政府间的多边贸易协定。国际商品协定的主要对象是发展中国家所生产和出口的初级产品。由于国际市场上主要初级产品的价格波动频繁且呈下降趋势,影响了发展中国家和地区的贸易利益。为了保障自己的正当利益,发展中国家希望通过国际商品协定来维护合理的价格水平。但是,发达国家作为初级产品的最大消费者则希望从这种商品的价格波动中获得额外好处。不过,市场波动也可能使初级产品的价格在一定时期处于较高的水平。为了保证自己的利益,发达国家也希望通过国际商品协定在维持初级产品正常供给的条件下,保证价格水平不致过高。因此,尽管发展中国家和发达国家存在利益矛盾,而且目标也各不相同,但签订国际商品协定则是共同的愿望。

现行的国际商品协定主要有:《国际天然橡胶协定》(1978 年)、《国际糖协定》(1987 年)、《国际可可协定》(1986 年)、《国际小麦协定》(1986 年)、《国际橄榄油协定》(1986 年)、《国际咖啡协定》(1983 年)、《国际热带木材协定》(1983 年)、《国际黄麻及其制品协定》(1989 年)等。此外,《国际锡协定》已定于 1985 年废止,《国际奶制品协定》和《国际牛肉协定》(两者均于 1979 年在日内瓦签署,经 1994 年修改后纳入 WTO 法律结构中)也于 1997 年底废止。

从结构上看,国际商品结构一般由序言、宗旨、经济条款、行政条款和最后条款等部分构成,并有一定格式。其中经济条款和行政条款是国际商品协定中的两项主要条款。

序言和宗旨主要表明各方签订协定的意愿和执行协定的保证,协定规定的目标和宗旨以及协定依据的一般原则。从目标和宗旨来看,一般分为以下三个方面:①调节商品市场的供求关系及稳定价格;②稳定和增加生产者的出口收入、促进发展;③改善产品结构和市场结构。

经济条款是国际商品协定的主要部分,它具体规定缔约各方各自的权利和义务以及有关商品的销售和价格安排。从目前的国际商品协定来看,经济条款主要有以下 4 种规定办法:

(1)设立缓冲库存。缓冲库存(Buffer Stock)就是由该商品协定的执行机构按最高限价和最低限价的规定,运用其成员国提供的实物和资金,干预市场和稳定价格。这种规定最主要是对最高限价、最低限价和价格档次达成协议,并有大量资金和存货,否则,将难以起作用。《国际锡协定》和《国际天然橡胶协定》的经济条款就是这种规定方法。

(2)规定出口限额。即先规定一个基本的出口限额,每年再根据市场需求和价格变动,确定当年平均的年度出口限额。年度出口限额按固定部分和可变部分分配给有基本限额的各成员国。《国际咖啡协定》和《国际糖协定》的经济条款就是这种规定办法。

(3)签订多边合同。多边合同(multilateral contracts)条款规定,进口国在协定规定的价格幅度内,向各个出口国购买一定数量的有关商品;出口国在协定规定的价格幅度内,向各进口国出售一定数量的有关商品。当进口国在完成所应出口的数量后,可在任何市场,以任何价格,出售任何数量的有关商品。因此,它实际上是一种多边性的商品合同。国际小麦协定就属于这种类型。

(4)出口限额和缓冲存货相结合。就是同时采用出口限额和缓冲存货这两种办法来控制市场和稳定价格。国际可可协定的经济条款就是这种规定办法。

行政条款也是协定各方非常重视的条款。它一般主要涉及协定的权利机构和表决票的分配。国际商品协定的权利机构有理事会、执行委员会和监督机构。各协定对表决票的分配及使用有具体的规定。

最后条款主要是规定有关协定成员加入或退出的手续和程序,规定的有效期、生效日及延长和废止,以及各方认可的签字等。

三、贸易条约和协定所依据的法律原则

无论什么样的贸易条约和协定,他们都依存于国际上通行的一些法律原则;而这些法律原则又赋予这些贸易条约和协定以相应的法律地位。

(一) 最惠国待遇原则(most-favored nation treatment, MFNT)

1. 最惠国待遇原则的概念　最惠国待遇原则是贸易条约和协定所依据的最主要和最重要的法律原则。其基本含义是:缔约方一方现在和将来所给予任何第三方的一切特权、优惠和豁免,必须同样给予缔约方对方。最惠国待遇条款有无条件的最惠国待遇和有条件的最惠国待遇之分。现在的国际贸易条约和协定一般都采用无条件的最惠国待遇条款,有时还采用"无歧视待遇原则"。

最惠国待遇原则理应是平等的、相互的,但殖民地时期则是帝国主义国家要殖民地国家给予它最惠国待遇,而殖民地国家却不能享有帝国主义国家宗主国提供的最惠国待遇。第二次世界大战以后,由于国际形势的变化,使得发达资本主义国家在与发展中国家签订贸易条约和协定时,一般都规定相互提供最惠国待遇。

2. 最惠国待遇条款的适用范围　在贸易条约和协定中,最惠国待遇条款的适用范围大小不一,可适用于缔约方经济贸易关系的各个方面,也可只在贸易关系中某几个具体问题上适用,但通常包括以下几个方面:

(1)有关进口、出口、过境商品的关税及其他方面捐税。

(2)有关商品进口、出口、过境、存储和转船方面的海关规则、手续和费用。

(3)进、出口许可证的发放和行政手续。

(4)船舶驶入、驶出和停泊时的各种税收、费用和手续。

(5)关于移民、投资、商标、专利、铁路、运输方面的待遇。

在具体签订贸易条约和协定时,缔约方国家可以根据相互之间的关系和发展贸易的需要,在最惠国待遇条款中具体确定其适用的范围。

3. 最惠国待遇条款适用的限制和例外　最惠国待遇条款适用的限制是指将适用范围限制于若干具体的经济和贸易方面。

最惠国待遇条款适用的例外是指某些具体的经济和贸易事项不适用于最惠国待遇,例如关税同盟的例外,即已经结成关税同盟的成员国之间,在关税上的免税待遇,应作为最惠国待遇的例外。此外,还有过境贸易的例外、一般例外和安全例外等。

(二) 国民待遇原则(principle of national treatment)

国民待遇原则也是贸易条约和协定中的最重要的法律原则之一。它的基本含义是:缔约方之间相互保证给予对方的自然人(公民)、法人(企业)和船舶在本国境内享受与本国自然人(公民)、法人(企业)和船舶同等的待遇。

在贸易条约和协定中,国民待遇原则的一般适用范围是:外国公民的私人经济权利,包括私人财产、所得、房产、股票等;外国企业的经济权利,例如外国产品所应缴纳的国内捐税、利用铁路运输和转口过境的条件、船舶在港口的待遇、商标注册、版权、专利权等。但国民待遇的条款并不是将本国公民或企业所享有的一切权利都包括在内,例如沿海贸易权、领海捕鱼权、沿海与内河航行权、购买土地权、零售贸易权以及充当经纪人等则通常都不包括在国民待遇原则所适用的范围之内。

(三) 机会均等原则(equalization of opportunity)

机会均等原则是在国民待遇原则的基础上形成的一种新的法律原则。它的基本含义是:缔约方一方的自然人和法人享有同等的权利和待遇。机会均等原则最初由美国提出,并且与该国的自

然人和法人享有同等的待遇和权利。机会均等原则最初由美国提出,并用于处理和解决第二次世界大战以后的国际经济关系。此后便经常出现在有关国家之间所签订的贸易条约与协定中,从内容上看来,机会均等原则实际上包括了最惠国待遇原则和国民待遇原则。因此,其重要性也就显而易见了。

除了上述3项重要的法律原则以外,在贸易条约和协定中,还经常签订一些和法律具有类似性质的条款,用以规定缔约各方的权利和义务,对法律原则起补充作用。常见的有免责条款、保障条款、国家安全条款和危险点条款等。

第二节 区域经济一体化

区域经济一体化是当今世界经济发展中的一个重要现象。它早在19世纪就已经出现,第二次世界大战后得到了迅猛发展。今天,经济发展水平相近或相似的各国之间结成经济逐步一体化的集团来谋取共同利益仍是一种时尚。区域经济一体化及区域经济一体化集团对世界经济的发展产生了重大影响。对于区域经济一体化,目前尚无统一明确的定义。在我国,一般认为是指地理区域比较接近的两个或两个以上的国家为了谋求共同的经济贸易发展,通过缔结实现一体化的国际条约来设立相应的国际组织的方式而形成的经济联合的过程。

一、区域经济一体化的形式

按照贸易壁垒的取消程度和经济联系的紧密程度,区域经济一体化可分为以下几种形式:

(一)特惠关税区(preferential tariff area)

在特惠区中,成员国相互间所课征远远低于对第三国所课征的关税,小部分商品可能完全免税。这是最初级的一体化组织形式。

(二)自由贸易区(free trade area)

自由贸易区的成员国之间不存在贸易限额,约定分阶段减免关税、实现自由贸易,但对非成员国家和地区人独自实行独立的贸易和关税政策。1994年由加拿大、墨西哥和美国结成的北美自由贸易区便是典型的例子。

(三)关税同盟(customs union)

关税同盟是指两个或两个以上的国家完全取消关税或其他壁垒,并对其他国家实行统一的关税率而缔结的同盟。它在一体化程度上比自由贸易区更进了一步,目的在于使参加国的商品在统一关税以内的市场上处于有利地位,排除非同盟国商品的竞争,具有超国家调节的特征。

(四)共同市场(common market)

共同市场就是指除成员国内完全取消关税和数量限制,并对非成员国实行统一的关税外,共同市场成员国之间的生产要素如资本,劳动力等也可以自由移动。欧洲经济共同体在20世纪70年代初已接近这样一个阶段。

(五)经济同盟(economic union)

经济联盟指在共同市场的基础上,成员国制定统一的社会经济(货币、财政、汇率、经济发展、社会福利等)政策,经济上取消国界,政治上建立超国家的权力机构。目前的欧共体就属于此类经济同盟。

（六）完全的经济一体化(complete economic integration)

这是经济一体化的最后阶段，即在经济联盟的基础上，要求成员国在贸易、货币、财政等政策上完全一致，以便让商品、资本、劳动力能在共同体内真正做到完全的自由流通。目前，世界上还没有出现任何完全经济一体化组织。

上述各种经济一体化的特征可以用表 5-1 进行归纳。

表 5-1　区域经济一体化的基本形式及其特征

	相互给予的贸易优惠	成员国之间的自由贸易	共同的对外关税	生产要素的自由流动	经济政策的协调	统一的经济政策
特惠关贸区	☆					
自由贸易区	☆	☆				
关税同盟	☆	☆	☆			
共同市场	☆	☆	☆	☆		
经济同盟	☆	☆	☆	☆	☆	
完全经济一体化	☆	☆	☆	☆	☆	☆

二、关税同盟理论

对于经济一体化，国际上也有一些不同的理论。但是鉴于绝大多数的地区经济一体化还未超出关税同盟的程度，而且在所有的理论中关税同盟理论也比较成熟，下面就主要介绍一下这一理论。

关税同盟可以使区域内各成员国的贸易增长带来的收益高于它们同区域外国家贸易的减少所损失的收益，从而使它们的净收益增加。具体来说，关税同盟对区域内成员所获收益的影响表现为：①区域内成员相互之间取消关税和贸易数量限制措施，一次性改进资源配置所获取的收益；②区域内生产效率提高和资本积累增加，促进对出口生产和关联性较强工业的投资获取的收益。前者称为静态收益(static Gains)，后者称为动态收益(dynamic Gains)。

（一）关税同盟的静态收益

关税同盟的静态收益理论中，较有代表性的是在维纳(Jacob Viner)1950 年提出的贸易创造和贸易转移基础上进行的局部均衡分析。维纳在《论关税同盟问题》一文中指出，组成关税同盟的总福利效应要看贸易创造效应和贸易转移效应对比之后的净福利。

1. 贸易创造　贸易创造(trade creation)是指在关税同盟内部取消成员国之间的关税后，国内生产成本高的商品被成员国中生产成本低的商品所取代，来自成员国的低价进口商品替代了昂贵的国内生产的商品，成员国之间的贸易被创造出来。

当一个对来自所有成员国的进口商品免征关税的关税同盟成立后，允许某成员(如 A 国)通过取代另一国(如 B 国)自己生产的商品，向该国出口更多产品时，贸易就被创造出来了。B 国的进口竞争工业部门在关税的保护下，本来可以避免其他国家高效率、低成本工业的竞争，从而占领国内市场。在关税同盟减免了对来自其他成员国的进口产品征收的关税后，国外的高效率工业便可在 B 国市场上同其国内企业展开竞争，贸易得以扩大。尽管 B 国的一些生产厂商会失去竞争优势，但其他一些生产厂商会因为关税降低而在其他成员国的市场上获得好处，并且消费者也会由于商品价格的降低、选择余地的扩大而受益。

2. 贸易转移　贸易转移(trade diversion)是指在关税同盟中的成员国改变其贸易方向，将与非成员国进行的贸易转向与同盟内其他成员国。

由于关税同盟在关税上对非成员国采取歧视政策，成员国 A 就可能取代 B 国原先从非成员国进口的产品，B 国的贸易发生了向成员国的转移，这就可能使得 B 国从 A 国进口一些相对价格高于非成员国的产品。如果在同盟成立之前 B 国实行的关税对任何国家都一样的话，外部国家出口产品的价格必然低于 A 国的产品，否则，B 国那时就会首先从 A 国进口。在建立起同盟后，由于关税的优惠，使 B 国的消费者从 A 国购买这些产品。对于消费者而言，这样做的代价较低，但从总体上说，B 国的外汇成本则较高。原先从非成员国进口中获得的部分收入，现在转而付给生产效率低于外部竞争者的 A 国的生产商了。

3. 关税同盟的静态收益的局部均衡分析　如上所述，贸易创造给进出口双方带来了更多的贸易机会和经济利益，相应提高了关税同盟的福利；贸易转移则不仅使进口方由于进口较贵产品而造成福利损失，而且是出口方由于高成本的产品不能获得相应的高价而造成福利损失，相应降低了关税同盟的福利。下面我们具体分析关税同盟的静态收益。

假定有三个国家：本国、A 国、B 国。如图 5-1 所示，S_H 和 D_H 分别表示本国国内市场的供给曲线和需求曲线。现有某种商品 X，本国的生产价格为 P_H，A 国的生产价格为 P_A，B 国的生产价格为 P_B，相比而言，B 国是最有效率的该商品生产者，即 $P_B < P_A < P_H$。作为独立经济实体时，本国无论从哪个国家进口该商品，均加征关税 T。由于该商品在本国的均衡价格为 P_H，远远高于从 B 国进口的商品价格（P_B＋T），于是它将从 B 国进口数量为 Q_1Q_2 的该商品以满足本国增加的需求。由于（P_A＋T）＞（P_B＋T），本国不会从 A 国进口该商品。

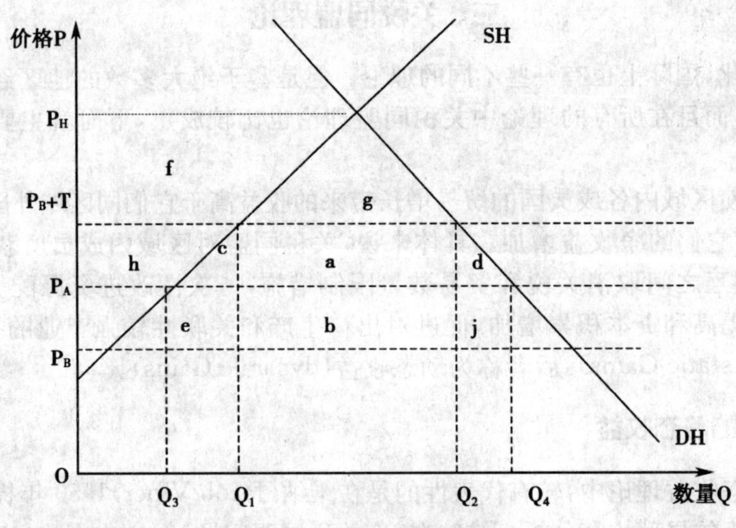

图 5-1　关税同盟的局部均衡

现假定本国和 A 国结成了关税同盟，不再对 A 国的进口品征收关税，但仍对 B 国的进口品征收关税。这样的话，由于（P_A＋T）＞P_A。本国将不再从 B 国进口该商品，而转而以 P_A 的价格从 A 国进口数量为 Q_3Q_4 的该商品。此时，Q_3Q_1 表示本国生产的该商品由于从 A 国进口而被取代的数量；Q_2Q_4 表示本国消费者新增的该商品需求量。本国进口的该商品数量现在大大增加了，这就是贸易创造。然而，本国在结成关税同盟前从较低生产成本的 B 国进口的 Q_1Q_2 的该商品，却被具有较高生产成本的关税同盟成员 A 国取代了，即发生了贸易转移。

如图 5-1 所示，在 P_A 价格水平下，关税同盟的形成将是本国的消费者剩余增加，增加的数量用面积（h＋a＋c＋d）表示。但是，本国的生产者剩余却损失了，由面积 h 来表示。除了生产者的损失外，关税同盟的形成还会使本国损失一定的关税收入，这种损失由面积 a 来表示。此外，由于贸易转移效应的作用，本国不再从 B 国进口产品，因此也损失了面积为 b 的关税收入。因此，形成关税同盟后本国的净收益是（c＋d－b）。这里需要注意的是：面积 c 代表本国高成本产品被低成本产品取代所增加的进口量。面积 d 代表由于对 A 国进口产品实行零关税而增加的本国消费量。面积(c+d)代表本国从贸易创造中所获收益,b 则代表由于贸易转移而使本国遭受的损失。总之,净收益(c+d−b)可能为正值、负值或零,一国参加关税同盟是否能够收益就取决于贸易创造效应和贸易转移效应之间的比较了。

在上述分析的基础上,我们还发现一些重要的特例。当本国征收关税 T 后使得从 B 国进口该商品的价格(P_B+T)=P_A 时,关税同盟就不存在贸易创造,而只有贸易转移了。此时本国的损失可用图 5-1 中的面积(e+b+j)来表示。另外,当本国执行一个比较高的关税率使得(P_B+T)=P_H 时,关税同盟就完全只有贸易创造了。此时本国的净收益可用图 5-1 中的(g+c+a+d)来表示。此外,如果 B 国的该商品的价格远远高于 A 国的,那么关税同盟也只会产生贸易创造效应。

(二) 关税同盟的动态收益

参与关税同盟的各成员国,除了能获得静态收益以外,它们的经济结构和经济运行情况也会发生很大的变化。关税同盟会产生许多的动态效果,如市场竞争的加剧、对技术创新的激励和规模经济等。具体表现如下:

(1)强化竞争效应。关税同盟对各成员国之间的竞争加强,专业化程度加深,资源使用效率提高。西托夫斯基(T. Scitovsky)认为关税同盟建立后,促进商品流通,可以加强竞争,打破独占,经济福利可以因此提高。但是,有人持相反的看法,认为消除贸易壁垒,市场扩大,容易获取生产的规模经济,反而容易产生独占,而使经济福利下降。

(2)规模经济效应。关税同盟成立以后,成员国成为一体,自由市场可以扩大,因而可以获取专业化与规模经济的利益。巴拉萨(B. Balasa)认为形成关税同盟可以使生产厂商获得重大的内部和外部规模经济之利。但金德尔伯格(C. P. Kindleberger)认为欧洲经济共同体成员国厂商的原油生产规模已经很大,关税同盟后生产规模再扩大不一定更为有利,因为生产规模太大,效率反而会下降。

(3)投资刺激效应。①关税同盟形成以后,随着市场的扩大,风险与不稳定性降低,会吸引成员国新的厂商增加投资。②关税同盟形成以后,商品的自由流通,会使竞争程度加强。为提高竞争能力,将促使关税同盟成员国原有的厂商增加投资,以改进产品品质、降低生产成本。③关税同盟成立后,成员国之间关税完全免除,对外统一关税,其结果,会吸引关税同盟以外的国家到同盟内设立避税工厂,以求获得豁免关税的利益,这被认为是欧洲经济共同体成立以后,美国到欧洲经济共同体国家投资激增的主要原因。但是,也有人认为关税同盟成立后,各成员国之间彼此侵占对方的市场,一国遭受贸易创造效果打击的产业将会减少投资,使成员国投资机会减少,使关税同盟内厂商受到不利的影响。因此,关税同盟成立后,关税同盟成员国的投资不一定增加。

(4)技术进步效应。关税同盟成立后,市场扩大、竞争加剧、投资增加、生产规模扩大等因素,均使得生产厂商越愿意投资与研究和发展,导致技术不断革新。

(5)提高要素流动性的经济效应。关税同盟成立后,市场趋于统一,生产要素可在各成员国间自由移动,因而提高要素的流动性,促进要素的合理配置,降低要素闲置的可能性,从而使产量增加,经济效益提高。

(6)加速经济成长效应。如果以上各有利之点均能成立,则关税同盟建立后,成员国的经济必可加速成长。

三、区域经济一体化的实践

(一) 欧洲联盟(European Union)

1. 简况　欧洲联盟简称欧盟,是在欧洲共同体的基础上发展而来的。欧洲共同体包括欧洲煤钢共同体、欧洲原子能共同体和欧洲经济共同体，其中以欧洲经济共同体最为重要。1951 年 4 月 18 日，法国、联邦德国、意大利、荷兰、比利时和卢森堡在巴黎签订了建立欧洲煤钢共同体条约，1952 年 7 月 25 日生效。1957 年 3 月 25 日，六国又在罗马签订了建立欧洲经济共同体条约和欧洲原子能共同体条约，统称《罗马条约》。1958 年 1 月 1 日，条约生效，上述两个共同体正式成立。1965 年 4 月 8 日，六国签订了《布鲁塞尔条约》，决定将三个共同体的机构合并，统称欧洲共同体，但三个组织仍各自存在，以独立的名义活动。为了推动欧洲一体化建设，1986 年 2 月 17 日，欧共体成员国政府首脑在卢森堡签署了旨在建立欧洲统一体大市场的《欧洲单一文件》。1991 年 12 月，欧共体政府间会议在荷兰的马斯特里赫签订了旨在使欧洲一体化向纵深发展和成立政治及经济货币联盟的《欧洲联盟条约》，也称《马斯特里赫条约》。1993 年 11 月 1 日，该条约获得所有成员国批准生效，欧洲联盟正式成立。

欧盟现在共有 15 个成员国，而且具有进一步扩大的趋势。欧共体创始国为法国、联邦德国、意大利、荷兰、比利时和卢森堡六国。后经四次扩大，丹麦、爱尔兰和英国于 1973 年，希腊于 1981 年，西班牙和葡萄牙于 1986 年先后加入欧共体。1994 年 3 月，欧盟与奥地利、芬兰、瑞典、挪威四国就吸收他们入欧盟问题达成协议。之后，四国分别于 6 月 12 日、6 月 10 日、6 月 16 日、11 月 13 日和 11 月 28 日就入盟问题举行全民公决，结果奥地利、芬兰、瑞典三国批准了协议，而挪威则以 52.8% 的反对票否决。此后奥地利、芬兰、瑞典三国入盟的法律程序按规定如期完成，1995 年 1 月 1 日，三国正式加入欧盟，欧盟成员国增至 15 个。欧盟 15 国总面积为 333.7 万平方公里，人口为 3.76 亿。由于各国语言不同，因而欧盟内使用 11 种官方语言，分别为：英语、法语、德语、意大利语、西班牙语、葡萄牙语、荷兰语、丹麦语、瑞典语、芬兰语和希腊语。欧盟所有官方文件必须用上述 11 种文字印刷。

欧盟是目前世界上最大的经济贸易集团，欧盟 15 国国内生产总值和对外贸易总额均超过美、日两国。1999 年，15 国国内生产总值为 84583 亿美元，人均国内生产总值为 22501.46 美元，与区外国家和地区的贸易总额为 16229 亿美元，其中出口额为 8040 亿美元，进口额为 8189 亿美元。根据世贸组织统计，1999 年世界贸易排名前 20 位的国家和地区中，欧盟成员国占 10 位，分别为：德国、法国、英国、意大利、荷兰、比利时-卢森堡经济联盟、西班牙、瑞典和奥地利。1999 年，受亚洲金融危机的影响，欧盟经济发展缓慢。欧元启动后，汇率走势疲软，但总体运行成功。2000 年以来，欧盟国家经济增长势头强劲，出口和内部需求都呈现旺盛增势，就业形势进一步好转，全年经济增长 3.4%。随着经济增速的提高，欧盟加快了内部经济结构的调整，但高税负、高失业率、高债务等深层次矛盾仍未完全解决。

欧洲的三大支柱为：欧洲共同体、共同外交和安全政策、内政和司法合作。1997 年 6 月，欧盟领导人在荷兰首都阿姆斯特丹签署了《阿姆斯特丹条约》，确定了欧盟在 21 世纪的战略目标。1999 年 12 月，欧盟首脑在赫尔辛基召开的“千年峰会”上确定了 21 世纪的欧盟扩大战略。

由于不是所有欧盟成员都参加了欧元区，形成了欧盟欧元区，欧元区 12 个国家，它们是奥地利、比利时、芬兰、法国、德国、希腊、爱尔兰、意大利、卢森堡、荷兰、葡萄牙和西班牙。一些国家正申请加入欧盟，又形成欧盟 28 国，他们是欧盟 15 国，再加上以下国家：保加利亚、塞普路斯、捷克共和国、爱沙尼亚、匈牙利、拉脱维亚、立陶宛、马耳他、波兰、罗马尼亚、斯洛伐克、斯洛文尼亚和土耳其。

2. 欧盟的宗旨　《罗马条约》申明，欧盟各成员国决心在欧洲各国人民之间建立愈益密切的联合基础，消除分裂欧洲的壁垒，保证他们国家的经济和社会的进步，不断改善人民的特殊性和就业条件，保证稳定，并通过共同贸易政策，为逐步废止国际交换的限制做出贡献。1986 年 2 月签署了对《罗马条约》进行修改的《欧洲单一文件》，强调“欧洲共同体及欧洲政治合作”旨在促进欧洲团结的发展，共同为维护世界和平和安全做出应有的贡献。1991 年 12 月，欧共体首脑会议通过的关于进一步修改《罗马条约》的《马约》指出，欧盟的宗旨是通过建立无内部边界的空间，加强经济、社会协调发展和建立最终实现统一货币的经济货币联盟，促进各成员国的经济和社会的均衡和持久进步，并通过实现最终包括共同防务政策的共同外交和安全政策，在国际舞台上弘扬联盟的个性。

（二）北美自由贸易区(north American free trade agreement，NAFTA)

1. 简况　1989年1月1日，美国和加拿大两国签署了《美加自由贸易协定》。经过四个月的谈判，1992年8月12日美国、加拿大和墨西哥三国签署了一项三边自由贸易协定——《北美自由贸易协定》。1994年1月1日，该协议正式生效。该协议规定，除墨西哥的石油业、加拿大的文化产业以及美国的航空和无线电通讯外，取消绝大多数产业部门的投资限制。对白领人员的流动将予以放宽，但移民仍将受到限制。协定决定自生效之日起在15年内逐步消除贸易壁垒、实施商品和劳务的自由流动，以形成一个拥有3.6万亿美元的最大的自由贸易集团。

1995年2月，北美开发银行开始营业，根据北美自由贸易协定，该银行由美国和墨西哥两国政府出资支持，主要是资助两国边境地区的环境保护项目。

1996年11月18日，加拿大和智利在渥太华正式签署了两国自由贸易协定。该协定将成为智利最终加入《北美自由贸易协定》的桥梁。1998年6月，北美自由贸易协定环境合作委员会理事会第五次会议在墨西哥尤卡坦州梅里达城举行，会议历时2天。墨西哥、美国和加拿大三国的环境部长和环境合作理事会的有关官员出席了会议，三国发表了《保护环境共同行动纲领》，强调在开放的市场中，促进有利于环保的贸易和服务业，寻求环境、经济和贸易三者之间的有机统一。

2. 北美自由贸易区的宗旨和原则　《北美自由贸易协定》第一章第二条对北美自由贸易区的宗旨作了明确的规定：①消除缔约方之间货物与服务贸易的障碍，便利缔约方之间货物与服务的流动；②促进自由贸易区内的公平竞争；③增加缔约方境内的投资机会；④在每一缔约方境内为知识产权提供充分有效的保护，并使其得到强制性的执行；⑤为北美自由贸易协定的使用和实施、北美自由贸易区的共同管理和缔约方之间的争端的解决建立有效的程序；⑥为进一步开展三个缔约方之间的、区域间的和多边的合作机制，以扩大和提高北美自由贸易区协定项下的利益。为了实现上述宗旨，协定确立了三项基本原则，即国民待遇原则、最惠国待遇原则、透明度原则。这三项原则贯穿于整个协定之中，从而最终保证区内贸易自由化的实现。

（三）东盟(the association of southeast Asian nations，ASEAN)

1. 简况　东盟全称“东南亚国家联盟”，1967年8月8日成立。东盟现已拥有十个成员国，即：印度尼西亚、泰国、菲律宾、马来西亚、文莱、缅甸、越南、老挝和柬埔寨。东盟十国面积450万平方公里，人口约5.3亿，国内生产总值约7370亿美元(1998年统计数字)。1999年国内生产总值平均增长率为3.3%，2000年接近5%，到2010年，东盟国内生产总值可望达到9550亿美元。

2. 东盟的宗旨　东盟的宗旨是“提倡以平等及合作精神共同努力，促进东南亚地区的经济成长，社会进步和文化发展”。但是，其成立之初的根本用意却是遏制共产主义势力在东南亚的扩展，政治用意大于经济意义，因而在成立后的第一个十年，经济合作进展缓慢，成效不大。在第二个十年期间，东盟开始逐步加强经济合作，通过一系列会议，陆续制定和提出了许多经济合作协定，并建立了相应的组织体系，经济合作取得了一定的进展。20世纪80年代末期以来，世界经济全球化和区域经济集团化趋势不断加强，东盟各国的经济发展水平也得到了提高，外部环境的挑战和内部发展的需要促使东盟经济合作进程不断加快，逐渐走向深层次的区域经济一体化。

（四）亚太经济合作组织(Asia-Pacific economic cooperation，APEC)

1. 简况　亚太经济合作组织(简称亚太经合组织)正式成立于1989年，其历史可以溯及20世纪60年代初期。亚太经合组织现有21个成员，即澳大利亚、文莱、加拿大、智利、中国、中国香港、印度尼西亚、日本、韩国、马来西亚、墨西哥、新西兰、巴布亚新几内亚、秘鲁、菲律宾、俄罗斯、新加坡、中国台湾、泰国、美国和越南。据统计，其国民生产总值占世界国民生产总值的40%以上，国土面积总和约 6000 多万平方公里，是当今世界最大的区域国际经济合作组织。此外，东南亚国家联盟、亚太经济合作理事会和南太平洋论坛都是亚太经合组织的观察员。

在成立之初，亚太经济合作组织是一个仅由各成员国外交部长和贸易部长参加的部长级区域论坛。从 1993 年起，每年举行一次领导人非正式会议。除了领导人会议和部长级会议之外，亚太经合组织还举行有关专业部长会议和高官会议。按惯例，每年主办领导人会议的成员，自当是该年度领导人会议、部长级年会和高官会议的主席。

2. 亚太经合组织的宗旨　亚太经合组织的宗旨是通过贸易、投资自由化和经济技术合作促进亚太地区的发展和共同繁荣。

亚太经合组织宗旨的一般原则是：全面性、与世界贸易组织一致性、可比性、非歧视性、透明度、不在提高保护水平、同时起步、持续进程和不同的时间表、灵活性、加强经济技术合作。贸易投资自由化和便利化的 15 个领域包括关税、非关税措施、服务、投资、标准及合格认证、海关程序、知识产权、竞争政策、政府采购、放宽管制、原产地原则、争端调解、商务人员流动、乌拉圭回合结果的执行、信息收集与分析。执行框架规定，单边行动计划和集体行动计划是亚太经合组织推行贸易投资自由化的主渠道。各成员从 1996 年起编制各自的单边行动计划，具体内容包括上述 15 个领域的近、长期自由化方案，提交当年部长级会议和领导人会议审议。在此基础上，亚太经合组织将制定每年的集体行动计划。

世界其他区域经济一体化组织，见表 5-2。

表 5-2　世界区域经济一体化组织

名称	成立时间	现有成员	一体化进程和措施
南方共同市场（MERCOSUR）	1991 年	阿根廷、巴西、巴拉圭、乌拉圭、智利、玻利维亚	在 1991 年至 1994 年 6 月 30 日期间，成员国以每半年减低 7 个百分点的速度将区内关税降为零。于 1995 年 1 月 1 日起，对 85％的进口商品实行税率为 0～20％ 的统一对外关税。同盟还充分考虑了成员国间发展水平的差异，对巴拉圭和乌拉圭作了区别对待。阿根廷和巴西在 1994 年 12 月前实现零关税，而巴拉圭和乌拉圭推迟到 1995 年 12 月。
中美洲共同市场（CACM）	1960 年	危地马拉、洪都拉斯、尼加拉瓜、萨尔瓦多、哥斯达黎加、墨西哥、委内瑞拉	实施共同对外关税政策，创建了中美洲经济一体化银行，为区内的工业和基础设施建设提供资金。
安第斯集团（ANDIAN PACT）	1969 年	哥伦比亚、智利、厄瓜多尔、秘鲁、委内瑞拉、玻利维亚	从 20 世纪 70 年代起，开始削减区内关税，计划在 10 年内实现零关税，欠发达的厄瓜多尔和玻利维亚则不受此事件限制。由于受 20 世纪 80 年代债务危机和国际收支赤字影响，计划未能如期实现。1991 年底集团再次明确提出了建立安第斯自由贸易区的目标，并于次年 5 月就共同对外关税达成一致。在全部应税商品中，三分之一项目征收 5％～10％最低关税，40％的项目征收 15％的关税，其他项目征收 20％的关税。
中非关税和经济联盟（CEUCA）	1964 年	喀麦隆、中非、乍得、刚果、赤道几内亚、加蓬	各成员国间的贸易实行免税，对外实行统一关税。各成员国实行单一税制，但税率还是由成员国政府分别制定。建立了中非国家开发银行。各成员国的公民在联盟内有移民权和自由开业权。

续表

名称	成立时间	现有成员	一体化进程和措施
西非经济共同体(WAEC)	1974年	科特迪瓦、马里、毛里塔尼亚、尼日利亚、塞内加尔、布基纳法索	对于共同体内的工业品贸易按各成员国税率低的“地区合作税”征收关税。实施了“农村和牧区水利计划”。1977年底共同体为了向最不发达的成员国的发展项目和共同体的研究工作提供贷款和补助,设立了互助和贷款保证基金组织。共同体还曾向一些成员国家的发展项目直接提供贷款。

四、区域经济一体化对世界经济的影响

二战后,世界经济呈现出一体化的趋势,它反映了现代生产力发展和经济生活国际化的客观趋势,体现了世界形势和国家经济力量对比格局的变化。特别是近二十多年来,区域经济一体化规模不断扩大,其经济实力在国际经济中的地位迅速增强和提高。它的发展对其成员国乃至整个世界经济,都产生了重要的作用和影响。

第一,区域经济一体化促进国际贸易的增长。战后建立的地区一体化组织,都不同程度地减免或消除了关税及其他贸易限制,保证了工农业产品在集团内部自由流通,促进集团内成员国相互贸易的迅速增长。一体化集团内部贸易的扩大必然会带动整个世界贸易的增长。到20世纪80年代初,发达国家和发展中国家一体化经济集团的进出口贸易,已占世界进出口贸易的2/3以上。

第二,区域经济一体化促进了国际分工和生产专业化的发展。一体化经济集团成员国之间贸易的增长,使各国内部商品市场的依赖性不断增强,一些成员国为了能在激烈的竞争中占据有利地位,都竭力扩大本身在生产要素方面具有比较优势的产品出口。同时,成员国之间在生产领域也日益加强合作,进行国际间的专业化分工。

第三,区域经济一体化加速了成员国资本集中和垄断的发展。一体化形成后,成员国间民族市场的界限基本消除,各国商品可以相互免税自由流通,这就加剧了成员国间私人企业之间的直接竞争,从而加速了资本的集中和垄断。如欧洲经济共同体成立后不久,就出现了企业合并和兼并的浪潮,大量中小企业在竞争中破产或被兼并。

第四,区域经济一体化推动了科学技术的进步和科技成果的应用,加快了集团成员国产业结构转换的步伐,促进了新兴工业的发展。这方面欧共体(现名为欧盟)表现最为突出。欧共体成立以来,为了缩小同美、日等国在经济、科技上的差距,成员国在重大科研项目上,如原子能利用、海洋资源开发、航天技术、大型电子计算机等领域进行了广泛的合作。另一方面,由于一体化集团内部商品竞争的加剧,加速了成员国产业结构的变化,促使各国同先进技术相联系并在国外市场上使竞争力较强的新兴工业部门迅速发展。

第五,一体化组织内部贸易迅速发展导致世界贸易格局改变。由于区内自由,而区外无论是进口还是出口都存在着各种贸易壁垒,因此区内贸易的发展大大快于区外贸易。例如拉美地区,其在20世纪60年代的对外贸易主要是同美国进行的,拉美国家之间的往来则非常有限。自成立区域经济一体化组织后,区内贸易得到很快发展。如安第斯集团内部关税减免后,贸易总额由1969年的0.87亿美元增加到1980年的14亿美元,增加了约17倍,年增长率达27.7%。

第三节 全球多边贸易体制

1947年诞生的关贸总协定(GATT)以及1995年取而代之的世界贸易组织(WTO)被人们通称为全球多边贸易体制。全球多边贸易体制是以多边议定的规则为基础的开放贸易体制,其建立

最直接的好处是简化了多国之间的贸易行为。而这一体制的宗旨就在于通过组织多边贸易谈判来增加国与国之间的贸易、规范贸易行为和解决贸易纠纷，从而使国际贸易更加自由、资源得到更有效的配置。因此在全球多边贸易体制下，需要与多国发生贸易关系的国家，可同时与多个贸易伙伴进行谈判，达成适用于各伙伴国的统一协议，而不用与各国分别达成不同协议，简化了国际贸易，促进了国际贸易量的快速增长。

一、WTO 全球多边贸易体制的建立

早在第二次世界大战结束前夕，在筹建国际货币基金组织和世界银行时，美国等国家即开始酝酿建立一个处理国际贸易与关税问题的国际组织，以协调国际贸易的正常发展，促进贸易自由化。1946 年 2 月，在美国倡议下，联合国经社理事会成立了国际贸易与就业会议筹备委员会，并于同年 10 月在伦敦召开的筹备委员会第一次会议上，讨论了美国提出的《国际贸易组织宪章》草案。1947 年 4 月 10 日至 10 月 30 日，在筹备委员会第二次会议期间，与会各国在起草《国际贸易组织宪章》的同时，进行了关税减让的多边贸易谈判，并在会议的最后一天就已经达成一致的有关多边贸易关系的协议和"关税减让表"签订了临时适用议定书。这些协议和"关税减让表"合称为《1947 年关税与贸易总协定》(以下简称《GATT1947》)。《GATT1947》在缔约国之间临时适用，为国际贸易建立了一个多边贸易法律框架。与《GATT1947》这个静态的法律文件相对应，缔约国逐渐形成了每年开会的惯例，并建立了代表理事会和常设秘书处等组织机构，形成了一个事实上的国际经济组织——"关税与贸易总协定"(以下简称 GATT)，以监督实施《GATT1947》，并继续组织有关关税与贸易问题的谈判。不断丰富和发展的《GATT1947》"临时"适用了近半个世纪。在其适用的过程中，在 GATT 主持下，进行了多轮谈判，每进行一轮谈判，在关税减让等贸易自由化方面都取得了或大或小的成果，推动着国际贸易向自由化方向迈进。但是，由于《GATT1947》的临时适用性质和协定本身存在的诸多缺陷，使其在国际贸易中发挥不了应有的作用。直到 GATT 主持的第八轮谈判——乌拉圭回合谈判，从 1986 年在乌拉圭埃斯特角城开始，至 1994 年 4 月 15 日在摩洛哥马拉喀什召开的部长级大会结束，经过了近八年的漫长磋商后，才取得了重大突破。乌拉圭回合谈判是 GATT 主持的范围最广、成果最多的一次，它不仅在货物贸易方面取得了许多新的突破，还将其确立的基本原则扩展到服务贸易、知识产权保护、与贸易有关的投资等领域，同时，还签订了《关于建立世界贸易组织的协定》(以下简称"建立 WTO 协定")，于 1995 年 1 月 1 日正式成立了 WTO (WTO 成立后，GATT 作为一个组织实体不再存在)。乌拉圭回合谈判的成功结束、WTO 的成立，标志着国际经济和贸易关系进入了历史新纪元，是国际经济关系史和国际经济法律发展史上的大事，全球多边贸易体制得到了完善与发展。

二、WTO 全球多边贸易体制的特点

WTO 全球多边贸易体制不仅是 GATT 全球多边贸易体制的继承，更是 GATT 全球多边贸易体制的发展，使之更加完善，发挥更大的作用。以 WTO 为基础的世界多边贸易体制与以 GATT 为基础的多边贸易体制相比，具有一些特点：

首先，世界贸易组织确定的全球多边贸易体制是相对稳定的，是以强有力的组织机构为依托的。世界贸易组织是具有国际法人资格的永久性组织。世界贸易组织是根据《维也纳条约法公约》正式批准生效并成立的国际组织，具有独立的国际法人资格，是一个常设性、永久性存在的国际组织。各成员国要赋予世界贸易组织执行职能所必需的法律能力、必需的特权及豁免权，即像联合国专门机构那样的特权和豁免权。

其次，世界贸易组织下的全球多边贸易体制影响的范围广泛。世界贸易组织管辖范围广泛，它管辖货物贸易的各个方面，其中《1994 年关税与贸易总协定》对《1947 年关税与贸易总协定》作了补充和完善；《服务贸易总协定》协议管辖服务业的国际交换；《知识产权协定》对各成员的与贸易有关

的知识产权的保护提出了基本要求;《与贸易有关的投资措施协议》第一次将与货物贸易有关的投资措施纳入全球多边贸易体制的管辖范围。世界贸易组织还努力通过加强贸易与环境保护的政策对话,强化各成员对经济发展中的环境保护和资源的合理利用。因此,WTO 使多边贸易体系管辖的范围从原关贸总协定的货物延伸到服务贸易,与贸易有关的投资措施,与贸易有关的知识产权等领域。

再次,世界贸易组织成员承担义务具有统一性。世界贸易组织成员不分大小,对其所管辖的多边协议一律必须遵守,以"一揽子"方式接受世界贸易组织的协定、协议,不能选择性地参加某一个或某几个协议,不能对其管辖的协定、协议提出保留。

最后,世界贸易组织争端解决机制以法律形式确立了全球多边贸易体制的权威性。由于各国参加世界贸易组织是由其国内的立法部门批准的,所以世界贸易组织的协定、协议与其国内法应处于平等的地位。世界贸易组织成员需遵守世界贸易组织各协定、协议的规定,执行其争端解决机构做出的裁决。并且,争端解决机构做出决策是按"除非世界贸易组织成员完全协商一致反对通过裁决报告,否则视为完全协商一致"通过裁决,这就增强了争端解决机构解决争端的效力。加之对争端解决程序规定了明确的时间表,使其效率大大提高,权威性得以确立。而且,在一个多边环境中,可以避免有些国家在双边谈判中的不利局面或者单边报复的不利后果。可以说,世界贸易组织下的争端解决机制是全球多边贸易体制得以维持的保障,它的存在和有效运行使得小国增强了对全球多边贸易体制乃至这一国际贸易组织的信心。WTO 是世界上最大的多边贸易组织,目前已经拥有 137 个成员,成员的贸易量占世界贸易的 95%以上。WTO 与世界银行、国际货币基金组织被并称为当今世界经济体制的"三大支柱"。世界贸易组织和其法律体系的建立使得国际贸易自由化成为可能,它逐步减少和消除成员国政府以关税、管制立法、数量限制和通过其他国内立法与行政措施设置的贸易壁垒以及其他扭曲国际贸易的自由平等竞争的行为。它通过多边贸易谈判达成的协定规定所有的成员国可以接受的贸易自由化的程度和允许采取的保护国内贸易的措施。世界贸易组织的规范对国内政府的贸易管理活动有约束力,成员国政府必须接受世界贸易组织通过争端解决机制、贸易政策审查机制和透明度制度对一国国内贸易行政活动进行的监督。这样,世界贸易组织通过它的法律体系建构了一个全球多边贸易体制,而随着这一体制的不断发展完善、成员国数量的增加,最终会形成一个全球性的世界贸易体制。

三、WTO 全球多边贸易体制的职能和原则

(一) WTO 全球多边贸易体制的职能

1. 制定和规范国际多边贸易规则　WTO 制定和实施的一整套多边贸易规则涵盖面非常广泛,几乎涉及当今世界经济贸易的各个方面,从原先纯粹的货物贸易,到后来的服务贸易、与贸易有关的知识产权、投资措施,一直延伸到新一轮多边贸易谈判可能要讨论的一系列新议题,如:贸易与环境、竞争政策、贸易与劳工标准以及电子贸易等。

2. 组织多边贸易谈判　WTO 及其前身 GATT 通过八轮回合的多边谈判,各成员大幅度削减了关税和非关税壁垒,极大地促进了国际贸易的发展。自关贸总协定成立以来的 50 年间,发达国家的加权关税水平已从 1948 年的 40%左右,降到目前的 3.8%左右,发展中国家的加权关税水平已降到 12.3%左右。

3. 解决成员之间的贸易争端　WTO 的争端解决机制在保障 WTO 各协议有效实施以及解决成员间贸易争端方面发挥了重要的作用,为国际贸易顺利发展创造了稳定的环境。越来越多的 WTO 成员,特别是发展中成员开始利用争端解决机制,从 1995 年 WTO 成立到 1999 年 11 月底,WTO 共受理了 144 起争端投诉,已经结案 39 起。

(二) WTO全球多边贸易体制的基本原则

WTO建立的法律体系是执行和管理全球多边贸易体制的保障，贯穿这一体系的基本法律原则是全球多边贸易体制得以形成和发展的依据。这些原则构成了全球多边贸易体系的核心。

1. 公平竞争原则　世界贸易组织是建立在市场经济基础上的全球多边贸易体制。公平竞争原则是指成员方应避免采取扭曲市场竞争的措施，纠正不公平的竞争行为，在货物贸易、服务贸易和与贸易有关的知识产权领域，创造和维护公开、公平、公正的市场环境。它体现在货物贸易、服务贸易以及与贸易有关的知识产权领域，涉及成员方政府行为和成员方的企业行为，公平竞争原则各成员应为来自于本国和其他任何成员的产品、服务或服务提供者提供公平的竞争环境和条件。公平竞争被认为是市场经济顺利进行的重要保障。

2. 透明度原则　要求各成员将有效实施的有关管理对外贸易的各项法律、法规、行政规章、司法判决等迅速加以公布，以使其他成员国政府和贸易经营者加以熟悉。在WTO中，主要是通过2种方式实现的，一是各国政府必须通过经常性的"通知"，向WTO及其成员通知各自的具体措施、政策和法律；二是WTO对各国的贸易政策进行经常性的审议，即贸易政策评议。但是，透明度原则是有一定范围的，并不要求缔约国公开那些会妨碍法令的贯彻执行，会违反公共利益，会损害某一公司、企业的正当商业利益的机密资料。也就是说，WTO允许各缔约国对某些机密不予公开。

3. 非歧视原则　这是世界贸易组织最为重要的原则，是世界贸易的基石。它是指一成员方在实施一种优惠政策和限制措施时，不得对其他成员方给予歧视性待遇，具体表现为最惠国待遇原则和国民待遇原则。最惠国待遇通常是指缔约国双方在通商、航海、关税、公民法律地位等方面相互给予的不低于现时或将来给予任何第三国的优惠、特权或豁免待遇。最惠国待遇原则本质是一成员国应平等的对待其他成员国，在不同成员之间实施非歧视待遇。国民待遇指在贸易条约和协定中，缔约国之间相互保证给予另一方的自然人(公民)、法人(企业)和商船在本国境内享有与本国自然人、法人和商船同等的待遇。从形式上来看，国民待遇是互惠的、平等的，即国民待遇必须对等，不得损害对方国家的经济主权，并且限于一定的范围。但由于缔约国双方经济实力和地位的不同，往往在实质上是片面的和不平等的。

4. 自由贸易原则　即通过多边贸易谈判，实质性削减关税和减少其他关税壁垒，不断扩大成员方之间的货物和服务贸易。为了实现最大程度的贸易自由化，世界贸易组织制定了一系列确保实行贸易自由化的协定和协议，设立了贸易争端解决机制，允许合理地使用贸易保障措施，并对发展中成员提供差别待遇。自由贸易原则主要体现在三方面:关税减让与关税约束，取消数量限制与减少非关税贸易壁垒，服务贸易的市场准入。

四、全球多边贸易体制受到挑战

第一，WTO在实施乌拉圭回合所达成的贸易协议与协定时出现了不平衡。发达成员方对发展中成员方贸易利益密切的协议，如纺织品和服装协议的实施，采取拖延的态度，纺织品和农产品关税仍然过高、取消进口配额的进展太慢:而对自身感兴趣领域的自由化超前实施，如在新加坡部长级会议上，通过了"信息技术产品贸易部长宣言"，对发展中成员具有竞争力的领域，发达成员所发起的反倾销或补贴的调查的数量不断增多。

第二，法律平等与事实上平等存在反差。世贸组织决策采取一个成员一票方式，且对发展中成员有特殊待遇，但因经贸实力的差距，发展中成员享受权利乏力。因财力有限，三十多个WTO发展中成员无力在WTO总部所在地日内瓦派驻使团。经贸实力是WTO成员参与WTO活动，享受权利与履行义务的基础。WTO建立后，WTO中27个发达成员贸易额一直约占世界贸易额的67%～68%，他们是世界贸易的主要对象，因此，WTO决策权仍掌握在他们手里，在一定程度上左右WTO谈判的议题与进程。在一些发达国家成员方的坚持下，把一些与贸易无直接关系的所谓

“新题目”，如要把贸易与劳工标准挂钩的内容纳入多边贸易体制和新回合谈判。

第三，区域主义的加强或经贸集团的涌起，对多边贸易体制构成严重的挑战。在非歧视前提下，WTO同意其成员相互成立经济贸易集团，并把其内部的优惠作为例外。这样，在多边贸易体系发展的同时，区域主义也在不断地加强。从1948年关贸总协定生效至今，关贸总协定和WTO得到通知的优惠地区协议有163个。在163个协议中，目前仍在生效的约占60%。因此现存并运行的优惠地区协议中，四分之三以上是以最近的四年中生效的。这些优惠性的地区协议在促进内部经贸自由化的同时，是否把多边贸易体制中贸易谈判变成地区经贸集团之间的谈判？新成立的优惠地区协议对多边贸易体制的基本原则会否削弱？出现了多边贸易体制全球化，还是多边贸易体制区域化的冲突，二者关系如何协调的问题。

第四，经济全球化过程中出现的问题对多边贸易体制的发展构成了潜在性的威胁。首先，经济全球化使世界成为一个大市场，对拥有先进技术与充裕资金的发达国家有利，但对发展中国家，特别是工业基础薄弱，科技落后，国民教育水平低的国家，构成严重的挑战，加剧了不平衡发展，出现“边际化”的趋势。其次，多边贸易体制的规则与WTO各成员内部的经济政策如何相融。贸易自由化和全球竞争日益深入到国内经济之中，对国家、地方政治制度、人们已有的信念、价值观和政治观点不同的利益集团的冲击加大。如经济全球化已引起发达国家的许多人担心与发展中国家进行自由贸易会危害本国的就业和繁荣；WTO中的谈判的进展在很大程度上也取决于政府能否达成他们可以说服国内生产者接受的协议。再次，非政府组织的影响加大。迄今为止，多达六千多个非政府组织在世界范围内兴起，对世界各种国际组织影响和冲击加大。

第五，WTO建立后，世界经贸中出现的新现象和新问题困扰着多边贸易体制。如电子商务是否征收关税和规范，WTO成员环保的管理，WTO成员内部的竞争政策，基因转换农产品的自由化，多边投资自由化，贸易便利等问题。这些问题的出现和发展侵蚀着多边贸易体制已有的成果，影响到WTO为基础的多边贸易体制的进一步发展。

复习题

1. 签订贸易条约与协定所依据的法律原则主要有哪些？
2. 贸易条约与协定主要有哪些类型？各有何特点？
3. 区域经济一体化有哪些具体形式？
4. 什么是贸易创造和贸易转移效应？
5. 你是如何认识区域经济一体化与经济全球化两者之间的关系？
6. 简述全球多边贸易体制建立过程。
7. 当前全球多边贸易体制受到哪些挑战？

（江启成）

第六章

医药产品质量与价格

在国际医药贸易中，买卖双方要对医药产品本身及交易过程有关的各项交易条件加以磋商，并最终达成共识，以合同条款的形式在销售合同中表现出来。与医药产品相关的交易条件，有医药产品的品质、数量、包装、价格、运输、保险、货款的收付以及商检、索赔、不可抗力和仲裁条款等。本章就介绍这几种合同条款。

第一节 药品质量、数量和包装

一、药品的质量

（一）药品质量的含义及影响因素

1. 药品质量的含义 医药产品的品质即医药产品的质量（Quality of goods）是指医药产品的内在素质和外观形态的综合，是医药产品适合一定用途，满足用户需要的各种特性。医药产品内在素质是指医药产品的气味、滋味、成分、性能、组织结构等，直接表现出医药产品的物理性能、机械性能、化学成分和生物特征等自然属性；外观形态则包括医药产品的外形、颜色、光泽、花色、款式和透明度等外在因素。

药品的品质比较特殊。药品的品质，即药品的质量或者说药物的好坏，是根据药品本身的性质而确定的，集中表现为药品的有效性和安全性。药品的有效性是药物发挥治疗效果的必要条件，疗效不确实或无效，就丧失了其作为药品的根本条件。药品的安全性是药品再充分发挥作用的同时，减少对机体损伤或不良影响的保证。药品的有效性和安全性是相辅相成的，如果一种药物虽然对疾病的症状或致病因素有一定的治疗效果，但同时却又对机体产生了损伤或其他不良影响，那么就达不到药物对机体保护和改善的作用；反之，如果一种药物尽管对机体不造成任何损伤或不良影响，但却对疾病本身没有治疗效果，那么这种药物由于失去了其作为药物的实质作用，因而也就没有使用的必要。

2. 影响药品质量的因素 影响药品质量的因素有五个方面：第一，药品的纯度。一般说来，杂质对药物疗效有较大的影响。第二，药品的稳定性。由于药品中绝大部分是有机化合物，在受到外界因素作用后，易产生物理、化学变化，如水解、氧化、光分解、脱水或潮解、辐射等，往往使药物失效或毒性增加，破坏药品的有效性和安全性。因此，在研制和生产过程中，应强调加强药物稳定性试验，确保稳定性达到一定的标准。第三，药品的生物有效性。经过大量实践，发现若干制剂因剂型不同或用药途径不同，造成药物在体内吸收分布及其动力学变化过程也不同。其间对比关系就是药品生物有效度。药品的生物有效度可以通过两种药品对照比较来表明，可以通过测定单位时间内的血药浓度或排出速度，或者通过药物及其活性代谢物的药效测定而得出生物有效度参数。第四，药品的安全性。药物在使用过程中发生变化，会产生毒性物质，影响用药安全。因此，必须加强动物试验和临床观察。主要观测：特殊毒性问题、药物过敏问题和污染问题。第五，药物制剂性能和质量控制。目前趋向于制剂多样化，质量要求提高。

（二）品质的表示方法

1. 以实物表示医药产品品质　以实物表示产品品质通常包括凭成交产品的实际品质（actual quality）和凭样品（Sample）两种表示方法。前者为看货买卖；后者为凭样品买卖。

（1）看货买卖：这种交易方式一般是在卖方或买方所在地进行。先由买方或其代理人验看全体货物，达成交易后，卖方即应按验看过的产品交付货物。只要卖方交付的是验看过的产品，买方就不得对其品质提出异议。这种做法，多用于拍卖、寄售和展卖业务中。

（2）凭样品买卖：样品通常是指从一批商品中抽出来或由生产和使用部门设计加工出来的，能够代表整批产品品质的少量实物。它包括参考样品（reference sample）和标准样品（standard sample）两种形式。凡是买卖双方约定以样品表示商品品质并以之作为交货依据的，称为凭样品买卖（sale by sample）。凭样品买卖要求卖方所交货物的品质必须与样品完全一致。

2. 以文字说明（description）表示医药产品品质　在国际医药贸易中，大部分都是采用凭说明的方法即以文字、图表、相片等方式来说明买卖货物的品质，具体包括以下几种：

（1）凭规格买卖（sale by specification）：商品的规格是指反映医药产品品质的主要指标，如成分、纯度、含量、性能、容量、长短、大小、质量、尺寸、合格率等。买卖双方在进行磋商交易时，可以通过规格来说明交易商品的基本品质状况。凭规格买卖比较方便、准确，在国际贸易中应用较广。如参片出口规格是：水分最高15%，杂质最高1%，不完整片最高7%。

（2）凭等级买卖（sale by grade）：医药产品的等级（grade of goods）是指把同一类或同一种商品，根据生产、经营和贸易实践，按其品质或规格上的差异，分为若干不同的等级，例如一、二、三；甲、乙、丙；A，B，C等。每一个等级都规定有相对固定的规格与要求。例如，我国出口的药酒分成不同的等级。

（3）凭标准买卖（sale by standard）：商品的标准是指将商品的规格、等级等统一化并以一定的文件表示出来，它一般是由国家机关或工商团体制定、确认并公布实施的。统一化的规格、等级所代表的品质指标即为一定规格、一定等级的指标准则。“凭标准买卖”必须说明其标准系什么组织制定和标准的编号、版本及年份，因为在国际贸易中商品品质标准有的是由国家政府组织规定，有的是由同业工会、交易所或国际性的工商组织规定。这些标准中，有的具有品质管制的性质，不符合标准的医药产品不准进口或出口，有的则没有约束性，只供买卖双方选择使用。由于各国的生产技术先进程度不同，同一医药产品品质标准也可能存在差异，并处于经常性的修改和变动之中，因此，不同国家或组织制定的不同年份版本的品质标准，其内容也不尽相同，例如，在凭药典确定品质时，应明确规定以哪国的药典为依据，并同时注明该药典的出版年份。

（4）凭说明书和图样买卖（Sale by Descriptions and Illustrations）：凭说明书和图样买卖是指有些医药产品如医疗器械，由于其结构和性能复杂，安装、使用与维修都有一定的操作规程，不能以几项简单的指标表示其品质全貌，因此，这类技术密集型的产品必须以说明书，并附以图样、照片、设计、图纸、分析表及各种数据来说明其具体性能和结构特点。按此方式进行交易，称为凭说明书和图样买卖。

凭说明书和图样买卖时，除了要求所交的货物必须符合说明书所规定的各项指标外，在合同中还订有品质保证条款和技术服务条款，明确规定在一定的保证期限内，如发现货物品质与说明书不符，买方有权提出索赔或退货。

(5)凭商标或品牌买卖(sale by trademark or brand):商标(trademark)是医药产品的标记,是指生产者或商号用来识别其所生产或出售医药产品的一种标志。它可由一个或几个具有特色的单词、字母、数字、图形或图片等组成。品牌(brand name)是指工商企业给其制造或销售的商品所冠以的名称,以便与其他企业的同类产品区别开来。一个牌号可以用于一种产品,也可用于一个企业的所有产品。

在国际市场上,一些名牌医药产品的品质比较稳定,并且在国际市场上已树立了良好的信誉,买卖双方在交易时,就采用这些医药产品的商标或品牌来表示其品质。

一种名牌医药产品必然代表其品质优良稳定,具有某种特色且能显示出消费者的社会地位,故其售价远远高出其他同类医药产品。一般在发达国家市场上,非名牌医药产品是很难扩大销路的。因而名牌的经销商或制造者为了维护其商标的信誉,保证其利润,对其产品都规定了严格的品质控制和一定的高标准。因此商标与品牌本身就是一种品质象征。

二、药品的数量

(一)约定交易数量的意义

所谓医药产品的数量,是指用一定度量衡表示医药产品的重量、个数、长度、面积、体积、容积的一种数量。医药产品数量条款是国际医药贸易合同中不可缺少的主要条件之一。《联合国国际货物销售合同公约》规定,按约定的数量交付货物是卖方的一项基本义务。如卖方交货数量大于约定的数量,买方可以拒收多交的部分,也可以收取多交部分的一部分或全部。如卖方交货的数量少于约定的数量,卖方应在规定的交货期届满前补齐,但不得使买方遭受不合理的不便或承担不合理的开支,即使如此,买方也有保留要求损害赔偿的权利。

由于买卖双方约定的数量是交接货物的依据,因此正确掌握成交数量和订好合同中数量条款,具有十分重要的意义。买卖合同中的成交数量的确定,不仅关系到进出口任务的完成,而且还涉及对外政策和经营意图的贯彻。正确掌握成交数量,对促进交易的达成和争取有利的价格,也具有一定的作用。

(二)计量单位

在国际医药贸易中,由于医药产品的种类繁多、特性各异,加之各国采用的度量衡制度不一,因此医药产品的计量方法和计量单位及其表示的实际数量也不一样。

多年来,在国际医药贸易中较为常用的度量衡制度有公制(the metric system)、英制(the British system)和美制(The U. S. System)。在用同一方法计量的时候往往用的单位名称不同,表示的医药产品实际数量也有很大差别。例如,就表示重量的吨而言,实行公制的国家一般采用公吨,每公吨为1000kg;实行英制的国家一般采用长吨,每长吨为1016公斤;实行美制的国家一般采用短吨,每短吨为907kg。这种情况给国际医药贸易带来很大的不便,客观上要求应有一个统一的计量制度。因此,国际标准计量组织在各国广为通用的公制的基础上采用国际单位制(the international system of units,简称SI)。目前,这一单位制(SI)正在被越来越多的国家所采用。

商品计量单位的采用,应视商品的性质而定,同时也要取决于交易双方的意愿,在国际医药贸易中,通常采用下列不同的计量单位:

1. 重量(weight)单位。按重量计量是当今国际医药贸易中广为使用的一种,按重量计量的单位有公吨(metric ton)、长吨(long ton)、短吨(short ton)、千克(kilogram)、克(gram)、磅、英担、美担、盎司(ounce)、克拉(carat)等。

2. 数量(number)单位。许多工业制成品及一部分土地特产品,均习惯性地按数量进行买卖。在业务中常使用的计量单位有件(piece)、双(pair)、套(set)、打(dozen)、卷(roll)、令(ream)、箩

(gross)、袋(bag)、桶(drum)、包(bag)等。

3. 长度(length)单位。在手术缝合线等类医药产品的交易中，通常采用米(meter)、英尺(foot)、码(yard)等长度单位来计量。

4. 面积(area)单位。有些商品如石棉网等一般习惯于以面积作为计量单位，常见的有平方米(square meter)、平方英尺(square foot)、平方码(square yard)等。

5. 体积(volume)单位。在化学气体等少数医药产品的交易中，常用立方米(cubic meter)、立方尺(cubic foot)、立方码(cubic yard)等作为计量单位。

6. 容积(capacity)单位。谷物类和流体货物往往按容积计量，其计量常包括公升(litre)、加仑(gallon)、蒲式耳(bushel)等。

(三) 医药产品重量的计量方法

在国际医药贸易中，按重量计量的医药产品很多。根据一般商业习惯，通常计算重量的方法有下列几种：

1. 毛重(gross weight) 是指医药产品本身的重量加上包装物的重量即皮重。这种计重办法一般适用于单位价值不高或低值医药产品。

2. 净重(net weight) 是指医药产品本身的实际重量即由毛重减去皮重所得之重量。净重是国际医药贸易中最常见的计重办法。不过有些价值较低的农产品或其他产品有时也采用“以毛作净”(gross for net)即俗称“连皮滚”的办法计重，实际上也就是以毛重当作净重计价。例如：天麻 100 公斤，单层麻袋包装以毛作净。

3. 公量(conditional weight) 是指用科学方法抽掉商品中的水分后，再加上标准含水量所求得的重量。这种计重方法适用于吸湿性较强，所含水分受客观环境影响大，重量很不稳定的医药产品，如医用棉花等。公量是以货物的国际公定回潮率计算出来的，其公式有二：

(1)公量＝医药产品干净重×(1＋公定回潮率)＝干量＋标准含水量

(2)公量＝医药产品净重×[(1＋公定回潮率)/(1＋实际回潮率)]

例如：出口 10 公吨药棉，公定回潮率为 11％，求该批货物的公量。

取 10 公斤的药棉，用科学的方法去掉水分，干量为 8 公斤，则该批货物的实际回潮率为 2÷8＝25％。因此，该批药棉的公量为 10×(1＋11％)÷(1＋25％)＝8.889 公吨。

4. 法定重量(legal weight)和实物净重(net weight) 按照一些国家海关法的规定，在征收从量税时医药产品的重量是以法定重量计算的。所谓法定重量是医药产品重量加上直接接触医药产品的包装物料，如销售包装等重量。而除去这部分重量所表示出来的纯医药产品重量，则称为实物净重。

(四) 数量的机动幅度

在磋商交易和签订合同时，一般应明确规定具体的买卖数量。但有些医药产品由于计量不易精确，或受包装和运输条件的限制，实际交货数量往往不易符合合同规定的某一具体数量。为了避免日后发生争议，买卖双方应事先谈妥并在合同中订明交货数量的机动幅度(quantity allowance)，即双方在合同的数量条款中规定卖方实际交货数量可多于或少于合同所规定的数量一定幅度的条款，该条款一般称为数量增减条款或溢短装条款(more or less clause)。

1. 规定机动幅度的方法 在合同中规定机动幅度可以采取各种不同的形式，常见的有：

(1)对合同数冠以大约、约、近似、左右(about、circa、approximate)等伸缩性的字眼，来说明合同的数量只有一个约量，从而使卖方交货的数量可以有一定范围的灵活性。需要注意的是，各国和各行业对大约、近似、左右等词语的解释不一，有的理解为 2％的伸缩。有的却解释为 5％，甚至 10％，众说不一，容易引起争议。所以在我国很少采用。按《跟单信用证统一惯例》规定，约数可以解释为交货数量有不超过10%的增减幅度。

(2)具体规定增减幅度，就是在合同中具体规定允许数量有一定范围的机动。它可以有两种订法：

1)只简单地规定机动幅度，例如“数量1000公吨，可溢装或短装2%”。

2)在规定溢短幅度的同时，还约定由谁行使这种选择权、在什么情况下行使这种选择权以及溢短装部分如何计价等。例如“数量1000公吨，为适应舱容需要，卖方有权多装或少装5%，超过或不足部分按合同价格计算”。这种规定方法一般适用于大宗交易。

2. 机动幅度的确定　在采用机动幅度条款时，买卖双方一般根据医药产品性质、行业或交易习惯、运输方式等因素就具体机动幅度做出明确规定，常用合同数量的百分比表示，一般在3%～5%范围之内。凡是做出这类规定的合同，卖方的交货数量只要在增减幅度范围内，就算是按合同规定交货，买方不得以交货数量不符合合同为理由拒收或索取损失赔偿。

在国际医药贸易中，对于成交数量大，又允许分批交货的交易，既可以只对合同数量规定一个百分比的机动幅度，而对每批分运的具体幅度不作规定，又可以同时规定合同数量总的机动幅度与每批分运数量的机动幅度。在后一种情况下，卖方总的交货量就得受总的机动幅度的约束，而不能只按每批分运数量的机动幅度交货，这就要求卖方应根据过去累计的交货量，计算出最后一批应交的数量。此外，有的买卖合同，除规定一个具体的机动幅度(如3%)外，还规定一个追加的机动幅度(如2%)，在此情况下，总的机动幅度应理解为5%。

在规定有溢短装条款的条件下，如果交货数量略为超过机动幅度的高限，而卖方因超出部分为数甚微并未要求增加货款，那么按照某些国家的法律，并不构成违约。但如果合同规定只限一定数量，如限1000公吨(1000M/T only)或是以件计数者，那么在多数情况下，尤其是在信用证付款情况下，细微的超过或不足，都可能引起买方的拒收。

3. 机动幅度的选择权　在合同规定有机动幅度的条件下，由谁来行使这种多交或少交的选择权呢？一般来说，是履行交货的一方，也就是卖方选择。但是如果是涉及海洋运输，交货量多少与承载货物的船只的舱容关系非常密切，在租用船只时就得跟船方商定，所以在这种情况下，交货机动幅度一般是由负责安排船只的一方选择，或者是干脆由船长根据舱容和装载情况做出选择。总之，机动幅度的选择权可以根据不同情况，由买方行使，也可由卖方行使，或者船方行使。因此，为了明确起见，最好在合同中做出明确规定。

4. 溢、短装数量的计价方法　目前，对在机动幅度范围内超出或低于合同数量的多装或少装部分，一般是按合同价格结算，这是比较常见的做法。但是，数量上的溢短装在一定条件下关系到买卖双方的利益。在按合同价格计价的条件下，交货时市价下跌，多装对卖方有利，但如市价上升，多装却对买方有利。因此，为了防止有权选择多装或少装的一方当事人利用行市的变化，有意多装或少装以获取额外的好处，也可在合同中规定，多装或少装的部分不按合同价格计价，而按装船日或到货日的市价计算，以体现公平合理的原则。如双方未能就装船日或到货日，或是市价达成协议，则可交由仲裁机构解决。

三、药品的包装

医药产品包装是实现医药产品价值和使用价值的重要手段之一，是医药产品生产和消费之间的桥梁。绝大多数医药产品只有通过适当的包装，才算是完成了医药产品的生产，才能进入流通领域和进行销售，以实现其使用价值和医药产品价值。甚至有些医药产品本身与其包装成为一个不可分割的统一体，例如液体医药产品与其盛装的容器等。

包装在一定程度上反映一个国家经济、技术和科学文化等方面的综合水平。在国际市场上，包装的好坏关系到医药产品销售价格的高低、销路的畅通，也关系到一个国家及其产品的声誉。在国际货物买卖中，包装还是货物说明的组成部分。因此，包装也是主要交易条件之一，并应在合同中加以明确规定。

(一) 药品包装的概念及作用

1. 药品包装的概念　药品包装有两层含义:一是指药品的外部包装和容器,即包装器材。药品包装材料可分为内包装材料和外包装材料;也可以分为印刷包装材料和非印刷包装材料。为了保证药品质量稳定,应根据药品的性质采用适当包装,以防止药品受光线、气体、湿度、温度和微生物等因素的影响而变质。二是对产品进行包装的操作过程,即包装方法。

2. 药品包装的作用

(1)保护药品。这是药品包装的基本作用。药品从生产领域向消费领域转移的过程中,要经过运输、装卸、储存、销售等环节,良好的包装可以起到使药品在空间转移和时间转移过程中避免碰撞、风吹日晒而受损,保证药品使用价值的完好。

(2)美化药品。消费者在选购药品特别是选购作为礼品的保健品时,首先看到的就是药品的包装,精美的包装能够起到美化药品的作用,会对消费者产生极大的吸引力。

(3)促进销售。良好的包装本身就是一幅宣传广告,消费者往往是根据包装选购药品,尤其在药店更是如此。因此,包装被称为是“无声的推销员”,它默默地起着宣传药品、介绍药品、激发消费者购买欲望的作用。

(4)增加利润。包装是药品的一个组成部分,优良精美的包装能提高药品的身价,消费者愿意付出较高的价格来购买,超出的价格往往高于包装的附加成本。同时,由于包装的完善,药品损耗减少,从而企业的盈利增加。

(5)指导消费。包装上一般附有文字说明,介绍药品性能和注意事项,起到方便使用和指导消费的作用。例如,药品包装上都写明该药品的服用方法、注意事项。

(二) 药品包装的分类

根据包装在国际医药贸易中所起的作用不同,可以分为运输包装和销售包装两种类型。

1. 运输包装(shipping package)　运输包装又称“外包装”(outer packing)或“大包装”,是指在出口医药产品储运过程中,为了保护医药产品,防止损伤、失散所设计的包装。它的主要作用在于保护医药产品,方便运输,减少运费,便于储存,节省仓容,便于计数、清点、检验等。

(1)运输包装的分类:运输包装的方式和造型多种多样,包装用料和质地各不相同,包装程度也有差异,这就导致运输包装的多样性。一般地说,运输包装可以从下列各种不同的角度分类:

1)按包装方式,可分为单件运输包装和集合运输包装:①单件运输包装是指货物在运输过程中单独作为一个计件单位的包装。包括箱(case)装、包(bale)装、桶(drum)装、袋(bag)装等。②集合运输包装是指若干单件运输包装组合成一件大包装或装入一个大的包装容器内以便更有效地保护医药产品,提高装卸效率和节省运输费用,在国际医药贸易中,常见的集合运输包装有集装箱、托盘和集装袋三种形式。

2)按包装造型不同,可分为箱、袋、包、桶和捆等不同形状的包装。

3)按包装材料不同,可分为纸制包装、金属包装、木制包装、塑料包装、麻制品包装、竹草柳制品包装、玻璃制品包装、陶瓷包装等。

4)按包装程度不同,可分为全部包装(full packed)和局部包装(part packed)两种,前者是指对整个医药产品全面予以包装,绝大多数医药产品都需要全部包装;后者是指对医药产品需要保护的部位加以包装,而不受外界影响的部分,则不予包装。

在国际医药贸易中,买卖双方究竟采用何种运输包装,应根据医药产品特性、形状、贸易习惯、货物运输路线的自然条件、运输方式和各种费用开支大小等因素,在洽商交易时谈妥,并在合同中具体订明。

(2)运输包装的标志:运输包装的标志是指在医药产品的外包装上用文字、图形、数字制作的特定记号和说明事项,它是某些装运单证上不可缺少的内容。其主要作用在于:便于识别货物;方便运输装卸、仓储、检验和海关查验;便于收货人核对单证收货,使单货相符,避免错误。运输包装上的标志,按其用途可分为运输标志(shipping mark)、指示性标志(indicative mark)和警告性标志(warning mark)三种。

1)运输标志(shipping mark):运输标志习惯上称之为“唛头”,它通常是由一个简单的几何图形和一些字母数字及简单的文字组成。其主要作用是货物在运输过程中,使有关运输部门便于识别货物,防止错发、错运。运输标志的组成部分包括:①收货人及/或发货人的代号、代用简字和简单的几何图形;②目的港名称或加上中转的地名港口;③合同号码,有时根据买方要求列入信用证号码或进口许可证号码等;④件号,包括顺序件号和总件数;⑤原产地,即制造国;⑥体积和重量标志等。

为了规范运输标志,开展多式联运及电子计算机在运输和单证制作、流转方面的应用,在国际标准组织和国际货物装卸协调协会的支持下,联合国欧洲经济委员会简化国际贸易工作组,制定了一套标准运输标志向各国推荐使用。该标准化运输标志包括:①收货人或买方名称的英文缩写字母或简称;②参考号,如运单号、订单号或发标号;③目的地;④件号。每项内容不得超过17个字母(包括数字和符号),不采用几何图形,因几何图形不易用打字机一次做成。目前该标准化运输标志正处于推广阶段。

2)指示性标志(indication mark):此标志是指针对一些易碎、易损、易变质的医药产品的性质,用醒目的图形和简单的文字提醒有关人员在装卸、搬运和储存时应注意的事项,例如“小心轻放”、“易碎”、“防湿”、“防冻”、“由此开启”、“温度极限”、“禁止翻滚”等。也有人称其为“注意标志”。在运输包装上标打上述哪种标志,应根据医药产品性质正确选用,在文字使用上,最好采用出口国和进口国的文字,但一般使用英文的居多,例如 This end up (此端向上),Handle with care(小心搬运),Use no hooks(请勿用钩)等。

3)警告性标志(warning mark):此标志又称为危险货物包装标志或危险品标志。它指对一些易燃品、爆炸品、有毒品、腐蚀性物品、放射性物品等危险品在其包装上清楚而明显地印制的标志,以示警告,使装卸、运输和保管人员按货物特性采取相应的防护措施,以保护物资和人身的安全。它一般是由简单的几何图形、文字说明和特定图案以及规定的颜色所组成。对此,各国一般都有规定。根据我国国家技术监督局发布的《危险货物包装标志》规定,在运输包装上标打的警告性标志共包括21种。

此外,联合国政府间海事协商组织也规定了一套《国际海运危险品标志》,这套规定在国际上已被许多国家采用。有的国家进口危险品时,要求在运输包装上标打该组织规定的危险品标志,否则,不准靠岸卸货。因此,在我国出口危险货物的运输包装上,要标打我国和国际海运所规定的两套危险品标志。

2. 销售包装　销售包装又称内包装,它是直接接触医药产品并随医药产品进入零售网点和消费者直接见面的包装。这类包装除必须具有保护医药产品的功能外,更加强调具备美化医药产品、宣传医药产品,并便于消费者识别、选购、携带和使用,以促进销售的作用。因此在国际医药贸易中不仅要求销售包装具备适于医药产品销售的各种条件,而且在包装的用料和造型结构、装潢设计和文字说明上都有较高的要求。

(1)销售包装的分类:目前,在国际市场上根据销售包装的特点和要求,按照不同医药产品的性质、形态、数量和销售意图,设计和制造了千万种新颖、美观、适用的销售包装。按其形式和作用来分类,主要有:便于运输、储存的套装式、组合式包装;便于陈列展销的堆叠式、挂式和展开式包装;便于消费者使用的携带式包装、易开包装、喷雾包装、礼品包装、配套包装和一次性包装,此外还有便于保存的真空包装等。

(2)销售包装的标示和说明：在销售包装上，一般都附有装潢画面、各种标签和文字说明，有的还印有条形码的标志。近年来，越来越多的进出口医药产品包装上印制有环境标志(green label)。在设计和制作销售包装时，应一并做好这几个方面的工作。

1)包装的装潢画面：中层包装的装潢画面要求美观大方，富有艺术上的吸引力，并突出医药产品特点，其图案和色彩应适应有关国家的民族习惯和爱好，例如，菊花是日本皇室的专用花卉，人们对它极为尊重。但菊花在意大利和拉丁美洲各国被认为是"妖花"，只能用于墓地和灵前；在法国，黄色的花朵被视为不忠诚的表示；在伊斯兰教盛行的国家和地区忌用猪作图案，也不用猪皮制品等。

2)标签与文字说明：在中层包装上应有标签和必要的文字说明，如商标、牌名、品名、产地、数量规格、成分、用途和使用方法等，文字说明或标签同装潢画面紧密结合，互相衬托，彼此补充，以达到宣传和促销的目的。使用的文字必须简明扼要，并能让销售市场的顾客看懂，必要时也可以中外文并用，同时在销售包装上使用文字说明或制作标签时，还应注意有关国家的标签管理条例的规定。例如日本政府规定，凡销往该国的药品，除必须说明成分和服用方法外，还要说明其功能，否则，就不准进口。美国进口药品，也有类似的规定。我国产品质量法中也有类似的规定。

3)环境标志：环境标志又称为生态标志或绿色标志(green label)。它是一种印在产品及其包装上的图形，用以表明该产品的生产、使用及处理过程符合特定的环境保护要求，对生态环境无害或危害性极小。自 1978 年德国率先使用"蓝色天使"标志迄今，已有 50 多个国家的政府制订出自己的环境标志制度。例如日本有"生态标志制度"、加拿大实施了"环境选择方案"(ECP)、法国有"NF 环境"、澳大利亚推行了"环境选择制度"、新加坡的"绿色标志制度"等。环境标志制度的推行，一方面使绿色产品和绿色包装已成为国际市场营销的主要促销手段，越来越多的消费者更愿意购买优质的"环境标志产品"；另一方面形成了一种新的非关税壁垒——绿色壁垒，一些发达国家颁布了实施环境标志的法律和文件，规定凡是没有环境标志的进口产品应受到数量上和价格上的限制，甚至不允许进口。

为了适应上述形势，1994 年 5 月，我国正式成立了"中国环境标志产品认证委员会"，并公布了由青山、绿水、太阳和十个环组成的中国环境标志图形。至今为止，虽然已经公布了多项环境标志产品技术要求，并有多个厂家的几种产品通过了环境标志的认证。但是同工业化国家相比，我国的环境标志制度仍处于刚刚起步阶段，产品种类较少，远远不能满足对外贸易的需要。今后必须加强对出口产品进行环境标志的认证工作，强化出口产品的绿色包装意识，改进出口包装技术和装潢设计，努力研制出新的环保型包装材料，加快我国环境标志制度与国际标准接轨，对已经实施 ISO9000 标准认证的出口企业和产品，要促其及早进行 ISO14000 标准的认证。

4)条形码：医药产品包装上的条形码是由一组带有数字的黑白粗细间隔不等的平行条纹所组成，它是利用光电扫描阅读设备为计算机输入数据的特殊的代码语言。只要将医药产品包装上的条形码对准光电扫描器，计算机就能自动地识别条形码的信息，确定品名、品种、数量、生产日期、制造厂商、产地等，并据此在数据库中查询其价格，进行货款高速、准确结算，同时打出购货清单。目前，许多国家的超级市场都使用了条形码技术进行自动扫描结算，如医药产品包装上没有条形码，即使是名优医药产品，也不能进入超级市场，而只能当作低档医药产品进入廉价商店。甚至有些国家对某些包装上五条形码标志的医药产品，不予进口。

在国际上通用的包装上的条形码有两种：一种是由美国、加拿大组织的统一编码委员会(UCC)编制的 UPC 码；另一种是由欧盟成立的欧洲物品编码协会(后改名为国际物品编码协会，international article number association)编制，其使用的物品标识符号为 EAN 码(European article number)。我国于 1991 年 4 月正式加入国际物品编码协会，该会先后分配给我国的国别号为"690"、"691"、"692"、"693"，凡标有这四者之一打头条形码的医药产品，即表示中国生产的医药产品。

(三) 包装条款

包装条款(packing clause)也称包装条件,它一般包括包装材料、包装方式、包装规格、包装标志和包装费用的负担等内容。按照国际惯例和有关国家的法律规定,包装条件是主要的交易条件之一,是货物说明的组成部分。如果货物的包装与合同的规定或行业惯例不符时,买方有权索赔损失,甚至拒收货物。因此买卖双方洽商交易时必须就包装条件谈妥,并在合同中具体订明。在商定包装条款时,需要注意下列事项:

1. 要考虑医药产品特点和不同运输方式的要求　医药产品的不同特性、形状和使用不同的运输方式,对包装的要求也不相同。因此,在商定包装条件时,必须从医药产品在储运和销售过程中的实际需要出发,使约定的包装科学、经济、牢固美观,并达到安全、适用和适销的要求。

2. 对包装的规定要明确具体　约定包装时,应明确具体,不宜笼统规定。例如,一般不宜采用"海运包装"(seaworthy packing)和"习惯包装"(customary packing)之类的术语。因为此类术语含义模糊,无统一解释,容易引起争议。

3. 明确包装费用由何方负担　包装由谁供应,通常有下列三种做法:

(1)由卖力供应包装,包装连同医药产品一块交付买方。

(2)由卖主供应包装,但交货后,卖方原包装收回。关于原包装返回给卖方的运费由何方负担,应作具体规定。

(3)买方供应包装或包装物料,采用此种做法时,应明确规定买方提供包装或包装物料的时间,以及由于包装或包装物料未能及时提供而影响发运时买卖双方所负的责任。

关于包装费用,一般包装在货价之内,不另计收。但也有不计在货价之内,而规定由买方另行支付。究竟由何方负担,应在包装条款中订明。

第二节　药品的价格

一、贸易术语

(一) 贸易术语的含义及作用

贸易术语(trade term),是以简明的外贸语言或缩写的字母或国际代号,来概括说明买卖双方在交易中交货的地点,货物交接的责任、费用,以及风险的划分和表明价格构成等诸方面的特殊用语。

在国际医药贸易中,药品、医疗器械一般都需要长途运输。在装运地至目的地的运输过程中,需要办理各种手续和支付各种费用;同时,还可能发生各种各样的风险和损失。对此,买卖双方在签订一笔具体交易时,必须首先就以下问题做出安排:①在何地交接货物?②由谁租船订舱,办理货物运输、保险和申领进出口许可证?③由谁支付上述责任下所产生的费用及其他开支,如运费、保险费、装卸费等?④由谁承担货物在运输途中的货损、货差和灭失?⑤上述风险在何时何地转移?

对于上述有关责任、风险和费用的划分,买卖双方完全可以通过协商,做出各种不同的安排。在国际医药贸易的长期实践中,贸易界、法律界对这些问题逐渐形成了一整套的相对固定的习惯做法,并给每一种做法赋予一定意义的名称,加以区别。这样,就形成了当前在国际医药贸易中广泛使用的贸易术语。

国际医药贸易中的贸易术语是在国际贸易的长期实践中形成的,它是用来表示医药产品的价格构成,明确货物在交接过程中责任、风险、费用如何划分的一种专门用语。一般说来,卖方承担的责任广，支付的费用多，负担的风险大，医药产品出售的价格就高；相反，如果卖方承担的责任小，支付的费用少，负担的风险小，那么，医药产品出售的价格就低。

（二）国际医药贸易惯例的性质

贸易术语在国际医药贸易中的运用可以追溯到一百多年前，但是在相当长的时间内国际上没有形成对各种贸易术语的统一解释。为了解决这一问题，国际商会、国际法协会等国际组织以及美国一些著名商业团体经过长期的努力，分别制定了解释国际医药贸易术语的规则，这些规则在国际上被广泛采用，因而形成了一般的国际医药贸易惯例。

国际医药贸易惯例的适用是以当事人的意思自治为基础的，它不具有强制性。但是，国际贸易惯例对贸易实践具有重要的指导作用。这体现在，一方面，如果双方都同意采用某种惯例来约束该项交易，并在合同中做出明确规定时，那么这项约定的惯例就具有了强制性；另一方面，如果双方对某一问题没有做出明确的规定，也未注明该合同使用的某项惯例，在合同执行中发生争议时，受理该争议案的司法和仲裁机构也往往会引用某一国国际贸易惯例进行判决或裁决。在我国的对外贸易中，在平等互利的前提下，适当采用这些惯例，有利于外贸业务的开展，而且，通过学习和掌握有关国际医药贸易惯例的知识，可以帮助我们避免或减少贸易争端。即使在发生争议时，我们也可以引用某项惯例，争取有利地位，减少不必要的损失。

（三）有关贸易术语的国际贸易惯例

有关贸易术语的国际贸易惯例主要有以下三种：

1.《1932 年华沙-牛津规则》 《1932 年华沙-牛津规则》是国际法协会专门为解释 CIF 合同而制定的。国际法协会于 1928 年在波兰首都华沙开会，制定了关于 CIF 买卖合同的统一规则，称之为《1928 年华沙规则》，共包括 22 条。后来，在 1930 年的纽约会议、1931 年的巴黎会议和 1932 年的牛津会议上，将此规则修订为 21 条，并更名为《1932 年华沙-牛津规则》，沿用至今。

这一规则对于 CIF 合同的性质、买卖双方所承担的风险、责任和费用的划分以及所有权转移的方式等问题都作了比较详细的解释。

2.《1941 年美国对外贸易定义（修订本）》 《1941 年美国对外贸易定义（修订本）》是由美国几个商业团体制定的。它最早于 1919 年在纽约制定，原称为《美国出口报价及其缩写条例》。后来于 1941 年在美国第 27 届全国对外贸易会议上对该条例作了修订，命名为《1941 年美国对外贸易定义（修订本）》。这一修订经美国商会、美国进口商协会和全国对外贸易协会所组成的联合委员会通过，由全国对外贸易协会予以公布。

《1941 年美国对外贸易定义（修订本）》中所解释的贸易术语共有 6 种，分别为 Ex Point of Origin、FOB、FAS、C&F、CIF 和 Ex Dock。其中 FOB 又包括六种情况，与国际商会《国际医药贸易术语解释通则》中关于 FOB 的解释存在着明显的分歧。

3.《国际贸易术语解释通则》 《国际贸易术语解释通则》原文为 International Rules for the Interpretation of trade terms，缩写形式为 INCOTERMS，它是国际商会为了统一对各种贸易术语的解释而制定的。最早的《国际医药贸易术语解释通则》产生于 1936 年，后来为适应国际医药贸易业务发展的需要，国际商会先后进行过 1953 年、1967 年、1976 年、1980 年、1990 年、2000 年共六次部分修改和补充。现行的《2000 年国际贸易术语解释通则》是国际商会根据 20 世纪 80 年代以来科学技术和运输方式等方面的发展变化，在《1990 年国际贸易术语解释通则》的基础上修订产生的，并于 2000 年 1 月 1 日起生效。

《2000 年国际贸易术语解释通则》将国际贸易中使用的贸易术语归纳为 13 种，并将这 13 种术语按不同类别分为 E、F、C、D 四个组。E 组只包括一种贸易术语——EXW；F 组包括有 FCA、FAS 和 FOB 三种术语；C 组包括 CFR、CIF、CPT、CIP 四种术语；D 组中包括五种术语，它们是 DAF、

DES、DEQ、DDU 和 DDP。

在有关贸易术语的国际医药贸易惯例中,《国际贸易术语解释通则》是包括内容最多、使用范围最广和影响最大的一种。

二、常用的六种贸易术语

在我国医药贸易中,经常使用的主要贸易术语为 FOB、CFR 和 CIF 三种。近年来,随着集装箱运输和国际多式联运业务的发展,采用 FCA、CPT 和 CIP 贸易术语的也日渐增多。因此,我们应对这六种主要贸易术语的解释和运用有所了解。

(一) FOB

FOB 是 free on board(……named port of destination)的缩写,意为装运港船上交货(……指定装运港)。它是指卖方将货物在指定的装运港越过船舷后,办理出口清关手续,就算完成了交货义务。这意味着买方必须从该点起承担货物灭失或损坏的一切风险。根据《2000 年国际医药贸易术语解释通则》规定该术语仅适用于海运或者内河运输,如果买卖双方当事人无意越过船舷交货,则应使用 FCA 术语。

1. 买卖双方承担的基本义务

(1)卖方的基本义务

1)办理出口结关手续,并负担货物到装运港船舷为止的一切费用与风险。

2)在约定的装运期和装运港,按港口惯常办法,把货物装到买方指定的船上,并向买方发出已装船的通知。

3)向买方提交约定的各项单证或相等的电子信息。

(2)买方的基本义务

1)按时租妥船舶开往约定的装运港接运货物,支付运费,并将船名和到港装货日期给卖方充分通知。

2)承担货物越过装运港船舷后的各种费用以及货物灭失或损坏的一切风险。

3)按合同规定,受领交货凭证并支付货款。

2. 使用 FOB 时应注意的问题

(1)关于风险划分问题。以装运港船舷作为划分买卖双方所承担风险的界限是 FOB、CIF、CFR 同其他贸易术语的重要区别之一。"船舷为界"表明货物在装上船之前的风险,均由卖方承担。货物装上船之后,包括在运输过程中所发生的损坏或灭失,则由买方承担。严格地讲,如果把它作为划分买卖双方承担的责任和费用的界线就不十分确切了。因为装船是一个连续过程。如果卖方承担了装船的责任,他必须完成上述作业,而不可能在船舷办理交接。因此,在实际业务中,卖方往往根据合同规定或者双方确立的习惯做法,负责把货物在装运港装到船上,并提供清洁的已装船提单。

(2)关于船货衔接的问题。由于 FOB 条件下是由卖方负责安排运输工具,即租船订舱,所以这就存在一个船货衔接问题。根据有关法律和惯例,如果买方未能按时派船,这包括未经对方同意提前将船派到或延迟派到装运港,卖方都有权拒绝交货,而且由此产生的各种损失,如空舱费、滞期费以及仓储费等,均由买方负担。如果买方指派的船只按时到达装运港,而卖方却未能备妥货物,那么,由此产生的上述费用则由卖方承担。有时双方按 FOB 价格成交,但买方又委托买方办理租船订舱,卖方也可酌情接受,但这属于代办性质,其风险和费用仍由买方承担。总之,买卖双方要加强联系,密切配合,保证船货衔接。

(3)关于装船费用的负担问题。为了说明装船费用的负担问题,买卖双方往往在 FOB 术语后加列附加条件,这就形成了 FOB 的变形,它们主要有:

1)FOB liner terms(班轮条件)。它是装船费用按班轮的做法来办,即卖方不负担装船的有关费用。

2)FOB under tackle(吊钩下交货)。它指卖方将货物交到买方指定船只的吊钩所及之处,即吊装入舱以及其他各项费用概由买方负担。

3)FOB stowed(理舱费在内)。它指卖方负责将货物装入船舱,并承担包括理舱费在内的装船费用。该变形主要用于大宗的打包货物或者以件数计量的货物。

4)FOB Trimmed(平舱费在内)。它指卖方负责将货物装入船舱,并承担包括平舱费在内的装船费用。该变形主要用于大宗的散装货物。

值得注意的是,FOB的上述变形只是为了表明装船费用由谁负担问题而产生的,它们并不改变FOB的交货地点以及风险划分的界限。

(4)个别国家对FOB的不同解释。以上有关FOB的解释都是按照国际商会的《2000年国际医药贸易术语解释通则》做出的,然而,不同的国家和不同的惯例对FOB的解释并不完全一致。例如在北美洲一些国家采用的《1941年美国对外贸易定义(修订本)》中将FOB概括为六种,其中第四种是在出口地点的内陆运输工具上交货,第五种是在装运港船上交货。上述第四种和第五种在使用时应加以注意,因为这两种术语在交货地点上有可能相同,如都是在纽约(New York)交货,如果买方要求在装运港口交货,则应在FOB和港名之间加上"vessel"(船)字样,变成"FOB (vessel) New York",否则,卖方有可能按第四种,在上海市的内陆运输工具上交货。鉴于上述情况,在我国同北美一些国家进行国际医药贸易,尤其是进口业务采用FOB时,应对这一问题做出明确的规定,以免因解释的不同而产生争议。

(二) CFR

CFR是Cost and freight(……named port of destination)的缩写,意为成本加运费(……指定目的港)。它是指卖方在装运港将货物越过船舷,并支付将货物运至指定目的港所需的运费,就算完成交货义务。而买方则承担交货后货物灭失或损坏的风险,以及由于各种事件造成的任何额外费用。根据《2000年国际医药贸易术语解释通则》的规定,该术语仅适用于海运或内河运输。如买卖双方当事人无意越过船舷交货,则应使用CPT术语。

1. 买卖双方承担的基本义务

(1)卖方的基本义务

1)提供合同规定的货物,负责租船订舱和支付运费,按时在装运港装船,并于装船后向买方发出已装船的充分通知。

2)办理出口结关手续,并承担货物在装运港到达船舷为止的一切风险,以及在装运港将货物交至船上的费用。

3)按合同规定提供有关单证或相等的电子信息。

(2)买方的基本义务

1)承担货物在装运港越过船舷时起的货物灭失或损坏的风险,以及货物装船后发生事件所引起的额外费用。

2)在合同规定的目的港受领货物,并办理进口结关手续和缴纳进口税。

3)受领卖方提供的各项单证,并按合同规定支付货款。

2. 使用CFR时应注意的事项

(1)关于风险承担问题。按CFR术语成交,在货价构成因素中,包括自装运港至目的港的通常运费,也就是说,主要运费已付,故卖方要负责签订运输合同和安排运送货物,但由于它同FOB术语一样也属于装运港交货,货物风险的划分,也以装运港船舷为界,故货物中途灭失或损坏的风险以及货物装船后中途发生事件产生的任何额外费用,概由买方承担。

(2)关于卸货费用的负担问题。大宗医药产品按 CFR 条件成交,容易在卸货费问题上引起争议。为了明确责任和避免引起纠纷,买卖双方商订合同时,可在 CFR 术语后附加下列短语,以表明卸货费由谁负担的具体条件:

1)CFR liner terms(班轮条件)。它是指卸货费用按照班轮的做法来办,就是说,买方不负担卸货费,而由卖方或船方负担。

2)CFR landed(卸至岸上)。它是指由卖方承担将货物卸到码头上的各项有关费用,包括驳船费和码头费。

3)CFR ex ship's hold(舱底交接)。它指货物运达目的港后,自船舱底起吊直至卸到码头的卸货费用,均由买方负担。

CFR 的变形也只是为了说明卸货费用的负担问题,其本身并不改变 CFR 的交货地点和风险划分的界限。

(3)关于装船通知的问题。按照 CFR 术语成交,需要特别注意的问题是,卖方在货物装船之后必须及时向买主发出装船通知,以便买方办理投保手续。即如果货物在运输途中遭受损坏或灭失,由于卖方未发出装船通知而使买方漏保,那么卖方不能以风险在船舷转移为由免除责任。由此可见,尽管在 FOB 和 CIF 条件下,卖方装船后也应向买方发出通知,但 CFR 条件下的装船通知却具有更为重要的意义。

(三) CIF

CIF 是 cost,insurance and freight(……named port of destination)的缩写,意为成本加保险费加运费(……指定目的港)。它是由卖方须支付将货物运至目的港所需的运费和费用,但交货后货物灭失或损坏的风险及由于各种事件造成的额外费用即由卖方转移到买方。此外,卖方还必须办理海运货物保险。根据《2000 年国际医药贸易术语解释通则》的规定,该术语仅适用于海运和由内河运输。如果买卖双方当事人无意越过船舷交货,则应使用 CIP 术语。

1. 买卖双方承担的基本义务

(1)卖方义务。

1)签订从指定装运港承运货物的合同;在合同规定的时间和港口,将合同要求的货物装上船并支付至目的港的运费;装船后须及时通知买方。

2)承担货物在装运港越过船舷之前的一切费用和风险。

3)按照买卖合同的约定,自负费用办理水上运输保险。

4)自负风险和费用,取得出口许可证或其他官方批准证件,并办理货物出口所需的一切海关手续。

5)提交商业发票和在目的港提货所用的通常的运输单据,或相等的电子信息,并且自费向买方提供保险单据。

(2)买方义务。

1)接受卖方提供的有关单据,受领货物,并按合同规定支付货款。

2)承担货物在装运港越过船舷之后的一切风险。

3)自负风险和费用,取得进口许可证或其他官方证件,并且办理货物进口所需的海关手续,支付相应的进口税。

2. 使用 CIF 时应注意的事项

(1)关于不宜将 CIF 称为到岸价的问题。按 CIF 术语成交,虽然由卖方安排货物运输和办理货运保险,但卖方并不承担保证把货送到约定的目的港的义务,因为 CIF 是属于装运港交货的术语,而不是目的港交货的术语,也就是说,CIF 不是"到岸价"。

(2)关于保险的问题。CIF 术语中 的"I"表示 insurance,即保险。从价格构成来讲,这是指保险费，就是说货价中包括了保险费；从卖方的责任讲，他要负责办理货运保险，并须明确保险的险别。那么，应投保什么险别呢？一般的做法是，在签订买卖合同时，在合同的保险条款中，明确规定保险险别、保险金额等内容，这样，卖方就应按照合同的规定办理投保。但如果合同中未能就保险险别等问题做出具体规定，那就要根据有关惯例来处理。按照《2000年国际医药贸易术语解释通则》对CID的解释，卖方只须投保最低的险别，但在买方要求时，并由买方承担费用的情况下，可加保战争、罢工、暴乱和民变险。卖方投保的保险金额应按CIF价加成10%。

(3)关于核算运费的问题。按CIF条件成交时，由于货价构成因素中包括运费，故卖方对外报价时，应认真核算运费，把运费因素考虑到货价中去。卖方核算运费时，主要应考虑的因素有：运输距离的远近、运价变动的趋势、是否需要转船、以及海洋运输经营的方式等。

(4)关于象征性交货问题。从交货方式上来看，CIF是一种典型的象征性交货(symbolic delivery)。所谓象征性交货是针对实际交货(physical delivery)而言。前者卖方只要按期在约定地点完成装运，并向买方提交合同规定的，包括物权凭证在内的有关单据，就算完成交货义务，而无需保证到货。后者则是指卖方要在规定的时间和地点将符合合同规定的货物提交给买方或其指定的人，不能以交单代替交货。

可见，在象征性交货方式下，卖方是凭单交货，买方是凭单付款。只要卖方如期向买方提交了合同规定的全套合格单据(即名称、内容和份数相符的单据)，即使货物在运输途中损坏或灭失，买方也必须履行付款义务。反之，如果卖方提交的单据不符合要求，即使货物完好无损地运达目的港，买方仍有权拒收单据并拒付货款。

这里还必须明确指出，按CIF术语成交，卖方履行其交单义务只是得到买方付款的前提条件，除此之外，他还必须履行交货义务。

(四) FCA

FCA是free carrier(……named place)的缩写，意为货交承运人(……指定地点)。它是指卖方只要将货物在指定的地点交给买方指定的承运人，并办理出口清关手续，就算完成交货义务。该术语可用于各种运输方式，包括多式联运。

需要说明的是，根据《2000年国际医药贸易术语解释通则》的规定，交货地点的选择对于在该地点装货和卸货的义务会产生影响。若卖方在其所在地交货，则卖方应负责装货；若卖方在任何其他地点交货，卖方则不负责卸货。

1. 买卖双方承担的基义务

(1)卖方的基本义务。

1)办理出口结关手续，在指定地点按约定日期将货物交给买方指定的承运人，并给予买方货物已交付的充分通知。

2)承担货物交给承运人以前的一切费用和风险。

3)向买方提供约定的单据或相等的电子信息。

(2)买方的基本义务。

1)自负费用订立自指定地点承运货物的合同，并交承运人名称及时通知卖方。

2)从卖方交付货物时起，承担货物灭失或损坏的一切风险。

3)按合同规定受领交货凭证或相等电子信息，并按合同规定支付货款。

2. 使用FCA时应注意的事项

(1)关于交货地点的问题。

根据《2000年国际医药贸易术语解释通则》的规定卖方必须在指定的交货地点，在约定的交货日期或期限内，将货物交付给买方指定的承运人或其他人，或由卖方选定的承运人或其他人。而交货在以下时候才算完成：①若指定的地点是卖方所在地，则当货物被装上买方指定的承运人，或代表买方的其他人提供的运输工具时。②若指定的地点不是卖方所在地，而是其他任何地点，则当货物在卖方的运输工具上，尚未卸货而交给买方指定的承运人或其他人，或由卖方选定的承运人或其他人处置时。③若在指定的地点没有约定具体交货点，且有几个具体交货点可供选择时，卖方可以在指定的地点选择最适合其目的地的交货点。

(2)关于指定承运人的问题。

FCA 术语所指的承运人(carrier)，根据有关国际惯例的规定，是指任何人在运输合同时，承诺通过铁路、公路、空运、海运、内河运输或上述的联合方式履行运输。根据《2000 年国际医药贸易术语解释通则》的规定，该术语一般是由买方自行订立从指定地点承运货物的合同，但是如果买方有要求，并由买方承担风险和费用的情况下，卖方也可以代替买方指定承运人并于订立运输合同。当然，卖方也可以拒绝订立运输合同，如果拒绝，应立即通知买方，以便买方另行安排。

(五) CPT

CPT 是 Carriage Paid to(……named place of destination)的缩写，意为运费付至(……指定目的地)。它是指卖方向其指定的承运人交货，并须支付将货物运至目的地的运费，而买方承担交货之后的一切风险和其他费用。根据《2000 年国际医药贸易术语解释通则》的规定，该术语可适用于各种运输方式，包括多式联运。如果买卖双方使用接运的承运人将货物运至约定目的地，则风险自货物交给第一承运人时起转移。

1. 买卖双方承担的基本义务

(1)卖方的基本义务

1)办理出口结关手续，自费订立运输合同，按期将货物交给承运人，以运至指定目的地，并向买方发出货物已交付的充分通知。

2)承担货物交付承运人以前的一切费用和货物灭失与损坏的一切风险，以及从装运地至目的地的通常运费。

3)向买方提交约定的单证或相等的电子信息。

(2)买方的基本义务

1)从卖方交付货物时，承担货物灭失与损坏的一切风险。

2)支付了除通常运费之外有关货物在运输途中所产生的各项费用和卸货费。

3)在目的地从承运人那里受领货物，并按合同规定受领单据和支付货款。

2. 使用 CPT 应注意的事项

(1)关于风险划分界限的问题。CPT 的字面意思是运费付至指定目的地。然而卖方风险并没有延伸到指定目的地，因为，根据《2000 年国际医药贸易术语解释通则》的解释，货物自交货地点运至目的地的运输途中的风险是由买方承担，卖方只承担货物交给了承运人控制之前的风险。在多式联运情况下，涉及两个以上的承运人，卖方承担的风险自货物交给第一承运人控制时即转移给买方。

(2)关于 CPT 和 CFR 差异的问题。从上述解释中可以看出，CPT 和 CFR 有许多相似之处，如分别按这两种术语成交，货价构成因素都包括运费，故卖方都要负责安排运输，将货物运往约定目的地，而货物在运输途中的风险则都由买方负担，它们都属装运地交货的术语，按这两种术语签订的合同，都属装运合同。但这两种术语也有不同之处，如 CFR 仅适用于水上运输方式，而 CPT 则适用于包括多式联运在内的任何运输方式，此外，在交货的具体地点、费用和风险划分的具体界线以及运用的单据等方面也存在着差异。

(六) CIP

CIP 是 Carriage and insurance paid to (……named place of destination)的缩写，意为运费、保

险费付至(……指定目的地)。它是指卖方向其指定的承运人交货,并须支付将货物运至目的地的运费,办理买方货物交货之后的一切风险和额外费用。根据《2000年国际医药贸易术语解释通则》的规定,该术语可适用各种运输方式,包括多式联运,如果买卖双方使用接运的承运人将货物运到约定目的地,则风险自货物交给第一承运人时起转移。

1. 买卖双方承担的基本义务

(1)卖方的基本义务

1)办理出口结关手续,自费订立运输合同和保险合同,按期将货物交给承运人,以运至指定目的地,并向买方发出货物交付的充分通知。

2)承担货物交付承运人以前的一切费用和货物灭失与损坏的一切风险。

3)向买方提交约定的单证或相等的电子信息。

(2)买方的基本义务

1)从卖方交付货物时起,承担货物灭失与损坏的一切风险。

2)支付除通常运费之外的有关货物在运输中所产生的各项费用和卸货费。

2. 使用CIP应注意的事项

(1)关于保险的问题。应当指出,在CIP条件下,货物运输保险的责任和费用虽由卖方负责,但货物在运输途中灭失与损坏的风险却由买方负担。由此可见,卖方是为买方的利益代办保险。卖方之所以自费办理保险则是因为货物的售价中包括保险费。在一般情况下,卖方只按约定险别投保,如未约定险别,卖方也应按惯例投保最低限度的险别。保险金额一般在合同价格基础上加成10%投保,如有可能,卖方应按合同倾向投保。按CIP条件成交,是否加保战争、罢工、暴乱及民变险,由买方决定,卖方并无加保此险的义务。但若买方要求加保,卖方应予办理。不过,加保此险的费用,如事先未约定计入售价中,则应由买方另行负担。

(2)关于CIP与CIF差异的问题。上述解释表明,CIP等于CPT加保险费,或者等于FCA加运费和保险费。CIP与CIF这两种术语有许多相似之处,如在其价格构成因素中,都包括通常的运费和约定的保险费,故卖方都应承担安排运输、保险的责任并支付有关的运费与保险费,而且按这两种术语成交,都属装运地交货,其合同性质都为装运合同,故货物在运输途中的风险,均由买方承担。这两种术语的不同之外,主要是适用范围不同,CIF仅适用于水上运输方式,而CIP则适用于任何运输方式,其中包括多式联运。此外,在交货和风险转移的具体部位以及运用的单据等方面也存在一些差异。

三、国际医药贸易中的价格条款

在国际医药贸易中,成交医药产品的价格的确定是买卖双方最关心的一个重要问题。因此,买卖双方在洽商交易和订立合同时,要正确掌握进出口医药产品价格,合理运用各种行之有效的作价办法,并切实订好买卖合同中的价格条款。

(一)进出口医药产品的作价原则与差价

我国进出口医药产品的作价原价是,在贯彻平等互利的原则下,根据国际市场价格水平,结合国别(地区)政策,并按照我们的购销意图确定适合的价格。由于价格构成因素不同,影响价格变化的因素也多种多样。因此,在确定进出口医药产品价格时,必须充分考虑影响价格的种种因素,并注意同一医药产品在不同情况下应有合理的差价。

所谓差价(price difference)是指同一种医药产品由于交易条件的不同而产生价格上的差异。在国际医药贸易业务上,影响医药产品差价的主要因素是所使用的贸易术语的不同,此外,还须考虑下列因素:

1. 要考虑医药产品的质量和档次　在国际市场上,一般都贯彻按质论价的原则,品质的优劣,档次的高低，商标、牌号的知名度，式样的新旧，都影响着医药产品的价格。

2. 要考虑运输距离　国际医药贸易，一般都要通过长途运输。运输距离的远近，影响运输费和保险费的开支，从而影响医药产品的价格。因此，必须核算运输成本，以体现运输地区的差价。

3. 要考虑交货地点和交货条件　在国际医药贸易中，由于交货地点和交货条件不同，买卖双方承担的责任、费用和风险有别，在确定进出口医药产品价格时，必须考虑这些因素。

4. 要考虑季节性需求的变化　在国际市场上，对于某些时令性药材，我们应充分利用季节性需求的变化，掌握好季节性差价，争取按对我方有利的价格成交。

5. 要考虑成交数量　按国际医药贸易的习惯做法，成交量的大小影响价格。即成交量大时，在价格上应给予适当优惠；反之，如成交量过少，即可以适当提高售价。我们应当掌握数量方面的减价。

6. 要考虑支付条件和汇率变动的风险　例如，同一药品在其他交易条件相同的情况下，采取预付货款和凭信用证付款方式下其价格应当有所区别。同时，如采用不利的倾向面交时，应当把汇率变动的风险考虑到货价中去。

此处，交货期的远近，市场销售习惯和消费者的偏爱等因素，对确定价格也有不同程度影响，我们必须通盘考虑和正确掌握。

（二）进出口医药产品的作价方法

在国际医药进出口中，可根据不同情况，分别采取下列各种作价办法。

1. 固定价格　我国进出口贸易合同，绝大部分都是在双方协商一致的基础上，明确地规定具体的价格，这也是国际上常见的做法。它具有明确、具体、肯定和便于核算的特点。不过，由于医药产品市场行情的多变，就意味着买卖双方要承担从订约到交货付款以致转售时价格变动的风险，这还可能影响合同的顺利执行。为了减少价格风险，在采用固定价格时，首先，必须对影响医药产品供需的各种因素进行细致的研究，并对价格的前景做出判断；其次，对客户的资信进行了解和研究，慎重选择订约的对象。

2. 非固定价格　非固定价格，即一般业务上所说的“活价”，它大体上可分为下述几种：

(1)暂定价格。在合同中先订立一个初步的价格，作为开立信用证和初步付款的依据，待双方确定具体价格后再进行最后清算，多退少补。

(2)部分固定价格，部分非固定价格。为了照顾双方利益，可采用部分固定价格，部分非固定价格的做法，或者分批作价的办法，交货期近的价格在订约时固定下来，余者在交货前一定期限内进行作价。

(3)具体价格待定。这种定价方法又可分为两种做法：一是在价格条款中明确规定定价时间和定价方法，例如，“在装船月份前50天，参照当地及国际市场价格水平，协商议定正式价格”；二是只规定作价时间，例如，“由××年×月×日协商确定价格”。这种方式由于未就作价方式做出规定，容易带来较大的不稳定性，双方可能因缺乏明确的作价标准，而在商订价格各执己见，相持不下，导致合同无法执行。因此，这种方式一般只应用于双方有长期交往，已形成较固定的交易习惯的合同。

非固定价格是一种变通做法，在行情变动剧烈或双方未能就价格取得一致意见时，采用这种做法有一定的好处。例如，暂时解决双方在价格方面存在的分歧，对出口人来说，可以不失时机地做成生意；对进口人来说，可以保证一定的转售利润。但这不可避免地会给合同带来较大的不稳定性，存在着双方在作价时不能取得一致意见，而使合同无法执行的可能。

（三）佣金与折扣

在价格条款中，有时会有佣金或折扣的规定。从这个角度看，价格条款中所规定的价格，可分为包含有佣金或折扣的价格和不包含这类因素的净价(Net Price)。包含佣金的价格，在业务中通常称为“含佣价”。

佣金(commission)，是代理人或经纪人为委托人进行交易而收取的报酬。在实际医药进出口中，往往表现为出口商付给销售代理人、进口商付给购买代理人的酬金。因此，它适用于与代理人或佣金签订的合同。

折扣(discount，allowance)，是卖方给予买方的价格减让。从性质上看，完全是一种优惠。国际医药贸易中所使用的折扣种类较多，除一般折扣外，还有为扩大销售而使用的数量折扣，以及为特殊目的而给予的特别折扣等。

在价格条款中，对于佣金或折扣可以不同的规定办法。通常是在规定具体价格时，用文字明示佣金率或折扣率，如“每公吨CIF新加坡850美元，佣金2%”(Per M/T US ＄ 850 CIFC2% Singapore)；或“每公吨FOB上海350美元，折扣2%”(Per M/T US ＄350 FOBD2% Shanghai)。有时，双方在洽谈交易时，对佣金或折扣的给予虽已达成协议，却约定不在合同中表示出来，这种情况下的价格条款中，只定明单价佣金或折扣由一方当事人按约定另付。这种不明示的佣金或折扣，俗称“暗佣”或“暗扣”。

关于佣金的计算方法有多种，其关键是如何确定计算佣金的基数。有的按总成交额计算，有的按纯收入计算，这需要在佣金合同中加以约定。其计算公式如下：

单位货物佣金＝含佣价×佣金率

净价＝含佣价－单位货物佣金额

上述公式也可写成：

净价＝含佣价×(1－佣金率)

假如已知净价，则含佣价的计算公式应为：

含佣价＝净价/(1－佣金率)

而折扣通常是以成交额或发票金额为基础计算出来的。例如，CIF汉堡，每公吨800美元，含折扣3%，卖方的实际净收入为每公吨776美元。其计算方法如下：

单位货物折扣额＝原价(或含折扣价)×折扣率

卖方实际净收入＝原价－单位货物折扣额

(四) 价格条款的规定

进出口合同中的价格条款，一般包括医药产品的单价和总值两项基本内容。单价通常由四个部分组成，即包括计量单位、单位价格金额、计价货币和贸易术语。例如，每公吨CIF伦敦350美元(Per M/T US ＄ 350 CIF London)。总值(或者称总价)是单价同数量的乘积，也就是一笔交易的货款总金额。

规定价格条款时，应注意下列问题：

1. 合理确定医药产品的单价，防止偏高或偏低。
2. 根据船源、货源等实际情况，选择适当的贸易术语。
3. 争取选择有利的计价货币，必要时可加订保值条款。
4. 灵活运用各种不同的作价办法，尽可能避免承担价格变动的风险。
5. 参照国际医药贸易的习惯做法，注意佣金和折扣的合理运用。
6. 单价中涉及的计量单位、计价货币、装卸地点名称等，必须书写正确、清楚，以利于合同的履行。

复　习　题

1. 什么是商品的品质？表示品质的方法有哪些？
2. 简述 FOB、CFR、CIF 变形的原因，它们的变形各有哪几种形式？
3. 何谓佣金？如何计算佣金？

（应维华）

第七章

药品交付、运输与保险

第一节　药品交付与运输

药品的交付与运输是国际医药贸易的重要环节之一。在运输过程中，往往要经由不同的国家，通过多次装卸搬运，使用各种工具，并变换不同的运输方式，故其涉及面广，中间环节多，情况变化大，远比国内运输复杂。从事国际医药贸易的人员必须熟悉和掌握有关国际货物运输的基本知识，才能在磋商交易和签订合同时充分考虑运输方面的问题，使合同的装运条款完整、明确、合理和可行，从而保证进出口货物的顺利交接。

国际医药贸易中的运输业务涉及运输方式的选择、各项装运条款的制定和装运单据的运用等项内容，现分别予以介绍和说明。

一、运输方式

运输方式主要包括海洋运输、铁路运输、航空运输、内河运输、邮政运输、公路运输、管道运输、大陆桥运输以及多式联运等。这里，我们重点介绍海洋运输、铁路运输和航空运输三种运输方式。

(一) 海洋运输

海洋运输(Ocean Transport)，简称“海运”。在国际货物运输中，海运量占国际货运总量的80%左右，我国绝大部分进出口货物亦都通过海运。海洋运输之所以如此被广泛采用，是因为同其他运输方式相比，它具有线路投资少，通过能力强，运载量大，运输成本低，劳动生产率高等优点。当然，它也存在送达速度慢，风险大，航期不易准确，易受自然条件特别是气候条件影响的不利之处。

按照海洋运输船舶经营方式的不同，可将海运分为班轮运输(liner transport)和租船运输(shipping by chartering)。

1. 班轮运输　班轮运输是指按固定航线、航行时间、既定的港口顺序装卸货物的船舶运输方式。它具有按照固定的船期表、沿着固定的航线和港口来往运输，并按相对固定的运费率收取运费的基本特点。它最合适于装运零星杂货。

(1)班轮运价表。班轮运费表是发货方支付运费、班轮公司收取运费的计算依据。目前，国际航运业务中，班轮运价表种类很多，分法也不尽一致，有班轮公会运价表、班轮公司运价表、双边运价表、货方运价表等。我国按照使用不同的班轮，采用不同的运价表，如国轮和我国期租船作班轮承运我国外贸进出口货物，采用“中国远洋货运运价表第 6 号本”，对美国进出口货物的运价，则采用香港华厦公司 3 号和 4 号对美运价表等。运价表从形式上可分为等级运价表和单项费率运价表。等级运价表是将全部商品(主要是杂货)分为若干个等级,每一等级有一个基本运费率,商品被规定为几级就按相应等级的运费率计算运费。一般将货物划分为20个等级,属于第一级的医药产品,运费率最低,第20级的运费率最高。单项费率运价表示将每项商品及其基本费率都分别列出,每个商品有各自的费率。

(2)班轮运费。班轮运费包括基本运费(basic rate)和附加费(freight surcharge)两个部分。前者是指货物从装运港运到卸货港所应收取的运费;后者是在基本运费的基础上,根据各种不同的具体情况而加收的费用。

1)班轮基本运费的计收方法:根据不同的标准、不同的货物,基本运费的计收方法共有7种,如表7-1所示。

表7-1　班轮基本运费的计收方法

计收方法	含　义	表示方法	适用货物范围
重量法	按货物的实际重量计收,故称"重量吨"(Weight ton)	W	重金属、建材、矿产品等
体积法	按货物的尺码或体积计收,故称"尺码吨"(Measurement ton)	M	轻泡货物,如纺织品、日用百货等
从价法	按医药产品的价格(FOB价)计收,亦称"从价运费"	Ad Valorem 或 AdVal或A. V.	贵重物品,如精致工艺品、金银、钻石等
选择法	按重量、体积;或按重量、体积、价值,选择其中一种收费较高者计收	W/M; W/M or Ad. Val.	一批商品中包括多种品质
按件法	按货物的件数计收	Per Unit	包装固定、体积不变的货物
议定法	由承、托双方临时定的价格计收,称为"临时议定价(Open Rate)"	Open	最大低值的谷物、豆类、矿石等
综合法	除按重量或体积外,还要加收从价运费	W & Ad. Val. M & Ad. Val.	某些特殊医药产品

此外,在同一包装、同一票货物和同一提单内出现混装情况时,班轮公司的收费按照就高不就低的原则收取。

2)班轮附加费的种类和计算方法:目前,主要班轮附加费有下列几种:超重附加费(extra charges on heavy lifts)、超长附加费(extra charges on over lengths)、直航附加费(additional on direct)、转船附加费(transshipment additional)、港口附加费(port additional)、洗船费(cleaning charge)、港口拥挤费(port congestion surcharge)等。

尽管班轮附加费名目繁多,但计算方法基本有两种:一种是按基本费率的一定百分比计算;另一种是用绝对数字表示,即每运费吨(freight ton)加收若干金额。

例7-1　我国某公司拟对美国纽约某公司以CFR价格出口药材一批,共500箱,每箱尺码40厘米×50厘米×60厘米,每箱毛重为85公斤,净重为80公斤。经查船公司的"货物分级表",得知该批货物为10级,计费标准为"W/M",又查"上海—美国航线等级费率表",10级货物由上海至纽约的运费为每运费吨18美元,另加燃油附加费10%,港口拥挤附加费5%。问:该批货物共应付运费计收标准为W/M:

按重量法(W)=85公斤:0.085公吨

按体积法(M)=0.4×0.5×0.6

　　　　　　=0.12米^3

因为按体积法计收高于按重量法计收,所以运费按M计算

总运费＝0.12×18(1＋10%＋5%)×500

＝1246(美元)

2. 租船运输　租船运输又称为不定期船(tramp)运输。它与班轮运输的营运方式不同，既无预定的船期表，又无固定的航线和停靠港口，有关船舶的航线和停靠港口、运输货物的种类以及航行时间等，都按承租人的要求，由船舶所有人确认而定，运费或租金也由双方根据租船市场在租船合同中加以约定。一些大宗货物，如粮食、矿砂、煤炭、石油等都适合于租船运输。

租船运输的经营方式包括：

1)程租(voyage charter)。又称为定程租船或航次租船，是以船舶的航程为基础单位作为租船合同的标的，完成了约定的航程，租船合同即告终止。一般是由船舶所有人负责提供船舶，在指定港口之间进行一个航次或数个航次，承运指定货物的租船运输。

程租船的运费计算特点是以船舶的承运能力为基准计算的，也可以船舶的实际承载货物量计算，前者一般称"包干运费"。程租方式在当前的国际医药贸易中被广泛采用。

2)期租(time charter)。又称为定期租船，它是船舶所有人将船舶出租给承租人，供其使用一定时期的租船运输，承租人也可将此期租船充作班轮或程租使用。期租船的运费或租金一般是按租期每月每吨若干金额计算。租金一经议定，就不再受租船市场的价格影响，一般按月支付，与程次和实际载货量多少无关。

(二) 铁路运输

铁路运输(rail transport)是指利用铁路进行进出口货物运输的一种方式，它具有运输量大，速度快，安全可靠，运输成本低，运输准确性和连续性强，受气候影响小的优点。在国际货物运输中，铁路运输是一种仅次于海洋运输的主要运输方式，特别是在内陆接壤国家间的贸易，起着更为重要的作用。即使是以海洋运输的进出口货物，大多数也是靠铁路进行货物的集中与分散的。

(三) 航空运输

航空运输(air transportation)是一种现代化的运输方式，具有运输速度快、货运质量高、航行便利、不受地面条件限制等优点，最适宜运送急需物资、鲜活商品、精密仪器和贵重物品。国际航空运输的方式主要有：

1. 班机运输(scheduled airline)。具有固定航线、航班、始发站、途经站、目的站。可以确切掌握起运和到达时间，但运量小、运费贵。

2. 包机运输(chartered carrier)。其货运量、费率可由双方约定，运费较班机低廉。

3. 集中托运(consolidation)。由航空货运代理公司将若干单独发运的货物集中起来向航空公司托运。这样运价较低，也是航空运输中较为普遍的做法。

二、货物的装运条款

国际医药贸易的绝大部分货物就是通过海运，而且海运进出口合同的装运条款比较复杂，因此，以下仅以海上装运条款加以说明。它主要包括装运时间、装运港和目的港、是否允许分批装运与转船、装卸率、滞期费和速遣费等内容的具体规定。

(一) 装运时间

装运时间(time of shipment)，又称装运期，是买卖合同的主要条件。如卖方违反这一条件，不能按期装运或交货，则买方有权撤销合同，并要求赔偿其损失。

1. 装运时间的规定方法

(1)规定具体装运期限，如限某年某月内或某年某月某日以前装运。这种方法把装运时间确定在一段时间内，而非某一具体日期上。

(2)收到信用证后若干天装运，如收到信用证后 45 天内装运。这种方法可以促使买方早日开证或按期开证。

(3)即期装运，如用即刻装运(prompt shipment)、尽速装运(shipment as soon as possible)等词语表示。这种约定方法，容易引起争议，应慎重采用。

(4)收到信汇、电汇或票汇后若干天装运。这种方法表明，在装运前买方即需预付货款，对买方不利。

2. 规定装运期的注意事项

(1)应考虑货源和船源的实际情况。根据货源情况确定装运期，才不致使装运期落空。在按 CIF 或 CFR 条件出口时，还应考虑船源情况，防止盲目成交。

(2)装运期的规定要明确。为了便于履行合同和避免发生争议，装运期的规定要明确，不宜使用"立即装运"之类的词语。

(3)装运期的长短要适度。装运期的规定过短，可能给船货安排带来困难。规定过长则往往造成资金压占和资金浪费。

(4)以信用证方式结算时，装运期与开证日期应互相衔接起来。

(二) 装运港和目的港

装运港(port of shipment)是指货物起始装运的港口。目的港(port of destination)是指最终卸货的港口。

1. 装运港和目的港的规定方法　在买卖合同中，装运港和目的港的规定方法有以下几种：

(1)在一般情况下，只规定一个装运港和一个目的港。

(2)在大宗交易情况下，根据需要规定两个或两个以上的装运港或目的港。

(3)在磋商交易时，如明确规定一个或几个装卸港有困难，可以采用选择港(Optional Ports)的办法。规定选择港的方式有两种：一种是在两个或两个以上港口中任选一个，如 CIF 伦敦，选择港汉堡或鹿特丹，或者 CIF 伦敦/汉堡/鹿特丹；另一种是笼统规定某一航区为装运港或目的港，如地中海主要港口或西欧主要港口。

2. 规定国内、外装卸港注意事项

(1)规定国外装卸港应注意的问题

1)不能接受我国政策不允许往来的港口为装卸港。

2)装卸港的规定要明确具体，不要过于笼统。

3)不能接受以国名或内陆城市作为装卸港的条件。

4)要考虑港口装卸等具体条件。

5)要注意港口有无重名的问题。

(2)规定国内装卸港应注意的问题

1)要考虑货物的流向和集散货物的方便，如选择以接近货源地的口岸为装运港，接近用货部门或消费地区的口岸为卸货港。

2)要考虑港口的设施和具体条件。

(三) 分批装运与转船

分批装运(partial shipment)是指一笔成交的货物，分若干批装运。这里的"批"指的是同一船只，同一航次。在大宗货物交易中，买卖双方可根据交货数量、运输条件和市场销售需要、货源情况，在合同中规定"分批装运"条款。国际上对分批装运的解释和运用有所不同。根据《跟单信用证统一惯例》规定："运输单据表面上注明货物是使用同一运输工具装运并经同一路线运输的，即使每套运输单据注明的装运日期不同及/或装运港、接受监管地不同，只要运输单据注明的目的地相同，也不视为分批装运。”

如合同和信用证明确规定了分批数量，例如“3～6 月分 4 批每月平均装运”(shipment during march to june in four equal monthly lots)，以及类似的限批、限时、限量条款，则买方应严格履行约定的分批装运条款，只要其中任何一批没有按时、按量装运，就可作为违反合同论处。如货物没有直达船或一时无合适的船舶运输，而需通过中途港转运的，称为转船或转运(transhipment)，买卖双方可以在合同中商订“允许转船”或“允许转运”(transhipment to be allowed)的条款。

(四) 装卸时间、装卸率和滞期、速遣费

装卸时间(lay time)是指允许完成装卸任务所约定的时间，它一般以天数或小时数来表示。装卸时间的规定有各种不同的方法，我国进出口公司一般都采用按连续 24 小时晴天工作日计算。采用此计算方法时，只要港口气候条件适于进行正常装卸作业，则昼夜 24 小时都应算作装卸时间。

装卸率是指每日装卸货物的数量，它一般应按港口习惯的正常速度来确定。因此，规定装卸率时，应从港口实际出发，掌握实事求是的原则。

滞期、速遣费同装卸时间和装卸率有着密切的联系。未按规定的装卸时间和装卸率完成装卸任务，延误了船期，则应向船方支付一定金额的罚款，此项罚款称为滞期费，它相当于船舶因滞期而发生的损失和费用。反之，如果按规定的装卸时间和装卸率，提前完成装卸任务，使船方节省了船舶在港的费用开支，船方将其获取的利益一部分给租船人作为奖励，此项奖励称为速遣费。按惯例，速遣费一般为滞期费的一半。因此，负责租船的买方或卖方，为了约束对方按时完成装卸任务，在买卖合同中常常预先订立滞期、速遣费条款。

三、装运单据

装运单据是承运人收到承运货物后签发给托运人的证明文件。它是交接货物、处理索赔与理赔以及向银行结算货款或议付的重要单据。装运单据的种类很多，其中主要的有海运提单、铁路运单、航空运单、邮运包裹单等。在签订买卖合同时，必须对装运单据的种类和份数做出具体规定。现将海运提单、铁路运单和航空运单简要加以说明。

(一) 海运提单

海运提单(bill of lading，B/L)是船方或其代理人在收到其承运的货物时签发给托运人的货物收据，也是承运人与托运人之间的运输契约的证明，在法律上它具有物权证书的效用，收货人在目的港提取货物时，必须提交正本提单。

海运提单的格式很多，每个船公司都有自己的提单格式，但基本内容大致相同，一般包括提单正面的记载事项和提单背面印就的作为确定承运人与托运人之间以及承运人与收货人及提单持有人之间权利和义务的运输条款。正面记载的事项通常有：提单有关的当事人，如托运人(shipper)、收货人(consignee)、被通知人(notify party)等；货物运输事项，如装运港、卸货港、船名及航次、唛头等；运输货物的说明，如货物名称、数量、重量、体积等；费用项目，如运费预付或运费到付；提单本身的说明，如提单号、正本提单份数、承运的签章、提单签发的日期、地点等。这些内容由承运人和托运人分别填写。

承运人签发提单时，为了明确责任和维护自身的利益，对交运货物的外表状况不良或发现残损短少等情况，可在提单上加注批语。凡加注不良批语的提单叫不清洁提单(Unclean B/L)。一般情况下，银行只接受“表面状况良好”未加注任何不良批注的清洁提单(Clean B/L)，而拒绝接受不清洁提单。

在提单的收货人栏内，如填明特定收货人名称，叫记名提单(straight B/L)；没有指明任何收货

人，谁持有提单，谁就可以提货，承运人交货只凭单不凭人的，就叫不记名提单或空名提单（bearer B/L）；如只填写“凭指定”（to order）或“凭某人指定”（to order of…）字样的，叫指示提单（order B/L），这种提单可以背书转让，因而在国际医药贸易中广为使用。

此外，提单还可以从不同角度分类。如按货物是否装船，可以“已装船提单”（on board B/L；shipped B/L）和备运提单（received for shipment B/L）；按运输方式，可分为直达提单（direct B/L）、转船提单（transshipment B/L）和联运提单（through B/L）；按提单使用有效性，可分为正本提单（original B/L）和副本提单（copy B/L），前者指提单上有承运人、船长或其代理人签字盖章并注明签发日期和标明“正本”（original）字样的提单，后者是指提单上没有承运人、船长或其代理人签字盖章，并标明“Copy”或“nonnegotiable”（不作流通转让）字样的提单，它只供工作上参考之用；按提单内容的繁简，可分为全式提单（long form B/L）和略式或简式提单（short form B/L）；等等。

在通常情况下，承运人签发的正本提单为一式数份，凭其中一份完成交货责任后，其余的自动失效。

（二）铁路运输单据

铁路运输单据（railway B/L）是铁路承运人收到货物后所签发的铁路运输单据，是收、发货人与铁路部门之间的运输契约。我国对外贸易铁路运输分为国内铁路联运和国内铁路运输两种，因此使用两种铁路运单，前者使用国际铁路货物联运运单，后者使用承运货物收据。

（三）航空运单

航空运单（air waybill）是承运人与托运人之间签订的运输契约，也是承运人或其代理人签发的货物收据。航空运单还可作为承运人核收运费的依据和海关查验放行的基本单据。但航空运单不是代表货物所有权的凭证，也不能通过背书转让。收货人提货不是凭航空运单，而是凭航空公司的提货通知单。在航空运单的收货人栏内，必须详细填写收货人的全称和地址，而不能做成指示性抬头。

航空运单共有正本一式三份，分别应交与托运人、航空公司、收货人，其副本则由航空公司按规定和需要进行分发。

第二节　药品运输保险

在国际医药贸易中，每笔成交的货物，从卖方交至买方手中，一般都要经过长途运输。在此过程中，由于自然灾害、意外事故以及其他外来原因，货物有可能遭受各种损失。为了保障货物遭到损失后能及时得到经济上的补偿，买方或卖方就需要办理货物的运输保险。

国际货物运输保险属于财产保险的范畴。当保险人（保险公司）承保货物运输险并收取约定的保险费后，即对被保险货物遭遇承保责任范围内的风险而发生的损失负赔偿责任。

国际货物运输保险的种类很多，其中包括海上货物运输保险、陆上货物运输保险、航空货物运输保险和邮包运输保险。尽管这些货物运输保险的具体责任有所不同，但它们的基本原则（如最大诚信原则、可保利益原则、利益转让原则、补偿原则、重复保险的分摊原则等）和保险公司保障的范围等基本一致。因此，本节以介绍海上货物运输保险为主，对其他货物运输保险仅作简要说明。

一、海运保险

海上货物运输保险的保障范围

海上货物运输保险保障的范围，包括保障的风险、保障的损失与保障的费用。正确理解海上货物运输保险的保障范围，具有十分重要的意义。

1. 保障的风险　保险人所承保的风险分为海上风险和外来风险两种。

(1)海上风险(perils of the Sea):海上风险是保险业上的专门术语海上发生的自然灾害和意外事故,但并不包括海上的一切危险。

自然灾害。所谓自然灾害,是指不依人们的意志为转移的自然力量所引起的灾害,但在海上保险业务中,它并不是泛指一切由于自然力量所造成的灾害,而是仅指恶劣天气(heavy weather)、雷电(lightening)、海啸(tsunami)、地震(earthquake)或火山爆发(volcanic eruption)等人力不可抗拒的灾害。

意外事故。海上意外事故(accidents)一般是指由于偶然的非意料中的原因所造成的船舶的搁浅(grounding)、触礁(stranding)、沉没(sunk)、船舶与流冰或其他物体碰撞(collision)、失踪(missing)、失火(fire)和爆炸(explosion)等事故。

(2)外来风险(extraneous us risks):外来风险一般是指海上风险以外的其他外来原因所造成的风险。外来风险可分为一般外来风险和特殊外来风险。

一般外来风险。是指被保险货物在运输途中由于偷窃(theft,pilferage)、短量(shortage in weight)、玷污(contamination)、泄漏(leakage)、破碎(breakage)、受热受潮(sweating and/or heating)、串味(taint of odour)、生锈(rusting)、钩损(hook damage)、淡水雨淋(fresh and/or rain water damage)、短少和提货不着(short—delivery and non—delivery)、破损(clashing)等外来原因所造成的风险。

特殊外来风险。是指由于军事、政治、国家政策法令以及行政措施等特殊外来原因所造成的风险与损失。例如:战争、罢工、因船舶中途被扣而导致交货不到,以及货物被有关当局拒绝进口或没收而导致的损失等。

2. 保障的损失　保障的损失是指保险人承保哪些损失。被保险货物在海洋运输中,因遭受海上风险而引起的损失与灭失即为海上损失(average),简称海损。按照海运保险业务的一般习惯,海上损失还包括与海运相连的陆上或内河运输中所发生的损失与费用。

海上损失,简称海损。按照海上损失程度的不同,可分为全部损失(total loss)和部分损失(partial loss)。在部分损失中,按其损失的性质,又可分为共同海损(general average,C. A.)和单独海损(particular average,P. A.)。

(1)全部损失:简称全损,是指被保险货物遭受全部损失。按其损失情况的不同,全损又可分为实际全损(actual total loss)和推定全损(constructive total loss)两种。实际全损是指被保险货物完全灭失或完全变质,或者货物实际上已不可能归还原货主所有而言。推定全损是指保险货物发生事故后,认为实际全损已经不可避免,或者为避免发生实际全损所需支付的费用与继续将货物运抵目的地的费用之和超过保险价值或该货物的实际完好状态时的价值。

(2)部分损失:是指被保险货物的损失没有达到全部损失的程度,它包括共同海损和单独海损两种。共同海损(general average,GA)是指载货的船舶在海上遇到灾害、事故,威胁到船、货等各方的共同安全,为了解除这种威胁、维护船货安全,或者使航程得以继续完成,由船方有意识地、合理地采取措施,所做出的某些特殊牺牲或支出某些额外费用,这些损失和费用即为共同海损。共同海损是采取救难措施引起的,其构成必须具备以下条件:

1)共同海损的危险必须是实际存在的或不可避免的,而不是主观臆测的。可以预测的常见事故所造成的损失不能构成共同海损。

2)共同海损必须是自动地、有意识地采取的合理措施。

3)共同海损必须是为船、货共同安全而采取的措施。如果只是为了船舶或货物单方面的利益而造成的损失,则不能作为共同海损。

4)必须是属于非正常性质的损失,其费用必须是额外的。

在船舶发生共同海损后,凡属于共同海损范围内的牺牲及特殊费用,均可通过共同海损的理算，由有关获救利益方，即船方、货方和运费方，按最后获救价值的比例分摊，这种分摊叫共同海损的分摊(contribution)。

单独海损(particular average)是指除共同海损以外的意外损失，即由于承保范围内的风险所直接导致的船舶或货物的部分损失。单独海损纯粹是偶然的意外事故，并无人为的因素在内，它所遭受的损失仅仅牵涉到受损船舶或货物所有人的自身利益，并不关系到船、货、甚至运费各方面的利益，也不是由多方面的关系人共同分摊，而仅由受损方面单独负责，这是单独海损与共同海损的主要区别。

3. 保障的费用　保障的费用是指保险人即保险公司承保的费用，它主要包括施救费用(sue and labour expenses)、救助费用(salvage charge)和特殊费用(special charge)三种。施救费用是指当保险标的遭遇保险责任范围内的灾害事故时，被保险人或者他的代理人、雇佣人员和受让人等，为防止损失的扩大而采取抢救措施所支出的费用。保险人对这种施救费用负责赔偿。救助费用是指保险标的遭遇保险责任范围内的灾害事故时，由保险人和被保险人以外的第三者采取施救行动，而向其支付的费用。特殊费用包括运输工具遭受海难后在避难港卸货所引起的损失，以及由于卸货、存仓或运送货物所产生的费用等。

二、我国海洋货物运输保险险别

保险险别(种)是保险人对风险和损失的承保责任范围，它是保险人与被保险人履行权利和义务的基础，也是保险人承保责任大小和被保险人缴付保险费多少的依据。海运货物保险的险别很多，概括起来分为基本险别和附加险别两大类，前者又称为主险。

(一) 基本险别

根据我国现行的《海洋货物运输保险条款》的规定，在基本险别中包括平安险(free from particular average，FPA)、水渍险(with particular average，WPA或)和一切险(all risks，AR)三种。

1. 平安险(FPA)　英文的含义是"单独海损不负责赔偿"，这里的单独海损指的是部分损失。"平安险"一词是我国保险业的习惯叫法，沿用已久。我国平安险具体承保下述8项风险责任：

(1)在运输过程中，由于自然灾害和运输工具发生意外事故，造成被保险货物的实际全损或推定全损。

(2)由于运输工具遭遇搁浅、触礁、沉没、互撞、与流冰或其他物体碰撞以及失火、爆炸等意外事故造成被保险货物的全部或部分损失。

(3)只要运输工具曾经发生搁浅、触礁、沉没、焚毁等意外事故，不论这意外事故发生之前或者以后曾在海上遭遇恶劣气候、雷电、海啸等自然灾害造成的被保险货的部分损失。

(4)在装卸、转船过程中，被保险货物一件或数件落海所造成的全部损失或部分损失。

(5)被保险人对遭受承保责任内危险的货物采取抢救，防止或减少货损措施支付的合理费用，但以不超过该批被救货物的保险货物的保险金额为限。

(6)运输工具遭遇自然灾害或者意外事故，需要在中途的港口或者在避难港口停靠，因而引起的卸货、装货、存包以及运送货物所产生的特别费用。

(7)发生共同海损所引起的牺牲：分摊费和救助费用。

(8)运输契约订有"船舶互撞条款"，按该条款规定应由货方偿还船方的损失。

2. 水渍险(WPA或WA)　英文的含义是"单独海损包括在内"，其责任范围，除包括上列"平安险"的各项责任外，还负责被保险货物由于恶劣气候、雷电、海啸、地震、洪水等自然灾害所造成的部分损失。

3. 一切险(AR)　其责任范围除包括"平安险"和"水渍险"的所有责任外，还包括货物在运输过程中，因一般外来原因所造成的被保险货物的全损或部分损失。

上述三种基本险别，被保险人可以从中选择一种投保。

根据中国人民保险公司海洋运输货物条款的规定，平安险、水渍险和一切险三种基本险别承保责任的起讫期限，均采用国际保险业务中惯用的“仓至仓条款”(warehouse to warehouse clause, W/W)规定的办法，即保险责任自被保险货物运离保险单所载明的起讫地发货人的仓库开始生效，包括正常运输过程中的海上运输和陆上运输，直至该项货物到达保险单所载明的目的地收货人的仓库为止。当货物一进入收货人仓库，保险责任即行终止。但是，当货物从目的港卸离海轮时起算60天，不论保险货物有没有进入收货人的仓库，保险责任均告终止。如果被保险的货物在保险期内需转运到非保险单所载明的目的地时，则保险责任以该项货物开始转运时终止。另外，被保险货物在运至保险单所载明的目的港或目的地以前的某一仓库而发生分配、分派的情况，则该仓库就作为被保险人的最后仓库，保险责任也从货物运抵该仓库时终止。

不论是平安险、水渍险或一切险，根据我国海洋货物运输保险条款的规定，保险人对下列各项损失和费用，不负赔偿责任：被保险人的故意行为或过失所造成的损失；属于发货人所引起的损失；在保险责任开始前，被保险货物已存在的品质不良或数量短差所造成的损失；被保险货物的自然损耗、本质缺陷、特性以及市价跌落、运输延迟所引起的损失或费用；海洋运输货物战争险条款和罢工险条款规定的责任范围和除外责任。由于上述除外责任均是基于被保险人的主观过错、医药产品本身的潜在缺陷以及运输途中必然发生的消耗所造成的损失，所以保险人将这些风险排除在承保范围之外。

(二) 附加险别

海洋运输货物保险的附加险种类繁多，归纳起来，可分为一般附加险和特殊附加险两类。

1. 一般附加险(general additional risk)　一般附加险主要承保由一般外来原因引起的一般风险所造成的损失，它包括偷窃提货不着险(theft, pilferage and non-delivery, T. P. N. D.)、淡水雨淋险(fresh water rain damage, F. W. R. D.)、短量险(risk of shortage)、混杂玷污险(risk of intermixture & contamination)、渗漏险(risk of leakage)、碰损破碎险(risk of clash & breakage)、串味险(risk of odour)、受热受潮险(damage caused by heating & sweating)、钩损险(hook damage)、包装破裂险(loss or damage caused by breakage of packing)、锈损险(risks of rust)等11种。

上述11种附加险，不能独立投保，它必须附属于基本险别下。也就是说，只有在投保平安险或水渍险以后，才允许投保附加险。但若投保“一切险”，则上述险别均已包括在内。

2. 特殊附加险(special accessory risks)　特殊附加险是指承保由于军事、政治、国家政策法令以及行政措施等特殊外来原因所引起的风险与损失的险别。中国人民保险公司承保的特别附加险，除包括下列战争险(war risk)和罢工险(strike risk)以外，还有交货不到险(failure to delivery risks)、进口关税险(import duty risk)、舱面险(on deck risk)、拒收险(rejection risk)、黄曲霉素险(aflatoxin risk)和出口货物到香港(包括九龙在内)或澳门存储仓火险责任扩展条款(fire risk extension clause for storage of cargo at destination Hong Kong, including Kowloon or Macao)。

(1)战争险(war risk)：战争险是承保战争或类似战争行为等引起保险货物的直接损失，不能单独投保，只能在投保一种基本险的基础上加保。其承保责任范围包括：由于战争、类似战争行为和敌对行为、武装冲突或海盗行为以及由此而引起的捕获、拘留、禁止、扣押所造成的损失，或者由于各种常规武器(包括水雷、鱼雷、炸弹)所造成的损失，由于上述原因所引起的共同海损的牺牲、分摊和救助费。但对核武器所造成的损失不负赔偿责任。

战争险的责任起讫与基本险有所不同，它不采用“仓至仓”条款，战争险的责任期限仅限于水上危险或运输工具上的危险。例如海运战争险规定自保险单所载明的装运港装上海轮或驳船时开始，指到保险单所载明的目的港卸离海轮或驳船时为止。如果货物不卸离海轮或驳船，则保险责任最长延至货物到目的港之当日午夜起算15天为止。如在中途转船，则不论货物在当地卸载与否，保险责任以海轮到达该港或卸货地点的当日午夜起算满15天为止，待再装上续运的海轮时，保险人仍继续负责。

(2)罢工险(strike risk)：罢工险是承保人承保因罢工、被迫停工、工人参加工潮、暴动和民众战争的人员采取行动所造成的承保货物的直接损失。对任何人的恶意行为造成的损失，保险公司也予以赔偿。

三、保险的做法

(一) 出口货物保险的做法

凡按CIF和CIP条件成交的出口货物，由出口企业向当地保险公司办理投保手续。在办理时，应根据出口合同或信用证规定，在备妥货物，并确定装运日期和运输工具后，按规定格式逐笔填制保险单，具体列明被保险人名称、保险货物项目、数量、包装及标志、保险金额、起止地点、运输工具名称、起止日期和投保险别，送保险公司投保，缴纳保险费，并向保险公司领取保险单证。

保险公司向出口企业收取保险费是按下列方法计算的：

保险费:保险金额×保险费率

其中，保险金额:CIF货价×(1+投保加成率)，保险费率则是按照不同货物、不同目的地、不同运输工具和投保险别，由保险公司根据货物损失率和赔付率，并在此基础上，参照国际保险费水平，结合我国国情而定的。

(二) 进口货物保险的做法

按FOB、CFR和CPT条件成交的进口货物，均由买方办理保险。为了简化投保手续和防止出现漏保或来不及办理投保等情况，我国进口货物一般采取预约保险的做法。各外贸公司同中国人民保险公司签订有海运、空运、邮运、陆运等不同运输方式的进口预约保险合同。按照预约保险合同的规定，各外贸公司对每批进口货物，无需填制投保单，而仅以国外的装运通知代替投保，作为办理了投保手续，保险公司则对该批货物自动负承保责任。

四、保险单证

保险单证是保险公司和投保人之间订立的保险合同，也是保险公司出具的承保证明，它是被保险人凭以向保险公司索赔和保险公司理赔的主要依据，同时，它也是向银行办理结汇的重要单据之一。在国际医药贸易中，运输货物保险单证可以在不经保险人同意的情况下，由被保险人背书后，随货权的转让而转让。常用的保险单证有：

(一) 保险单(insurance policy)

又称大保单，它是一种正规的保险合同。除载明上述投保单上所述各项内容外，还列有保险公司的责任范围及保险公司与被保险人双方各自的权利、义务等方面的详细条款。前者列在保险单正面，后者列在保险单背面。

(二) 保险凭证(insurance certificate)

又称小保单，它是一种简化的保险合同。除在其凭证上不印详细保险条款外，其余内容与保险单相同。保险凭证亦具有与保险单同样的法律效力。

(三) 联合凭证(combined certificate)

一种更为简化的保险单据。即在出口货物的发票上由保险公司加注承保险别、保险金额和保险编号。一般较少使用，只有港澳地区、东南亚地区少数华裔可以接受。

此外，在我国办理 FOB 和 CFR 条件进口货物的预约保险业务时，使用预约保险单（open policy），其上载明项目有保险货物的保险范围、险别、保险金额、保险费率等。其他的保险单证还有保险通知书（insurance declaration）、批单（endorsement）等。

复 习 题

1. 班轮运输有何特点？
2. 海上货物运输保险的保障范围包括哪些？

（应维华）

第八章

国际医药贸易货款收付与仲裁

第一节　货款的收付

一、国际医药贸易支付工具

传统贸易所采用的主要支付工具是货物(易货贸易),随着贸易的发展,产生了货币(Currency),黄金和白银成为支付工具。但是,当大规模的国际医药贸易在全球展开后,数额巨大的货币的跨国运送,是一般商人无法实现的。于是,人们开始采用各种新的支付工具——票据,借助于银行的中介作用,实行非现金结算,从而避免了货币的直接传递。票据是指某些可以代替现金流通的有价证券,是以支付金钱为目的的特种证券,是由出票人签名于票据上,约定由自己或另外一人无条件支付确定金额的、可流通转让的证券。国际医药贸易结算中使用的票据有汇票、本票和支票,其中以使用汇票为主。

(一) 汇票(bill of exchange,draft)

1. 汇票的含义　我国于 1995 年 5 月 10 日公布的《中华人民共和国票据法》第 19 条规定:汇票是出票人签发的,委托付款人在见票时或指定日期无条件支付确定的金额给受款人或持票人的票据。

2. 汇票的当事人　汇票的当事人有出票人、付款人和受款人。

(1)出票人:即签发汇票的人,一般是出口商或其指定的银行。

(2)付款人:即接受支付命令的受票人,一般是进口商或其指定的银行。

(3)受款人:即受领汇票所规定金额的人,一般是出口方或其指定的银行。

3. 汇票的种类　汇票从不同的角度可以分为以下几种:

(1)按照有无随附商业单据,可分为光票(clean bill)和跟单汇票(documentary bill)。如果出具的汇票不附带任何货运单据,称为光票(又称为净票或白票)。在国际医药贸易结算中,光票的使用一般仅限于贸易从属费用、货款尾数、佣金等的收与支;反之,如果出具的汇票附有货运单据(发票、提单、保险单等)则称为跟单汇票。在国际医药贸易中大多数使用跟单汇票。跟单汇票体现了货款与单据对流的原则,对进出口双方提供了一定的安全保障。因此在国际医药贸易结算中使用更普遍。

(2)按照付款时间的不同,可分为即期(sight Draft,demand Draft)和远期汇票(time bill,usance bill)。凡是汇票上规定付款人见票后即需付款的称为即期汇票;凡是汇票上规定付款人于将来一定日期付款的称为远期汇票。

(3)按照出票人的不同,可分为商业汇票(Commercial Draft)和银行汇票(Banker's Draft)。出票人是工商企业或个人的叫商业汇票。商业汇票通常是由出口人开立,委托当地银行向国外进口商或银行收取货款时所使用的汇票。商业汇票大都附有货运单据。出票人和付款人都是银行的则称为银行汇票。

(4)远期汇票按照承兑人的不同,可分为商业承兑汇票(commercial acceptance bill)和银行承兑汇票(banker's acceptance bill)。凡工商企业或个人出票而以另一个工商企业或某个人为付款人的远期汇票,经过付款人承兑后,便称为商业承兑汇票。商业承兑汇票是建立在商业信用的基础之上,如工商企业出票而以银行为付款人的远期汇票,经过付款银行承兑后,便成为银行承兑汇票。银行承兑汇票是建立在银行信用的基础之上,便于在金融市场上贴现转让、进行流通。

一份汇票通常同时具备几种属性,例如一份涉外的由贸易公司签发的见票后立即付款的汇票,它既是商业汇票同时又是即期汇票。

4. 汇票的使用　汇票的使用有出票、提示、承兑、付款等。汇票可以经过背书转让,也可以在未到期时向银行或贴现公司兑换现款。汇票在遭到拒付时,还涉及做成拒绝证书和行使追索等法律权利。

(1)出票(issue):是指将格式完备的汇票交付给受款人的行为。出票包括三个动作;制作汇票、签字和交付(to draw a draft, and sign it and deliver the draft to payee)。出票人完成出票行为,并在票据上签字后,即成为票据的主债务人。他对汇票债务的责任有两个方面:担保承兑和担保付款。对于受款人来说,获得了票据就成为持票人(Holder),得到了债权,使他获得付款请求权和追索权。

(2)提示(presentation):提示可以分为承兑提示和付款提示。是指持票人向付款人出示汇票要求承兑或付款的行为称为提示。票据只是一种权利的凭证,提示就是要求票据权利。无论是承兑提示还是付款提示,都要在规定的时效内、正常营业时间和规定的地点提示,只有如此,持票人才能获得票据权利。

(3)承兑(acceptance):受票人在持票人作承兑提示时,同意出票人的付款提示,在汇票正面写明"承兑"(accepted)字样,注明承兑日期,并由付款人签字并将汇票交还给持票人的行为。承兑后受票人变为承兑人,成为汇票的主债务人,而出票人则从主债务人的地位变为从债务人。所以承兑人必须承担在远期汇票到期时支付票面金额的责任。

(4)付款(payment):是即期汇票付款人和远期汇票承兑人在接到付款提示时,履行付款义务的行为。付款人向持票人作正当付款后,付款人一般都要求持票人在背面签字作为收款证明并收回汇票,注上"付讫"(paid)字样,并且可以要求持票人出收据。此时汇票就注销了,不仅付款人解除了付款义务,所有票据债务人的债务都因此解除。

(5)背书(endorsement):汇票是可以在票据市场上流通转让的。背书是转让汇票权利的一种法定手续。背书是因背书人在票据背面签字而得名。持票人做背书以表明他有转让票据权利的意图,从而转让票据权利,受让人成为持票人。

(6)拒付(dishonor):拒付又叫退票,是指持票人在提示汇票付款和提示承兑时,受票人做出的不同意出票人指示的反映,即拒绝付款(dishonor by non-payment)和拒绝承兑(dishonor by non—acceptance)。除受票人明确表示拒绝付款和承兑外,受票人避而不见、死亡或宣告破产等均可称为拒付。持票人在遭拒付时,请公证机构做出拒绝证书(protest)以证明持票人已按规定行使票据权利但未获结果。由此,持票人得以行使追索权。拒付证书的费用,持票人在追索时可以向前手收取。汇票遭拒付时,持票人必须按规定向前手作拒付通知(notice of dishonor)。前手背书人再通知他的前手,一直通知到出票人。如果不通知前手,持票人或背书人就丧失对前手的追索权。汇票债务人如果未接到拒付通知,他就可免除债务。

(7)追索(recourse):汇票遭拒付后,持票人在行使或保全汇票上的权利行为(包括提示、作拒付证书、拒付通知)之后,有权对其前手(背书人或出票人)要求退回汇票金额、利息及作拒付通知和拒付证书等其他有关费用。

(8)汇票的贴现:商人以未到期的票据向银行兑换现款,银行在付款时预先扣除利息,这种金融交易行为就称为贴现。

对于银行来说,贴现实际上是作了一笔贷款,只是预先扣除了利息。由于一般商业票据都有贸易背景,银行有货物作担保,比较安全,一般银行也就不收取其他抵押品。此外,贴入的票据,在资金较紧张时可以贴出,这使银行在资金运用上有较大的灵活性。

对于商人来说,通过票据贴现可以提前得到现款,获得资金融通,相当方便,一般贴现不需要抵押品,手续较简单,因此,通常用汇票进行的商业票据贴现是一种相当不错的融资渠道,但是并不是所有的票据都可以向银行进行贴现。

由于那些信用较差的债务人的票据会给银行带来很大的风险,因此只有那些信用较高的票据才能贴现。一般说,中小厂商的资金较少、知名度较低,因此,他们签字的汇票可接受性较差。如果汇票有银行签字,这样的汇票身价就高,可接受性较好。银行和贴现公司通常只愿意贴现大企业的汇票,而中小厂商签发的汇票一般能由银行承兑后贴现,这就是融通票据的原理。

(二) 本票(promissory note)

本票是一个人向另一个人签发的,保证在见票时或定期或在可以确定的将来时间,向某人或其指定人或持票人无条件支付一定金额的书面付款承诺。简言之,本票是出票人对受款人承诺无条件支付一定金额的票据。

由于本票是出票人向收款人签发的书面承诺,所以本票的基本当事人只有两个,即出票人和收款人。本票的出票人在任何情况下都是主债务人。

(三) 支票(cheque)

支票是银行存户对银行签发的,授权银行对某人或指定人或持票人即期支付一定金额的无条件书面支付命令,即支票是以银行为付款人的即期汇票。

二、国际医药贸易的收付方式

作为一笔国际医药贸易业务的双方,进口方总希望能安全、及时地收到货物,出口方希望能及时地收到货款,只有双方的要求都得到满足,这笔交易才能很好地完成,其中结算环节起着非常重要的作用。非现金结算是通过结算工具的传递来实现的,结算工具的流动方向有时与资金流动方向相同,有时相反。结算工具流向与资金相同时称为"顺汇"方式;结算工具流向与资金流向相反时称为"逆汇"方式。国际医药贸易结算的常见的方式有:汇付、托收、信用证,其中汇付为顺托收和信用证为逆汇。下面将分别进行介绍。

(一) 汇付(remittance)

1. 汇付的含义　汇付又称汇款,是指买卖双方签约后,卖方直接将货物发给买方。而买方则主动按合同约定的时间,将货款通过银行汇交给卖方。这对银行来说只发生一笔汇款业务,这样的支付方式就是汇付。

2. 汇付的当事人　在汇付的业务中,通常涉及四个当事人:汇款人、收款人、汇出行和汇入行。

3. 汇付的分类　汇款人可以根据收款人对款项是否急需以及汇入国的情况等要求银行采用不同的汇款方式,大体可以分为以下三类:

(1)信汇(mail transfer,M/T),是汇出行用信函形式来指示国外汇入行转移资金的方式,特点是费用低,时间长。

汇出行接受客户委托后，用付款委托书来通知汇入行，委托书有一定的格式，记载着汇款人、收款人、金额等内容，如汇出行和汇入行没有约定时，委托书上还要交代资金是如何转移给汇入行的。由于信汇方式费力费时，加之国际电讯的飞速发展，目前许多国家早已不再使用和接受信汇。

(2)电汇(telegraphic transfer，T/T)，是汇出行用电报、电传或国际清算网络通知汇入行解付一定金额的付款方式。汇款人要求汇出行电汇时必须填写电汇申请书，并交款付费，然后汇出行以电报、电传或国际清算网络通知汇入行，委托其解付汇款。为了使汇入行核对金额和证实电报、电传的真实性，汇出行发给汇入行的电报上必须加注双方约定的"密押"。汇入行收到通知后，核对密押无误后，以电汇通知书通知收款人(债权人)取款。在收款人取款后，汇入行和汇出行之间进行结算，完成电汇汇款业务。它具有安全、迅速、银行不占用客户资金的特点，是目前使用最普遍的汇款方式。

(3)票汇(demand draft，D/D)，应付款人要求，汇出行开立银行即期汇票交汇款人的方式。这种方式具有很大的灵活性，根据抬头情况，汇款人可以将汇票带到国外亲自去取款，也可以将汇票寄给国外债权人由他们去取款。票汇不像信汇，收款人只能向汇入行一家取款，一般来说，国外银行只要能核对汇票上签字的真伪，就会买入汇票。因此，汇票的持票人可以将汇票卖给任何一家汇出行的代理行而取得现款，票汇多用于小额汇款。

(二) 托收(collection)

汇款方式中无论采用赊销还是预付，都不能做到银货当面两讫，因而无法约束对方，风险较大。托收方式将交易变成一手交钱，一手交货(当然是推定交货)，风险比汇付少。

1. 托收的含义　国际商会第 522 号出版物，即《托收统一规则》的第 2 条对托收所作的定义是：

就本惯例条文而言，"托收"意指银行根据所收到的指示，处理下述各项所限制的单据(分为金融单据和/或商业单据)，其目的为：

(1)取得付款和/或承兑，或者

(2)凭付款和/或承兑交付单据，或者

(3)按其他条款和条件交单。

根据这个定义，托收是银行根据债权人(出口商)的指示向债务人(进口商)收取款项和/或承兑，或者在取得付款和/或承兑(或其他条件)交付单据的结算方式。

2. 托收的当事人　托收方式中通常涉及四个当事人：委托人、托收行、代收行和付款人。

(1)委托人(principal)：即债权人，在国际医药贸易中是出口商，他们为收取款项而开具汇票(或不开汇票)或商业单据，委托托收行向债务人进行收款。委托人一方面承担贸易合同下的责任(按质按量按时按地交付货物，提供符合合同的单据)，另一方面承担委托代理合同下的责任(填写申请书，明确及时地给托收行以指示，并负担有关费用)。

(2)托收行(remitting bank)：执行委托人的指示，在托收业务中完全处于代理人的地位，因此，在将单据等寄给代收行时必须附上列明指示的托收委托书。对于托收行来说，最主要的责任就是它打印的"托收委托书"的内容必须与委托人的申请书的内容严格一致。托收行对单据是否与合同相符无误不承担责任。

(3)代收行(collecting bank)：和托收行一样，代收行也是代理人，其基本责任和托收行相同，此外代收行还需要保管好单据，及时快捷地通过托收行通知委托人托收的情况，如拒付，拒绝承兑等。

(4)付款人(drawee)：付款人是债务人，在国际医药贸易中是合同的买方，他的基本责任就是在委托人已经履行了合同义务的前提下按合同的规定付款。

在托收业务中，如果付款人拒付或拒绝承兑，代收行应将拒付情况通过托收行转告委托人，如请代收行保管货物，代收行可以照办，但风险和费用都由委托人承担。委托人也可以指定付款地的代理人代为料理货物存仓、转售、运回等事宜，这个代理人叫"需要时代理"(principal's representative in case of need)。按照惯例，如果委托人在托收指示书中有指定"需要时代理"，他必须在委托书上写明该代理人的权限。

3. 托收的种类　托收按有无附带票据而分为光票托收和跟单托收两种。

(1)光票托收(clean collection)：是指不附带有商业单据(发票、海运提单等)和金融单据(汇票、本票、支票等)的托收。在国际医药贸易中，光票托收主要用于小额交易、预付货款、分期付款以及收取贸易的从属费用等。

(2)跟单托收(documentary collection)：包括带有商业单据和金融单据的托收和仅凭商业单据的托收。国际医药贸易中货款的收取大多采用跟单托收。在跟单托收的情况下，按照向进口商交付单据条件的不同，又分为付款交单和承兑交单。

1)付款交单(documents against payment，简称 D/P)。是指代收行必须在进口人付清货款后方能将单据交于进口人的方式。付款交单按付款时间的不同，又分为即期付款交单和远期付款交单。①即期付款交单(D/P at sight)，是指出口商发货后开具即期汇票并随附商业单据，通过银行要求进口商见票后立即付款，付清货款后向银行领取商业单据。②远期付款交单(D/P after sight)，是指出口商发货后开具远期汇票并随附商业单据，通过银行向进口商提示，进口商承兑汇票，并在汇票到期时付清货款后再向银行领取商业单据。

2)承兑交单(documents against acceptance，简称 D/A)。是指出口商在装运货物后开具远期汇票，连同货运单据，通过银行向进口商提示，进口商承兑汇票后领取商业单据。在汇票到期时，进口商再向代收行付清货款。这种方式的特点是：货物所有权转移在先，付货款在后。如果汇票到期后，进口商不付货款时，代收行不承担责任，由出口商自己承担货物和货款两空的损失。因此，出口商对这种方式一般采取很谨慎的态度，使用的不多。

跟单托收的业务程序见图 8-1 所示。

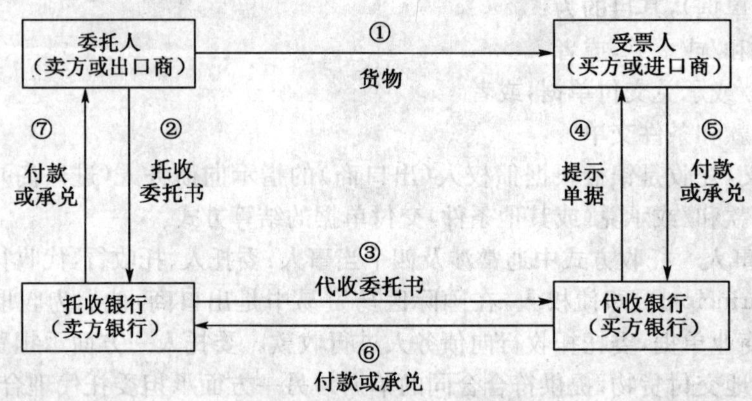

图 8-1　跟单托收业务程序示意图

4. 托收的特点

(1)比汇付安全：在跟单托收时，特别是付款交单条件下(D/P)，对于出口商来说，出现款货两空的危险，对进口商而言，托收远比预付货款安全。

(2)依靠商业信用：托收时，是否付款完全取决于进口商，银行只是转手交单的代理人，对付款不负责任。如果进口商拒付、破产、失去偿付能力等，卖方需要寻找新买主、存仓、保险、回运等，这些都要花费很大代价，这些责任和费用都由出口商承担。所以，在托收支付方式下，卖方最好选择按 CIF 或 CIP 条件成交，这样由卖方办理保险。万一货物在运输途中遇到风险、进口商又拒绝支付货款，由于出口商掌握保险单，就可以据此向保险人索赔。如不能选用 CIF 和 CIP 术语成交，卖方最好投保卖方利益险。卖方利益险是指当货物在运输途中受损而买方又不支付货款时，保险人承担赔偿责任。

(3)资金负担不平衡：托收时出口商资金负担较重，出口商需要垫付自己的资金备货、装运、然后通过银行收款。而进口商则需付款就可以获得合格的单据并凭这些单据提货，如果进出口地距离很近时，几乎相当于"一手交钱，一手交货"。但是，因为有单据，有些银行愿意作押汇，出口商因此能获得融资，而汇款时根本不能作押汇。

(4)手续稍多，费用稍高：托收要通过银行交单，因此手续费比汇款要高。但是由于托收比汇款安全，还是合算的。

总之，在托收业务中，由于出口人的风险大于进口人，而且其资金负担重，所以应该注意防范风险。在成交之前，应注意对进口商资信情况、经营状况等进行调查，在确认进口商有足够的信用和相当实力时，方能与之进行按托收支付条件下的交易。

托收方式普遍受到进口商的欢迎，而且也是一种调动进口商积极性的方法，同时，有利于提高出口商的竞争能力。据此，有人把托收方式看作是一种非价格性的竞争手段。

(三) 信用证(letter of credit，L/C)

汇付和托收都属于商业信用，与汇款方式相比，托收(D/P)对于出口商比较安全，因为一般情况下买方不付款是得不到货物的，但出口商能否及时收回货款仍取决于进口商的商业信用，在对进口商资信状况不很了解时风险是相当大的。信用证收付方式把由进口商履行的付款责任，转为由银行向出口商提供付款保证的支付方式，以保证卖方安全迅速收到货款，买方按时收到货运单据。由于银行信用的加入，在一定程度上解决了买卖双方之间互不信任的矛盾，并为双方提供了资金融通的便利。所以信用证在国际医药贸易中得到广泛应用，其中用得最多的基本上都是跟单信用证，即银行付款是以出口商提交符合信用证规定的单据为条件的信用证。

1. 信用证的含义　根据国际商会《跟单信用证统一惯例(1993 年修订本)》，即《国际商会第500 号出版物》的解释，信用证是指由一家银行(开证行)依照客户(申请人)的要求和指示或以其自身的名义，在符合信用证条款的条件下，凭规定的单据：

(1)向第三人(受益人)或其指定人付款，或承兑并支付受益人出具的汇票，或

(2)授权另一家银行付款，或承兑并支付该汇票，或

(3)授权另一家银行议付。

简而言之，信用证是一种银行依照开证申请人的请求，开立给第三者的有条件的保证付款的书面文件。

2. 信用证的特点　从上面的定义可以看出，信用证具有如下特点：

(1)信用证是一种银行信用。开证行在开出信用证以后就要承担第一性的付款责任，由开证行以自己的信用作为付款的保证。

(2)信用证是一种自足性的文件。这一点在《跟单信用证统一惯例(1993 年修订本)》中有明确规定："信用证与其可能依据的销售合同或其他合同是相互独立的交易，即使信用证中提及该合同，银行也与该合同无关，并不受其约束。"信用证的开立是以买卖合同作为依据，但信用证一经开出，就成为独立于买卖合同的另一种契约，不受买卖合同的约束。开证行和参与信用证业务的其他银行只按信用证的规定办事。

(3)信用证是一种单据的买卖。《跟单信用证统一惯例(1993 年修订本)》中规定："在信用证业务中，有关各方面处理的是单据，而不是与单据有关的货物、服务或其他行为。"也就是说，信用证业务是一种纯粹的单据业务。银行虽然有义务合理小心地审核一切单据，但是，这种审核只是用以确定单据表面上是否符合信用证条款。银行只根据表面上符合信用证条款的装运单据付款，至于出口商是否已发货，发出的货物是否与合同相符，银行概不负责。这充分体现了凭单付款的原则。因

此，进口商应明白货物的真实性是无法从结算中得到验证的。

3. 信用证的当事人及使用程序

(1)开证申请人(applicant)：是指向银行申请开立信用证的人，即进口人或实际买主，如由银行自己主动开立信用证，则此种信用证就没有开证申请人。

(2)开证行(issuing bank)：是指接受开证申请人的委托，开立信用证的银行，它承担保证付款的责任。开证行一般是进口人所在地银行。

(3)通知行(advising bank)：是指受开证行的委托，将信用证转交出口人的银行。它只证明信用证的真实性，并不承担其他义务。通知行一般是出口人所在地银行。

(4)受益人(beneficiary)：是指信用证上所指定的有权使用该证的人，即出口人或实际供货人。

(5)议付行(negotiating bank)：是指愿意买入受益人交来的跟单汇票的银行。议付银行可以是指定的银行，也可以是非指定的银行，由信用证的条款来规定。

(6)付款行(paying bank)：是指信用证上指定的付款银行。它一般是开证行，也可以是指定的另一家银行，根据信用证的条款来规定。

4. 信用证的使用流程　采用信用证结算货款业务流程如图 8-2 所示。

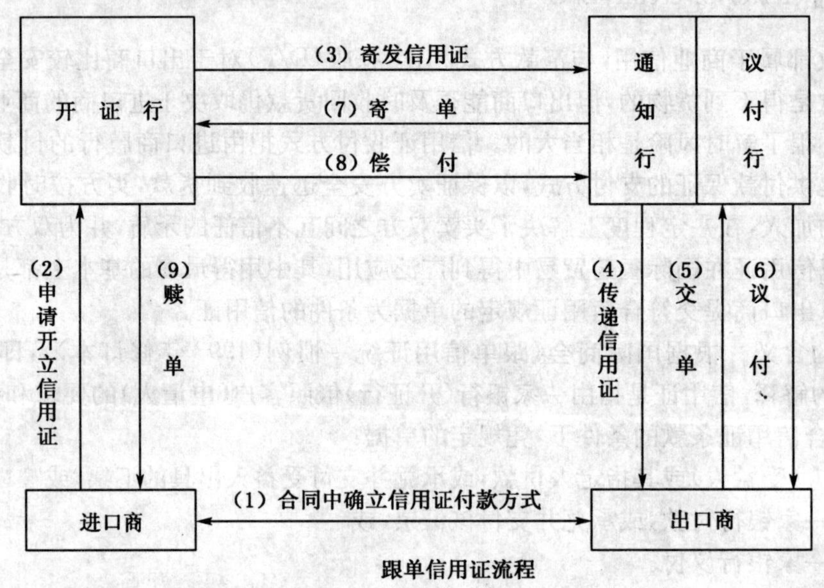

图 8-2　信用证结算货款业务流程示意图

5. 信用证的内容　信用证虽然没有统一的格式，但其基本内容是相同的，主要包括开证行名称、信用证的类型、信用证的号码和开证日期、申请人、受益人、金额、有效期限、货物描述、运输、需要的单据、保证条款、签字或加押、声明适用《跟单信用证统一惯例(1993 年修订本)》等。

6. 信用证分类　国际上常见的信用证就其用途、性质、付款期限、流通方式、可否转让、反复使用及用于特殊贸易结算等情况，可以分为如下几类：

(1)按用途分为光票信用证和跟单信用证。光票信用证(clean letter of credit)主要用于旅游和使领馆及个人消费。受益人取款时只要签发一张汇票，而不需提供其他任何单据；跟单信用证(documentary credit)则是指付款行要凭跟单汇票或仅凭票据付款的信用证。跟单信用证在国际医药贸易中得以广泛使用。以下讲的都是跟单信用证。

(2)按性质可分为可撤销和不可撤销信用证。可撤销信用证(revocable credit)是指开证行对所开信用证不必征得受益人的同意随时可撤销和修改的信用证。但有一个前提条件，只有在通知行没有接受单据的情况下，收到撤销或修改通知，申请人对开证行应负的责任才告终止，但对于撤销通知到达前已经议付的单据开证行仍有偿付责任。由于开证行可以单方面撤销信用证，对于受益人来说不是一个确定的付款承诺，目前已很少使用。我国在出口贸易中一般也不予接受。

不可撤销信用证(irrevocable credit)一经开出，如果未征得受益人同意，不能单方面撤销或修改，因此构成一项确定的付款保证。只要受益人提供与信用证条款相符的单据，开证行必须履行其付款义务。不可撤销信用证的受益人收款比较有保障，所以在国际医药贸易中使用最多。

一项信用证必须规定是可撤销的还是不可撤销的，如果没有明确就将被认为是不可撤销信用证。

(3)按信用证是否有另一家银行加以保证兑付可以分为保兑和不保兑信用证。保兑信用证(confirmed credit)是指开证行邀请另一家银行对其开出的信用证承担保证兑付的义务的信用证。没有另一家银行保证兑付的信用证叫不保兑信用证(unconfirmed credit)。保兑行在信用证上加具保兑后，未经一切有关方同意，不能自行修改或撤销保兑。保兑行和付款行都负第一性付款责任。保兑信用证有两家银行作了付款承诺，对于受益人来说，就有了双重保障，收款是绝对没有问题的。但是双重保障需要受益人支出双重的费用，并且开证行一般也不愿意对自己开出的信用证请另一家银行保兑，通知行也不轻易要求开证行开立保兑信用证，除非开证行信誉极差。

(4)按信用证受益人收到货款的时间先后可以分为预支、即期、远期、延期信用证。预支信用证(anticipatory credit)是允许受益人在收到信用证后可立即签发光票取款的信用证。开证行对这种预付款承担责任，使出口商可以采购所需的货物，获得资金融通。这种信用证也叫红条款(red clause)信用证、绿条款(green clause)信用证、打包放款信用证(packing credit)。预支信用证是开证行授权通知行或保兑行在受益人交单前向他支付全部或部分货款，付款在前，发货在后，银行不但提供了信用，而且提供了资金。

即期付款信用证(sight payment credit)是开证行或指定行收到符合信用证条款的即期汇票和单据后立即履行付款义务的信用证。这种信用证有的不要求开具和提示汇票，只要提示单据即可付款；有些需要提示汇票后才进行付款，这种信用证是典型的即期付款信用证。

远期信用证(usance credit)是指银行不马上付款，而是承兑汇票，等汇票到期后才付款的信用证。通常情况下，受益人取得了银行承兑的远期汇票，就等于收到了货款，可以进行贴现。远期信用证有两种，一种是承兑信用证，另一种是远期议付信用证。

假远期信用证(usance credit payable at sight)，它规定信用证的受益人开立远期汇票，由付款行负责贴现，并规定一切利息和费用由进口商负担。这种信用证表面上看是远期信用证，但从上述的规定来看，出口商可以即期收到十足的货款，因而习惯上称之为“假远期信用证”。这种信用证实质上是付款行给进口商提供融通资金便利。因为进口商是在远期汇票到期时才向付款行付款。

延期付款信用证(deferred payment credit)。出口商在跟单信用证的基础上，同意进口商延期付款，这种远期付款而又不要汇票的信用证就称为延期付款信用证。它的业务和承兑交单相仿，银行在收到单据后交给申请人，在到期日才付款。出口商的货款通过开证行或加上保兑行在信用证上开列的到期付款的承诺而得到保障。

(5)根据信用证的流通方式和付款地点可分为即期付款、承兑、议付和延期付款信用证。《跟单信用证统一惯例(1993 年修订本)》第 10 条 a 款规定：每一信用证都必须明确是即期付款、延期付款、承兑或议付信用证，以明确受益人、开证行和指定行的关系。前三种信用证对受益人都没有追索权，仅议付信用证有追索权。

即期付款和延期付款信用证已介绍过，下面介绍承兑和议付信用证。

承兑信用证(acceptance credit)就当受益人向指定承兑的银行开具远期汇票并提示时，指定银行即行承兑，并于汇票到期日付款的信用证，就是要汇票的远期信用证。受益人得到银行承兑的汇票，等于银行不可撤销地承担了远期付款的承诺，承兑的汇票可以被无追索权地贴现，受益人随时都可以变现。承兑信用证被称作大陆信用证，是最好的组合方式：信用证作为付款工具、对开证行政治和商业风险的保险、受益人可以随时变现、申请人可以推迟付款。

议付信用证(negotiation credit)是指开证行在信用证中，邀请其他银行买入汇票及/或单据的信用证。通常在单据符合信用证条件下，议付银行扣除利息和手续费后将票款付给受益人。议付行在开证行拒付或单据在邮程中丢失时有权向受益人追索已议付的款项及利息损失。

(6)根据受益人对信用证的权利是否可以转让可分为可转让和不可转让信用证。可转让信用证(transferable credit)是受益人有权要求被委托付款或承兑的银行或可以议付的任何银行使信用证全部或部分有效于一个或数个第三者(第二受益人)使用的信用证。根据《跟单信用证统一惯例》的规定，惟有开证行在信用证中明确注明“可转让”(transferable)，信用证方可转让。第一受益人一般是与进口商签订合同的中间商，第二受益人往往是实际供货人。中间商为了赚取差额利润，将信用证转让给实际供货人，由供货人办理出运手续。其程序为：第一受益人通过信用证中的指定银行办理转让手续，该银行办妥手续后立即通知第二受益人，第二受益人将货物出运后备齐所需单据向该银行交单，并取得货款。转证行立即通知第一受益人，第一受益人收到通知后即以自己的发票替换第二受益人的发票，并获取两张发票差额的款项，然后转让行将单据寄给开证行。信用证的转让并不等于买卖合同的转让，第二受益人交货有问题或单据有问题，第一受益人仍要付买卖合同的责任。

可转让信用证只能转让一次，即只能由第一受益人转让给第二受益人，第二受益人不得要求将信用证转让给第三受益人。如果信用证允许分批装运，第一受益人可以把信用证分成几部分转让给数人，或转让一部分，一部分留作己用。新信用证应该与原证规定条款保持一致，但以下几个方面可以不同：申请人可以改变，信用证金额、医药产品的单价可以减少，到期日、交单日及最迟装运日期可以提前或缩短，对医药产品投保比例可以增加。

不可转让信用证(non—transferable credit)是指受益人不能将信用证的权利转让给他人的信用证。凡信用证中未注明“可转让”者均视为不可转让信用证。

(7)对背信用证(back to back credit)。如果进口商开出的是不可转让信用证，或实际供货人不接受买方国家的信用证作为收款保障时，中间商可以用外国开来的原证作为抵押品，要求他的往来银行开立一张以实际供货人为受益人的内容相似的信用证，这种信用证叫做对背信用证或转开信用证。对背信用证是在原证基础上开立的，新证条款一般应和原证相同，但中间商可以改变信用证金额、单价、装运期和有效期。新证开出后原证仍然有效。

(8)对开信用证(reciprocal credit)。对开信用证是指两张信用证的开证申请人互以对方为受益人而开立的信用证。对开信用证的特点是第一张信用证的受益人(出口商)，开证申请人(进口商)是第二张信用证的开证申请人和受益人，第一张信用证的通知行则往往是第二张信用证的开证行，反之亦然。一般两证同时生效。在第一张信用证开立时应该加下述文句：本信用证待××银行开立了以××为受益人，金额为××的货物由××地运至××地的对开信用证以后生效。

对开信用证多用于易货贸易和“三来一补”业务，交易的双方担心对方凭第一张信用证出口或进口后另一方不履约，而采用这种互为条件，互相约束的开证方法。其优点是可以做到外汇收支平衡，尤其是对实行严格外汇管制的国家和地区更为重要。

(9)循环信用证(revolving credit)。上面谈到的信用证当金额使用完毕后无论是否已到有效期就自动失效了，循环信用证则是信用证的全部或部分金额被使用后，其金额又恢复到原金额，可以再次使用的信用证，直到达到规定的总次数或总金额为止。循环信用证内容上比一般的信用证多一个循环条款，说明循环方法，循环次数与总金额。

循环信用证主要用于买卖双方订立长期合同并均衡分批交货的情况，进口商开立此种信用证可以不必多次开证，节省手续费和保证金；出口商可以免去等待开证、催证、审证、改证的麻烦，有利于合同的履行。

(10)备用信用证(stand—by letter of credit)。备用信用证又称担保信用证或保证信用证。由于美国和日本的法令只允许担保公司(bonding company)做担保业务，禁止商业银行承做担保业务。为了避开法律，美国和日本银行就采用了开立备用信用证方法来代替开立银行保证。

7. 信用证结算方式的优缺点

(1)当采用信用证方式结算时，受益人(出口商)的收款有保障，特别是在出口商不很了解进口商时，在进口国有外汇管制时，信用证的优越性更为显著。

(2)信用证方式使双方的资金负担较平衡。对于出口商来说，出运货物以后可以立即把单据卖给出口地银行以获得货款，还可以利用信用证作打包放款，因此，资金负担比货到付款和托收轻得多；对于进口商来说，开证时一般只需缴纳部分押金，获得单据时才支付全额，其资金负担也比预付货款轻得多。

(3)信用证方式也具有一些缺点。比如容易产生欺诈行为，由于信用证是具有自足性的文件，有关银行只处理单据的特点，如果受益人伪造相符单据或制作根本没有货物的假单，那么进口商就会成为受害人。尽管从理论上讲进口商可以依买卖合同要求出口商赔偿，甚至诉诸法律，但跨国争端往往很难解决。另外，信用证方式手续复杂，环节较多，不仅费时，而且费用也较高，审单等环节还需要较强的技术性，增加了业务的成本。

第二节　药品检验、索赔、不可抗力和仲裁

一、药品检验条款

(一) 进出口药品检验、检疫的重要性

进出口商检工作是指质量监督和检验检疫机构对进出口药品的质量、数量、重量、包装、安全、卫生、装运条件进行检验并对涉及人和动、植物的传染病、病虫害、疫情等进行检疫的工作，它是促使国际医药贸易顺利开展的一个重要的环节，也是一个国家为保障国家安全、维护国民健康、保护动、植物正常生长和生态环境不受破坏而采取的一项重要措施，因此，每个国家都设有管理进出口医药产品检验检疫工作的机构并制定了相关的法律、法规和技术标准。我国主管质量监督和检验检疫工作的最高行政机关为国家质量监督检验检疫局。该局管辖的中国检验认证集团(CCIC)及其分支机构，则在指定范围内负责承担进出口医药产品的法定检验任务和其他检验鉴定业务。根据我国现行的进出口商品检验检疫方面的法律规定，凡列入《检验检疫商品目录》的进出口商品，除非经国家质检部门审查批准免于检验检疫的，进口商品未经检验检疫或检验检疫不合格的，不准销售使用，出口商品未经检验检疫合格的，不准出口。通过我国药检机构对进出口药品的监督管制，可以从政策和法律上加强药品的监督管理，保证药品质量，增加药品疗效，保障人民用药安全，维护人民身体健康。

由此可见，商检工作对把好进出口药品质量关、维护国家利益与对外信誉以及促进我国对外医药贸易的发展等方面，都起着十分重要的作用。

(二) 医药产品检验条款的主要内容

在国际医药贸易合同中，医药产品检验条款的内容繁简不一，由于医药产品的种类、特性及对检验、检疫的要求不同，其具体内容及其详略也有差异。一般地说，该条款通常包括检验权、检验时间与地点、检验机构、检验技术标准与检验证书等内容，现分别介绍和说明如下：

1. 检验权　检验权是指由合同当事人中哪一方行使对货物的检验，也就是说，谁享有对货物的品质、数量、重量、包装等内容进行最后评定的权利。凡享有检验权的当事人所提供的检验证书，通常都作为确定交货品质、数量、重量、包装等项内容的最后依据。由此可见，检验权的归属，直接关系到买卖双方在交接货物方面的权利和义务，是交易双方洽商检验条件时彼此都很重视的关键

问题。一般地说，买方在接受货物之前，有权要求检验货物，以确定其是否与合同规定相符。《联合国国际货物销售合同公约》第38条明确规定：买方必须在按情况实际可行的最短时间内检验货物或由他人检验货物。如合同涉及货物的运输，检验可推迟到货物到达目的地后进行。

在国际医药贸易实际业务中，关于检验权的归属有各种不同的规定办法，例如：有的约定由卖方实施检验，并以卖方提供的检验证明为准；有的约定由买方实施检验，并以买方提供的检验证明为准；有的约定先由双方约定的检验机构在发货时进行检验，并出具检验证明，作为卖方向银行收取货款的凭证之一，但货到目的地后，买方有复验权；也有的约定，如双方检验结果差距较大，可由双方再共同指定某权威机构进行仲裁性的检验，以作为确定货物交接的最后依据。

2. 检验时间与地点　在国际医药贸易合同中，关于检验时间与地点的规定，基本上包括下列三种做法：

(1)在出口国检验。此种方法又包括产地（工厂）检验和装运港（地）检验两种。

(2)在进口国检验。此种方法又分为目的港（地）检验和买方营业处所（最终用户所在地）检验。

(3)出口国检验、进口国复验。是指卖方在出口国装运货物时，以合同规定的装运港或装运地检验机构出具的检验证书，作为卖方向银行收取货款的凭证之一，货物运抵目的港或目的地后，由双方约定的检验机构在规定的地点和期限内对货物进行复验。复验后如果货物与合同规定不符，而且属于卖方责任所致，买方有权凭该检验机构出具的检验证书，在合同规定的期限内向卖方索赔。应当注意的是，当约定买方有复验权时，应订明复验方法，以防因检验方法不同而导致检验结果的不同。由于这种做法兼顾了买卖双方的利益，因而它是国际货物买卖中最常见的一种规定检验时间和地点的方法。

(4)装运港（地）检验重量、目的港（地）检验品质。在大宗医药产品交易的检验中，为了调和买卖双方在医药产品检验问题上存在的矛盾，常将医药产品的重量检验和品质检验分别进行，即以装运港或装运地验货后检验机构出具的重量检验证书，作为卖方所交货物重量的最后依据，以目的港或目的地检验机构出具的品质检验证书，作为医药产品品质的最后依据。货物到达目的港或目的地后，如果货物在品质方面与合同规定不符，而且该不符点是卖方责任所致，则买方可凭品质检验证书，对货物的品质向卖方提出索赔，但买方无权对货物的重量提出异议。这种规定检验时间和地点的方法就是装运港（地）检验重量、目的港（地）检验品质，习称“离岸重量、到岸品质”（shipping weight and landed quality）。

3. 检验机构　依照我国有关药品进出口管理的法规，进口药品必须经口岸药品检验所法定检验，卫生部授权的口岸药品检验所代表国家对进口药品实施法定检验。中国药品生物制品检定所负责对口岸药检进行技术指导和有争议的检验结果的裁决。

4. 检验证书

(1)检验证书的种类

检验证书（inspection certificate）是检验机构对进出口医药产品进行检验、鉴定后签发的书面证明文件。

国际货物买卖中的检验证书，其种类繁多，卖方究竟需要提供哪种证书，要根据医药产品的特性、种类、贸易习惯以及政府的有关法令而定。在实际业务中，常见的检验证书主要有品质检验证书（inspection certificate of quality）、数量检验证书（inspection certificate of quantity）、重量检验证书（inspection certificate of weight）、价值检验证书（inspection certificate of value）、卫生检验证书（sanitary inspection certificate）、兽医检验证书（veterinary inspection certificate）、消毒检验证书（disinfection inspection certificate）、验残检验证书（inspection certificate on damaged cargo）和产地检验证书（inspection certificate of origin）。

此外，常见的检验证书还有植物检疫证明、积货鉴定证书、船舱检验证书、货载衡量检验证书等。

(2)检验证书的作用

1)检验证书是证明卖方所交货物的品质、数量、包装以及卫生条件等方面是否符合合同规定的依据。在国际货物买卖中,交付与合同规定相符的货物是卖方的基本义务之一。因此,合同或信用证中通常都规定,卖方交货时必需提交规定的检验证书,以证明所交货物是否与合同规定一致。如检验证书中所列结果与合同或信用证规定不符,银行有权拒绝议付货款。

2)作为海关验关放行的依据。凡属法定检验范围的医药产品,在办理进出口清关手续时,必须向海关提供商检机构签发的检验证书。否则,海关不予放行。

3)检验证书是卖方办理货款结算的依据。当合同或信用证中规定在出口国检验,或规定在出口国检验,进口国复验时,一般合同中都规定,卖方须提交规定的检验证书。此种情况下。卖方在向银行办理货款结算时,在所提交的单据中,必须包括检验证书。

4)检验证书是办理索赔和理赔的依据。当合同或信用证中规定在进口国检验,或规定买方有复验权时,如果买方所收到的货物经指定的商检机构检验与合同规定不符,此时,买方必须在合同规定的索赔有效期内,凭指定的商检机构签发的检验证书向有关责任方提出或要求解除合同,有关责任方也需根据商检机构出具的检验证书办理理赔。

5)计征关税的依据。检验检疫机构出具的重量、数量证书,具有公正、准确的特点,是海关核查征收进出口货物关税时的重要依据之一。残损证书所标明的残损、缺少的货物可以作为向海关申请退税的有效凭证。

检验检疫机构作为官方公证机关出具的产地证明是进口国海关给予差别关税待遇的基本凭证,在我国对外出口贸易活动中有重要的意义。

6)作为证明情况、明确责任的证件。检验检疫机构应申请人申请委托,经检验鉴定后出具的货物积载状况证明、监装证明、监卸证明、集装箱的验箱、拆箱证明,对船舱检验提供的验舱证明、封舱证明、舱口检视证明,对散装液体货物提供的油温、空距证明、冷藏箱或舱的冷藏温度证明、取样和封样证明等,都是为证明货物在装运和流通过程中的状态和某些环节而提供的,以便证明事实状态,明确有关方面的责任,也是船方和有关方面免责的证明文件。

在我国,法定检验医药产品的检验证书由国家出入境检验检疫局及其设在各地的分支机构签发;法定检验以外的医药产品,如合同或信用证中无相反规定,也可由中国国际医药贸易促进委员会或中国进出口医药产品检验总公司或生产企业出具。在填制检验证书时,应注意证书的名称和具体内容必须与合同及信用证的规定一致,另外,检验证书的签发日期不得迟于提单签发日期,但也不宜比提单日期提前过长。

二、索赔条款

(一)索赔条款的内容

1. 异议与索赔条款　异议与索赔条款的内容,主要包括索赔的依据、索赔的期限、索赔的办法等。

(1)索赔的依据:在索赔条款中,一般都规定提出索赔应出具的证据和出证机构,如双方约定:货到目的港卸货后,若发现品质、数量或重量与合同规定不符,除应由保险公司或船公司负责外,买方于货到目的港卸货后若干天内凭双方约定的某商检机构出具的检验证明向卖方提出索赔。

(2)索赔的期限:守约方向违约方提出索赔的时限,应在合同中订明,如超过约定时限索赔,违约方可不予受理。因此,索赔期限的长短应当规定合适。在规定索赔期限时,应考虑不同医药产品的特性和检验条件。对于有质量保证期限的医药产品,合同中还应加订保证期。

(3)索赔的办法:异议索赔条款对合同双方当事人均具有约束力,不论何方违约,受损害的一方都有权提出索赔。索赔是一项复杂而又重要的工作,处理索赔时,应弄清事实,分清责任,有理有据地提出索赔。具体的索赔金额应在事后本着实事求是的原则加以确定，在合同中一般不作具体规定。

2. 罚金或违约金条款　此条款一般适用于卖方延期交货或买方延期接运货物、拖延开立信用证、拖欠货款等场合。在买卖合同中规定罚金或违约金条款，是促使合同当事人履行合同义务的重要措施，能起到避免和减少违约行为发生的预防性作用，在发生违约行为的情况下，能对违约方起到一定的惩罚作用，对守约方的损失能起到补偿性作用。

罚金或违约金与赔偿损失虽有相似之处，但仍存在差异，其差别在于：前者不以造成损失为前提条件，即使违约的结果并未发生任何实际损害，也不影响对违约方追究违约金责任。违约金数额与实际损失是否存在及损失的大小没有关系，法庭或仲裁庭也不要求请求人就损失举证，故其在追索程序上比后者简便得多。

违约金的数额一般由合同当事人商定，我国现行合同法也没有对违约金数额做出规定，而以约定为主。按违约金是否具有惩罚性，可分为惩罚性违约金和补偿性违约金，世界大多数国家都以违约金的补偿性为原则，以惩罚性作为例外。根据我国合同法的规定，在确定违约金数额时，双方当事人应预先估计因违约可能发生的损害赔偿确定一个合适的违约金比率。在此需要着重指出的是，在约定违约金的情况下，即使一方违约未给对方造成损失，违约方也应支付约定的违约金。为了体现公平合理原则，如一方违约给对方造成的损失大于约定的违约金，守约方可以请求法院或仲裁庭予以增加；反之，如约定的违约金过分高于实际造成的损失，当事人也可请求法院或仲裁庭予以适当减少。但如约定的违约金不是过分高于实际损失，则不能请求减少，这样做，既体现了违约金的补偿性，也在一定程度上体现了它的惩罚性。当违约方支付约定的违约金后，并不能免除其履行债务的义务。

三、不可抗力条款

(一) 不可抗力的含义

不可抗力(force majeure)是指买卖合同签订后，不是由于合同当事人的过失或疏忽，而是由于发生了合同当事人无法预见、无法预防、无法避免和无法控制的事件，以致不能履行或不能如期履行合同，发生意外事件的一方可以免除履行合同的责任或推迟履行合同。因此，不可抗力是一项免责条款。

(二) 不可抗力条款的规定

不可抗力条款，通常包括下列主要内容

1. 不可抗力的性质与范围　不可抗力事件有其特定的含义，并不是任何一种意外事件都可作为不可抗力事件。不可抗力事件的范围较广，通常分为下列两种情况：一种是由于自然力量引起的事件，如水灾、旱灾、冰灾、雪灾、雷电、火灾、暴风雨、地震、海啸等；另一种是政治或社会原因引起的，如政府颁布禁令、调整政策制度、罢工、暴动、骚乱、战争等。

关于不可抗力事件的性质与范围，通常有下列几种规定办法：

(1)概括规定。在合同中不具体规定哪些事件属于不可抗力事件，而只是笼统地规定："由于公认的不可抗力的原因，致使卖方不能交货或延期交货，卖方不负责任"；或"由于不可抗力事件使合同不能履行，发生事件的一方可据此免除责任"。这类规定办法，过于笼统，含义模糊，解释伸缩性大，容易引起争议，我们不宜采用。

(2)具体规定。在合同中详列不可抗力事件，这种一一列举的办法，虽然明确具体，但文字烦琐，且可能出现遗漏情况，因此，也不是最好的办法。

(3)综合规定。列明经常可能发生的不可抗力事件(如战争、洪水、地震、火灾等)的同时，再加上“以及双方同意的其他不可抗力事件”的文句。这种规定办法，既明确具体，又有一定的灵活性，是一种可取的办法。在我国进出口合同中，一般都采取这种规定办法。

2. 不可抗力事件的处理　发生不可抗力事件后，应按约定的处理原则和办法及时进行处理。不可抗力的后果有两种：一是解除合同；二是延期履行合同。究竟如何处理，应视事故的原因、性质、规模及其对履行合同所产生的实际影响程度而定。

3. 不可抗力事件的通知和证明　不可抗力事件发生后如影响合同履行时，发生事件的一方当事人，应按约定的通知期限和通知方式，将事件情况如实通知对方，对方在接到通知后，应及时答复，如有异议也应及时提出。此外，发生事件的一方当事人还应按约定办法出具证明文件，作为发生不可抗力事件的证据。在国外，这种证明文件一般由当地的商会或法定公证机构出具。在我国，由中国国际医药贸易促进委员会出具。

四、仲裁条款

(一) 仲裁的含义及特点

仲裁，亦称公断，是解决国际医药贸易争议的常用的手段，是指各方当事人自愿将他们之间发生的争议交由各方所同意的第三者进行审理和裁决，以求争议的最终解决。

仲裁的重要原则，是当事人意思自治的原则，即各方当事人可以通过签订合同中的仲裁条款或另外达成的书面仲裁协议，自行约定或选择仲裁事项、仲裁机构、仲裁地点、仲裁程序、裁决效力及仲裁使用的语言等，当事人意思自治的原则亦是仲裁的主要特点。仲裁的其他特点还有：当事人有权指定仲裁员、仲裁审理的非公开性、仲裁裁决的终局性，以及程序简便、结案较快且花费较少等。

(二) 仲裁协议的形式及作用

1. 仲裁协议的形式　仲裁协议是指各方当事人自愿将他们之间契约性或非契约性的法律关系上可能发生或已经发生的争议提交仲裁解决的协议。

仲裁协议是仲裁的第一要素，是现代国际商事仲裁的基石。仲裁协议是仲裁受理案件的法定依据。

中国《仲裁法》第 16 条规定：“仲裁协议包括合同中订立的仲裁条款和其他书面方式在纠纷发生前或者纠纷发生后达成的请求仲裁的协议。”这里指出了仲裁协议的不同形式或类别。实践中，仲裁协议主要有如下三种：

第一种是指各方当事人在争议发生前订立的，表示愿意将他们之间将来可能发生的争议提交仲裁解决的协议。这种协议往往不是单独订立的，而是包括在双方当事人订立的合同之中，作为合同条款之一的仲裁条款。

第二种是指各方当事人在争议发生之后订立的，表示愿意将他们之间已经发生的争议提交仲裁解决的协议。这种协议往往是单独签订的。虽然争议发生后再订立仲裁协议较争议发生前达成仲裁协议往往要难得多，但是考虑到仲裁能较快地解决纠纷的优势和特点，为了避免耗费时日的法院诉讼，发生争议后达成仲裁协议的也不在少数。

第三种是指各方当事人在争议发生以前或发生之后通过函电交换和援引等方式达成仲裁的协议。双方当事人可以通过互换信函、电报、电传、传真、电子数据交换和电子邮件在网上达成仲裁的协议，这种协议往往不是通过双方共同签署同一份有关仲裁协议的文件，而是一方当事人提出仲裁的建议或要约，另一方当事人通过上述通讯方式给对方以确认或承诺即达成仲裁协议。

2. 仲裁协议的作用

(1)仲裁协议授予仲裁机构或仲裁员以仲裁管辖权：仲裁协议是仲裁机构受理当事人之间争议案件的惟一依据和前提条件。只有当事人订立了书面的仲裁协议，仲裁机构才能受理仲裁案件，仲裁员才能审理案件。

(2)仲裁协议对当事人的法律效力：一份有效的协议对当事人具有严格的约束力，即当事人丧失了就制定事项向法院提起诉讼的权利。如果发生了仲裁协议中约定的争议事项，只能以仲裁方式解决，任何一方都不得向法院提起诉讼。

(3)仲裁协议排除法院管辖权：世界上大多数国家的立法都承认仲裁协议具有排除法院管辖权的法律效力。如果有一方当事人违反仲裁协议将他们之间的争议向法院提起诉讼，法院应当驳回起诉，由当事人将争议提交有管辖权的仲裁机构进行仲裁。中国《仲裁法》第5条规定："当事人达成仲裁协议，一方向人民法院起诉，人民法院不予受理，但仲裁协议无效的除外。"

(4)赋予仲裁裁决以强制执行的效力：一份有效的仲裁协议是强制执行仲裁裁决的依据。在一般情况下，有关国家的法院在强制执行仲裁裁决时，都要求申请强制执行一方当事人提交仲裁协议，否则不予承认和执行。1958年《纽约公约》第5条和中国《仲裁法》第63条、第71条均将当事人之间订立有效的仲裁协议作为仲裁裁决能够得到法院承认与执行的重要条件。

复 习 题

1. 信用证包括哪些种类？各有什么特点？
2. 仲裁协议的作用？

(应维华)

第九章

国际医药贸易交易准备与交易磋商

第一节 出口交易前的准备工作

医药商品进出口交易工作所包含的内容十分广泛，所涉及的环节较多，且比较复杂。因此，在交易磋商前，为了顺利进入国际市场，提高出口交易的成功率，获得较大的经济效益，必须做好各项准备工作。

一、对国外医药市场进行调查研究

国外医药市场和国内医药市场在地理环境、人口资源、文化、市场准入、销售渠道、贸易政策、法律法规等方面有很大不同，必须进行深入细致的调查研究。调查研究的内容大致包括以下几个方面。

(一) 国际医药市场营销环境调查

包括与市场环境相关的地理环境、人口资源、生产、文化、政治、经济环境等因素的调查。

(二) 国际市场的消费情况调查

1. 对消费者调查研究是市场调查的一项重要内容，它包括对直接消费者——患者的调查和对间接消费者——医生的调查，包括分析患者的人口构成、患者的购买能力及医患双方购买药品的行为，着重了解医患双方的用药原因、心理、习惯等因素。

2. 对消费量的调研。主要指：①该种医药产品每年消费多少；②医药产品在哪些地区销售；③购买医药产品的人或单位购买该药品的时间间隔；④医药产品是如何使用的；⑤该产品的替代品及竞争产品有哪些？

3. 市场消费特点调查，包括消费水平、质量要求、销售习惯、销售季节、产品销售周期、商品价格变动规律。

(三) 国际医药市场药品的生产情况的调查

同一种药品往往在世界上许多国家和地区都生产，所以应了解同种药品在世界各国的生产状况，包括生产能力、技术力量、生产量、规格、产品的质量等问题。

(四) 调查药品的需求

要了解欲出口的医药商品在世界市场上的需求状况。首先，应了解总体供求关系是否平衡；其次，市场上对该种药品的种类、规格、质量、包装等方面的需求及需求的变化趋势。

（五）调查该药品的市场价格

在掌握供求关系的基础上，还需对同类药品在不同地区、不同时期、不同供求条件下的价格进行调查研究，找出影响价格走向的相关因素。从而指导我方确定或改变出口药品价格，确立正确的定价方法与策略。

（六）医药产品的调查

调查内容包括：研究医药产品的生命周期和医药产品的发展趋势、产品策略；研究医药产品的更新换代，该医药产品的替代品和互补产品的情况。

（七）国际医药市场竞争的调查

首先应调查竞争者的产品状况、销售状况和市场占有率状况，竞争企业的产品价值、生产效率、质量、服务等。

（八）企业销售活动的调查

包括国际医药市场产品销售渠道和中间商的种类、销售渠道是否通畅、网络布局是否合理、将来的发展趋势及促销方式、特点等。

二、国际医药商品客户的调查和选择

客户是我们的交易对象，在出口业务中我们的客户主要包括进口商、医药公司、厂商和经纪商等。

确定了销售市场之后，应在医药市场内选择具体客户，而寻找和了解具体客户的途径和渠道是多方面的，是交易前准备工作的重要环节，选择具体客户的成功与否，关系到出口的成功与失败，因此必须通过各种途径，从多方面对具体医药客户进行全面调查了解，即通过各种途径对客户的政治情况、资信能力、经营范围、经营能力等各方面情况进行了解和分析，从而选择适合我们的贸易伙伴。

（一）国外医药企业资信情况

资信情况包括企业的注册资本、固定资产、流动资产、资源共享、资产负债情况、支付能力、经营作风、履约信誉等。我们应尽可能选择资信状况好的企业作为客户。

（二）政治情况

这里主要指企业负责人的政治背景、政治地位、与政界的关系，对我国的政治态度等。当然我们应最好选择有一定政治地位和社会背景、对我们有着友好态度的负责人的企业作为客户。

（三）国外医药企业概况

指分析、了解企业的创建、发展、性质、内部机构、分支机构等。我们应尽可能选择有一定的发展历史、组织机构健全的医药企业作为我们的客户。

（四）经营范围

主要分析了解企业生产、经营医药商品的企业的种类、性质、经营形式等。我们应选择经营范围与我们生产、经营的企业相关，最好是与我国做过交易的企业作为客户。

（五）经营能力

主要分析了解医药生产经营企业历史、经营技能和经验，每年的生产量、销售量、生产方式、销售方式，业务往来关系。我们应选择有良好的供销渠道，有较多的联系网络，经营伙伴及生产量或销售量较大的企业作为贸易伙伴。

三、制定出口医药商品经营方案

为了更有效地做好交易前的准备工作，在对外交易磋商时有所依据，使交易顺利进行，应事先制定出口药品经营方案。出口医药商品的经营方案是根据对外贸易的政策、原则。在对市场调查研究的基础上，对某种医药商品在一定时期内做出安排，作为出口业务的依据。出口药品经营方案一般应包括以下内容。

（一）医药商品货源情况

包括医药商品的生产地、消费地、品质、规格、价格、产量，有多少货物可供出口等问题。

（二）国内、外医药商品市场的情况

这里主要指国内外医药商品的生产情况、供求情况、价格情况及变化趋势，国外经营药品的渠道与方式。

（三）确定出口地区和客户

经过调查、研究、分析，从诸多的国外医药进口地区、进口商中选择对我们出口最有利的地区和合作伙伴。

（四）销售计划和措施

根据国际医药市场状况和自身近来的出口经营情况做出今后一段时期的经营计划。例如，应销售的数量、价格，拟采用的贸易方式、运输方式。同时决定采用适当的措施，例如，决定商品分配或销售安排，给客户佣金或折扣等。

一般情况下，对大宗医药商品、重点出口商品应逐个制定商品的出口经营方案。对一些中小医药商品，可以制定内容较简单的价格方案，仅对市场和价格提出分析意见，并规定对各个地区的出口价格及掌握的原则和幅度。但在执行经营方案的过程中，出现不符合实际情况时应及时对经营方案进行修订。

四、广告宣传

（一）广告宣传的重要性

医药产品广告是指利用各种媒体形式发布的、付费的、对医药企业及产品的宣传，是一种非人员的促销活动。

为了使出口医药商品迅速进入国际市场，在国际医药产品竞争中处于有利地位，扩大销售，实现企业的经营目标，需要通过广告来进行产品宣传，从而迅速提高医药商品的知名度，增强当地消费者对商品的认识。

（二）广告预算

医药生产经营企业利用广告进行宣传首先要进行广告预算，预算方法多种多样，可根据自己的

财力和盈利情况确定出口医药商品广告费用总额；也可以参照同类医药经营企业广告支出总额；还可以根据预测的销售额或利润为基数提取一定比例的数额作为广告支出总额。以及按照一定时期的目标或任务确定自己的广告支出总额。经过预算后，医药企业可选择一定的方式进行广告宣传。

（三）广告宣传方式

广告宣传的方式包括：在报纸、书刊、杂志上发布广告，通过广播、电视、传播信息，利用户外媒体装置进行广告宣传；以信函的方式直接向公众寄送广告物，进行网络宣传；参加展览会宣传等。广告宣传方式的选择应根据不同的商品特点、不同市场习惯及自己的预算，使广告宣传达到最理想的效果。

（四）广告宣传应注意的问题

1. 广告宣传应该有针对性　医药商品是特殊商品，对其需求是多方面的。不同的人群、不同的地区、不同的时间会有不同的需求。广告宣传应针对不同的对象，对不同医药商品采用不同的宣传方式和宣传媒介，通过多种途径对其特点、用途、性能等方面进行宣传，从而促进产品的销售。另一方面，亦可对产品形象、企业形象进行宣传。

2. 采用适当的宣传方式　广告的宣传方式应适应销售地市场的消费习惯和消费者的心理，不要用我们的生活习惯、方式、消费观念对待国外消费者。

3. 应了解国外的药品广告管理规定　国外的许多国家对医药广告管理的是比较严格的，规定多种多样。如在美国，FDA 允许厂商在药品广告、促销材料中所用的陈述只有是经过批准的标签中的内容才行，任何宣传该药作用属于标签外内容（off-label）的是决不允许的。

在澳大利亚，国家和省级法律禁止在电视、普通杂志、海报和公共场所发布广告宣传处方药和三类药（只能从药剂师、医生、牙医或兽医处得到药品），广告限制不适用于二类药（通常这些药品通过药房销售，但也可能由医生、牙医或兽医或有执照的毒药销售商提供）的非分类药物。

所以我们应了解国外在医药产品广告宣传方面的规定，在非限制领域发布真实广告。

五、办理商标注册

医药国际贸易中的大多数商品都是有牌子和商标的，按照许多国家的有关法律规定，商标和牌子必须在其国依法注册，商标一经注册，注册人即取得对该商标的专用权，受国家法律保护。所以，为了维护我国医药商品的声誉，谨防假冒，应按国家规定申请注册。关于商标的取得，各国的法律有不同的规定，大致有四种。

第一种：注册在先的原则。许多国家法律规定，商标权的归属完全依据首先注册来规定，谁先依法注册，谁就取得该商标在注册国家的所有权。对于不注册的商标，一般说是没有专用权的。

第二种：使用在先的原则。即首先使用者有权取得商标权。在此原则下，商品注册只是为了公布和进一步加强这种权利，不能起到确权的作用，现已很少采用。

第三种：是混合原则。即原则上以首先注册为准，但是首先使用人可在一定期限内提出指控，请求撤销注册人的商标权。如果在规定的时间内无人提出指控，才给予承认和保护。

第四种：双重原则。即首先注册者和首先使用者分属两人时，商标所有权属于注册者，首先使用者自己仍可使用或在将其业务转让给别人时，连同商标一起转让，不能向商标注册人那样，可以将商标使用权转交给别人，从中获利。

德国、日本、法国、意大利、比利时、卢森堡、荷兰、希腊、伊朗、埃及、墨西哥、秘鲁等大多数国家以及前苏联和东欧一些国家都采用注册在先的原则来确定商标权。美国、加拿大、澳大利亚、新西兰、印度、巴基斯坦、奥地利、西班牙、叙利亚、科威特等国家采用混合原则来确定商标权；英国、斯里兰卡、沙特阿拉伯、冰岛等国家采用双重原则来确定商标权。

我国确定商标权的办法是："经商标局核准注册的商标为注册商标、商标注册人享有商标专用权，受法律保护。"

我国企业若想在国外注册商标，一般是先在国内注册，以取得国内法律保护，然后再委托中国国际贸易促进委员会办理，贸促会办理我国企业在外国申请商标注册工作和涉外商标转让、许可及假冒、侵权等案件。

出口医药商品的商标在设计上必须符合各国在商标方面的一些规定。

六、准备出口医药商品基本文件

（一）向国外药品监督管理部门提交的文件

世界上大多数国家对医药商品进口都进行十分严格的审评、限制，必须准备好关于药品的各方面材料，符合国外药品监督管理部门的要求。

目前，我国医药出口产品以原料药和中药为主，2002 年我国化学原料药出口已超过 30 亿美元，占整个医药类商品年出口总额的 50%，是世界第二大原料药生产国和出口国。所以重点对原料药出口需提交的材料进行说明。

1. 向美国食品和药品管理局(FDA)呈报的文件　美国对进口的药品要求特别严格，出口美国的药品，除了应具有可靠的质量和过硬的生产体系外，还要接受美国食品药品监督管理局(FDA)的检查，通过了检查，才有可能性将产品销往美国，向美国销售原料药的具体准备工作如下：

首先要准备Ⅰ型和Ⅱ型 DMF 材料并译成英文，DMF(drug master file)是向美国食品和药品管理局呈报文件。它可用来提供保密的详细资料，说明用于生产、加工、包装和储存一个或一个以上人用药品的生产设施、加工过程和各种物料。DMF 有五种类型，出口原料药需提供Ⅰ型和Ⅱ型 DMF 资料并译成英文。Ⅰ型包括设施、人员、管理政策、惯例以及操作规章制度等方面的内容；Ⅱ型 DMF 包括原料药生产过程、操作方法等方面内容。在准备 DMF 材料的同时，还要准备一套完整的标准操作程序(SOP)文件。这些资料准备好之后，将其译成英文，交给代理商审阅，然后交给 FDA 审阅并检查，发回申请企业"483"表(类似中国的整改建议书)；申请企业必须认真回答，只有认真回答了 FDA 在 483 表上所提问题，并令 FDA 满意，FDA 才可能同意代理商使用申请企业的产品，即发出"批准信"，批准产品进入美国市场。

2. 进入欧洲药典委员会成员国市场所必需提交的文件　按照欧盟的相关法规，原料药品要想用于欧洲的药物制剂生产，需提交和登记欧洲药品基本文件。

(1)提交(原料药)和登记 EDMF 资料：欧洲 EDMF(european drug master file，欧洲药品基本文件)是原料药生产厂家将原料药生产的关键技术信息提供给主管部门的基本文件。EDMF 文件包括生产者如何达到原料药质量规格标准的信息。它包括三个方面：

1)EDMF 的申请者部分：内容包括活性物质厂家应提供给 EDMF 足够的资料使评价活性物质的规格适合于控制该物质的质量。这部分内容主要叙述生产方法，来自于生产、提纯和降解的潜在杂质的信息，以及必要时应提供特殊物质的毒性资料。

2)活性物质厂家 EDMF 的限制部分：包括提供给有关部门的生产方法各步骤的详细信息和生产质量控制应包括有价值的关键技术。

3)杂质潜在毒性的讨论：活性物质厂家应在 EDMF 的申请者部分包含关于杂质潜在的毒性的资料。

虽然 EDMF 的内容是保密的，但是活性物质厂家允许有关代表——特殊申请者以"准入文件"的形式获得 EDMF 中的信息，活性物质厂家和特殊的申请者之间应有正式协议的书面保证书，申请者的责任是考虑在其规格任何可能变化时通知有关部门。"准入信件"必须由活性物质厂家为每一个市场准入者而安排。

对申请市场准入的申请人负责将专家报告列入对文件的必要的重要评估。关键性评估应载入活性物质厂家限制的DMF部分。

自从欧洲实行原料药的登记注册制度以来，通过EDMF文件注册原料药就可以在欧盟所有的成员国上市。

(2)取得欧洲药典委员会颁发的COS证书：COS是certificate of suitability的英文简称，意为《欧洲药典》适用性证书，它是向欧洲药品质量管理机构(European directorate for quality of medicine, EDQM)申请批准进入欧洲市场的药品的第一个步骤所需的文件，欧洲COS证书申请文件更注重的是药物本身的性质，包括化学结构及结构解析、化学性质、杂质及其限度、质量控制、稳定性和安全性研究等。要获取COS证书，生产商需要提交一份包括机密资料在内的详细资料。依据COS证书所列出的方法，能够检查药物原料和辅料是否适用于药物生产。

COS证书与欧洲药品基本文件(EDMF)在程序和作用上类似但又有所不同。二者都支持使用该原料药的制剂产品在成员国的上市申请，都是用于证明制剂产品中所使用的原料药质量的文件，是其他国家原料药品进入欧洲药典委员会成员国市场所必需提交的文件。都可以作为原料药进入欧洲市场的申请程序，可任选其中一种申请。

但COS与DEM又有许多不同点，表现如下：

1)COS的申请不需要事先找到欧洲代理商，而EDMF的申请则需事先找到使用该原料药的生产厂或欧洲代理商。

2)EDMF是由单个国家的机构评审的，EDMF只给一个参考号，而COS申请文件是由有关局组成的专家委员会集中评审的，评审结果决定是否发给证书。

3)EDMF有了登记号后对其他欧盟成员国不适用，而COS证书，则适用于整个成员国国家，只要将COS证书的复印件交给中间商或终端用户，对方就可以购买此原料药。

必须按照下列程序获得COS证书：

1)企业按照有关当局的要求编写合格药物档案，然后填写申请表格。

2)生产厂家或申请代理机构通过银行向认证秘书处汇去证书申请的相关费用，并将完成的申请表格和药物档案一起递交给欧洲药物质量理事会的认证秘书处，同时应该提交样品。

3)认证秘书处收到申请文件后，在一定期限内将安排评审，评审由认证秘书处指定的评审委员会委员小组来进行，以做出是否可以颁发COS证书的结论。

4)结果通过后，认证秘书处采用必要的方式将文件评审结论是否可以颁发COS证书的结果告诉申请人。

3. 目前COS的申请采用通用技术文件CTD格式

随着医药国际一体化工作的开展，在美国、欧洲和日本三个地区在人用药申请的技术要求方面已经取得了一定的协调统一。

ICH决定用统一的格式来规范各个地区的注册申请，这就是通用技术文件(common technical documentation, CTD)。

CTD文件是国际公认的文件编写格式，用来制作一个向药品注册机构递交的结构完善的注册申请文件，共由五个模块组成。①模块1：行政信息和法规信息；本模块包括那些对各地区特殊的文件。②模块2：CTD文件概述；文件对药物质量，非临床和临床实验方面内容的高度总结概括。③模块3：质量部分；文件提供药物在化学、制剂和生物学方面的内容。④模块4：非临床研究报告；文件提供原料药和制剂在毒理学试验方面的内容。⑤模块5：非临床研究报告。文件提供制剂在临床试验方面的内容。CTD在模块2和模块3中涉及原料药的化学性质、生产工艺和质量控制等方面的基本数据和资料。

以上对原料厂家等需提交的药品基本文件、注册等问题做了详细的阐述。但是我国制药企业对于药品(药物制剂)做得很少，这种注册难度较大，但我国药品价格低廉，有很大的竞争力。目前我国的制药业都已通过GMP认证，向国外注册某些药品的时机已经到来。世界上发达国家的药品法规十分严格，主要是为了保证药品安全、有效，保护人体健康，中国要将自己的药品(制剂)出口到某个国家，必须获得进口国主管当局批准中国提出的注册申请。见附：注册药品一般需要的材料。

同时，也应该了解我国关于药品出口的规定，我国对国内供应不足的医药产品进行限制，禁止出口。

第二节　进口交易前的准备工作

在现实生活中，有许多医药商品供不应求，或某种医药商品的质量赶不上其他国家或者国内生产不了某种医药商品，这样就需要从其他的国家或地区进口某些医药商品，为了尽快达成医药商品进口交易合同，提高医药商品进口的经济效益，在进口交易磋商前必须做好各项准备工作。

一、国外医药市场调查研究

为尽快达成医药商品进口交易合同，提高进口的效率，必须对国外医药商品市场进行调查研究。调查研究的内容大体上分为以下几个方面。

(一) 进口医药商品调研

我们应对国外医药商品的技术性能、工艺和使用效能进行充分、广泛的调查，进口适合我们需要的、质量优良、技术水平较高的医药商品尤其是进口急需的临床使用的药品及大型医疗设备、更应考虑这些因素。

(二) 国际医药市场价格调查研究

国际医药市场价格处于不断的变化之中，即使是同类产品因为产地、技术条件、贸易政策不同导致价格不一，所以，需要我们对拟进口的药品、器械等的价格进行充分的调查，选择适当的对我们有利的价格。

(三) 国际医药市场供求关系的调研

由于受医药商品产地、生产周期、销售周期、消费习惯和水平等方面因素的影响，国际市场上我方欲购商品的供给和需求状况也在不断地变化。所以有必要对世界各地的医药商品进口市场的供求状况进行深入调查研究。

(四) 相关贸易政策与法规

在选择进口医药商品市场时，进口商品国家的相关贸易政策和法规也需要深入了解。如该国鼓励、限制商品出口政策，以及海关、税收、医药商品配额等都应了解，重要的是国外医药商品销售法规。

二、选择适当的交易对象

在进口医药商品交易前选择好医药商品交易对象是很必要的。在对国外市场进行调查研究的基础上应对交易对象从多方面进行分析，从而选择最适当的交易对象。

1. 资信情况　在对国外医药市场进行调查研究时，对资信情况应有一定了解，同出口医药商品选择交易对象一样，需要进行调查分析，尽可能选择资信状况好的客户作为贸易伙伴。

2. 经营范围　主要指医药生产、经营客户经营的品种、业务范围以及是否同我国做过交易等。

3. 经营能力　主要是分析客户的活动能力、购销渠道、联系网络、贸易关系和经营做法等。

4. 经营作风　这里指我们应分析客户的商业信誉、商业道德、服务态度和公共关系水平等。

在进口商品交易中，我们在选择客户时在巩固老客户时，应更多的培养新客户，从而在国际市场上，我们拥有有活力的客户群。

三、制定进口商品经营方案

进口商品的经营方案是为了实现进口任务而制定的经营意图和具体措施。进口医药商品经营方案是洽商交易的依据，一般包括以下内容：

1. 安排采购市场　根据国别(地区)政策和国外市场条件，合理安排进口国别(地区)，最好安排从和我们有贸易顺差的国家进口，不要过分集中在几个国家进口，要按照统筹兼顾的原则，即要考虑比价上的因素，也要从政治、外交上考虑。对于交易客商的选择和安排，要优先考虑对我们友好的、态度较积极的客商，并注意其资信能力和经营能力，另外，要适当地利用不同类型的厂商和经营渠道。

2. 选择交易对象　应选择资信状况好、经营能力强、并对我们友好的客户作为交易对象。为了减少中间环节，节约外汇，一般应直接向医药商品生产厂家订购。在直接采购有困难的情况下，再通过医药商品中间商购买。

3. 数量的掌握和时间安排　要根据国内对医药商品的需要，和国外医药市场的具体情况安排订货数量。订购数量和时间要根据用货部门需要的轻重缓急，结合国内外市场的情况进行适当的安排，在满足国内需求的情况下，既要争取对我们有利的价格，又要安排好采购时间，为出口创造有利的条件。

4. 掌握适当的价格　应详细对国际医药市场商品价格进行了解，参照近期医药商品进口成交价，结合我们的采购意图，拟定出价格掌握幅度，作为进口洽谈的依据。

5. 运用适当的贸易方式　医药商品的进口业务，除采用单边进口贸易方式外，还针对不同医药商品特点、交易地区、交易对象，灵活多样地采取招标、易货、补偿贸易等多种方式。

6. 掌握适当的交易条件　制定品质、运输、保险、商检及价格上的佣金、折扣等交易条件，要机动灵活，既有利于进口成交，又有利于维护我方的利益。

四、准备好进口医药商品的呈报材料

进口药品必须取得国家食品药品监督管理局核发的《进口药品注册证》(或者《医药产品注册证》)，或者《进口药品批件》后，方可办理进口备案和口岸检验手续。进口麻醉药品、精神药品，海关凭国家食品药品监督管理局核发的《麻醉、精神药品进口准许证》办理报关验放手续。

从国外引进、购买药品，须由国家食品药品监督管理局对进口药品的单位提交的生产药品的国外企业申报的技术资料和有关药品证明文件等材料、样品进行查验和审核，确认符合有关质量标准，安全、有效则核发《进口药品注册证》，该证是国外药品进入中国市场合法销售的法定凭证。

进口备案是指进口单位向允许药品进口的口岸所在地的药品监督管理部门申请办理《进口药品通关单》的过程，麻醉药品、精神药品进口备案，是指进口单位向口岸药品监督管理局申请办理《进口药品检验通知书》的过程。

口岸检验是指国家食品药品监督管理局确定的药品检验机构对抵达口岸的进口药品依法实施检验的工作。

进口单位持《进口药品通关单》向海关申报，海关凭口岸药品监督管理局出具的《进口药品通关单》，办理进口药品的报关验放手续。

进口麻醉药品、精神药品，海关凭国家食品药品监督管理局核发的麻醉药品、精神药品《进口准许证》办理报关验放手续。

我国法律规定:"禁止进口疗效不确切,不良反应大或者其他原因危害人体健康的药品。"

以上两节内容分别谈了进出口交易磋商前不同的准备工作,而选配洽谈人员是进口和出口都必须进行的准备工作。

磋商交易这项工作是十分复杂而又十分重要的工作,是保证贸易成功的先决条件,而选配合适的交易洽谈人员是保证洽谈成功的关键。

在交易磋商过程中,双方在价格等交易条件及拟定交易条款方面往往存在着一定的矛盾和冲突,这些矛盾和冲突有时是很激烈的,且有可能发生许多事先没有预料到的事情,所以,需要交易磋商人员需具备商务、法律、技术和财政等方面的知识,具有较高的整体素质,有着敏锐的眼光,具备善于应战,善于应变,善于协调、沟通的工作能力。

参加交易磋商人员,一般应具备以下几个条件:

(一)具备专业知识

1. 必须熟悉我国对外经济贸易方面的方针、政策,以及交易对象所在国家、地区的外贸政策。
2. 必须掌握交易磋商过程中所涉及的各种商务知识,如商品知识、市场知识、运输、商检、海关、保险等方面知识。
3. 必须熟悉我国对外贸易及国际贸易法规,并且了解国际贸易惯例。
4. 了解与药品业务相关的国家或地区的政治、经济、文化、地理及风土人情、消费水平以及有关进、出口方面的条例和规定。

(二)具备较强的工作能力

参加交易的工作人员不仅要具备多方面的基础知识而且还要具备一定的工作能力。工作能力包括综合业务能力、推销能力、调研能力、语言文字能力、社交能力等。

第三节　交易磋商形式与内容

经过进出口交易前的准备工作后,就进入了进出口医药商品交易磋商的阶段。所谓交易磋商,是指买卖双方以一定的方式并通过一定的程序就交易货物及各项交易条件进行协商,最后达成协议的整个过程。交易磋商是签订国际医药商品买卖合同的前提,是进出口业务活动的核心内容,它对获取良好效益、交易的成败起决定作用。所以需对交易磋商工作的内容、形式做全面的了解,寻找符合双方利益而彼此都能接受的交易条件,达到最佳的效果。

一、交易磋商的形式

(一)口头磋商

口头磋商是指买卖双方针对商品交易进行口头的商谈。如采用邀请客户来华访问,外派推销人员,参加各种交易会或国际博览会等形式,口头磋商便于了解对方的诚意和态度,采取相应的措施,可根据进展情况及时调整策略、方案,从而达到预期效果。特别是谈判内容复杂,涉及问题较多的交易,适合采用口头磋商。

(二)书面磋商

书面磋商是指通过信件、电报、传真、电子邮件(e-mail)等方式来洽谈交易。随着通讯事业的发展,计算机的普及,书面洽谈越来越简便、快捷,且其费用比较低廉,故是交易磋商中通常采用的做法。

随着电子商务的出现和发展，以电子商务为基础的交易磋商形式在交易磋商中占的比例愈来愈大。电子商务(electronic commerce)也称电子商业(electronic business)或电子贸易(electronic trade)。它是指按照协议，对具有一定结构特征的标准经济信息，经过电子数据通信网络，在商业贸易伙伴的电子计算机系统之间的交换和自动处理。它包括电子数据标准化、通信技术、计算机自动处理技术三个方面的要素。它具有减少交易环节，将传统的流程电子化、数据化、无时间限制、提高效率、成本低廉、开放性、全球性、无区域限制等特点。

(三) 行为磋商

即通过行为进行交易磋商，如在拍卖行、交易所等场合进行的货物买卖形式等。

根据《联合国国际货物销售合同公约》，以上三种交易磋商形式具有同等效力。

二、交易磋商的内容

交易磋商的具体内容是将来要签订买卖合同的条款。其中包括品名、品质、数量、包装、价格、装运、保险、支付以及商检、索赔仲裁和不可抗力等。其中，品名与品质、数量、包装、价格、装运和支付六项交易条件一般认定为主要交易条件，这些交易条件每笔交易是不尽相同的。而对其他交易条件，如商检、索赔、仲裁和不可抗力等条款作为“一般交易条件”是相对固定的交易条件，如果每次逐条重新协商，会浪费时间，增加费用。双方只对主要交易条件进行洽谈，这样可以节省费用和时间。因此可采用简化交易磋商内容的方法。

1. 规定“一般交易条件”　在普通商品进出口交易中，一般都使用固定的格式合同，可将商检、索赔、仲裁和不可抗力等条款作为一般交易条件印在合同中，只要双方没有异议，就不必逐条重新协商。只要协商主要条件即可。

2. 规定“未磋商的交易条件以某次往来函电或某个合同为准。”交易双方通过往来函电或以前订立的合同已经达成一致的交易条件，如果没有变化，就不再进行磋商，但必须约定未磋商的交易条件以某次往来函电或某个合同为准。

第四节　交易磋商的环节

买卖双方交易磋商的程序，一般会经过询盘、发盘、还盘和接受几个环节，最后签订合同，其中发盘和接受是每笔交易必不可少的两个基本环节或者法律步骤。

一、询　　盘

(一) 询盘的含义、形式及性质

询盘(inquiry)是指交易一方准备购买或出售商品，向对方探询买卖商品的有关交易条件。

询盘的内容可以涉及价格、品名、规格、数量、质量、包装、交货期等，但大多是询问价格，因而询盘又常称为询价，询盘可采取口头方式也可采取书面方式。

询盘可由卖方提出，也可由买方提出。由买方发出的询盘称作“邀请发盘”，例如：请报哈尔滨制药厂生产的青霉素 1000 箱；(please quote the lowest price CFR SINGAPORE for 500 pieces IIPITOR BRAND medicines May shipment, cable promptly. 请报 500 箱阿伐他汀牌药品成本加运费至新加坡的最低价，5 月装运，尽速电告)。而由卖方发出的询盘叫“邀请递价”，例如：可供美国产盐酸雷尼替丁 1000 箱，请递价；(can supply IIPITOR BRAND medicines May shipment, please cable if interested. 可供阿伐他汀牌药品，5 月份装运，如有兴趣请电告)。

发询盘常用下列一些词句:请告(Please advise ……);请电告(Please advise by telex ……);对……有兴趣,请……(Interested in……,Please……);请报价(Please……);请报价(Please quote ……)等。

询盘是一种内容不明确,不肯定,不全面或附有保留条件的建议。属于一般性业务联系,只起邀请对方发盘的作用,对交易双方没有法律上的约束力。询盘不是每笔交易必经的环节,如交易双方相互了解,不需要向对方探询条件和可能,则不必使用询盘,可直接向对方做出发盘。

(二)询盘过程中应注意以下问题

1. 询盘虽然同时可向多个交易对象发出,但不应在同一时期集中对外询盘。防止暴露我方销售或购买心切。

2. 虽然询盘对询盘人和被询盘人在法律上无约束力,但在交易习惯上,应避免只询价不购买或不销售的情况,从而维护我国外贸企业的信誉。

3. 询价时,主要询问价格,但其他条件亦也可以询问。

4. 被询价人可及时回答询问,但也可以过一段时间回答,也可以不回答,但要尊重对方。

5. 询盘对双方无约束力,但是,双方在询价的基础上,经过多次洽商,最后达成协议,如履约时发生争议,那么原询盘的内容可成为解决争议的依据。

二、发　盘

(一)发盘的含义和性质

发盘(offer, quotation)又称报盘、发价或报价,是指交易的一方向另一方提出的具体的交易条件,并表示愿意按这些交易条件达成交易的一种行为。在合同法上称为要约,即当事人一方为订立合同而向对方做出的意思表示。根据《联合国国际货物销售合同公约》第 14 条第一款的规定,“凡向一个或一个以上特定的人提出订立合同的建议,如果十分确定并表明发盘人,在其发盘一旦得到接受就受其约束”的意思,即构成发盘。

(二)发盘的形式

在实际业务当中,发盘通常由卖方提出,因此常称作售货发盘(selling offer),但在少数情况下,由买方主动发盘,习惯上称为购货发盘(buying offer)或递盘(bid,出价)。例:Offer 1000 boxes of Prozac(氟西汀)sampled mag 15th USO 100per box CIF New York export standard packing May/June shipment irrevocable sight L/C subject reply her 20th.(兹发盘 1000 箱氟西汀,按 5 月 15 日样品,每箱 CIF 纽约价 100 美元,标准出口包装,5~6 月装运,以不可撤销即期信用证支付,限 20 日复到)

三、还　盘

(一)还盘的含义和性质

还盘(counter offer)是指受盘人不同意或不完全同意发盘人在发盘中提出的条件,向发盘人提出修改建议或新的交易条件的口头或书面的表示。

在交易洽商中,还盘是对原发盘的拒绝,是一项新的发盘,受盘人一旦做出还盘,原发盘即失效,还盘做出后,还盘者由原来的受盘人变成新发盘的发盘人,而原发盘的发盘人则变成新发盘的受盘人。新受盘人有权针对还盘的内容进行考虑、决定。

(二) 还盘的形式

还盘可以用口头方式亦可用书面方式表达出来,一般与发盘采用的方式相符。

例如:“你 10 日电收悉,还价每箱 70 美元 C. L. F 纽约”(Your cable 10th counter offer USD70per dozen C. L. F. New York)。

“你 15 日电 L/C 60 天付款电复”(Your cable 15th L/C60 days cable reply)。

“你方发盘价格太高还盘每公吨 500 美元,9 月份装运限 22 日复到”(Your offer price is too high counter offer USD 500/MT Shipment Sept. Reply 22days.)

(三) 还盘时应注意的问题

1. 接到还盘后,应与原发价进行核对,找出还盘中的新内容,然后分析医药市场变化情况和我们的销售意图,认真对待。

2. 在表示还盘时,一般只针对原发价提出不同意或需要修改的部分,已同意的内容在还盘中可以省略。

3. 未经还盘修改的内容或在还盘中未出现的发盘内容对原发盘人仍然有约束力。

4. 还盘是对发盘的拒绝,一方发盘经过对方还盘以后即失去效力。如果原发盘人继续与受盘人进行还价,一旦达成协议,在履约中发生争议,所有交易洽商全过程的函电或谈判记录为解决争议的依据。

四、接　　受

(一) 接受的含义及性质

接受是指受盘人在发盘的有效期内无条件同意发盘的全部内容。

接受在合同法上叫承诺,承诺即接受提议,是指当事人一方就同意对方要约而做出的意思表示。

接受同发盘一样,即属于商业行为,也属于法律行为,发盘一经接受,合同即宣告成立,对买卖双方都产生约束力。

(二) 接受的形式

接受一般是用函电、口头等形式表示,但在某种情况下也可用行为表示出来。《公约》第 18 条,第二款规定:“如果根据该项发盘或依照当事人之间确立的习惯做法或惯例,被发盘人可以做出某些行为来表示同意,而无须向发盘人发出通知,则接受于该项行为做出时生效,但该项行为必须在上一款规定的期间内做出。”可见,接受可以用行为表示,但必须注意其前提条件,即发盘中已规定允许如此或双方当事人之间已形成这样做的惯例。

按照《公约》第九十六条规定,凡是参加《公约》时声明合同必须以书面形式订立或书面证明的国家,不适用以行为表示接受的这一规定,而我国有关的合同法中要求以书面形式订立合同方有效,这就在于决定了我国不适用以行为表示接受。

现列举接受如下:

“你 10 日电接受”(Your 10th cable accepted)。

“你 5 日电我确认”(Your 5th cable confirmed)。

“你 20 日电接受,信用证将由中国银行开出”(Your 20th accepted, L/C will be opened by China bank)。

以上内容是对外医药贸易交易磋商的四个环节,询盘、发盘、还盘和接受,但是,并非每笔交易都必须经过这四个环节，在交易过程中，往往只经过发盘和接受这两个基本环节，下面着重介绍发盘和接受的有关内容。

第五节　发盘与接受

一、发　盘

如上所述，发盘和接受是构成合同成立的两个重要要素，本节对其进一步阐述。

(一) 发盘的构成条件

1. 发盘应向特定的受盘人做出，即发盘人在发盘时必须指明收受该项发盘的公司、企业或个人的名称或姓名。指明的对象可以是一个或一个以上，但不可以泛指广大公众。《联合国国际货物销售合同公约》第 14 条第二款对此作了明确限定：非向一个或一个以上特定的人提出建议，仅应视为邀请做出发价，除非提出建议的人明确地表示相反的意向。

2. 发盘的内容必须十分确定　《联合国国际货物销售合同公约》14 条第一款后半部分内容对十分确定做出了解释，一个建议如果写明货物并且明示或暗示地规定数量和价格或规定如何确定数量和价格，即为十分确定(sufficiently definite)。至于其他没有列明的主要交易条件，则可根据《公约》的有关规定解释。但是在我国的外贸实践中，一项交易如果只按照这三个条件，很容易给履行合同带来困难，容易产生纠纷。所以，我们在对外发盘时往往将货物品名、规格、数量、价格、包装、交货期和支付方式列明。一旦对方接受，便可以此为根据制作详细的书面合同。

形成发盘的主要交易条件表面上不完整，而实际完整的原因有下述几种情况：

(1)买卖双方订有一般交易条件的协议，即事先双方已经拟定某些交易条件，那么，发盘的内容可以简化，即可省去对这些交易条件的磋商。

(2)援引来往函电及先前的合同。在交易磋商过程中，往往进行多次信息沟通，在很多情况下，各项主要条件往往分散在多次的往来函电中提出，因此，最后起发盘作用的一次函电中，有时只是援引以前往来的函电，提出未经磋商的同意的条件，对业已同意的各项条件则省略不提。但也有时在最后发盘时，将以前往来函电中已经同意的各项主要条件进行总结、概括，并提出未经磋商同意的条件。

(3)买卖双方在先前业务中形成的某些习惯做法为交易双方所熟知，双方对此已形成共同理解，这样，发盘人在发盘中即使不列明这些条件，也不影响交易条件的完整性。

3. 表明承受约束的意旨　发盘人在发盘时向对方表明意思，当对方一旦接受交易条件，发盘人便受到约束，要承担按发盘的条件与受盘人订立合同的责任。

4. 发盘须送达受盘人　发盘于送达受盘人时生效。发盘在未被送达受盘人之前，即使受盘人已由某一途径获悉该发盘，他也不能接受该发盘。送达(reaches)是指将发盘内容通知或送交受盘人，或其营业场所或通讯地址，如无营业场所或通讯地址则送交受盘人惯常居住地。

我国《合同法》第二章合同订立第 16 条规定："要约送达受要约人时生效。""采用数据电文形式订立合同，收件人指定特定系统接收数据电文的，该数据电文进入该特定系统的时间视为到达时间；未指定特定系统的，该数据电文进入收件人的任何系统的首次时间，视为到达时间。"

(二) 发盘的有效期

发盘中通常都规定有效期，发盘的有效期是指作为发盘人受约束的期限和可供受盘人做出接受的期限。对有效期可做明确的规定，也可作不明确的规定。明确规定有效期的发盘，从发盘被送达受盘人时开始生效，到规定的有效期满为止。不明确规定有效期的发盘是指在一段合理时间内有效。

发盘有效期最好明确具体，常见的方法有：

1. 规定最迟接受的期限。在业务中，规定有效期时多采用明确截止日期的做法，例如：

Offer subject reply here May 10th.（发盘限5月10日复到）。

2. 规定一段接受时间。发盘人可规定发盘在一段时间内有效。例如：Offer valid three days.（发盘有效3天）。Offer reply in seven days .（发盘七天内复）。根据《公约》第二十条规定：发盘人在电报或信件内规定的接受期间，从电报交发时刻或信上载明的发信日期起计算，如信上未载明发信日期，则从信封上所载日期起算。发价人以电话、电传或其他快速通讯方法规定的接受期间，从发价送达被发价人时起算。在计算接受期间时，接受期间内的正式假日或非营业日应计算在内。但是，如果接受期间的最后一天未能送到发价人地址，因为那天在发价人营业地是正式假日或非营业日，则接受期间应顺延至下一个营业日。

对于没有明确规定有效期的发盘，受盘人应在合理的时间内接受，否则无效。但合理的时间究竟有多长，国际上并无明确的规定和解释，需视交易的具体情况而定，一般按惯例处理。一般来说，对大宗交易且在国际市场上价格变化频繁的，发盘的有效合理时间应短些，而对市场价格稳定的货物，合理时间应长一些。通讯方式不同，有效期限的长短也应不同，如果采用电报、电传等方式联系，有效期限可以规定短一些，如采用航空信件洽商，有效期则应该长一些。发盘人在发盘时最好对有效期规定得具体、明确，否则，容易出现争执、纠纷。

（三）发盘的生效

根据公约15条的规定：“发盘人送达受盘人时生效。”就是说发盘虽已发出，但是在到达受盘人之前并不产生对发盘人的约束力。即使受盘人从其他的途径得知发盘的内容其发出的还盘也是无效的。

（四）发盘的撤回与撤销

1. 发盘的撤回　发盘的撤回（withdrawal）是指发盘人在发盘后，在其尚未到达受盘人之前，即在发盘尚未生效之前由发盘人将发盘取消，使之失去作用。

发盘发出后，能否撤回及撤销呢？在这个问题上《公约》第15条第二款做出了规定：“一项发盘，即使是不可撤销的，得予撤回，如果撤回通知于发盘送达受盘人之前或同时，送达受盘人。”

从公约的规定可知，撤回发盘的条件是：

(1)发盘人已经发盘，但该发盘尚未到达受盘人的这一段时间，因为此时发盘尚未生效。

(2)发盘人如想撤回其发盘，必须将撤回通知在该发盘到达受盘人之前，或者至少也应与该发盘同时送达受盘人。由于发盘在先，撤回发盘在后，因此，发盘人拟撤回一项先前发盘，必须以比发盘更迅捷的方式发出撤回发盘的通知，如用信函发盘，可以采用传真、电传或电子邮件等快捷方式予以撤回。但是，在当代国际医药贸易中，除了大型医疗设备的买卖或数量多，较为特别的药品外，均以电传、传真、电子邮件等方式进行合同磋商，发盘人发盘的同时，受盘人即已收到了发盘，所以，发盘的撤回对于以现代传输方式进行交易并无实际意义。

2. 发盘的撤销　发盘人在发盘送达受盘人后取消发盘的行为称为发盘的撤销。发盘分为可撤销的发盘和不可撤销的发盘，对于不可撤销的发盘，只有撤回的问题。

关于发盘的撤销问题，各国法律有较大分歧。

(1)英美法系国家的法律认为，发盘在被接受前，发盘人可以随时撤销发盘或变更内容。英国法律规定，只有经受盘人付出的某种对价要求，发盘人在一定有效期内保证不撤销的发盘属例外。

美国《统一商法典》取消了对价的要求，规定：经交易商以书面的形式做成的发盘，在规定的有效期内不得任意撤销，未规定具体有效期的发盘，在合理的时间内也不得撤销，但在任何情况下，此一期间不得超过3个月。

(2)大陆法系中的德国认为,发盘原则上对发盘人有约束力,除非他在发盘中已表明不受其约束,否则,发盘一旦生效,发盘人就要受其拘束,不得随意将其撤销。

大陆法系中的法国原则上认为发盘人在其发盘被受盘人接受以前,可以将其撤销或加以变更。但是法国法院的判例认为,如果发盘人在期限届满以前将其发盘取消,在这种情况下,发盘人须承担损害赔偿的责任。

(3)《公约》对发盘撤销问题,主要有以下规定:

《公约》16条规定:在未订立合同之前,发盘得予撤销,如果撤销的通知于受盘人发出接受通知之前送达受盘人。但在下列情况下,发盘不得撤销:①发盘中写明了发盘的有效期或以其他方式表明发盘是不可撤销的;②受盘人有理由信赖该发盘是不可撤销的,而且受盘人已本着对该项发盘的依赖采取了行动。

(4)我国合同法第二章合同订立第18条规定:(要约)可以撤销。撤销要约的通知应当在要约人发出承诺通知之前到达受要约人。该法第二章19条规定:"有下列情形之一的,要约不得撤销:①要约人确定了承诺期限或者以其他形式明示要约不可撤销;②受要约人有理由认为要约是不可撤销的,并已经为履行合同作了准备工作。"

(五)发盘的终止或失效

根据公约第17条的规定,一项发盘,即使是不可撤销的,发盘也将于拒绝通知送达发盘人时终止。就是说,当受盘人不接受发盘提出的条件,并将拒绝的通知送达发盘人时,原发盘就失去了效力。除此之外,在实践中,发盘失去效力的情形可以归纳出多种:

(1)发盘因期间而过失效,即受盘人未在发盘的有效期内接受即发盘自动失效。

(2)发盘因发盘人的撤销而失效,即发盘人在发盘送达受盘人之后至受盘人做出接受通知之前的期间撤销其发盘,发盘因此而失效。发盘的撤回并不构成发盘的失效情形之一,因为发盘撤回的前提是该发盘尚未送达受盘人,而发盘生效的条件是发盘送达受盘人,显然该发盘从未发生过效力,当然无从谈起发盘的失效问题。

(3)发盘因受盘人的明示或默示的拒绝而失效。明示的拒绝即受盘人通知发盘人不接受发盘的条件,该发盘便告终止而失效,而默示的拒绝是受盘人对发盘所规定的条件进行讨价还价,例如,在医药商品贸易中,受盘人针对原发盘降低医药商品价格,增加或减少交易医药商品数量等,虽然未明确拒绝发盘,但其行为已构成了反发盘,导致原发盘的失效。

(4)人力不可抗拒的意外事故造成发盘的失效,例如:政府禁令或限制某种医药商品的进出口。

(5)在发盘被接受前,当事人丧失行为能力或死亡或法人破产等。

发盘失效后,发盘人如果还想与受盘人订立合同,只能重新发盘,而受盘人又向发盘人表示接受,合同也不能成立,受盘人拒绝发价后,如果还想接受原发盘,可以向发盘人发出撤回拒绝的通知,但该通知必须于拒绝发盘的通知到达发盘人之前或同时到达,才能撤回拒绝发价的效力。

二、接　受

(一)构成接受的必要条件

接受(acceptance),是指受盘人在发盘有效期之内无条件同意发盘的全部内容,并做出愿意按这些条件与发盘人签订合同的一种口头或书面表示。

1. 接受必须由受盘人做出　由于发盘是向特定当事人提出的,因此,除了受盘人或其授权的代理人以外,任何第三人即使知道发盘的内容后做出完全一致的答复仍不能构成有效接受,任何第三方做出的接受对发盘人不具有法律效力。

但是，在特殊的情况下，属于公开发盘，在发盘中没有规定特定的受盘人，任何人都可凭发价通知或者招标书等，并按照发盘人规定的程序和办法进行投标。

2. 接受的内容必须与发盘相符　从原则上讲，接受的内容应该与原发盘中提出的条件完全一致，才表明交易双方就有关交易条件达成一致意见。这样的接受才能达成合同。如果受盘人在答复对方的发盘时虽使用了“接受”，但同时又对发盘的内容做出了某些更改，这就构成了有条件的接受(conditional acceptance)，属于还盘的性质，或称为还价，不是有效的接受。还价必须经过原发盘人接受才能成立。

在有些国家的法律中，把这种对发价内容做了实际的、重要的修改后的接受，称为有条件的接受，在实际业务往来中，有时对方在答复我方发盘时，虽然使用了“接受”这个词，但却附加了某种条件，或者是在复述我方发盘的内容时对其中的某些条件做了修改。例如，将我方对医疗器械发盘规定的包装条件由纸箱改为木箱；把支付方式由即期信用证改为即期托收等等。

《公约》第 19 条对附条件的接受做出了规定：第一款：对发盘表示接受，但载有添加、限制或其他更改的答复，即为拒绝该项发盘，并构成还盘。第二款：但是，对发盘表示接受但载有添加或不同条件的答复，如所载的添加或不同条件在实质上并不变更该项发盘的条件，除发盘人在不过分迟延的期间以口头或书面通知，反对其间的差异外，仍构成接受。如果发盘人不做出这种反对，合同的条件就以该项发盘的条件以及接受通知内所载的更改为准。《公约》对发盘条件的添加或变更划分为实质性变更与非实质性变更。《公约》第 19 条第三款规定：有关货物价格、付款、货物质量和数量、交货地点和时间，一方当事人对另一方当事人的赔偿责任范围或解决争议等等的添加或不同条件，均视为在实质上变更发盘的条件。实质性变更是对发盘的拒绝，构成了还盘。

3. 接受必须在一项发盘的有效期限以内表示　发盘中通常都规定有效期，根据法律一般规定和要求，受盘人只有在有效期内做出接受，才有法律效力，而且接受必须在发盘的有效期内送达发盘人。由于某些接受通知不能立即被送达发盘人，所以，涉及到接受何时生效的问题。为此，国际上不同法系的规定有着较大的分歧。

英、美法系国家采用“投邮生效原则”，即以电报、电传或书信等方式接受时，载有接受的内容的通知一经发出，该接受立即生效，合同据此成立，无论受盘人是否接受到该接受的通知，或者接受通知在传递过程中延误或遗失等而未及时送达发盘人，合同仍然成立。

大陆法系的法律则认为：接受只有传递到发盘人时才生效，发盘人收到接受的时间即合同成立的时间，发盘人收到承诺的地点，即为合同成立地。

《公约》关于接受生效规定，采纳了大陆法系的“到达生效”原则，这一原则规定：“接受发盘于表示同意的通知送达发盘人时生效。如果表示同意的通知在发盘人所规定的时间内，如未规定时间，在一段合理的时间内，未曾送达发盘人，接受就成为无效，但须适当地考虑到交易的情况，包括发盘人所使用的通讯方法的迅速程度。对口头发盘必须立即接受，但情况有别者不在此限。”《公约》又规定如果根据该项发盘或依照当事人之间确立的习惯作法或惯例，受盘人可以做出某种行为来表示同意，而无须向发盘人发出通知，则受盘人在发盘有效期内做出的某种行为时，接受即生效。

（二）逾期接受

所谓逾期接受(late acceptance)是指接受通知到达发盘人的时间已经超过了发盘规定的有效期限，或发盘未规定有效期限而超过了合理的时间。在业务往来中导致逾期的违约大致有两种情况：一是受盘人未按发盘所规定的有效期间及时发出接受通知；二是因接受通知的传递延误导致该通知逾期送达发盘人。

不论接受逾期产生的原因如何，各国法律均不认为逾期的接受为一项有效的接受，而只是一项新发盘。因而须经原发盘人及时地表示接受，才能达成交易。这一点仅在《公约》第 21 条第一款有规定。21 条第一款：逾期接受仍然有接受的效力，如果发盘人毫不延迟地用口头或书面向受盘人表示接受逾期的接受，则逾期接受仍然有效。显然，如果发盘人愿意接受某项逾期的接受，则应当毫不延迟地将自己的意见通知受盘人。在此条件下合同仍然成立。反之，发盘人不做任何意思表示，合同就不成立。

对于因第三方原因导致承诺逾期送达发盘人时逾期承诺的效力如何，根据《公约》第 21 条第二款规定：如果载有逾期接受的信件或其他书面文件表明，它是在传递正常，能及时送达发盘人的情况下寄发的，则该项逾期接受具有接受的效力，除非发盘人毫不迟延地用口头或书面通知受盘人，他认为发盘已经失效。从此条规定可知，由于邮递延误造成承诺通知迟到，确定逾期接受效力的决定权仍在于发盘人。

对 21 条第一款和 21 条第二款进行比较可知，虽然发盘人对逾期接受有很大的自由裁量权，但是在处理方式上，二者存在着明显的区别：若因受发盘人自身原因导致接受通知逾期，除非发盘人立即通知接受此项逾期的接受，否则接受无效合同不成立，若因邮递延误导致接受通知迟到，除非发盘人立即表示其发盘已经失效，否则接受仍然有效，合同仍然成立。

可见逾期接受是否生效主要取决于发盘人，所以在接到逾期接受时，发盘人应及时通知受盘人，明确他对逾期接受所持的态度。

该公约第 20 条第二款还规定，在计算接受期间时，接受期间内的正式假日或非营业日应计算在内。但如果接受期间的最后一天未能送到发价人地址，因为那天在发价人营业地是正式假日或非营业日，则接受期间应顺延至下一个营业日。

（三）接受的撤回

如前面所述，接受于送达发盘人时生效。因此，接受做出后在未送发盘人之前，如受盘人发现接受有误，或发生其他特殊情况对其不利，受盘人得以撤回接受。

《公约》第 22 条规定："接受得予撤回，如果撤回通知于接受原应生效之前或同时，送达发盘人"。但是，按照"投邮生效"作为接受生效的标志，则受盘人一旦发出承诺通知后，便表明接受已经生效，所以无法撤回。而只有采取"到达生效"原则，从发出接受通知至该通知到达发盘人尚有一段时间，只要受盘人使用更加迅捷的撤回通知的方法仍有可能在接受送达发盘人之前将其撤回。

接受可以撤回，但不得撤销。接受于送达发盘人时生效，接受生效时合同即成立。所以撤销一项已经生效的接受，等于撤销已经达成协议的合同，而合同是不得由一方当事人擅自撤销的。

[案例分析一]

某大型外贸公司受国内多家大医院委托欲从 A 国 B 公司进口大批西药及磁共振、CT 等医疗设备，进口额近亿元人民币。我公司与 A 国 B 公司针对产品的型号、价格等问题进行了一定的探讨，经研究，我方初步决定同 B 公司交易，交易前我方委托资信调查处对 B 公司的资信情况进行调查，调查处通过多种渠道对 B 公司的注册情况、业务情况进行调查，调查结果表明 B 公司的注册资本只有几十万美元，固定资产和流动资金都很少，且有一定负债。

问：我方是否和 B 公司交易，为什么？

[案例分析二]

日本东京 A 医药贸易公司于 11 月 17 日发来传真，向北京 B 医药贸易公司发盘出售抗生素 1000 箱，发盘中列明了药品的生产期、数量、价格，但未规定发盘的有效期。北京 B 医药贸易公司于当天收到传真后，和本地及其他医疗机构联系，几家医疗机构决定购买此药，11 月 23 日上午 9 时对上述发盘向日本 A 医药公司发去表示接受的传真，在这一段时间里，因为此种药品价格上涨，日本 A 医药贸易公司于 11 月 23 日下午 3 时给北京 B 医药贸易公司发来传真，其内容如下："药品已售给美国 C 医药贸易公司，由于药品数量不足，我 11 月 17 日传真发盘撤销。"北京B公司回传真强调已与两家医院及两家医药公司签订合同，要求日本A医药贸易公司履行合同，而日本A商行则辩称其发盘已撤销，与北京B公司间并不存在合同关系，于是北京B公司向中国某法院提起诉讼，要求日本A公司赔偿其所遭到的损失，而日本A公司认为中国北京B公司要求无理。

问：日本A公司是否应承担中国B公司遭受损失的责任？

[案例分析三]

我国A药厂，拟向某国B医药经销公司出口一批药物"胸腺肽"，双方以电报、传真等方式就药品规格、质量、数量、包装等问题进行磋商，于2003年1月份基本上达成协议，在价格方面，A药厂坚持价格每箱1000元人民币，并要求B公司在3个月内答复。3个月后，"胸腺肽"价格猛涨，在市场上，其价格已达到了每箱1600元人民币，至此，B公司才回复，可按照A药厂指定的价格每箱1000元人民币成交，A药厂未予理睬，B公司数日后未接到中方答复，便对A药厂进行指责，要求A药厂承担违约责任。

问：A药厂是否应承担违约责任，为什么？

[案例分析四]

中国A医药贸易公司欲进口一些美国生产药品奥美拉唑(prilosec)，请美国B公司发价，7月1日美国B公司发出电报如下："7月31日以前发报价为每箱200美元，CIF天津，共计300箱，9月份纽约港装运。"美国A公司收到电报后做出还价如下："你7月1日的报价还盘为7月20日前每箱180美元，CIF天津，共300箱纽约装运。"到7月20日中国A医药贸易公司仍未收到回电，A公司考虑到该货价有上涨趋势，A医药贸易公司于7月23日发电如下："你7月1日电……我们接受。"

问：本案中，美国B公司的原报价能否继续约束B公司至7月31日？B公司能否因奥美拉唑的价格上涨而对中国A公司不加以理睬？

[案例分析五]

中国A药厂拟向某国贸易公司出口一批药品，双方就药品的规格、数量、质量、包装、交货日期、付款方式等交易条件通过电报等方式进行磋商，5月份，基本事项已达成一致，但只有价格这一项没确定，A药厂坚持每只单价不得低于3美元，并要求B公司在"二个月内答复"。9月份，国际市场上此种药品的价格上涨，涨辐较大，外商才复电同意按A药厂每只3美元的价格成交。在这个时候，A药厂发现国内此种药品价格已上涨，故对B公司的报价未理睬，于是，B公司指责中方违约，要求A药厂承担违约责任。

问：A药厂是否应承担违约责任？为什么？

复 习 题

1. 名词解释：交易磋商，发盘，还盘，接受，询盘，撤回，撤销，逾期接受

2. 简答题

(1)简述进出口交易前对医药商品的调查研究内容。

(2)简述询盘过程中应注意的问题。

(3)简述还盘时应注意的问题。

(4)简述对外医药贸易交易磋商的四个环节。

(5)什么是发盘，简述构成发盘应具备的条件。

(6)什么是发盘的撤回与撤销?

(7)发盘在哪些情况下失效?

(8)什么是接受,构成有效接受应具备哪些条件?

(9)为什么接受只能撤回而不能撤销?

（翁开源）

第十章

国际医药贸易合同签订与合同履行

第一节　国际医药贸易进出口合同的签订

在国际医药商品交易磋商中，一方接受另一方发盘后，交易合同即告成立。然而合同成立并不意味着合同马上生效，合同生效是指合同具备法律上的效力。一般情况下，合同成立和合同生效是同步的，合同成立即合同生效，但是有些合同虽已成立，但并不立即生效，而是需要等到其他法律条件成立时方可生效，这种合同属于效力待定的合同。有些合同虽已成立，但是合同的主体、内容、形式或意思表示不符合法律的规定，这种合同属于无效合同或可撤销的合同。根据国际贸易惯例和我国法律规定，接受生效后，买卖双方通常还需签订书面合同或销售确认书，把双方的权利和义务明确下来。在合同的签订过程中，应该注意以下几个问题：

一、合同成立的时间和地点

合同成立的时间和地点是国际贸易中非常重要的问题。根据《联合国国际销售合同公约》(以下简称《公约》)第 23 条："合同于按本公约规定对发盘的接受生效时订立"。国际货物买卖合同成立的时间就是接受生效的时间。如果采取书面形式订立合同，则依我国《合同法》第 32 条和 33 条："当事人采用合同书形式订立合同的，自双方当事人签字或者盖章时合同成立。当事人采用信件、数据电文等形式订立合同的，可以在合同成立之前要求签订确认书。签订确认书时合同成立"。

通常情况下，接受生效的地点就是国际货物买卖合同成立的地点。如果法律对书面形式的合同有特殊规定，应从其特殊规定。根据我国《合同法》第 34 条："承诺生效的地点为合同成立的地点。采用数据电文形式订立合同的，收件人的主营业地为合同成立的地点；没有主营业地的，其经常居住地为合同成立的地点。当事人另有约定的，按照其约定。当事人采用合同书形式订立合同的，双方当事人签字或者盖章的地点为合同成立的地点"。

二、合同生效的法律条件

合同是否具有法律效力应视其是否具备法律规定的条件而定。不具备法律效力的合同得不到法律的支持与保护。因此，了解和掌握合同生效的法律条件十分重要。关于合同有效成立的条件，各国法律规定不完全一致。一般而言，主要有以下几项：

(一) 双方当事人应具有法律行为的资格和能力

我国《合同法》第 9 条规定："当事人订立合同、应当具有相应的民事权利能力和民事行为能力。"例如，未成年人达成的不符合自己年龄、智力状况的非纯获利益的合同是不具有法律效力的，精神病患者在不能够辨认和控制自己行为时，即发病期间和神志不清时达成的合同无效。鉴于药品的特殊性，世界上大多数国家都对从事药品经营的自然人或法人实行资格准入制度。在我国，国家法律规定经营药品必须依法持有省级药品监督管理部门颁发的《药品经营许可证》，同时规定从事货物进出口的对外贸易经营者，应当向国务院对外贸易主管部门或者其委托的机构办理备案登记。国家还对进口药品实行注册审批制度，规定凡进口的药品，必须具有国家食品药品监督管理局核发的《进口药品注册证》或《医药产品注册证》。只有在《进口药品注册证》或《医药产品注册证》正式载明的药品生产厂家和经营商才是合法有效的合同主体。也就是说，并不是任何个人、机构和组织都可以随意从事药品的进出口业务，只有经国家行政许可的合法企业才可以获得在指定范围内进口药品的资格。

（二）当事人双方意思表示必须真实、自愿、一致

根据我国《合同法》第 52 条规定："有下列情形之一的，合同无效：①一方以欺诈、胁迫的手段订立合同。损害国家利益；②恶意串通损害国家、集体或者第三人利益；③以合法形式掩盖非法目的；④损害社会公共利益；⑤违反法律、行政法规的强制性规定"。同时，《合同法》第 54 条还规定因签订合同时当事人一方存在重大误解的以及签订合同时显失公平的，当事人任何一方都有权请求撤销合同；一方以欺诈、胁迫的手段或者乘人之危，使对方在违背真实意思的情况下订立的合同，合同的受损方都有权请求撤销。

以上表明：通过一方的发盘和另一方的接受来构成合同成立，双方当事人的意思表示必须真实、自愿、一致。任何一方用诈骗、威胁或暴力强迫另一方在违背自己真实意愿的情况下接受发盘达成的合同，如果损害了国家利益，这种合同在法律上自始无效，如果不存在损害国家利益的情况，这类合同可以由合同的受损方按照司法途径请求撤销，合同被撤销后也归于无效；一方利用另一方处于危难之际或者利用其紧迫需要，迫使对方违背自己真实意思，接受对自己不利的发盘达成的合同，属于利用乘人之危的手段订立的合同，这种意思表示不真实的合同也可以由合同受损方提出撤销；订立合同时当事人一方的意思表示错误，对合同的内容、性质、标的和主体认识错误，产生重大误解，由此而订立的合同亦可由合同任何一方当事人提出撤销；合同一方当事人利用优势或者另一方当事人没有经验达成的合同，其权利义务明显违反了公平、等价有偿的原则，这类合同因显失公平而可以由合同任何一方予以撤销。

（三）双方当事人必须互为有偿

这是指双方当事人享有的权利和承担的义务相互对应，国际贸易活动只能在平等互利的基础上进行。例如卖方在将货物移交买方时，担负着提供与合同规定相符合的货物的义务，也享有接受买方偿付货款的权利。同时，买方即承担接受卖方移交货物并支付对方相应货款的义务，也享有检验货物是否符合合同的规定的权利。在国际贸易中，卖方的权利往往是买方的义务，而卖方的义务也往往是买方的权利。英美法把这种互为权利和义务的原则称为对价（consideration），即当事人为了取得合同利益所付出的代价。大陆法则称之为约因（cause），即当事人签订合同应当具有其追求的直接目的。法律不保护无对价或无约因的合同。

（四）合同的内容和标的必须合法

几乎所有的国家的法律都要求当事人所订立的合同内容和标的必须合法，否则，合同无效。我国《合同法》第 7 条规定："当事人订立、履行合同应当依照法律、行政法规，尊重社会公德，不得扰乱社会经济秩序，损害社会公共利益。"另外，在我国，关于医疗用毒性药品、麻醉药品、精神药品、放射性药品等特殊药品的进出口业务，由国家有关政府部门指定的单位，按照法律、法规和规章的有关规定办理。

三、合同的形式

国际医药贸易合同可采取的形式有口头形式、书面形式和其他形式。

(一) 口头形式

在国际医药贸易中，有许多交易是通过口头或电话达成的。当一个肯定的发盘被有效接受后，买卖双方就建立了合同关系，双方都接受约束。根据《公约》规定，口头成立的合同，不论是当面谈判或通过电话洽谈，在法律上同样生效。而有些国家的法律要求签订书面合同；有的国家则要求一定金额以上的合同必须是书面的，如美国《统一商法典》规定，凡500美元以上的货物销售合同必须有书面文件为证。因此，口头合同，一般用于金额不大，履约时间较短，或近距离频繁交易的场合。由于此种方式在发生争议或违约时容易导致举证困难，因而较少采用。

(二) 书面形式

1. 书面形式的国际医药贸易合同的分类　书面形式的合同主要分为以下几类：

(1)正式合同(sales contract)：正式合同内容全面，条款详细、完善、文字严谨，不仅仅包括药品的名称、数量、重量、规格、价格、包装、装运港、目的港、交货期、运输标志、支付方式和商品检验等交易条件条款，还包括索赔、不可抗力、仲裁等解决争议的条款。合同中的权利和义务划分清晰，适用于交易金额较大的大宗商品买卖，在我国的国际医药贸易实践中，很多情况下都采用正式合同。正式合同通常一式两份，双方签字后，各自保存一份。

(2)销售确认书(sales confirmation)：也称简式合同，如医药商品销售确认书、订单等。通过函电或口头谈判的交易成交后，卖方或买方可以寄交对方确认书，列明达成交易的各项条件，作为书面证明，经双方签字后发生法律效力。销售确认书的内容比正式合同的内容简单，往往不包括索赔、不可抗力、仲裁等解决争议的条款，医药国际贸易实践中，常常代替正式合同。

(3)函电合同：函电合同是医药国际贸易中常见的合同形式，双方经过医药商品交易磋商，一方提出要约，另一方对要约表示承诺，合同就成立了。如果买卖双方经常进行交易，不愿再签订正式合同，就可以发实盘与接受的函电代替合同。

2. 签订书面合同的意义　无论是国内医药贸易还是国际医药贸易实践，在当事人双方经过磋商一致，达成交易后，一般都要另行签订书面合同。因此，签订国际医药贸易书面合同具有重要的意义。

(1)书面合同是国际医药贸易合同成立的证据之一：合同的重要法律作用之一在于合同能为当事人提供必要的证据，即必要的人证、物证，用以证明当事人之间契约法律关系的存在。而口头磋商达成的合同，举证十分困难，双方发生争议时便无根据可依。因此，我国对《公约》第11条、第29条关于买卖合同可采用书面形式以外的形式订立、更改或终止，提出了保留，即认为国际货物买卖合同应采用书面的方式，公约有关口头或书面以外的合同也有效的规定对中国不适用。

虽然我国1999年颁布并生效的《中华人民共和国合同法》(以下简称《合同法》)第10条对合同的形式进行了如下规定："当事人订立合同，有书面形式、口头形式和其他形式，法律、行政法规规定采用书面形式的，应当采用书面形式。当事人约定采用书面形式的，应当采用书面形式"。以上可以看出，我国合同法已允许涉外合同采用口头形式。但是在我国没有撤销有关保留之前，该保留仍然有效，即仍应采用书面形式。因此，只有营业地在中国的自然人或法人与营业地在非缔约国的自然人或法人订立涉外合同才可以采用口头形式。

因此，对于通过口头磋商达成的交易，签署一份书面合同是十分必要的。

(2)书面合同有时是国际医药贸易合同生效的条件：书面合同虽不拘泥于某种特定的名称和格式，但是，根据我国《合同法》规定，当事人对合同的效力可以约定附加条件，附生效条件的合同，自条件成就时生效。如果一方发出的要约中明确表示以签定书面合同为生效条件时，合同的书面形式也就成为双方交易条件的一部分，也就是在书面合同签定之前，合同并不生效。在这种情况之下，签定书面合同就成为合同生效的条件。

（3）书面合同是国际医药贸易履行合同的重要依据：在国际医药贸易中，医药商品买卖合同的履行涉及医药进出口企业内外的众多部门和机构，过程也非常复杂。口头协议，如不形成书面合同，容易产生纠纷和争议，履行起来也十分困难。即使通过信函、电报或电传达成的交易，如不将分散在多份函电中的双方协商一致的条件，集中归纳到一份具有固定格式的正式书面合同中，也难以得到有效履行。所以，无论是通过口头形式或是书面形式磋商达成的交易，均须把协商一致的交易条件综合起来，全面、清楚地列明在一份有固定格式的书面合同上，这对进一步明确双方的权利和义务，以及未来合同的准确履行提供更好的依据，具有重要的意义。

（三）其他形式

当事人还可以采取上述两种形式之外的其他形式订立合同。最常见的是以行为方式表示接受而订立的合同。当事人之间在长期的贸易交往中已经形成了双方都默示的习惯做法，受盘人可直接以习惯做法表示接受，如接到发盘后立即发货；或发盘人在发盘中已经明确表示受盘人无需发出接受通知，可直接以行为做出接受合同即告成立。

四、书面合同的格式

根据我国合同法，书面形式的国际医药贸易合同，即正式书面合同，一般由三部分组成。

1. 合同的约首　合同的约首，也称首部，是合同的开头部分，包括合同的名称、编号、订约日期和地点，订约当事人名称、国籍、法定地址以及合同的序言等内容。合同的约首具有非常重要的法律意义，比如，除非双方当事人对合同生效的日期另有规定，约首中载明的订约日期就是合同的生效日期。又比如如果双方当事人对合同 适用的法律都没有规定，约首中载明的订约地点能够起到确定合同法律适用的作用。

在医药技术转让、医药补偿贸易、医药工程承包等内容比较复杂的合同中，常常在约首中把合同中多次反复使用的或关键性的词语做出统一解释，专列一个“定义”条款，明确其具体的含义，避免因为语言含糊不清导致的争议。

2. 合同的约文　合同的第二部分是主体部分，即合同约文，也称合同的正文，规定了合同的实质性条款，即规定了双方当事人的权利和义务，包括主要的交易条款和一般条款两部分。主要的交易条款有：医药商品的品名和品质规格条款、数量条款、包装条款、价格条款、运输条款、保险条款、检验条款和支付条款。

3. 合同的约尾　合同的约尾，也称尾部，主要载明合同各种文字的效力，合同以何种文字制成，合同正文的份数、生效条件、双方当事人及授权代表签章等规定。

另外，对合同中未能详尽说明而又不能相对独立的内容，可列为合同的附件。合同附件也是合同的组成部分。

五、合同的主要内容

1. 合同名称　按照交易性质及合同形式，冠以正确的合同名称，如购货合同、销售确认书等。卖方起草的合同通常称为“SALES CONTRACT”，买方起草的合同通常称为“PURCHASE CONTRACT”。

2. 签订合同的时间和地点　简式合同和一般买卖合同，通常在合同右上角注明制定合同的地点和日期；重大交易合同则在合同最后部分，另列专门条款，注明合同签订地点和日期。

3. 签约当事人名称和地址　合同签约当事人，即买方和卖方，应写明双方正式注册的名称，法定代表人、详细注册地址(包括注册国名及城市名)、联系电话、传真和电子邮件地址等。如果对方仅有外文名称而无中文正式名称,在合同中(包括中文本、外文本)宜只采用其外文名称。

4. 法律关系　在正式合同中,或在经销、代理合同中,应列有专门表示法律关系的文字语句,比如,订约序言,借此说明合同订立的目的,规定双方的权利与义务,以及双方如违约应当承担的责任等。另外,在当事人名称、地址后,通常注明双方所构成的法律关系,如买方卖方。

5. 合同成立的依据　简式合同如医药商品销售确认书等,通常都注明达成交易所基于的文件,如来往函电达成交易的日期、文号等。在正式合同中,常援引该合同所基于的某项协议或意向书,经进一步协商一致达成实质性合同等。

6. 医药商品交易的主要条件　包括医药商品的品名、规格、数量、包装、装运港(地)、目的港(地)、单价、总金额、付款条件、保险、装运条件、唛头等。应注意按照我国药品管理法的相关规定,药品只能从允许药品进口的口岸进口。因此我国药品进口商与国外出口商签订的药品进口合同中的目的港(地)即货物到岸地只能从允许药品进口的口岸中选择。

7. 医药商品交易的一般条件　包括商检条款、延期交货及罚金条款、不可抗力条款、索赔、仲裁条款等。

8. 说明合同以何种文字缮制　说明医药商品买卖合同以何种文字缮制,规定以何种文本解释。如使用两种文字表示的,应明确两种文字具有同等法律效力,或确定以其中一种文字为根据。确定合同的正副本份数,双方各执正副本若干份等。通常合同有两份正本,双方各执一份。

9. 合同的签署　合同签署日期、地点及生效时间等。通常由本人或签约代理人在合同最末端签字盖章。

第二节　国际医药贸易出口合同的履行

经过交易磋商,买卖双方达成了医药商品国际贸易的协议,同时签订了买卖合同,至此,双方可以各自享有合同所规定的权利并必须承担合同规定的义务,合同就此进入了履行阶段。履行合同首先是双方当事人共同的责任。《中华人民共和国合同法》第 8 条规定:“依法成立的合同,对当事人具有法律约束力。当事人应当按照约定履行自己的义务,不得擅自变更或者解除合同。”只有在发生不可抗力的情况导致当事人一方无法履行合同的,才可以免除其部分或全部责任,绝大多数情况下当事人拒绝履行合同或不按约定履行合同就构成了违约,应根据不同情况和后果,要求其承担相应的违约责任。履行合同还是合同目的得以实现的必经途径。只有履行合同,才能实现医药商品和资金按照双方约定的方式实现空间转移。订立合同表达了双方当事人各自的经济愿望和目的,履行所订立的合同才能使这种愿望和目的得以实现。

“重合同、守信用”是开展国际医药贸易所必须遵守的原则,只有严格履行合同,保证按时、按质、按量地完成合同中的约定事项,才能顺利实现买卖双方的经济利益,才能使医药企业在国际市场上获得良好的声誉,才能使我国医药行业在对外贸易活动中维持整体良好的形象。因此,做好合同履行工作的重要性不亚于合同的磋商和签订。

医药贸易出口合同的履行是指医药出口企业按照合同的规定做好相关准备工作,履行交货义务,直至收回货款的全部过程。履行出口合同是一项非常复杂的工作,涉及到许多环节,手续繁杂,需要多方参与,密切配合才能完成。医药出口企业应注意把各项工作尽可能做到细致、精确、及时,加强与银行、政府部门等机构的联系和协作,防止出现工作脱节、耽误装运期限、阻碍货款回收以及影响安全收汇等现象的发生。

除少数大宗交易偶尔采用 FOB 贸易术语外,我国国际医药贸易的出口合同大多数采用 CIF 或 CFR 贸易术语条件,并以信用证方式支付货款。因此在履行此类合同时,通常要经过备货、药品报验、催证、审证、改证、租船订舱、报关、投保、装运、制单结汇、出口收汇核销和出口退税等环节,必要时还要经过索赔、理赔和处理争议的环节。在这些环节中，以货（备货、报验）、证（催证、审证和改证）、船（租船、订舱、投保、报关、装运）、款（制单、结汇）四个环节的工作最为重要。而且这四个环节环环紧扣、密不可分，要求医药出口企业必须做到与本企业生产部门或供应商、保险公司、运输机构、和收汇银行密切配合，避免发生"有货无证"、"有证无货"、"有船无货"、"有货无船"、"证单不符"和信用证失效等事故，影响出口合同的顺利履行。

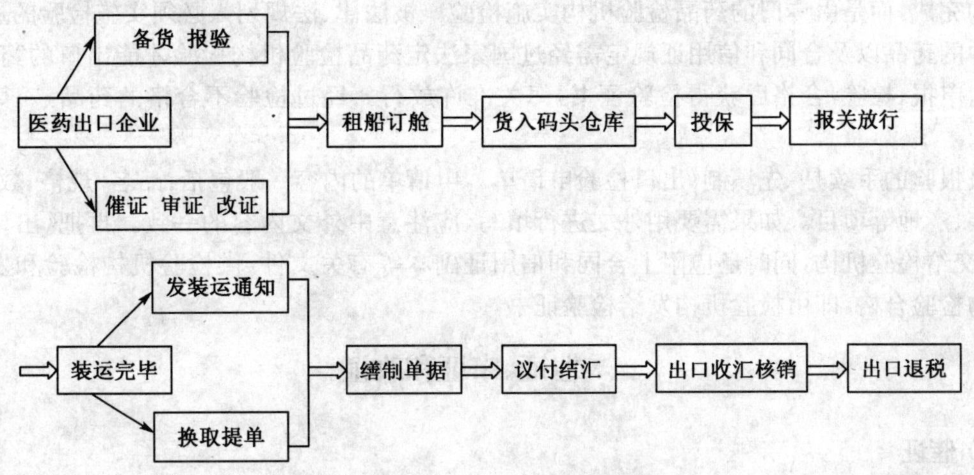

图 10-1 药品出口合同履行流程图

一、备货、报验

货物的准备是指医药出口企业根据合同和信用证的规定，按时、按质、按量的准备好应交付的货物并办理好申报商品检验和领取出口证明文件等工作，包括备货和报验两个方面。

（一）备货

备货是指医药出口企业按照合同的规定向本企业有关部门或供应商准备和采购货物的全过程。目前我国有两种类型的医药出口企业，一种是生产型的制药企业，包括原料药企业和药品制剂企业，另一种是贸易型的医药外贸企业。一般而言，制药企业主要通过向本企业药品生产加工及仓储部门下达联系单，要求它们按联系单的要求对应交付的药品进行清点、加工整理、包装和印制运输标志等各项工作来完成备货。联系单又称信用证分析单或者加工通知单，是医药出口企业内部各个部门完成备货工作的共同依据。医药外贸企业由于没有自己的生产车间，则必须通过与国内药品生产企业联系货源，签订国内采购合同，收购货物来完成备货。

无论是哪种类型的医药企业，在备货工作中都应注意以下问题：

1. 医药商品的品质、规格应按合同和信用证的规定予以核实、查对。

2. 要保证医药商品的数量与合同和信用证的规定相符，并适当留有余地，可比合同规定的稍多一些，以备装运时可以发生的调换和适当舱容之用。

3. 医药商品的包装和运输标志应符合合同和信用证的规定，并能达到保护药品和适应运输的要求。运输标志应与所有出口单据上对运输标志的描述相一致。如发现包装不良、破损、水渍、缺少唛头等情况，应及时改换包装和刷写唛头，以防装运时船方签发不清洁提单，导致无法收汇。

4. 备货时间应严格按照合同或信用证规定的交货时限，并结合船期安排，做到船货衔接，防止船货脱节。

5. 为了防止买方拒绝开立信用证而使自己陷入被动，医药出口企业最好在收到信用证并审核无误后再开始备货。

除此之外，医药出口企业出口麻醉药品、精神药品的，还需向国家食品药品监督管理局（SFDA）提出申请，办理《麻醉药品出口准许证》或《精神药品出口准许证》。

（二）报验

报验工作在备货的同时就应开始。与其他商品不同，药品的出境检验工作不是由出入境检验检疫机构完成，而是由专门的药品检验机构实施检验。被法律、法规列入必须实施检验的进出口商品目录中的药品以及合同和信用证规定需经过国家法定药品检验机构检验才能出口的药品，必须在出口前申报、检验，合格后获得检验证书，海关准许放行。经过检验不合格的药品，一律不得出口。

申报报验的手续是，先填制《出口检验申请单》，申请单的内容一般包括：品名、规格、数量（或重量）、包装、产地等项目。如果需要用外文进行填写，应注意中外文内容的一致。再把《出口检验申请单》提交给检验机构，同时还应附上合同和信用证副本等有关文件，供检验机构检验和发证时参考。货物检验合格，即由检验机构发给检验证书。

二、催证、审证和改证

（一）催证

如果买卖双方在医药商品出口合同中约定采用信用证支付方式，那么严格按照合同的规定按时开立信用证就是买方必须履行的义务之一。即使合同中对买方开证时间未做规定，买方也应在合理时间内开证。只有买方按时开出信用证，才能使双方顺利履约。然而在实际业务中，有时国外进口商在遇到资金发生短缺或市场行情突然发生变化等情况时，往往会故意拖延开证。在此情况之下，尤其是在大宗医药商品交易或提供专为买方生产的医药商品交易的情况下，卖方为了避免耽误和损失应结合备货情况及时进行催证。催证就是指卖方通过向买方直接发出函电催促买方按照合同迅速办理开证手续，并送达给卖方，以便卖方按时将货物出运。必要时，卖方也可委托我国驻外机构或有关银行协助催证。

（二）审证

信用证是依据买卖合同开立的，所以从理论上讲，信用证内容与合同条款应保持一致。但在国际贸易实际业务中，由于种种原因，如进口商或开证行工作的疏忽和电文传递的错误、国外交易习惯的不同、进口商视市场行情变化有意增加新要求或增加在签订合同时未争取到的不合理利益等，往往会出现开立的信用证条款与合同规定不符，或者在信用证中加入了一些软条款（soft clause），即卖方看起来无所谓但是实际上无法满足的信用证付款条件。因此，为了确保顺利履约和安全收汇，必须对来证认真审查与核对。审证工作是由医药出口企业所在地的银行（通知行）和医药出口企业共同完成的，但是两者审证的侧重点有所不同。通常由通知行审核开证行的资信能力、政治背景、付款责任和索赔路线等方面的内容，而医药出口企业着重审核信用证内容与买卖合同是否一致。审证工作的主要依据是买卖双方签订的合同、国家有关法律法规和《跟单信用证统一惯例》（《UCP500》）等国际惯例。在审证的过程中要注意以下几个要点：

1. 开证行的资信　为了保证安全收汇，首先应对开证行所在国的政治经济状况进行审查。凡由国家规定不准与之有经济贸易往来的国家和地区的银行开来的信用证，不能接受。如果开证行所在国的政局不稳，也应要求进口商另行更换开证行；其次要审查开证行的资本额和经营作风等问题。如果发现开证行的资信不佳，可采取适当的安全措施，如要求另一家可靠银行保兑、请偿付行确认偿付、要求加列电报索偿条款或采取分批装运分批结汇的办法以分散风险。

2. 信用证的性质和开证行的付款责任　信用证的性质和开证行的付款责任关系到医药出口

企业能否安全收汇。信用证必须是不可撤销的跟单信用证，即来证中必须标明："不可撤销"字样，而且在证内应载明开证行保证付款的责任条款。信用证表明其受到《UCP500》的约束。值得注意的是，有的信用证上虽然注明了"不可撤销"字样，但证中又加列了一些限制性条款或保留条件，如注明"待取得有关当局签发的进口许可证后方能生效"的语句，或者"待收到确认函后方能生效"、"另函详"等类似的文字，说明此证尚未生效。上述情况下，医药出口企业应在接到生效通知书或信用证详细条款后再履行交货义务或者要求对方改掉此类限制性条款。

3. 开证申请人和受益人的名称和地址　信用证中必须注明开证申请人的名称和注册地址，要注意开证申请人只能是进口商，不能是其他任何一方。受益人的名称和注册地址也是信用证中不可缺少的。受益人一般是出口企业，即卖方，但少数情况下是议付行。开证申请人和受益人的名称不能写错，否则会导致发错货物从而影响收汇。

4. 信用证的金额与货币　信用证的金额必须与合同规定的金额相一致。如合同中有货物数量的"溢短装"条款，信用证金额也应包括相应的"溢短价"机动条款。信用证金额中单价与总值要填写正确，大小写并用。若货物价格中包括佣金的，佣金也应包括在信用证的金额之中。若价格中已扣除佣金，信用证中就不能出现议付行内扣佣金的语句。信用证所采用的货币与合同规定应该一致。

5. 医药商品的品质、规格、数量和包装　信用证应对货物的状况描述清楚，有关医药商品的品名、规格、数量、货号、包装、唛头等各项内容必须与合同规定相符。特别要注意有无附加的特殊条款，如果有，应认真考虑这些要求是否合理，能否顺利办到，在此基础之上研究决定是否接受这些条款或者要求进口商修改信用证。

6. 信用证规定的装运期、有效期、到期地点和交单期　信用证必须规定一个有效期，即银行承担付款责任的期限，也称到期日。未规定有效期的信用证是无效的。信用证还应规定有效期的到期地点，一般有三种情况：一是规定为出口国境内到期，二是规定为进口国境内到期，三是规定为在第三国境内到期。第一种情况对出口企业最有利，所以出口企业最好接受在出口国境内到期的信用证。对于规定为进口国或第三国到期的，到期地点均在国外，可能会发生邮程中的延迟、遗失等意外情况，使单、证晚于信用证到期日到达银行，影响出口企业安全收汇，风险较大，一般不宜接受，应提请对方修改。

装运期是指卖方将货物装上运输工具运往目的地或货交承运人的日期。装运期应与合同规定一致。装运期应与有效期有一定的合理间隔，通常是在10天至15天左右。目的是保证货物装运后有足够时间做好制单、交单工作。信用证可以不规定装运期，也就是装运期和有效期在同一天，即所谓"双到期"信用证。遇到此种情况，出口企业应在到期日之前提前装运货物。如果因来证较迟，无法按期装运，应及时电请买方要求延期，修改有效期。

按照《UCP500》的规定，信用证还应当规定一个具体的交单期，即规定装运期也就是运输单据出单日期后必须向银行提交符合信用证规定的运输单据进行议付的期限。这主要是为了避免当信用证到期日较远时，可能出现货物已到目的地而运输单据还没到的情况，造成进口方无法接收货物。如果信用证没有规定交单期，必须在运输单据表明的装运期后21天内向银行交单议付，同时以不得超过信用证规定的有效期为限。

7. 分批装运和转运　分批装运是指一份合同或信用证的货物分两批次或多批次进行装运。转运是指采用两种类型以上的运输工具运输货物，即货物从装运港、装运地或货交承运人的地点至卸货港、目的地的运输过程中，对货物进行再装和转移。

信用证应注明是否允许分批装运和转运，如果没注明，则按《UCP500》解释，应视作允许分批装运和转运。有的来证不允许分批装运和转运，这时出口企业应开展积极调查，了解在装运期内是否有直达运输工具抵达目的地，了解货物是否能在装运期内一次性出运，如很难办到，则必须要求对方修改信用证。

信用证中对货物是否允许转运和分批装运的规定，必须符合合同的规定。如果允许分批装运，即采用循环信用证，则必须规定各分批的出运日期、出运数量和金额。除非信用证另有规定，其中任何一批未按规定装运，该证对该批以及今后各批的保证付款责任均告失效。

8. 保险条款　信用证中投保险别、投保金额、承保范围、保险加成率等条款应与合同的规定相符合。如果超出了合同规定的范围，同时来证表明由此产生的超额费用由买方承担，保险公司也对此表示同意，医药出口企业可以接受此类信用证。

9. 信用证费用　信用证费用是指银行为办理信用证业务所收取的业务费用和报酬，包括开证费、通知费、议付费、保兑费、承兑费、修改费、邮费、电报费等。买卖双方在国际贸易合同中应事先约定好由哪一方支付信用证费用。一般是由开立信用证的买方来支付。来证对信用证费用的规定应与合同相符。如果来证出现"all banking charges are for account of beneficiary"的语句，表明买方不愿支付信用证费用，要求受益人即卖方支付，此时出口企业应要求修改信用证，改为开证申请人支付。

(三) 改证

仔细审核信用证后，如果没有发现任何问题，即可按照信用证的规定发货并制单结汇。如果发现了问题，则应立即与银行、运输、保险、商检等有关机构分别商讨研究，做出妥善的处理。属于来证对开证行承担的付款责任规定的不明确的，或属于信用证条款含糊不清难以履行的，应委托银行与开证行联系，要求予以更改；属于开证行的政治背景和资信能力存在问题的，或属于违反合同规定，其中有不能接受的条款的，应向卖方及时提出修改。在改证的过程中应注意以下问题：

1. 正确掌握改与不改的界限　原则上可改可不改的，酌情处理。如合同原规定允许分批装运，但来证注明不允许分批装运，若货物已经全部备齐，一次装运上船并无困难，就没必要要求对方改正。又如来证为"双到期"信用证，出口企业本来可以要求对方展期，但是如果有效期的期限足以保证货物能提前装运，并不影响制单和议付时间，也可不要求延展有效期。非改不可的，坚决要求修改。如不符合我国对外贸易法律、政策并影响出口方安全收汇的信用证，必须要求对其进行修改，并坚持收到对方信用证修改通知书后再发货。

2. 避免一改再改　对同一信用证有多处需要修改的，原则上应一次性提出，避免考虑问题不周屡次提出修改，以节约时间和费用，防止既增加双方的手续和费用，又对外造成不良影响的情况发生。

3. 修改通知书不能部分接受　如果对银行转来的修改通知书不能全部接受，应及时表示拒绝。因为按规定，对修改通知中的修改内容要么全部接受，要么全部拒绝，不能只接受一部分而拒绝一部分。

4. 不可撤销信用证的修改问题　按照国际贸易惯例，对不可撤销信用证中任何条款的修改，都必须在相关当事人的一致同意下才能生效。

5. 改证后原证的效力　医药出口企业如接受修改通知书的内容，则议付时应将修改书附在原信用证上，如果不接受修改内容或退回修改通知，则原信用证仍有效。

6. 要求展期问题　延展装运期不等于同时延展有效期，反之亦然。由于这两个期限关系密切，所以出口企业通常要求同时展期。

三、租船订舱、报关、投保和装运

医药出口企业在做好备货工作的同时，还必须处理好租船或订舱事宜，办理报关、投保、装运等手续。

(一) 租船订舱

以 CIF 或 CFR 条件成交的买卖合同规定由卖方承担租船订舱的责任，也就是医药出口企业必须按合同规定做好租船或订舱工作。在出口货物数量较大，需要整船装载运输的情况下，卖方应委托外运机构办理租船手续；在出口货物数量不大，无需整船装载运输的情况下，卖方可以由委托外运机构代理租订部分舱位或预订班轮。我国医药出口企业通常委托中国对外贸易运输公司（简称外运公司）办理租船或订舱。

租船的主要程序是：首先，医药出口企业向外运公司签发海运出口货物租船委托书，委托外运公司作为租船方代理租船。外运公司向船东或其经纪人（外轮代理公司）发出租船单进行询租，主要内容包括：货物的名称、数量、包装方式，装运港和目的港以及其他要求。其次，船东或其经纪人给予租船方以询租答复，告知可供装运的船舶情况，以及大致的运价，供租船方考虑和比较。再次，由租方和船方进行报价和还价。最后，如果一方的报价被另一方所接受，租船方与船方或其经纪人正式签订租船合同。

订舱和装船的主要程序是：首先，医药出口企业从外运公司获取其每月编印的出运船期表。船期表列明航线、船名、国籍、抵港日期、停靠港名、截止收单期（接受运输委托的最后日期）、预定开始装船日期和船舶停靠的港口名称等内容，是外运公司根据各口岸申报的要船计划并结合交通部门的规划制定的。根据船期表，进行备货和催证等相关工作。其次，医药出口企业在完成备货并审查信用证符合要求后，根据信用证和合同的有关装运条款填写托运单（booking note，B/N），委托外运公司办理订舱手续，并在截止收单期前送外运公司。托运单又称订舱委托书，内容有：货物名称、件数、毛重、包装式样、尺码、标志、目的港、最后装运期、结汇期限、能否分批装运和转船等。再次，外运公司收到医药出口企业的托运单后，会同外轮代理公司根据配载原则和货物的具体情况安排船只和舱位。然后由外轮代理公司签发装货单（shipping order，S/O），又称关单，俗称“下货纸”。装货单是承运人接受托运和通知码头仓库或装运船舶收货装船的凭证。最后，等船只到港后，医药出口企业自己或委托外运公司前往仓库提货送至码头，向海关报验，海关审核后，在装货单上加盖放行章，凭装货单装船。货物装船后，由船长或大副签发收货单，也称“大副收据”（mate's receipt，M/R）。证明货已装船并描述收到货物的详细状况。然后由托运人凭大副收据向外轮代理公司换取正式提单。

（二）报关、投保和装运通知

医药出口企业在委托外运公司将医药商品送进码头装船出口之前，还要先履行报关和投保（CIF 条件）等手续，以获取出口货物报关单、保险单等单据。

1. 报关　报关是指货物在装运出口之前，出口货物的发货人（即医药出口企业）或其代理人（货运代理）在海关规定的期限内，采用纸质报关单或电子数据报关单的形式向海关申明其出口货物的详细情况，并随附全部相关单据，提请海关审查放行，并对申明内容的真实性、准确性承担法律责任的行为。根据我国海关法规定：凡是进出国境的货物，必须经由设有海关的港口、车站、国际航空站进出，并由货物所有人向海关申报，经过海关放行后，货物方可提取或者装船出口。

出口货物的发货人或其代理人主要通过填写《出口货物报关单》履行报关手续。《出口货物报关单》是海关按适用的海关制度为出口货物办理通关手续的法律文书，需要填写的主要项目包括出口口岸、申报日期、经营单位、运输方式、运输工具名称、提运单号、发货单位、贸易方式、征免性质、结汇方式、运抵国（地区）、指运港、成交方式、运费、合同协议号、境内货源地、包装种类、重量、商品编号、商品名称、规格型号、数量、商品单价和总价、申报单位签章、海关审单批注及放行签章等等。填写完《出口货物报关单》后，医药出口企业还需将出口合同副本、发票、装箱单、商品检验证书（属于法定检验的货物和合同规定检验的货物）、药品出口证书、货物原产地证明、出口收汇核销单、企业工商营业执照、海关签发的出口货物减免税证明、配额与许可证管理证件等其他有关证件与《出口货物报关单》一并承交海关，接受海关审批。需要注意的是，申报工作应该在出口货物装货的 24 小时前完成。

2. 投保　凡是以 CIF 价格成交的出口合同，医药出口企业在装船前，必须及时向保险公司办理海运货物投保手续，填制投保单。出口药品的投保手续，与其他商品一样，一般都是逐笔办理的，投保人在投保时，应将货物名称、保险货物金额、投保险别、运输路线、运输工具、开航日期、装运港、目的港等一一列明。保险公司在投保单上签字盖章后，表示接受投保，保险合同关系即告成立。投保单一式两份，双方各执一份，出口企业随即再凭投保单、信用证和合同正本办理正式保险单，交付保险费，保险公司审核后即签发正式保险单或保险凭证。

3. 装运通知　医药出口企业办理完各种申报手续并获得各种凭证以后，就可凭有关凭证及装货单，委托外运公司将货物送进码头并装船了。在货物装船完毕后，出口企业应立即向进口方发出装船通知，便于进口方做好付款赎单和接货的准备工作。如果履行的是 FOB 或 CFR 出口合同，买方还将凭装船通知办理投保手续，也就是说为了使进口方能及时去办理保险，以免因未及时办理保险而产生的意外损失，出口企业必须及时履行装船通知义务，否则应承担相应的法律责任。

四、制单结汇

出口货物装运之后，医药出口企业就应立即按照信用证规定，正确缮制各种单据，全部单据齐全后，在信用证规定的交单有效期内，递交银行办理结汇手续。

（一）制作单据

1. 单据缮制的要求　因为现代国际医药贸易普遍采用象征性交货方式，所以凭单交货、凭单付款是其最重要的特征。银行在信用证业务中并不去审核单据的真伪、也不审查合同条款、更不管商品质量，甚至不管卖方是否已履行交货义务，而只是处理单据。因此，出口企业在信用证方式下结汇必须做好缮制单据工作，使单据的种类、内容、份数、交单时间、提交方式等方面都符合信用证的规定，做到正确、完整、及时、简明、整洁。

(1)正确：是指出口企业所提交的各种单据必须做到“三个一致”，即单证一致、单单一致和单货一致。

1)单证一致是指单据与信用证的规定表面一致：首先银行审单时所遵循的是单证严格一致的原则，开证行在审核单据与信用证完全一致后，才承担付款的责任。反之，若发现提交的单据与信用证有任何不符，均有拒付货款的可能。其次银行并不调查单据的真实性，只凭单据表面上显示的内容与信用证条款一致就可付款。因此，即便是出口企业已履行了有关义务，但是只要没有按信用证规定制作单据，也会被银行视为单证不一致而遭到拒付。

2)单单一致是指单据与单据之间必须一致：同一笔业务的单据之间如果不一致会对出口企业的收汇工作产生不利影响。常见的单据不符现象主要有：发票与提单不一致，如发票上标明的唛头、件号、货名、船名、重量与提单不符；发票注明以 CIF 成交的出口合同却在提单上注明运费未付。各单据的时间顺序不合理，如保险出单日期迟于提单签发日期等。银行将拒收这些相互不一致，自相矛盾的单据。

3)单货一致是指单据和货物之间必须一致：为了约束卖方在单据上所列的货物与合同中约定的相一致，通常信用证中都列有买方对货物描述的条款。但是信用证不可能代替合同，无法对较复杂货物的技术指标、规格、包装等进行详细地描述，出口企业只能根据合同的具体规定缮制单据。因此，出口企业要注意根据合同制定的对货物描述的内容不能与信用证的规定相抵触。

(2)完整：是指必须按信用证的规定提供各项单据，不能缺少单据的份数和单据本身的项目，也必须完整无缺。

(3)及时：是指在信用证有效期和交单期内，及时将单据送交议付行以便及早发现单据存在的问题，进行修改，便于议付行早日寄单收汇。

(4)简明：是指单据的内容应按信用证要求和国际惯例填写，力求简明。

(5)整洁：是指单据的布局要美观、大方，采取标准化格式，打印或缮写的字迹要清楚，更改的地方要签字盖章，一些重要的内容，如汇票、提单上的金额、数量等主要项目，一般不能修改。

如果出现了信用证与单据不符合的情况，最简单的补救措施就是由银行把发现不符点的单据退回给出口企业，请求其修正，使不符点消灭，仍属单证相符的正常议付结汇。但是此种办法的前提是要在信用证交单期允许的时间范围内进行。如果不能及时改正，出口企业还可以选择以下几种补救措施。

1)凭保议付：是指议付行如发现单证不符，可以要求出口企业开立保证函，担保如日后遭到开证行拒付，由出口企业承担一切后果，然后照常向开证行办理索汇手续。采取此措施的前提是：单证不符点是微小和不重要的，而且必须是非实质性的。

2)表提：是指议付行发现单证不符后，用表格列明单据中的不符点，连同全套单据寄往开证行，要求授权付款的一种措施。通常议付行要求出口企业出具担保书。常用于金额不太大，不符点虽属实质性的，但不很严重而且事先已经开证行确认可以接受的情况。

3)电提：是指议付行发现单证不符后，发送电报或电传把单证不符点的情况通知开证行，要求授权付款，征得同意后再寄单的一种措施。常用于金额较大、不符点属于实质性问题、较严重的情况。此措施的优点是可以在很短的时间内通知开证行征求开证申请人的意见，一旦同意，就可以立即寄单收汇，如未获同意，出口企业可及时采取措施处理已装船的货物。

4)改跟单托收：出口企业也可放弃信用证，采用跟单托收的方式，委托银行寄单代收货款。

出口企业无论采取以上哪种补救措施，都会丧失银行在信用证中的付款保证作用，转而依赖商业信用。

2. 单据的种类及其常见问题　用于银行结汇的出口单据主要有四大类，第一类是金融单据，如汇票；第二类是商业单据，如商业发票、保险单、重量单、装箱单等；第三类是运输单据，如海运提单、航空运单、铁路运单等；第四类是证明性文件，如药品检验合格证明、GMP证书、产地证明书、普惠制单据等。出口企业应根据信用证的规定在每一类单据中选择该使用的单据，决定其内容、份数和制作方法。以下是几种常用的出口单据及其使用和制作时应注意的一些问题。

(1)汇票(bill of exchange，draft)：出口企业在缮制汇票时应注意的问题包括以下几个方面。

1)出票日期和地点：汇票的出票日期和地点印在汇票的右上角，表明出口企业将汇票交给议付行议付的日期及其地点。出票日期不能迟于信用证规定的有效期和交单期，也不能早于提单签发期，即根据国际惯例，应在提单签发以后的21日内。出票地点应填写议付地点。

2)出票依据：在信用证支付方式下，汇票的出票依据就是根据信用证填写的开证行名称、开证地点、开证日期、信用证号码等。在托收方式下，则是指合同的号码。汇票一般开具一式两份，具有同等效力，其中一份付讫，另一份自动失效。

3)付款人：付款人通常写在汇票的左下角。在信用证支付方式下，付款人应填写开证行，以明确其应承担第一性付款的责任，而不是填写开证申请人即进口商。在托收方式下，付款人则应填写进口商。

4)收款人：在信用证支付方式下，应填写议付行。通常做成指示性抬头即用“pay to the order of”表示。托收方式下，既可填写托收行，也可填写出口人自己，在办理议付或托收时背书给议付行或托收行。

5)出票人：在信用证支付方式下，出票人就是信用证的受益人，即医药出口企业。在使用或转让信用证的情况下，出票人则是第二受益人。出票人一般写在汇票的右下角。

6)汇票的金额：汇票金额一般与发票金额相等。在信用证支付方式下，汇票的金额不得超过信用证的金额。汇票金额的大小写必须一致，否则银行会因此拒付。

(2)发票(invoice)：发票通常指的是商业发票。此外，还有其他各种发票，如海关发票、领事发票和厂商发票等。

1)商业发票(commercial invoice):是由出口企业开立的,凭此向进口商索取货款的发货帐目清单。它能够全面说明一笔交易,是一切单据的中心,在结汇中必不可少,同时它是制作汇票等其他单据的依据,还是进出口清关、完税的依据以及买卖双方交接货物、记帐的和清算货款的依据。

商业发票没有统一的格式,但主要项目基本相同,主要包括:①发票的名称和编号;②出口企业的名称和地址;③收货人名称和地址。除可转让信用证外,在信用证业务中应与开证申请人相一致;④货物名称、数量、包装、单价和总值。对货物的描述必须与信用证的规定一致,信用证没涉及的内容,尽量不表述。但是有时可用具体的品名代替信用证上比较笼统的品名,如信用证只规定品名为"药品",实际货物是青霉素原料药,那么在发票中的最佳表示方法是"药品:青霉素"。注意应按照信用证的规定标明发票中商品的价格条件,如 CIF 旧金山;⑤合同号;⑥发票日期和地点;⑦船名、装卸港名、出口许可证号;⑧制作人签章等。

由于各国法律或商业惯例的不同,有些国家或地区开来的信用证要求在发票上对货物的自然状况辅以证明性的声明,也应按其要求照办无误。如来证要求提交"证实发票"(certified invoice),则必须在发票上加注"证明所列内容真实无误"的文字,并把发票下端通常印有的"有错当查"(E.&O. E)字样删去;如来证要求提交"收妥发票"(receipt Invoice),应在发票上标明"货款已经收讫"的文字。

2)海关发票(customs invoice):是有些国家的海关制定的一种固定格式的发票,要求国外出口企业填写,目的是作为估价完税、征收差别待遇关税和征收反倾销税的依据,还可供海关编制统计之用。它有三种习惯名称:海关发票(customs invoice)、估价和原产地联合证明书(C. C. V. O.,即 combined certificate of value and origin)、根据××国海关法令的证实发票(certified invoice in accordance with××customs regulations)。

在填写海关发票时要注意:①要统一商业发票上和海关发票上共有项目的内容,两者保持一致,不得相互矛盾;②不同国家或地区使用的海关发票,其格式不一,不能混用;③如以 CIF 条件成交,则应分别列明 FOB 价、运费、保险费,且三者的总和应与 CIF 价格相等;④签字人和证明人均须以个人身份出面,而且两者不能为同一人。个人签字均须手写才有效;⑤应根据有关规定慎重填写"出口国国内市场价格"一栏,因为其价格的高低是进口国海关作为是否征收反倾销税的主要依据。

3)领事发票(consular invoice):一些拉丁美洲国家、菲律宾等国规定,凡输往该国的货物,国外出口企业必须向该国海关提供该国领事签证的发票。领事发票的作用与海关发票基本相似。有些国家指定了固定格式的领事发票,也有一些国家规定可在出口企业的商业发票上由该国领事签证。各国领事签发领事发票时,均收取一定费用。医药出口企业一般不宜接受规定了需提供领事发票条款的信用证。如来证有此规定,应争取取消,或由银行注明当地无对方外交机构,特殊情况应按我国主管部门的有关规定办理。

4)厂商发票(manufacturer's invoice):厂商发票是用来证明出口国国内市场的出厂价格的发票,可供进口国海关估价、核税和征收反倾销税之用。它由出口国的制造厂商出具,用本国货币计算价格。

(3)提单(bill of lading):提单是承运人或其代理人向托运人签发的、证明已收到特定的货物或将特定的货物装船,并负责将货物运送到指定目的港,交付给收货人的一种物权凭证,是最重要的一种用于结汇的运输单据。缮制提单应注意以下问题:

1)必须提供"已装船清洁提单"(Clean on board B/C):银行不接受不清洁提单,一般也不愿意接受未装船的备运提单。如果来证未禁止转船,可提供转船提单(transshipment B/L)或联运提单(through B/L)。

2)托运人(shipper):是指委托承运人运货的发货人,在提单上一般填写信用证的受益人为托运人。当然,除非信用证另有规定,也可允许填写第三人为发货人。

3)收货人(consignee):习惯上称为抬头人,在信用证或托收方式下,绝大多数都做成"凭指示"

(to order)抬头或“凭托运人指示”(to order of shipper)抬头。不可写成以买方为抬头人的提单，也不可写成以买方为指示人的提单，以防货款尚未收到，物权就已经转移。这种提单必须经发货人背书，才可流通转让。有的要求做成“凭××银行指定”，这种提单，发货人不需背书。

4)货物名称(description of goods)：可用概括性的统称，不必列明详细规格，但应注意不能与来证规定的货物特征相抵触。例如来证列明了每一种药品的名称、规格和数量，如有阿司匹林、安乃近、青霉素、酮康唑等，但提单上只要用“药品”这一统称来表示即可。

5)唛号、重量、尺码和件数：唛号(marks)即运输标志，是提单上重要的项目，不能留空不填，若散装货物无唛号，可以表示为“no mark，N/M”；货物的重量一般为毛重(gross weight)，通常以公斤作为计重单位；尺码(measurement)是货物的体积，应以立方米作为计量单位。件数(NO.)应与唛号上所列内容一致，若散装货物无唛号，可以表示为“in bulk”。如装船过程中发生漏装少量件数，可在提单上唛号前面加上“Ex，No××”字样，以表示其中有缺件。

6)运费项目：指运费的支付条件，这项十分重要，必须按照商业发票中的支付条件填写。如CIF或CFR条件，在提单上应注明“运费已付”(freight prepaid)；如成交价为FOB条件，在提单上则应注明“运费到付”(freight to collect)。

7)装运港(port of loading)：装运港要求填写得具体详细，即应把实际装船港口的具体名称填写在提单上，不能只填写笼统的名称。如来证要求为“中国港”，那么如果在上海港装运，则应填写“SHANGHAI”，不能填写“Chinese port”。

8)卸货港(port of discharge)：若为直达运输，卸货港就是最终目的地港；若存在转船的情况，则应把转船地点和最终目的港都在提单上一一列明。

9)被通知人(notify party)：是指货物到达目的港后发送到货通知的对象。若来证规定了被通知人，如要求“notify ××. only”，那么提单上应填写上被通知人的名称和地址，且不能省略“only”；若提单是凭指示提单或记名提单，来证又没有规定的，此栏一般可以不填，但是提单副本应把被通知人的名称和地址写上；若是空白指示提单，则必须填写被通知人的名称和地址。

10)提单正本的份数：提单正本(original B/L)一般为一式两份或三份，应按来证要求制作正本的份数。每份正本提单都具有同等的法律效力，如其中一份凭以提货，其余各份自动失效。有的来证中规定提供“全套提单”(full set or complete set B/I)，是指要求承运人在签发的提单上注明全部正本份数。

11)提单签发的日期和地点(date of issue and place)：签发日期就是装船完毕的日期，且不得迟于信用证和合同规定的最迟装运期；签发地点就是装船地点。在转船的情况下，应填写第一程船装货港地点为签发地点。

12)来证中提出的其他装运条件：如要求提供航线证明、船籍、船只证明、指定转运港等，必须一一照办。对某些不合理或难以办到的要求，必须及时改正。

(4)保险单(insurance policy)：是指保险人(保险公司)与被保险人(投保人)之间订立的保险合同的凭证。在保险单上所列明的货物遭受合同责任范围内的损失时，被保险人可依据保险单向保险人索赔。在CIF和CIP条件下，出口企业必须向银行提交保险单才能办理收汇。保险单通过背书可以转让。填写保险单应注意以下几个问题：

1)保险单的抬头(insured)：即被保险人，在CIF条件下，应填写信用证上的受益人为保险单的被保险人。交单议付时要背书，以办理保险单转让。

2)承保险别(conditions)：是保险人对货物承保的责任范围，应按来证规定填写。

3)保险金额(amount insured)：按照国际贸易惯例，保险金额不得低于货物的CIF总值，一般是加成10%投保，通常不能把佣金和折扣扣除在外。

4)保险单签发日期和地点：签发日期应早于提单签发日期，可以是同一天，但不能迟于提单签发日期。通常以信用证的受益人所在地为签发地点。

此外，保险单上列明的货物情况和运输情况等内容应与提单和发票的相应内容一致。

(5)装箱单和重量单(packing list and weigh memo)：这两种单据是用来补充商业发票内容的不足，供海关检查和核对货物之用。装箱单又称花色码单，列明每批货物的逐件花色搭配。重量单则列明每件货物的毛重、净重。

(6)普惠制单据(generalized system of preferences documents)：简称GSP，目前已有新西兰、加拿大、日本、欧盟等国家或地区给予我国以普惠制待遇。对这些国家或地区出口，须提交普惠制单据，作为进口国海关减免关税的依据。填制普惠制单据要注意避免发生差错，否则就可能丧失享受普惠制待遇的机会。目前最常用的普惠制单据是From A产地证(GSP certificate of origin From A)，其适用于一般商品，由出口企业填制，并经国家出入境检验检疫局签发。在缮制From A产地证时应注意与信用证、合同、发票和提单的内容相一致，也要注意应填写的各种日期与其他单据签发日期之间的先后逻辑顺序。

(7)商检证书(inspection certificate)：商检证书的作用是证明货物的品质、数量、重量和卫生等情况完全符合合同的规定。出口业务中，商检证书大多数由商检局即国家出入境检验检疫局出具，非法定检验范围的商品，如合同和信用证无规定，也可由中国贸促会、出口企业或生产企业出具。出证机构、证书名称、证明内容、检验项目和检验结果等必须符合信用证和合同的规定。

(8)产地证明书(certificate of origin)：是一种证明货物原产地或制造地的证明文件。与海关发票和领事发票的作用相似，进口国要求提供这种证明，主要是为了确定征收进口税的税率。有的国家限制从某个国家或地区进口货物，因此要求以产地证来证明货物来源的。产地证明书一般由出口地的公证机构、中国贸促会或工商团体签发，也可由国家出入境检验检疫局签发。

(二)结汇

结汇手续是指出口人将所得外汇货款，按照结汇日的外汇牌价的银行买价卖给国家指定的银行。

通常有三种结汇方法：收妥结汇、定期结汇和买单结汇。

1. 收妥结汇　收妥结汇是最常用的结汇方式，是指议付行收到出口企业的单据后，经审查无误，将单据寄交国外开证行索取货款，待收到开证行将货款拨入议付帐户的贷记通知书(credit notes)时，即按当日外汇牌价，折成出口地本币拨给出口企业。

2. 定期结汇　定期结汇是指议付行根据向国外开证行索偿的邮程远近估计索偿需要的时间，预先确定一个固定的结汇期限即到期日，与出口企业约定：到期后不管是否收妥货款，主动将票款金额折成出口地本币拨给出口企业。

3. 买单结汇　买单结汇是一种对出口企业提供资金融通，便于出口企业资金周转的短期融资业务，又称押汇，是指议付行在审单无误情况下，按信用证条款买入受益人即出口企业的汇票和其他单据，从票面金额中扣除从议付日到估计收到票款之日的利息，将余款按议付日外汇牌价折成出口地本币拨给出口企业。议付行买入跟单汇票后就成为汇票持有人，可以凭汇票向开证行索取票款。

五、出口收汇核销及退税

(一)出口收汇核销

出口收汇核销是我国政府为了避免因未及时跟踪收汇导致外汇流失，而制定的一项对境内出口企业出口贸易项下的一切收汇实行跟踪管理和监督的管理制度，是一种以出口货物的价值为标准核对是否有相应的外汇收回国内的一种事后管理措施。1991年，有关政府部门联合确立了出口收汇核销管理制度，制定了相关部门规章。2003年，国家外汇管理局发布并开始实施新的

《出口收汇核销管理办法》及其实施细则。为了证明一笔国际医药贸易的出口货款已经回收或已按规定使用以及能够顺利办理出口退税，医药出口企业应当在整个出口合同履行的过程中处理好收汇核销事务，并在货物出口之后的规定期限内向当地外汇管理部门办理收汇核销手续。其具体程序如下。

1. 领取收汇核销单　出口企业从外汇管理局领取空白收汇核销单，如实填写。收汇核销单是由国家外汇管理局统一管理，各分支局核发，出口企业凭以向海关办理出口报关、向银行办理出口收汇、向外汇管理机关办理出口收汇核销、向税务机关办理出口退税申报，有统一编号的凭证。

2. 向海关提交收汇核销单并办理报关　出口企业在货物出口前，先仔细核对核销单的内容与报关单的内容是否一致，再在核销单注明报关单编号，并连同整套出口报关单交海关，办理出口报关手续。

3. 海关验讫　海关在审核报关单、核销单等其他单据无误后，在核销单“出口退税专用联”上签注出口货物的名称、数量和总价，并加盖“验讫章”，再将核销单退给出口企业。货物出运后，海关把反映出口货物的实际情况的结关数据发送给外汇管理局。

4. 向指定银行办理交单议付结汇　出口企业凭整套结汇单据向收汇银行办理交单结汇，收取货款。如果是信用证、托收项下出口，出口企业在向银行交单时，应在所提交的汇票和发票上加注核销单的编号；如果是汇付方式出口，出口企业应事先向国外进口商说明该批出口货物的核销单编号。

5. 银行通知收汇情况　收汇银行收到进口商或开证行的付款后，向出口企业出具结汇水单或收账通知，并提供填有核销单编号的出口收汇核销专用联。同时向外汇管理局申报收汇情况。

6. 办理核销　出口企业收到货款后，凭出口收汇核销单、出口货物报关单和结汇水单或收账通知的出口收汇核销单专用联向外汇管理局办理出口收汇核销申请。外汇管理局根据出口企业的核销申请，对海关的出口货物进行收汇核销，核对无误后向出口企业发送出口收汇已核销证明，并将收汇核销单的出口退税专用联退给出口企业。

（二）出口退税

世界上大部分国家都实行出口商品零税率的政策，也就是实行出口商品退税或免税制度，我国也不例外。我国政府为帮助国内出口企业降低成本，加速资金周转，增加产品在国际市场上的竞争力，实行由国家税务机关在产品出口后退还出口企业出口商品在国内生产和流通环节已征税款的出口退税的措施。我国出口退税的基本原则是“征多少，退多少，不征不退。”

根据我国税收征管法律、法规和规章的有关规定，凡是发生出口业务的企业都可以办理出口退税手续。因此，依法经过登记备案取得外贸经营权的专门性医药外贸企业自己出口货物的或代理其他企业出口货物的以及没有出口经营资格委托出口的药品生产企业出口货物的，除法律有例外规定外，均可以申报办理出口退税。出口企业在出口货物报关离境后，做好交单结汇和收妥货款的工作，在财务上对出口商品做好销售处理后，可凭有关退税单据按月报送税务机关批准，退还或免征增值税和消费税。具体的程序如下：

(1)办理出口退税认定手续：医药出口企业办理备案登记取得进出口经营权后，没有出口经营资格的药品生产企业委托出口自产货物，应分别在备案登记、代理出口协议签定之日起30日内持有关资料，填写《出口货物退(免)税认定表》，到所在地税务机关办理出口货物退(免)税认定手续。

(2)出口货物退税申报：出口企业应在规定期限内(通常为90天)，收齐出口货物退(免)税所需的有关单证，使用国家税务总局认可的出口货物退(免)税电子申报系统生成电子申报数据，如实填写出口货物退(免)税申报表，向税务机关申报办理出口货物退(免)税手续。注意不能逾期申报，否则税务机关不再受理该笔出口货物的退(免)税申报，并要求按有关规定补征税款。

税务机关对出口企业报送的申报资料、电子申报数据及纸质凭证及时予以接受并进行初审，经初步审核，资料齐全的，受理该笔出口货物退(免)税申报，并为出口商出具回执，对出口货物退(免)税申报情况进行登记。

(3)出口退税应报送的申报材料：税务机关重点审核的凭证包括如下几种。

1)《出口货物报关单》(出口退税专用)：除另有规定外，出口货物报关单必须是盖有海关验讫章，注明"出口退税专用"字样的原件，出口报关单的海关编号、出口商海关代码、出口日期、商品编号、出口数量及离岸价等主要内容应与申报退(免)税的报表一致。

2)增值税专用发票(抵扣联)：增值税专用发票(抵扣联)必须印章齐全，没有涂改。增值税专用发票(抵扣联)的开票日期、数量、金额、税率等主要内容应与申报退(免)税的报表匹配。

3)消费税税收(出口货物专用)缴款书：消费税税收(出口货物专用)缴款书各栏目的填写内容应与对应的发票一致；征税机关、国库(银行)印章必须齐全并符合要求。

4)出口收汇核销单：出口收汇核销单的编号、核销金额、出口企业名称应当与对应的出口货物报关单上注明的批准文号、离岸价、出口企业名称匹配。

5)代理出口证明：代理出口货物证明上的受托方企业名称、出口商品代码、出口数量、离岸价等应与出口货物报关单(出口退税专用)上内容相匹配并与申报退(免)税的报表一致。

(4)税务机关审核后审批退税：税务机关对申报的出口货物退(免)税凭证、资料进行人工审核和计算机审核，保证其与国家税务总局以及其他部门传递的数据完全一致。审核无误后，安排退税资金并划转至出口企业。

第三节　国际医药贸易进口合同的履行

国际医药贸易进口合同的履行是指医药进口商按照合同规定，办理对外付款保证手续、催促卖方履行交货义务、付款、接货并办理进口通关手续的全过程。进口合同的履行程序与出口合同的履行程序相似，业务环节相反。在我国国际贸易实务中，进口合同一般采用 FOB 交易条件，使用即期信用证支付货款，通常包括的步骤有：开立信用证、租船订舱、投保、审单付款、进口备案、报关提货、商检、拨交、进口付汇核销、进口索赔等。与普通商品不同，医药商品进口合同的履行还应严格遵守药品进口管理程序的法律规定。

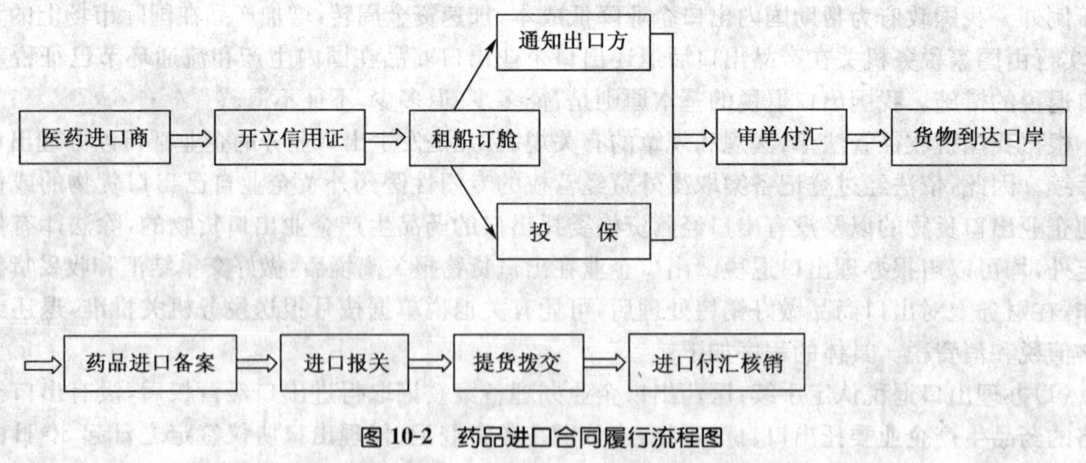

图 10-2　药品进口合同履行流程图

一、开立信用证

与卖方签订进口合同之后，进口商应按合同规定向银行申请开立信用证。申请开证的具体时间视合同的规定而定，不宜过早也不宜过迟。如果合同规定在收到卖方备货完毕的通知或在卖方确定装运期后开证，进口商则应在收到上述通知后，在卖方确定的装运日期之前30～45天开证，以便卖方在收到信用证后有足够的时间安排装运；如果合同规定在卖方领取出口许可证或支付履约保证金后开证，则进口商应在收到卖方已领到出口许可证的通知后或接到银行已收讫卖方履约金的通知后再开证。

进口商应通过填写开证申请书(application for issuing L/C)来完成开证。开证申请书的内容主要有：信用证的性质、信用证号码及信用证的有效期、合同编号、信用证的传递方式、受益人的名称及地址、通知银行、开证申请人、信用证总值、所需单据、装运说明、使用的贸易术语、货物状况、包装条件、附加要求和开证申请人声明等。在信用证上填写的各项内容应与合同条款一致，应以合同为依据填写品质、规格、数量、价格、交货期、装货期、装运条件及装运单据等项目。此外，应在开证申请书中的所需单据一项中列明出口方提供的各项单据及份数，并对单据内容提出具体要求。

开证行在收到开证申请书后首先要对进口商的资信情况进行调查，根据开证申请人的资信情况决定进口商应交纳保证金的数额，要求进口商向银行缴付比例为信用证金额百分之几到百分之几十的保证金。其次还要审查开证申请书的内容，如发现开证申请书存在前后条款矛盾、与国家的法律规定相抵触等问题，则应向进口商及时提出修改意见。待进口商改正后，即按照开证申请人的要求开立信用证。

目前，信用证可以通过信件传递到出口国的通知行，称为信开信用证，也可采用电报、电传、传真等电子通讯方式传递给通知行转告受益人，称为全电开证，此种方法传递速度快但费用较高。为了节省时间和费用，开证行也可以先发电报或传真的方式把信用证的主要内容预先告知通知行，并注明“详情见后”的语句，称为简明开证。此举的目的是让通知行转告出口方，进口商已按合同开出信用证，出口方应尽快做好备货、报验、租船订舱等工作，等到进口商的信用证实本通过邮寄送达通知行后，出口方就可以凭此装运货物并缮制单据。

出口方收到信用证后，可提出修改信用证的请求，如展延装运期和信用证有效期、变更装运港口、更改有关单据等。如为合理要求，进口商应同意其请求并直接向开证行办理申请改证手续。开证行经审核同意后开出信用证修改通知书，用原来的传递方式传递给通知行转交出口方。

二、租船订舱

在FOB贸易术语条件下，进口商应承担租船订舱的义务。在我国，进口商一般委托国内外运公司或外运代理公司办理租船订舱业务。接到出口商备货完毕的通知后，进口商即填写货物进口订舱联系单，连同合同副本送交外运公司或外运代理公司，委托其安排船只或舱位。货物进口订舱联系单的内容包括：装货港、卸货港、目的地、货物名称、货物重量和尺码、货物包装、合同编号、发货人名称及联系方式等。在办妥租船订舱手续后，进口商应将船名、船只预计到达日期、船只到达港口、船只的国籍等情况及时通知出口方，以便对方做好装船工作。同时，要随时掌握出口方备货和装船的情况，必要时催促对方按时装运，以避免出现船货脱节和船等货的情况。对于大宗货物和重要物资的进口，还可委托政府驻外商务机构就近了解，或派员前往出口地点监督装运，督促对方根据合同规定，按时、按质、按量履行交货义务。

三、办理投保

以FOB、CFR、CPT和FCA等交易条件成交的进口合同规定由买方办理货物投保。进口商在接到国外出口商已装船通知后，应立即向保险公司办理进口运输货物保险。

进口商既可以选择逐笔投保的方式办理保险，也可以采取预约保险的方式办理保险。逐笔投保的方式是指进口商在接到国外出口方发来的装船通知后，直接向保险公司填写投保单，办理投保手续。保险公司出具保险单，进口商缴付保险费后，保险单随即生效。预约保险的方式是指进口商事先与保险公司签订预约保险合同，规定该预约保险合同项下的以 FOB 和 CFR 条件进口的货物保险，都由该保险公司承保，并在合同中制定各种货物应投保的险别、保险费率、赔偿方式等条款。在收到一批货物的装船通知后，进口商直接将装船通知寄往保险公司或填写预约保险启运通知书，把注明船名、提单号、开船日期及航线、货物名称及数量、装运港、目的港、保险金额等内容的预约保险启运通知书传递给保险公司，即视为已办妥有关投保手续。货物一经启运，保险公司就对该批货物负自动承保责任，一旦发生承保范围内的损失，由保险公司负责赔偿。保险公司根据进口商每次提交的装船通知书或预约保险启运通知书，定期向进口商收取保险费。预约保险的投保手续比较简单，能有效避免漏保情况的发生，是医药进口商最常采用的投保方式。

四、审单付汇

审单付汇是进口合同履行过程中的重要环节。在采用信用证方式支付货款的条件下，开证行和进口商凭借单据偿付货款，进口商还要依据单证核对出口方所提供的货物是否与合同相符。

审单工作通常是由开证行和进口商共同完成的，通常是先由开证行对单据进行初审，再由进口商进行复审。国外出口商在货物装运之后，把全套单据经出口地银行寄交给开证行。开证行对收到的单据根据“单证一致”和“单单一致”的原则进行表面审核。如果发现有单证不一致或单单不一致的情况，可拒绝付款。如果完全相符合，再交给申请开证的进口商复审。进口商收到银行转来的全套单据后，根据信用证与合同的规定进行审核，如发现单证不符，应在 3 个工作日内将全套单据退回开证行，并以书面形式告知拒付货款并且说明拒付的理由。开证行可据此决定拒绝接受单据，并立即将拒付通知直接发给寄送单据的通知行。应注意根据《UCP500》第 14 条的规定，开证行必须不得迟延地以电讯方式或其他快捷的方式通知此事，不得迟于自收到单据的翌日起第 7 个银行工作日。若进口商在 3 个工作日内没有提出异议，开证行此时即可向出口地银行付款。同时通知进口商付款赎单。开证行一经履行付款义务，就丧失了追索权和撤销权。因此，审单工作具有非常重要的意义，开证行和进口商必须认真仔细地做好审单工作，切不可掉以轻心。

除了拒付之外，开证行也可对单证不符或单单不符的情况做出适当的处理，如货到检验合格后再付款；凭出口方、议付行出具担保证明后付款；要求对方修改单据；符合的部分付款，不符合的部分拒付；付款的同时要求保留索赔权等。

五、进口备案

根据《中华人民共和国药品管理法》、《中华人民共和国药品管理法实施条例》、国家食品药品监督管理局(SFDA)和中国海关共同颁布的《药品进口管理办法》，进口药品在报关之前，必须办理进口备案手续。进口备案是履行国际医药贸易进口合同所必须执行的特殊环节。

我国《药品管理法》规定药品必须从允许药品进口的口岸进口，并由进口商向口岸所在地药品监督管理部门(简称口岸药监局)登记备案。办理进口备案的进口商应是具有《药品经营许可证》的法人，或是具有《药品生产许可证》的药品生产企业(药品生产企业只能进口本企业所需原料药、制剂中间体或境内分包装用制剂)。

不同性质的进口药品，其备案程序有所不同：

(一) 已获得《进口药品注册证》或《医药产品注册证》的普通进口药品

进口商应持有《进口药品注册证》或《医药产品注册证》(针对港、澳、台地区生产的药品)原件，填写《进口药品报验单》，向口岸药监局报送所进口药品品种的有关资料，包括：《进口药品注册证》或《医药产品注册证》的复印件；进口商的《药品经营许可证》或《药品生产许可证》、《企业法人营业执照》复印件；原产地证明复印件；购货合同复印件；装箱单、提单和货运发票复印件；出厂检验报告书复印件；药品说明书及包装、标签的式样(原料药和制剂中间体除外)；最近一次《进口药品检验报告书》和《进口药品通关单》复印件；经其他国家或者地区转口的进口药品，还需提交从原产地到各转口地的全部购货合同、装箱单、提单和货运发票等。

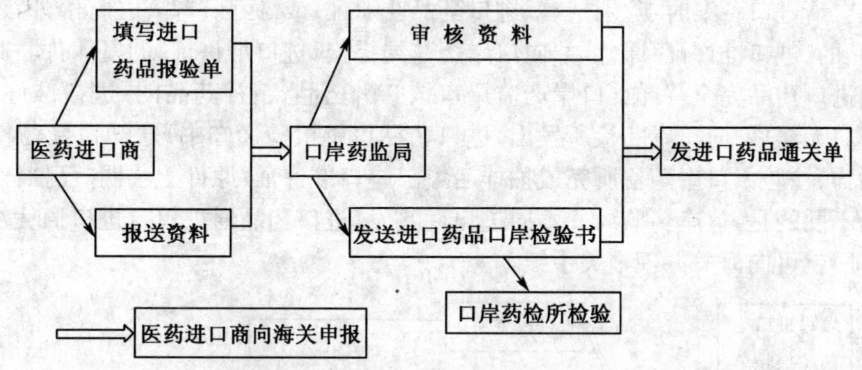

图 10-3 普通药品进口备案流程图

口岸药监局逐项核查所报资料是否完整、真实，查验《进口药品注册证》或《医药产品注册证》原件的真实性。审查全部资料后，认为提交的资料符合要求的，准予进口备案，发给《进口药品通关单》，进口商凭《进口药品通关单》向海关办理报关验放手续。同时口岸药监局向负责检验的口岸所在地药检所（简称口岸药检所）发出《进口药品口岸检验通知书》，并转交一整套申报资料。口岸药检所抽取样品，进行质量检验，并将检验结果送交所在地口岸药监局，但检验结果合格与否并不影响进口药品的报关验放。

（二）SFDA 规定的生物制品、首次在中国境内销售的药品和国务院规定的其他药品

这类药品具有高度的危险，在进口药品中所占比例不大。首先，除应提交普通药品进口所需提交的上述资料外，还需提供特定的申报资料，如 SFDA 规定批签发的生物制品，需要提供生产检定记录摘要及生产国或者地区药品管理机构出具的批签发证明原件。其次，在整个备案的过程中还含有进口商品强制检验程序，即口岸药监局审查全部资料无误后，向负责检验的口岸药检所发出《进口药品口岸检验通知书》，并转交一整套申报资料，同时向海关发出《进口药品抽样通知书》。口岸药检所进入海关监管地点，抽取检验样品，进行质量检验，并将检验结果送交口岸药监局。检验符合标准规定的，准予进口备案，由口岸药监局发出《进口药品通关单》，进口商凭《进口药品通关单》办理向海关办理报关验放。不符合标准规定的，不予进口备案，由口岸药监局发出《药品不予进口备案通知书》。也就是说，此类药品必须经口岸药检所检验合格后才能获得《进口药品通关单》，办理报关手续。

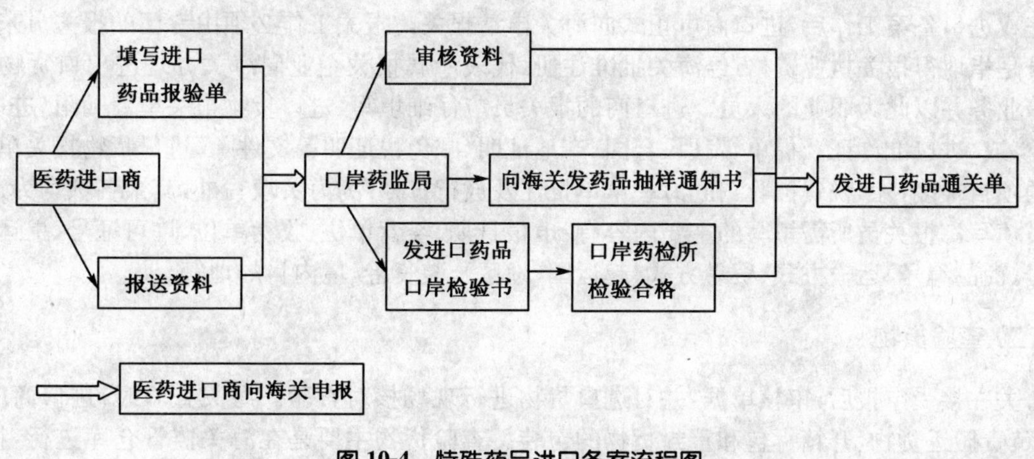

图 10-4 特殊药品进口备案流程图

(三) 精神药品和麻醉药品

进口商在申请进口备案时，除须持有《进口药品注册证》或《医药产品注册证》外，还须持有麻醉药品、精神药品的《进口准许证》原件，并向口岸药监局提交《进口准许证》的复印件。其他所应提交的资料与普通进口药品完全一样。口岸药监局审核麻醉药品、精神药品的《进口准许证》原件的真实性和其他资料无误后，向口岸药检所发出《进口药品口岸检验通知书》通知口岸药检所对此批进口药品进行抽样、检验。口岸药检所完成抽样后，在《进口准许证》原件上注明“已抽样”的字样。与其他进口药品不同的是，口岸药监局并不向进口商签发《进口药品通关单》，进口商凭注明“已抽样”的《进口准许证》就可向海关办理报关手续。

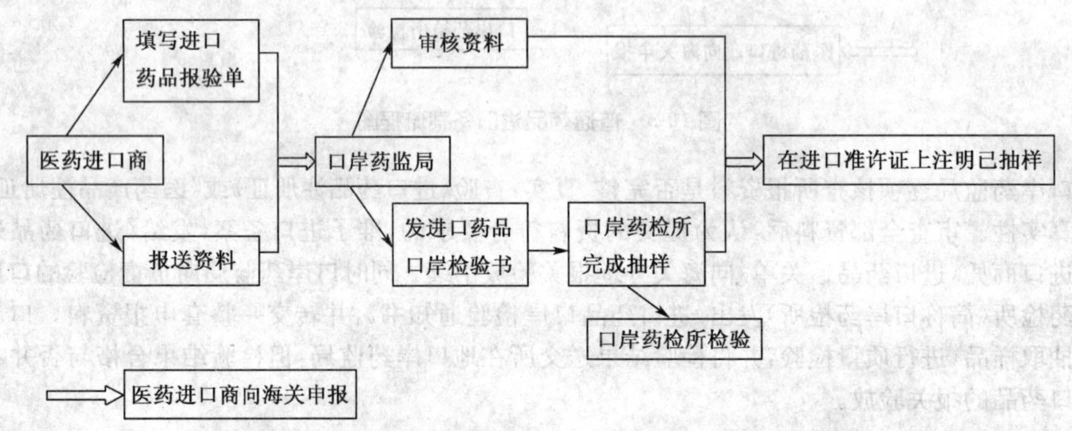

图 10-5　精神药品、麻醉药品进口备案流程图

六、进口报关

医药商品进口报关是履行国际医药贸易进口合同必不可少的一个环节。根据我国《海关法》规定，一切进口货物到达目的地(港)后，进口货物的收货人或其代理人应在自运输工具申报进境之日起 14 日内，向海关报关，如果进口货物的收货人超过 14 日期限未向海关申报的，由海关征收滞报金。如果进口货物的收货人超过自运输工具申报进境之日起超过 3 个月内未向海关申报的，海关有权将货物提取依法变卖处理。医药商品进口报关分为四个主要步骤进行，即海关申报、查验货物、缴纳关税和清关放行。

(一) 海关申报

完成进口备案工作后，进口商可正式向海关申请报关。报关工作必须由专门的报关员来完成。报关员是指取得报关执业资格，经海关批准注册，代表所属报关企业向海关办理进出口货物报关、纳税等业务并以此为职业的人员。进口商的报关员应仔细填写《进口货物报关单》，随附《进口药品通关单》或《进口准许证》、提单、发票、合同、产地证明、减免税证明等文件。《进口货物报关单》所要填写的项目很多，除“税费征收”和“海关审单批注及放行日期”为海关填写外，其余各项均为进口商报关员填写。报关员所需填写的主要内容有：申报日期、经营单位、收货单位、许可证号、提运单号、合同号、商品编号、运输方式、贸易方式、起运国(地区)、装货港、境内目的地等。

(二) 查验货物

海关在接受申报后，审核单据，并对进口货物进行现场核对查验。海关查验时，进口商应到现场，并负责搬运货物、开箱拆包和重封货物的包装。查验货物主要是在海关监管仓库进行，特殊商品如大宗货物、散装货物和危险品可由海关派员到船边或仓库查验。海关主要检查核对实际进口货物是否与报关单相符。

进口商在提货时，如发现货物有短缺，应立即会同港务局填写“短缺报告”，并交船方签字确认；如发现货物有残损，应将其存放于海关指定的仓库，并通知保险公司等有关单位进行检验，明确残损程度和原因，以便向责任方索赔。

（三）缴纳关税

根据《海关法》的规定，进口商应在海关填发税款交纳书后及时履行缴纳关税的义务，即在海关签发税款缴纳书的次日起 7 日内（不包括节假日）向指定银行缴纳税款。

（四）清关放行

海关对货物及各种单据查验合格后，确认进口商已按规定缴纳关税，即在货运单据上签章放行。进口商可凭海关签章放行的货运单据提取进口货物。

七、拨交与索赔

（一）拨交货物

进口商提取进口货物后，如为自用，就不存在拨交货物的环节；如是受委托代理进口，则应拨交给订货方。如果订货方在卸货港附近，则可就近拨交；如果订货方不在卸货港附近，则一般委托外运机构代为将货物转运内地拨交给订货方。

（二）进口索赔

进口商通过对进口货物检验后，往往会发现货物的品质、规格、质量、包装与合同规定不完全相符的情况，因此遭受损失。此时需要进口商向有关方面提出索赔。对外索赔不是每笔医药商品交易都会发生的，但是如果索赔的方法不当，难以得到理想的索赔效果，会严重影响进口商的经济利益。在办理对外进口索赔时，应注意以下几个问题：

(1)明确索赔对象：引起货物损失的原因多种多样，首先应查清货物致损的原因，根据不同原因明确索赔对象。如发现货物品质、规格与合同规定不符、数量短缺、包装不良等情况，是属于卖方履行合同不当造成的损失，应向卖方提出索赔；如在签发清洁提单的情况下，发现货物残损、短缺、数量少于提单上注明的数量，是属于承运人过失造成的损失，应向承运人提出索赔；如发现是由于自然灾害、意外事故或其他外来原因致使货物发生了承保范围内的损失，并且处于保险责任的有效期内，应向保险公司提出索赔。

(2)掌握并提供索赔证据：只有在充分掌握索赔证据的基础上才能保证索赔工作的顺利进行。因此，要求进口商在事故发生之后应及时保存证据，保证做到证据确凿。索赔时，进口商应填制索赔清单，并随附相关单证。对不同的索赔对象须另附的单证有所不同：如向卖方索赔时，应提供检验证书、发票、装箱单、提单副本；向承运方索赔时，应提供船长及港务局理货员签证的理货报告及船长签证的短卸或残损证明；向保险公司索赔时，须另附保险单、检验报告等，力争做到单证齐全。

(3)注意索赔期限：向卖方索赔必须在合同规定的索赔期限内提出，逾期索赔的，对方有权不予受理。如果合同未对索赔期限做出规定，而买卖双方营业地同时处于《公约》缔约国境内，可按《公约》的规定确定索赔期限。《公约》规定买方向卖方声称货物不符合合同的时限，为买方实际收到货物之日起两年内。向承运人提出索赔的索赔期限，应在规定的期限内提出，《海牙规则》对船公司的索赔限于货到目的港交货后一年。向保险公司提出索赔的索赔期限则根据我国《海洋运输货物保险条款》，一般为货物在目的港全部卸离海轮后两年。

(4)确定索赔金额:《公约》第74条规定:"一方当事人违反合同应负的损害赔偿额,应与另一方当事人因他违反合同而遭受的包括利润在内的损失额相等。"因此,卖方应偿付的索赔金额不仅包括受损货物的价值,还包括有关费用,如药品检验费、装卸费、仓租、利息、银行手续费以及合理的预期利润等。保险公司和承运人应赔付的金额则根据保险合同和运输合同中约定的计算方法予以确定。

复 习 题

1. 通常情况下医药进出口合同要满足哪些法律条件才能生效?

2. 在医药出口业务中,通常由谁来审核信用证?审核信用证应注意哪些问题?

3. 医药出口企业在履行出口合同的过程中通常需要缮制哪些结汇单据?缮制单据应达到哪些基本要求?

4. 什么是出口结汇?通常有哪几种结汇方法?

5. 阐述进口药品的备案程序。

(李 歆)

第十一章

国际医药市场

第一节　国际医药市场现状

一、世界主要医药市场概述

医药行业与百姓的生命、健康息息相关，是世界各国重点发展的朝阳产业，是世界经济中增长最快的行业之一。药品巨大的社会与经济效益，刺激了制药工业从20世纪下半叶开始快速发展。1951年至1980年30年间，世界药品产值由29亿美元增加到790.30亿美元，增长27.25倍。进入21世纪，世界医药市场依然保持较高的增长速度，2000年世界药品市场规模达到3680亿美元，2002年高达4060亿美元(见表11-1)。

表11-1　世界医药市场总规模(单位:亿美元)

年代	1970	1975	1980	1985	1990	1995	1996	1997	1998	2000	2002
市场规模	217.7	429.1	790.3	929.7	1821	2858	2964	3028	3080	3680	4060

尽管近些年世界医药市场保持着增长势头，但各大医药市场增长速度并不相同。美国医药市场近年呈现高速增长势头，增长率达到11%，1998年美国的医药市场规模达到995亿美元，占当年全球医药市场的三分之一多，从而带动全球医药市场的增长。而英、法、德、意、西班牙等欧洲国家由于受到国内医疗保健制度的限制，导致欧洲各国的医药市场增长率高低不一。1998年日本占据第二大医药市场位置，达到388亿美元(见表11-2)。

表11-2　1998年世界前10位医药市场

国家	98年销售额(亿美元)	增长率%	国家	98年销售额(亿美元)	增长率%
美国	995	+11	英国	102	+8
日本	388	−1	巴西	65	−5
德国	182	+5	西班牙	53	+11
法国	141	+4	加拿大	49	+1
意大利	109	+9	阿根廷	36	+6

美国市场是各大制药公司选择药品上市地点的首选地。1998年共上市了38个新化学本体，其中有25个产品选择在美国首先上市，因为在美国市场促销的成功与否对公司的业绩有很大影

响。如 1998 年与辉瑞公司的伟哥一同上市的同类产品 Zonagen 公司的 Vasomax(即酚妥拉明甲磺酸盐,Phentolamine mesylate),该产品在墨西哥首先上市,当 1999 年 10 月该产品在进入美国市场时遭到 FDA 拒绝后该公司的股票价格当天下跌 50%。从世界各医药市场来看,北美、西欧和日本占据前三位,占了全球医药市场的四分之三以上(见表 11-3)。

表 11-3 世界医药市场中各地区所占份额(%)

年份	北美	西欧	日本	东欧	拉美	非洲	亚洲(日本除外)	其他国家
1989	27.5	28.0	20.4	7.3	4.2	1.2	6.2	
1992	33.4	32.7	16.3	4.2	5.5	7.9	7.9	
1993	31.0	28.0	18.0					23.0
1994	31.0	32.0	21.0		5.0	2.0	5.0	4.0
1995	30.1	31.2	18.9		6.9		6.8	6.1
1996	35.0	29.0			7.0			29.0

二、国际医药市场的特点

国际医药市场目前呈现出新的特征:

(一) 国际医药市场的增长幅度逐渐趋缓趋稳,并稳定在 7%~8%左右

始于 1997 年的东南亚金融危机不仅让东南亚国家的经济受到极大影响,全球经济发展的速度也因此减慢,但由于药品是人们在患病时所必需的,因此医药市场受此影响不大,依然呈现稳定的增长势头,保持着 6%~7%的年复合增长率。到 2004 年全球医药市场首次突破 5000 亿美元大关,达到 5180 亿美元,但由于北美地区近 10 年来首次出现增长速度不到两位数,只有近 8%,因此导致了全球医药市场增长速度开始放缓。

(二) 世界医药行业并购数量增加,行业的市场集中度不断提高

目前世界前 70 家大制药企业,经过兼并重组后,到本世纪中期将合并为 15 家左右。这些并购战略正在改变市场格局,使得市场集中度不断提高。世界药业排名前 10 名的制药公司的销售收入 1993 年占全球药品销售收入的 25%,1998 年占 30%,2004 年跃升为 55%。2005 年上半年这一趋势依然明显,其中上半年销售额达 255 亿美元的美国辉瑞公司,销售额比 2004 年同期增长了 17%。

(三) 重磅炸弹药物仍将是制药企业主要的利润来源

重磅炸弹药物,是指销售额超过 10 亿美元的畅销药物。例如,1899 年,被誉为"世纪之药"的阿司匹林的问世,使德国拜尔公司从一家印染厂成长成为世界著名化学和制药巨头。20 世纪 80 年代的重磅炸弹药物多为"治疗型"药物,90 年代的重磅炸弹药物为改善人们生活质量的药物,21 世纪的重磅炸弹药物则为靶向治疗药、蛋白质/多肽类药物。从 1995 年到 2004 年,全球重磅炸弹药物从 17 个增加到 70 个,2004 年,最畅销的十大类药物的市场份额占全球医药市场的 33%,其中位居首位的,是降胆固醇和甘油三酯类药,仅此一类药的销售额就超过 30 亿美元,占全球医药市场份额近 6%。

(四) 新药研发的投入和难度不断增加,各国加强知识产权保护

新药的研究开发一旦取得成功其所取得的回报是非常惊人的。这主要因为拥有知识产权(专

利保护)的药品可以独占市场10年甚至更长时间，获取丰厚的利润，使得企业占据竞争和发展的有利地位。近年来在开发上取得成功的辉瑞(Pfizer)公司就是这方面的典范，继西地那非(viagra)2001年销售额达到60亿美元后，2004年该公司开发的另一降脂新药立普妥(lipitor，阿托伐他汀)年销售额又达到创纪录的120亿美元，增长率达13.8%。为获取医药产业的高额利润，发达国家所有的制药企业均进一步强化了新药开发的力度，投入高额的开发资金(通常占全部销售额的15%～25%)。

由于医药工业是一项高新技术密集的产业，它的发展将带来极为巨大的经济效益。具有明显的经营壁垒和技术壁垒。医药产业研发投入占销售收入的比例平均高达15.7%，是一个研发密集型的行业。其高效益在欧美日等发达国家已得到充分体现。医药产业的利润率高居各行业榜首，达17.2%，显著高于占据第二位的电讯业(8.1%)和第三位的计算机产业(7.3%)。

为了保持在医药领域的领先地位，美国、欧洲和日本政府在加大科技投入的同时，十分注重知识产权的保护，以确保技术领先的优势。从产品和技术专利的角度看，美国、加拿大、西欧、日本和其他少数几个国家(特别是韩国和新加坡)每年的新专利数量在全球占据了很大比例。这些国家虽然仅占全球15%的人口，但2000年在美国申请的药品专利却占据了99%的比例。

第二节 美国的医药市场

一、美国医药市场概况

居世界前列的十大医药市场中，预计美国医药市场将居于领先地位。到2005年，美国化学药的年销售额将达到2630亿美元，其中处方药的销售额将占其药品总销售额的14.4%。

据专业人士分析，今后5年，美国将增强其在世界医药市场上的优势地位。1990年初，美国医药市场和欧洲医药市场规模大体相等，而目前美国医药市场规模是欧洲医药市场的两倍，这主要是由于美国药品使用量大大增加以及大量新制剂上市所造成的。在2001～2005年这5年内，美国医药市场的发展速度将超过其在1990～2000年这10年的发展速度，化学药销售额平均每年将以11.8%的速度增长，从而使美国医药市场的优势地位更加巩固。

近期美国医药市场持续增长的原因主要有：

1. 美国国内经济保持良好的增长势头，人口老龄化问题日益严重，亚健康和许多慢性病的发病率和影响范围也在增加。而这些慢性病的治疗药物必须长期服用，甚至终身用药。

2. 治疗慢性病的用药范围越来越大。1999年，每100个病人的处方共包括146种药物，高于1985年的109种。

3. 美国医疗保险制度覆盖了更多的处方药，这样就大大减低了病人购买处方药的费用负担，提高了处方药的需求。

4. 越来越多的新批准的高价药品替代了原来廉价的常用药，导致处方药销售增长。2000年美国平均每张药品处方的金额为45.27美元，到2001年涨到了49.84美元。

5. 制药企业营销方式的改变促进了药品销售量的增加。许多制药企业将一些老产品通过重新申请适应证或新剂型，再次推向市场。曾在美国国内流行的DTC(直面消费者)的营销模式，也为消费者提供了更便捷的购药途径。

二、美国的药事管理体制

(一) 美国的药品监督管理机构

美国在1906年颁布的《食品、药品法》中授权联邦政府的农业部统一管理全国的药品，从此开始了国家集权管理药品的体制。目前，联邦政府在人类与健康服务部中设立了食品药品管理局，负责对药品、生物制品、医疗器械、化妆品、兽医药物、疫苗、血液制品、动物饲料、放射性产品进行监督管理。

FDA 包括 5 个评审研究中心及其他各种分支机构，下设有 10 个大区办公室、22 个地区办公室及 135 个地方站，在全国范围内行使药品监督管理工作。FDA 的 5 个评审研究中心为药物研究评审中心、生物制品评审研究中心、医疗器械及放射卫生中心、食品安全及营养中心、兽医药中心，其中药物研究评审中心与生物制品评审研究中心负责药品的监督管理工作。FDA 本部设有 8 个办公室，即局长办公室、立法事务办公室、法令条例事务办公室、卫生事务办公室、政策协调办公室、管理办公室、计划评价办公室、公务办公室。总部及大区大办公室均设有检验室，直接进行药品监督检验工作。

FDA 的主要职责是：①运用各种合适的法律手段，执行国家有关的联邦法律和规定；②在有利的科学依据和合理分析的基础上做出管理规范的裁决；③促进生产安全有效的产品提供给消费者，并对罕见和危害生命的疾病特别予以重视；④为受管理的工业界提供明确的标准规范，并指导其达到这些标准规范；⑤发现并公布有关受理产品中产生的重要的公共健康问题；⑥通过与各级政府机构和国外的专职机构、工业界、学术界的合作，提高该局的工作效能；⑦协助传播媒体、消费者团体、医疗界向公众提供所管辖产品正确的、最新的信息；⑧保证诚实、公平、负责地采取合适的行动和决策。

FDA 制定以上 8 条职责，其目的在于：①保证食品的安全与清洁卫生；人用和兽用药物、生物制品以及医疗器械的安全与有效；化妆品的安全；能产生辐射的电子产品的安全。②保证在所辖范围内的所有产品及信息的提供均应真实、准确。③保证所有产品符合有关法律和 FDA 法规的要求；发现不符合法规的产品应及时加以纠正，清除和取缔任何不安全的或非法生产的产品。

美国州政府卫生局的药政机构根据各州的具体情况而设置，其主要工作有：①药师资格的认可；②社会药房和医院药房的监督管理；③麻醉药品、精神药品的监督管理。

（二）美国药典会

美国药典会是非政府机构，负责制定药品的标准。根据美国有关药品管理法规的规定，FDA 有权对药品的质量标准、检验方法及载入药典的条文等进行评价、审核。由美国药典会编纂出版的国家药品标准有《美国药典》(USP)、《国家药方集》(N. F.)、《美国药典》增补版；另外还出版有《配置药剂信息》、《用药指导》、《美国药物索引》及《药学讨论》等。

（三）美国药学会

美国药学会(APHA)于 1852 年成立，是美国药事职业、行业的社会团体。其下设有许多协会和委员会，如美国药学院校协会(AACP)、药学院校审议委员会(ACPE)、美国医院药房协会(ASHP)美国零售药房协会(NRDA)、美国制药工业协会等。美国药学会通过下设各协会的活动在药事管理中发挥重要的作用，如美国的医院药房和社会药房的管理，宏观管理主要依靠药学会的有关协会负责。国家或州法律会授予协会药品监督管理的权利。因此，有关管理规范、行为规范均是由协会来制定并监督实施。

第三节　欧盟医药市场

一、欧洲医药市场概况

欧盟(European Union 简称 EU)共有 25 个成员国，拥有诺华、葛兰素史克、默克、罗氏、拜尔、安万特、阿斯特拉捷利康等著名跨国制药公司，在全球制药行业中有举足轻重的地位。欧洲有大约5亿人的直接消费人口，是世界上向外输出药品制剂的最大地区和最大的原料药进口市场之一。

欧洲市场1998年人均用药水平为：法国340欧元，瑞士330欧元，德国280欧元，瑞典270欧元，比利时270欧元，意大利235欧元，英国215欧元，奥地利215欧元，芬兰210欧元，荷兰195欧元，葡萄牙190欧元，西班牙185欧元，丹麦180欧元。

二、欧盟的药品管理

欧洲国家一般较小，经济市场一体化一直是大势所趋，进程在不断加速，早在1964年，欧盟成立了统一的公共卫生委员会(public health committee)和欧洲药典委员会(committee of european pharmacopoeia)，颁布了在所有成员国内都具有法律效力的欧洲药典。欧洲药典是世界上最重要的药品标准之一。

在欧盟的药事管理体系中，起到关键作用的是欧洲药品评价局(EMEA)，目前在药品上市申请上已开始实施由EMEA为核心的中央集权式的审批程序和成员国药品评审机构相互协调的共同认可程序(MRP)，以简化成员国之间的重复注册。

欧盟的药品管理非常复杂。欧洲虽然搞市场经济多年，药品却从未自由化过。药品的生产、流通和价格的制定都由欧盟及各成员国控制。除了试验中的药和临床用药不受法律管辖外，在市场上销售的药品都纳入管理。

根据药典，欧盟把药品分成8类，即专利药、仿制药、非处方药、草药、免疫药、血液制品、生物制品和抗抑郁剂。

根据1965年的法律，药品上市的条件有三个：第一是质量，第二是安全，第三是有效，没有经济上的要求。药品上市的程序为：①企业提交全部申请文件；②主管部门评估，提供一个评估文件。若改变了药品成分等，企业必须重新申请，说明功能等的变化情况。主管部门有权终止和吊销生产执照，但经济问题不会是吊销执照的主要理由。

根据1993年2309号指令，新药上市若是向欧盟申请的，发证后15国通用；新药上市若是向各成员国申请的，发证后在本国有效。若各成员国之间有歧义，可上报欧洲药品评价局(EMEA)，评估通过后15国通用，另一国认证亦可使有，不必重新来过。

在欧洲，药品生产许可证5年更换一次。企业有义务申请主管部门对药品生产条件、效用等再做一次论证。

药品测试标准根据欧盟2000年83号指令，其指导原则是：药品若在欧盟国家销售，必须符合欧盟原则，包括GLP、GCP等。

欧盟制定了2001年83号令，对药品分销做出了具体规定，其中对标签、药品说明书、包装盒作了详细说明。对接触药品的包装材料没有审查和规定，但在注册申请中肯定会有说明，保证对药品没有负面影响。

欧盟对药品广告的管理与美国不同，主要区别是欧盟的处方药不能在大众媒体上做广告。

药品价格制定的原则是：透明、公开、非歧视。药品价格的制定与报销范围都由各成员国自主制定。

专利药专利到期后，欧盟对其有5年的辅助保护时间，对临床使用的药品有10年的数据保护期。

医疗器械与药品分属两个不同的管理部门。

三、欧盟主要国家医药市场

(一) 英国的医药市场

英国1998～2002年药品市场销售额增长约23%，2002年达到99亿英镑(约合161.1亿美元)。1998～2002 年,英国内服非处方药(OTC)的销售额增长 17%,2002 年达到 18.6 亿英镑,约占英国总内服药市场的 20%,其中止痛药份额最大,约占总 OTC 市场的 15%。同期内服处方药销售额增长 24%,2002 年达 80 亿英镑。1998～2001 年英格兰地区处方数增长 1%,达 5.87 亿张,威尔士增长 18%,达 4600 万张,苏格兰增长 15%,达 6300 万张,北爱尔兰地区为 2400 万张。

(二) 法国的医药市场

法国 2001 年制药企业数量(指生产和销售至少一种人用药品的企业)减少到 300 家,生物制药企业数量为 250 家。2000 年该行业从业人员共有 95300 人,其中生产人员占 35.8%,销售人员占 31.3%,管理人员占 17.8%,研发人员占 15.1%。2001 年法国的制药行业共实现营业额 315.36 亿欧元,其中法国国内 186.75 亿欧元,出口 128.61 欧元。2001 年全法国共有 4340 种成品药以 7650 种包装形式在市场上销售。1999 年,制药企业的研发费用上升到总营业额的 14.6%,即 35 亿欧元。2001 年法国药品出口金额 128.61 亿欧元,进口 73.08 亿欧元。2000 年法国医疗费用达 1206 亿欧元,其中药品消费占全部医疗开支的 20.8%;平均每人每年消费药品 414 欧元。

(三) 意大利医药市场

意大利是欧盟中人口较多的国家之一(约 5700 万人),医药消费市场相对较大。2000 年意大利国内市场的成药销售增长了 9.50%,数量增长了 0.39%。高于世界主要发达国家的平均水平。消费增长最快的药品种类是列入意大利国家卫生保险(S. S. N.)报销范围的药物。

从世界范围来看,意大利是全球第 6 大药品消费市场。2000 年,以出厂价计算的药品消费额为 111 亿美元,居世界第四位,占世界总消费的 3.41%。2000 年,按市场零售价格计算的国内消费规模为 161.15 亿欧元,比上年增长 10.22%。

第四节　日本医药市场

日本是仅次于美国、欧洲的世界第三大医药市场。

一、日本医药市场的概况

日本医药市场在 1998 年增长了 4.8%,在 2000 年增长了 3.9%,价值达到了 480 亿美元。为控制医疗费用的增长,日本政府 2002 年规定的医药价格平均下降 6.3%。据估算,2002 年的这次降价使得日本国内医疗费用总额减少 1.3%。日本国内医药市场规模为 6 万亿日元,调价后将减少 4000 亿日元。

日本通用名药物市场在 2000 年增长了 3.9%,价值达到 58.37 亿元。日本通用名药物市场一直是由日本国内公司所把持,外国公司在这个市场中所占份额非常少。目前,通用名药物只占据了日本药品市场的大约 7%的市场份额。日本非处方药(OTC)市场在 2000 年增长了 1.4%,达 174.72 亿美元。

二、日本的药事管理体制

日本的药事管理体制共分三级,即中央级、都道府县级和市町村级。中央政府厚生省药务局是权力机构,而地方政府则为政策的贯彻执行部门。

日本于 1943 年通过立法颁布实施了《药事法》。根据《药事法》规定,授权厚生省主管全国的药品管理工作。厚生省包括中央药事审议会、附属医院、药务局等部门,中央药事审议会由厚生大臣任命的兼职或专职的医药学专家组成,它下设药典委员会、药品委员会、生物制品委员会、抗生素委员会、血液制品委员会、药品安全委员会、非处方药委员会、药效再评价委员会、医疗器械委员会、兽药委员会、化妆品及准药品委员会、有害物质及特殊化学物质委员会等12个委员会，主要负责审查、研究、讨论国家重要的药学事务。

药务局是厚生省的一个内设机构，其下设有8个课及5个办公室。计划课负责药事局的总体规划和协调并组织实施药事法，监督指导药师等；经济课负责药品、准药品、医疗器械的研究、生产、经营等方面的计划、审查、协调与促进工作；药品化妆品课负责对药品、准药品、化妆品的生产进行技术指导；新药课对新药进行监督和管理；医疗器械课主要负责对医疗器械的监督与指导；安全课主要是对药品、准药品、医疗器械、化妆品的有效性与安全性进行上市后的监测；检查指导课负责管理无证药品、类药品、医疗器械、化妆品等，并监督指导与药品广告、GMP等有关的事宜；麻醉药品课负责管理麻药、大麻、兴奋剂及精神治疗药物。

第五节　亚洲其他国家和地区的医药市场

亚洲是世界第一大洲，有近50个国家与地区，人口总数为34亿多，占全球人口的一半左右，是一个有巨大潜力的药品消费市场。

中国(大陆)、印度：目前中国和印度已经成为世界公认的原料药生产与输出大国。中国已经能提供1400种以上的原料药产品，其中一些产品在国际医药市场上的同类产品中具有价格竞争优势。中、印两国已经成为欧美发达国家某些原料药的加工基地。

韩国：韩国在20世纪90年代初，其国内医药工业总产值约为7.08亿美元，到2000年达到25亿美元。韩国制药业在半合成头孢菌素生产技术与成本方面在亚洲占有优势地位。

中国香港：香港的制药业基本上是制剂加工，本港几乎不生产任何抗生素原料药或其他西药原料药。全港药业所需原料药基本上依赖进口。香港居民普遍相信中医药，所以中成药的生产在香港占有重要地位。

新加坡：新加坡现已建起独立的医药工业体系。新加坡生产的药品不仅供本国人民消费，还大量出口到东南亚国家以及中东和西亚地区。新加坡有200多万人口，其医药市场销售额为8000多万新加坡元，但其医药工业总产值约为2亿～3亿美元。

第六节　世界药品市场的需求和发展趋势

(一) 未来世界医药市场的社会需求

预计到2002年世界医药市场销售额将达到4000亿～4060亿美元，2010年世界医药市场销售额将达到6800亿～7200亿美元。目前，全球药品消费85%以上集中在美、欧、日等几个发达国家和地区。据预测，今后10年，全球药品销售额每年将增长7%左右。到2020年，居世界经济前15位的新兴国家和地区的经济增长和发展中国家的医疗水平的提高，将使药品市场消费格局发生重大变化。

未来10年世界领先的医药市场仍将是美国、法国、德国、意大利、西班牙、英国和日本七大市场。

(二) 未来世界医药市场的走势

由于欧美等发达国家政府大多采取限制药价的改革以减少药费的支出，一些受专利保护的畅销药的专利期将至而被迫降低药价以及新的“重磅炸弹”式的专利药物开发速度缓慢等原因，将出现一些新的用药市场，使国际药品市场出现新的特点。

1. 生物药物市场　国外已有20多种基因工程产品投放市场。目前美国FDA批准了637种生物技术诊断试剂，在市场上销售的生物制剂有 27 种，有 270 个制剂进入临床试验阶段，还有 2000 个产品处于早期开发阶段。21 世纪生物技术药物以更快的速度增长，可望形成巨大的市场。2000 年全球销售额达到 240 亿美元，年均增幅为 12.5%，高于世界整个制药行业的平均 8%的增幅。

2. 天然药物市场　天然药物是指从植物、动物等天然物质中提取出活性成分，经加工精制而成的药物。与化学药物相比，目前这类药物只占临床用药的很小一部分。目前全球植物药(包括各国传统药物)的年销售额为 145 亿美元左右，其中欧洲约占一半，德国和法国植物药消费最高，共占欧洲市场总额的 72%，其中德国占 50%。近年来美国已成为世界最重要的市场之一，日本在天然药物研究方面处于领先地位，韩国的中药材和中成药出口额增加很快。可以预见，21 世纪天然药物的种类和数量将会大幅度增加，市场份额将明显扩大，直至形成生物药、天然药、化学药三足鼎立之势。

3. 非处方药市场不断扩大　世界发达国家通常都对药物实行处方药和非处方药(OTC)分类管理。进入 90 年代后，全球非处方药(OTC)的销售额由 1993 年的 325 亿美元增加到 1997 年的 550 亿美元，年均增长率为 30%左右，到 2000 年增至 650 亿美元左右，年均增幅为 14%，也高于整个制药工业的年均增速。据 1997 年的资料显示，美国是人均消费非处方药品金额最高的国家(美国人均消费非处方药达 70 美元)；丹麦居第二(人均 69 美元)；德国第三(人均 65 美元)。1996 年，我国非处方药市场的销售额已增加到 13 亿美元，2000 年非处方药的市场销售额增值 30 亿美元左右，年均增长率为 12%～18%。但目前我国人均非处方药品消费低于全球人均非处方药品消费水平(9.10 美元)。

4. 老年用药市场　随着世界人口的增长和人口老龄化的到来，老年用药，老年医疗保健药品消费额将占社会消费药品的 50%。

5. 妇女儿童保健市场　随着各国对妇女儿童保健越来越重视，妇女儿童用药市场也会得到迅速发展，例如防治肥胖、促进健康药物、美容中药和中药药膳都成为药物市场上新的增长点。

6. 透皮吸收、缓控式药物制剂市场前景广阔　主要是这类药物制剂能使药物到达患者病灶部位，使药物得到充分利用，并极大地减少不良反应。此外，精细微胶囊、茶剂等也是非常受欢迎的剂型。

7. 门诊治疗的新药有着潜在的市场前景　为减少住院的病人数，以缓解住院病床的负担，同时节约病人和政府对医疗费用的支出，将住院治疗改为门诊治疗的新药有着潜在的市场前景。

8. 新疾病谱的出现带来药品需求结构的变化　这主要是新的致病菌、病毒不断出现，危害人类的生命。同时，常见流行病又不断出现“家庭新成员”。因此，用于治疗、预防新的传染病和常见流行病的药物及消毒用药的需求会大量增加。

第七节　国际天然药物市场

一、中药类产品(含天然药)的概念

(一) 我国对中药及中药类产品的定义

中药是指在中医药理论指导下用来防治疾病的药物，其来源包括植物药、动物药和矿物药，其中以植物药占绝大多数。除此之外，还有大量民间应用的草药。另外，广义上讲，还应包括具有传统应用历史的少数民族药。

中药类产品是指上述药物的制成品。传统概念上，其包括中药材、中药饮片和中成药三大类。随着科技开发的深入，目前其用途和产品形式已形成了中药提取物、中药保健食品、中药化妆品及

中药日用品等较广范围的系列产品。

(二) 国外对中药类产品(含天然药物)的概念

天然药物系指以源于大自然(植物、动物、矿物)的原料而制成的药品及医疗保健品。目前国外天然药物产品主要来源于植物及其提取物,其产品形式包括植物药粉末和提取物制剂等,因此,也常称为植物药。其用途主要为治疗药(多为慢性病或轻浅病症)、饮食补充剂(滋补)和化妆品等。

二、国际天然药物市场现状

(一) 世界天然药物市场份额正在逐年增加

从世界药品销售总量的发展趋势来看,天然药物销售总量正在逐年加大,在世界药品销售的市场份额中正在逐年增加。从全球来看,天然药物主要集中在亚洲、欧洲和美国这三大区域。1996年全世界草药市场值高达160亿美元(不含中国市场),且正以每年10%以上的速度迅速增长。据统计1999年亚洲植物销售总额为45亿美元,欧洲为65亿～70亿美元,美国为43亿美元,再加上其他国家和地区,全世界约为200亿美元。天然药物的原料供应商主要为中国、印度和巴西。

以德、法、英、意、荷等西欧五国为主所销售的天然植物药品约占欧洲天然植物药市场70%的销售额。1997年欧洲天然植物药品市场总销售额估计在25亿～35亿美元之间。德国是欧洲最大的天然植物药品市场,1997年其天然植物药品销售额约占欧洲市场的49%,其次为意大利占10%,法国占9%,英国占9%,荷兰占2%,西班牙占2%,比利时占2%。欧洲其他国家合计占17%。欧洲天然植物药品市场平均年增长率约为4%。欧洲是目前世界上最大的植物药市场,占全世界植物药销售额的44.8%,而整个北美地区(包括美国在内)仅占10.3%,法国的植物药品零售额超过整个北美国家;德国的植物药品零售额两倍于北美的零售额。

(二) 世界天然药物的应用范围加大

就世界范围来看,天然药物的使用量和应用范围在逐年增加。销售金额大约在200亿美元左右,若包括一些保健品和化妆品在内,可达300亿美元。全世界食品补充剂的市场很大,可以达到1500亿美元。原料药的市场规模仍在150亿美元左右。在美国OTC市场上,草药一般集中在以下常见病上:咳嗽和伤风、鼻窦炎疾患、疼痛、过敏、头痛、便秘、耳痛,发烧、脚癣、拉扭伤。

(三) 天然药物开发越来越得到世界各国的高度重视

一些跨国公司已开始关注植物资源大国如巴西、中国、印度以及拉丁美洲和非洲丰富的天然植物资源。美国在拉美的秘鲁、尼加拉瓜、哥伦比亚等国设定了植物新资源开发研究基地。南非与美国合作投资1亿多美元在南非建立了植物新资源开发机构。尼日利亚也出资4万美元设立了新植物原料基金。我国的一些科研机构与美国一些大公司合作,从中国上千种植物原料药中筛选出具有抗癌、抗病毒和美容效果的新型植物成分。如从紫杉树皮中提取的抗癌新药。还有以天然植物银杏、锯叶棕、金丝桃素、卡瓦根、大蒜油、芦荟、叶黄素等为原料制造的保健品和化妆品已相继问世。

(四) 世界天然药物市场发展不均衡

由于世界各国对天然药物的政策不同,导致世界天然药物市场发展不均衡。在西方草药市场中,西欧草药市场比较发达,约占西方草药市场的2/3;美国、加拿大草药市场规模较小,占市场份额不到1/3。草药销售额在1亿美元的有意大利和美国,而德国草药市场规模最大,占西欧草药市场的2/3以上。

在欧盟成员国中，德国是最广泛运用草药的国家，其年销售额达25亿～30亿美元，是欧盟成员国总销售额的45%～50%。人均植物药消费达37亿美元。

(五) 初步形成的四个主要的植物药市场

目前，国际上主要有四个植物药市场。即东南亚及华裔市场、日韩市场、西方市场和非洲、阿拉伯市场。这一市场的特点是：没有系统的传统医药学，但生产销售主要以当地或外国传统草药为原料，以现代技术制作的天然植物药治疗与保健药物。这些植物药市场的年销售量约占全球天然药物市场年销售量的90%，这些市场目前是我国中草药、中成药、保健品出口的主要市场，也是国际上天然药物生产企业竞争的主要市场。

三、世界上主要天然药物市场简介

(一) 东南亚中草药市场

1. 马来西亚的中草药市场　马来西亚全国人口约2300万，由马来人、华人和印度人三大民族构成。其华人为500万(占45%)。马来西亚属于英联邦国家，西医西药是主要的医疗手段和应用药物，传统天然药物(包括中药及保健品)在市场上占有市场份额约为20%，而且有上升的趋势。

中药在民间，特别是华人社会被认可，但并未得到政府医院及私立医院的完全接受。只有很少几家华人经营的私立医院聘请中医师门诊并经营中药，绝大部分传统药物是通过中药店和传销商与消费者见面。

目前，马来西亚经营中药的店铺约3000余家，政府对药物重金属含量有控制标准，对有毒品及濒危野生动物药品一律禁售。

2. 泰国的中草药市场　目前，泰国总人口约5100万，其中华人约1000万(约占20%)，中药有较好的市场。1993年泰国从我国大陆和香港进口中药材及中成药约830万美元，进口量名列东南亚的第三。现有中药店800余家，多由坐堂中医师诊病，也有许多私立中医院广泛应用中草药和针灸进行治病。

3. 越南的中药市场　中越两国地域相邻，越南较大规模的中药店有近200家，中小药店更是遍布城乡。这些药铺一般都设有传统的汉药处方，与当地居民，特别是华人社会关系密切。越南所需中药除少数自产外，其80%以上需依赖进口。现从我国进口到越南的中成药就有180多种。从事这种生产的主渠道是中越公司和互市边贸，也有些日本、韩国、欧洲的跨国公司涉足其中。但是中药材的原产地基本是中国，其贸易金额相当可观。

4. 日韩市场　日韩市场是我国中草药出口稳步发展的市场。近十年来，日本和韩国也成为与我国竞争国际草药市场的主要对手，他们一方面大量进口我国的原生药，另一方面发挥草药制剂工艺及营销手段的优势，以草药现代化为先导，不断扩大和占领世界植物药市场的份额，该市场约占世界草药市场的21%。

(1)日本中草药市场：在日本，汉方制剂也是比较古老的传统工业，并已经被纳入医疗保险，近几年来日本汉方制剂的生产每年以50%～60%的速度增长，处方用汉方药每年以15%的速度增长，年销售额已达15亿美元。

近五年来，日本处方用中药的消费额每年以15%的速度递增，现已达15亿美元，人均中药消费额为7.3美元，与日本人均医疗费用412美元相比，仅占1.77%，但随着汉方制剂的不断改进和普及，日本的中药市场将会有很大的发展。

日本目前拥有60多家汉方制剂生产企业。这些企业在汉方制剂生产的机械化、联动化、自动化方面大都达到了较高的水平，并都采用了先进的工艺技术。近年来各汉方制剂生产企业又相继普遍推行了最佳研究试验规范(GIP)、最佳供应规范(GSP)、市场信息反馈规范(PMS)等多项管理制度，形成了一条较为完善的管理体系。其中，最大的生产厂家是津村顺天堂株式会社，其产量占日本汉方制剂总产量的70%，其次是小太郎汉方制药株式会社。

日本汉方制剂品种有2万多种。在剂型方面有煎剂、散剂、片剂、胶囊、滴丸、丸剂、颗粒剂、口服液等，其颗粒剂型占日本汉方制剂量的60%以上。还有如中药浴液、中药茶、清凉饮料等，这一部分市场经销值远远大于中药制剂市场。

日本以往用于生药制剂或作为汉方制剂原料的药材，主要从我国进口，如1998年从我国进口药材2.5万吨，占80%以上，而从1990年开始，日本加强了国内中草药实验基地的建设，目前全日本已有3万药农与制药厂签订了栽培中药的合同。

日本厚生省批准生产的汉方药仅限于张仲景的210种处方，其中147种被批准为"医疗用医药品"，可以在医院中使用。其余63种为"一般用医药品"，只能在药店柜台销售。目前医疗用药研究开发的重点，主要放在现代难治病、心脏病、癌症和老年病的防治方面。

(2)韩国中草药市场：韩国目前共有56个成方制剂、68个单方制剂作为药品被纳入健康保险。韩国在70年代才开始建立中成药工业，80年代末，共建成中药厂80个，占全部中西药厂总数的22.2%。自1992年以来，已逐步实施了中药制剂生产的GMP标准，目前估计韩国中药市场已达10亿美元以上。其中药材主要依靠从我国进口。据1993年统计，韩国直接从我国进口中药材1万多吨，占我国年出口总量的8%，计2000万美元。

目前，韩国一方面进口中药材，另一方面也注重本国药材高丽参的出口。1990年仅高丽参一项就创汇1.75亿美元，相当于我国同年中药材出口额的58%，另一项柴胡的出口，1990年就达到了650万美元。韩国进口我国的中药材种类逐年增加，出口总量有所下降。据韩国医药品输出入协会统计：韩国1996年共进口中药材9764万美元，其中自我国进口4446万美元，占45.5%；1997年进口9410万美元，其中自我国进口2462万美元，占46.4%，1998年进口4990万美元，其中自我国进口2462万美元，占49.3%。在韩国，中成药进口很少，但自产成药出口量很大，主要出口的是牛黄清心丸、高丽参制剂。1989年，韩国生产的牛黄清心丸占当年韩国中成药制剂总产值的14.6%，达0.7亿美元，向日本和东南亚大量出口。

(二)西方草药市场

西方草药市场主要包括西欧和北美各国的草药市场。

1. 西欧草药市场是以当地和各国传统草药为主，但没有系统的应用理论，一般多用单味药，对症用药，而且只限于植物药。在应用生药时也无炮制工艺。欧洲有700多年的使用植物药的历史，是世界上最大的植物药市场之一。传统医药目前在欧洲越来越受到人们的重视，并且有一些植物药被不断列入补偿医疗的处方。

(1)德国的草药市场：德国是一个尊重传统的国家，现代医学和传统医学并存，在德国，草药大部分已获得许可证，可在药店销售。法律上许可草药标明药物功效。

德国是欧洲植物药销售最多的国家，其在市场规模和产品开发力度方面都占有举足轻重的地位。其草药市场规模在西欧居首位，人均草药销售额为14.4英镑。在西欧，草药销售额在500万英镑以上的公司约有32家，其中11家是德国的草药公司。1995年欧洲草药市场销售额约为38亿美元，德国占7.9%。1997年德国植物药市场占欧洲市场的48%，约36亿美元，占非处方药的30%。其次是法国的18亿美元、意大利的8亿美元、英国的4亿美元、西班牙3亿美元、荷兰2.5亿美元。年增长率均在5%～15%左右。

在德国，草药与天然药物制品属于药品，注册手续和化学合成药相同，在德国卫生部有两个专家委员会，一个是为化学合成药服务的，另一个是专为草药与天然药物制剂服务的。如果草药与天然药物有学术论文的支持，则有利于草药与天然药物产品的注册，一般由三种以下草药与天然药物组成的制剂较易注册。

德国草药与天然药物的销售主要通过药局，约占市场的65%，所有药局都由药师亲自执业，药局的业务30%是处方用药，70%是非处方用药。另外德国近年来产生的药品折扣店约占市场的17%，其提供的产品品种较少，但价格有竞争能力。

德国草药与天然药物的来源大部分由欧洲其他国家进口，其余部分为德国本国生产。

(2)法国草药市场：法国是欧盟第二大草药市场。人均草药销售额为1.56英镑，年增长率为10%。在法国草药市场上有印度、中国、非洲、德国和本国的草药。最受欢迎的是用于减肥、催眠、治疗紧张、循环及消化系统疾病、疼痛、便秘和治疗风湿病的草药。一些药师认为植物疗法一般对慢性病最有用，特别是在病人使用西药无效的情况下。市场上草药的主要剂型有胶囊、茶剂、瓶装粉末等，营养品和化妆品主要应用植物提取液。目前在市场上出现的新剂型有：精细微胶囊、纯新鲜植物悬浮液。在法国，中草药已于1999年列入国家医疗保险。

法国市场上共有约23000家药店，其中一万多家药店是草药与天然药物的主要销售渠道，占所有草药与天然药物销售渠道的70%，其他销售渠道则为超级市场(占15%)，健康食品店(占15%)。而92%的草药与天然药物由当地大公司供应，有十多家大公司供应药局所需要的草药与天然药物。目前法国境内健康食品商店约有2千多家。1996年法国草药与天然药物制品的销售额达4亿多法郎，其中减肥用药约2亿法郎，其次为抗风湿病草药、安眠和镇静用草药。

法国有较明确的草药与天然药物管理法规。他们把草药与天然药物制品分成两类：一类是可自由销售的产品；另一类是经注册的合法药品，可以作为非处方药品出售，但应在说明书中的疗效前注明(传统用于……)的字样。这类草药与天然药物也可成为凭处方出售的药品，但这类草药与天然药物必须提供临床实验数据。由于草药与天然药物应用受到法国医学界的支持，因此近几年来草药与天然药物制品的销售额增长迅速。

被纳入法国的健康保险的草药与天然药物不多，因此医生开的草药与天然药物处方并不多，但草药与天然药物在法国的非处方药的使用上却逐年增加。

(3)英国的草药市场：英国的草药市场值估计为6500万英镑，是欧盟第三大草药市场。在英国，华人约占人口总数的1%以上，在华人居住集中的城市里都有中医执业开诊。英国人口约5710万，人均草药销售为1.14英镑。在英国草药市场产品中，增长最快的是保护心脏健康的鱼油，其增长率为33%。大蒜市场的增长较快，估计市场规模已达600万英镑，几乎占草药市场总值的1/10，并以每年20%速度增长。其他增长较快的产品有月见草油、止痛药、止咳制剂、治疗风湿痛及皮肤病的药物。目前生产厂家正在开发的新产品领域有：降胆固醇的替代性药物、免疫促进剂、银杏提取液等。

1996年英国草药与天然药物制品(包括注册和没注册的草药与天然药物)总销售额约为4000万英镑，其中40%为注册草药和天然药物。与欧洲其他市场一样，草药与天然药物制品主要用于缓泻剂，感冒和咳嗽用药，胃药和镇静剂等。

在英国，草药与天然药物均属于非处方药产品。草药与天然药物进入市场前需要向健康部申请注册，以保证产品的质量，安全性和疗效达到一定的标准。目前在英国申请注册草药和天然药物与申请注册化学合成药一样，是一项难度大成本高的工作。

英国草药的主要销售渠道是药局，占所有草药与天然药物销售渠道的43%，其他销售渠道包括超级市场占8%，药店和健康食品店占35%。传统的草药与天然药物大部分由健康食品店出售，需要注册的草药与天然药物经药局出售。

(4)丹麦草药市场：近年来，中医针灸在丹麦已经得到越来越广泛的认可，与此同时，天然药物在丹麦也悄然升温。一些中草药采取了比较“合法”的方式在市场上销售，如止咳糖浆、银杏液、百合等以保健品或保健食品的名义销售。丹麦对来自东方的保健品及保健食品的市场准入标准是比较宽松的，但对标签的要求却很严格。

中药要在丹麦以天然药品注册，必须列明有效成分，且有效成分种类不能超过5种。而中药大多为复方制剂，成分复杂，缺乏有效成分含量标准。而且，如果中药中含有西药成分，则必须按照西药体系注册，这对中药的注册更加不利。

2. 在北美草药市场上大部分的植物药只能作为食品或营养补充剂出售。北美草药市场销售额1997年达到32.4亿美元，1998年达到42.8亿美元，1999年达到80亿美元。在美国，中草药一般仅作为食品和膳食补充剂来进行管理。中草药尚未进入社会医疗保险。

(1)美国中草药市场：美国是世界上最大的植物药市场，预计今后年增长率将达到10%～100%。目前已有1/3(32%)的美国人用草药治病或健身，平均每人每年花费94美元，年销售量达60亿美元。美国现有6000万18岁以上的成年人用草药治疗感冒、发烧、头痛、过敏、皮疹、失眠、更年期综合征和抑郁症。

在美国，中药至今未能取得合法地位。由于美国政府不承认中药是合法药物，所以中药也不作为药品来管理，而是作为膳食补充剂来管理，可以在中药店、食品店和杂货店出售。中医药产品目前尚未真正进入美国药物的主流市场。

美国草药市场的销售量：1985年为4.8亿美元；1992年为9.9亿美元；1995年为30.2亿美元；1998年为42.8亿美元。80年代，草药仅仅在美国华人区内应用。进入90年代，美国草药市场逐年上升。美国消费者最喜欢的草药制剂是胶囊(53%)，其次是片剂和煎剂；单方制剂占52%，复方制剂占35%，植物药与维生素和矿物质的复方制剂占11.5%。据统计，美国每年要花费60亿美元用于营养保健品，而且这一市场以每年20%的速度在递增。美国约有5%的患者服用天然药物，其中80%的人在治疗过程中服用中药。1998年美国销售增长最快的几类草药有：①用于脑和循环系统的草药；②用于伤风和免疫系统的草药；③镇静草药；④男科用草药；⑤治疗轻度和中度抑郁症的草药。

目前，美国有中草药专营公司400余家，此外还有连锁商店，其代销网更是不计其数，这为中草药的销售创造了广阔的渠道。随着中草药产业的发展，目前在美国已有相当一批大规模的企业专门从事食品补充剂的生产和销售，除了资产超过10亿美元的Nu Skin 、Amway、 ForeverLiving、Herbalif四大企业外，美国生产和销售植物提取物及其制品的企业约为1100家，其中年销售额超过1亿美元的企业有18家，其销售额占行业总销售额的63%。年销售额在2000万美元至1亿美元的企业有48家，占总销售额的24%。销售额低于2000万美元以下的企业有994家，占总销售额的13%。

(2)加拿大的草药市场：由于植物药在加拿大的接受程度较高，所以加拿大是植物药最容易进入的发达国家之一。目前包括中草药在内的天然保健品已成为加拿大人自我保健的重要部分，约有50%的加拿大人使用天然保健品。每年加拿大用于天然保健品的花费约为15亿美元，并且以后每年还会以10%～15%的速度增长。目前加拿大的天然保健品年销售量在13亿美元，年增长率为15.2%。

目前，加拿大政府对中医药采取开放的态度，同时严格监管各种草药的安全性及药效功能的真实性。联邦卫生部专门成立了自然保健品办公室，由包括华裔植物药专家在内的17名成员组成。加拿大卫生与福利部将能治疗、缓解疾病或改善生理状况的草药制剂均列为药品，并可以申请作为OTC药销售，经上市前研究后可获得一个药品鉴定号(DIN)或普通公众识别码(CPI)。在能为患者自我诊断和治疗提供指导，并能为两种公认的权威性草药参考书所证实的前提下，加拿大卫生与福利部将承认获得DIN号或CPI号的草药的传统功效。加拿大常用植物药主要为欧洲传统草药，其次是中药，另有少量的印第安传统草药。治疗方向以镇静、镇痛、解痉、利尿、止泻、抗抑郁、抗炎、助消化、治疗皮肤病等为主。且多是针对一些能诊疗的症状，并以能解除某种症状为目的，而不是直接治疗某一种疾病。

3. 澳大利亚草药市场　澳洲每年至少有280万人次看中医，由于中医药的广泛应用，中草药的进口量自1992年以来已经增长4倍，并逐渐成为澳洲医药市场的重要组成部分。

四、世界天然植物药发展趋势

(一) 天然植物药将成为世界原料药市场上的新热点

全世界生产的化学药中，有 25%最初来源于植物，最著名的有阿司匹林、奎宁、洋地黄、长春碱和紫杉醇等。由施贵宝(BMS)公司垄断生产的紫杉醇，在全球的年销售额已超过 10 亿美元。美国国家癌症研究院(NCI)每年正从全球 25 个国家收集 4500 种植物，进行大规模的药物研究。但是，目前众多药物公司由植物提炼的化学药，均为单分子结构药物，而植物所含组分则为复杂的多分子成分，其中很多组分均有良好的药效。植物药物的最佳疗效是这些组分综合作用的结果，而不是来自单一分子实体。为了发掘其潜在的医疗价值，提高植物药物的科学性，除主成分以外，应对其他各组分的化学结构和药效做透彻的研究。近年来，一些公司纷纷开展植物药化学的研究。

(二) 中成药国外市场需求将增加

经有关市场调查表明，在今后相当长的一段时间内，10 类中药制剂的国外需求量将会增大：①调节机体免疫功能药物；②抗心脑血管系统疾病药物；③抗风湿病与类风湿病药物；④抗肿瘤药物；⑤抗过敏药物；⑥增强妇幼保健药物；⑦治疗性病与艾滋病药物；⑧抗衰老药物；⑨防治肥胖与促进健美药物；⑩美容中药与中药药膳。

(三) 保健食品市场需求将增加

最近 5 年，保健食品在发达国家销售额以年均 12%速度增长。据预测，在 21 世纪初，全球保健食品的销售额 将占整个食品市场的 5%，每年欧洲市场上的零售额将达到 300 亿美元，全世界为 1000 亿美元，我国 2000 年保健品市场销售额达 500 亿元人民币，并以 15%～30%的速度增长，明显高于发达国家，到 2010 年，销售额将达到 1000 亿元人民币。有着十分广阔的市场前景。

复 习 题

1. 请简述国际医药市场有哪些特点？
2. FDA 的主要职责是什么？
3. 未来医药市场有哪些发展趋势？
4. 国际上主要的植物药市场有哪些地区？
5. 国际上天然植物药有哪些发展趋势？

(张 力)

第十二章

我国医药贸易发展战略

第一节　我国医药对外贸易发展现况

一、我国对外医药贸易取得的主要成就

改革开放 20 多年，我国已经形成了比较完备的医药工业体系和医药流通网络，发展成为世界制药大国。据统计：2000 年我国有医药工业企业 3613 家，可以生产化学原料药近 1500 种，总产量 43 万吨，位居世界第二。2002 年，化学原料药产量上升到 56.18 万吨，化学原料药出口额为 29.88 亿美元，占世界化学原料药市场份额的 22%；占化学药及医疗器械类商品同期出口总额的 51.88%。到 2005 年，仅上半年我国西药原料出口额就高达 38.27 亿美元，已超过 2002 年全年出口额。西药原料药是我国医药保健品行业的出口支柱，具有规模大、成本低、产量高的优势。

我国现能生产化学药品制剂 34 个剂型 4000 余个品种。2000 年，我国 5 大类制剂片剂、水针、粉针、胶囊、输液产量分别达到 2778 亿片、264 亿支、93 亿支、486 亿粒、23 亿瓶。一些重要品种如维生素 C、青霉素在世界上占有举足轻重的地位。2004 年维生素 C 是单个品种出口金额最大的，总值达 3.14 亿美元，占化学原料药出口总额的 5.06%。

我国的传统中药，已逐步走上科学化、规范化的道路，能生产包括滴丸、气雾剂、注射剂在内的现代中药剂型 40 多种，中成药产量已达 37 万吨，品种 8000 余种。2004 年我国中药出口总额达到 7.25 亿美元。中药材、提取物和中成药三个大类的出口均有增长。

我国能生产疫苗、类毒素、抗血清、血液制品、体内外诊断试剂等各类生物制品 300 余种，其中现代生物工程药品 20 种，生产预防制品约 9 亿人份。生化药也有我国的优势，其中基因工程疫苗、干扰素和胰岛素均达到世界先进水平。

我国还可以生产包括 X 射线断层扫描成像装置、磁共振装置等在内的医疗器械 11000 多个品种、规格。还可以生产 8 大类 1200 多个规格的制药机械产品。2004 年医疗器械和设备出口为 27.78 亿美元。

医用敷料在国际上也具有较强的竞争力，因我国种植的棉花含糖量较少、棉花纤维较短，很适合作医用棉使用，出口优势明显，2005 年前 6 个月医用敷料出口达到 2.49 亿美元。

从我国医药产品出口总额的地区分布上看，亚洲排在第一位，欧洲排在第二位，见表 12-1。

表 12-1　2002～2003 年中国医药出口的地区份额(亿美元)

项目\出口额	2002 年(亿美元)		2003 年(亿美元)	
	出口额	占总额%	出口额	占总额%
亚洲	29.35	39.45%	24.45	41.41%
欧洲	20.90	28.11%	15.44	26.15%
北美洲	15.29	20.56%	12.19	20.64%
南美洲	4.77	6.42%	3.63	6.14%
非洲	2.84	3.82%	2.44	4.13%
大洋洲	1.22	1.64%	0.91	1.54%

虽然在总额上亚洲占据第一位,但从出口的项目分类上看,中国向亚洲地区出口的产品以医疗器械为主,其次是原料药(例如向印度的低端原料出口),而欧洲仍然是中国原料药出口最主要的地区,约占 40%,高于亚洲和北美,见图 12-1。此外,生化药的出口市场也主要是在欧洲,产品主要是肝素原料,仍然属于原料药范畴。

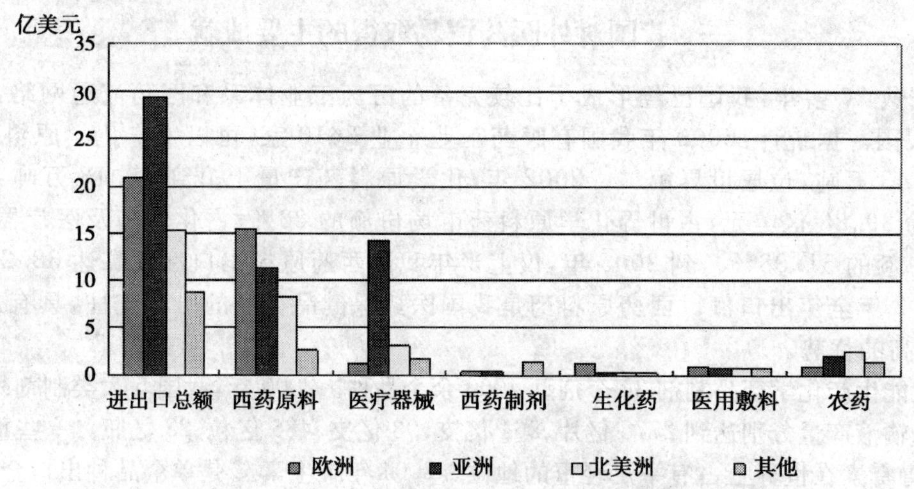

图 12-1　2003 年各类医药商品出口额按地区分布(亿美元)

欧盟成为中国原料药出口的最大的目标地区有着历史方面的原因。1993 年以前,欧洲对原料药的注册要求很低,只要符合采购方要求的质量标准就可以进入欧洲市场。相比之下,原料药进入美国的门槛一直很高,必须要通过复杂的注册程序并要求生产企业要通过 FDA 的现场 GMP 检查,同时收取高昂的注册和检查费用。亚洲属于制药业欠发达的地区,对原料药的需求有限,印度在原料药制造方面又是中国的主要竞争对手,因此,欧洲自然成为中国原料药的主要出口地区。

综上所述,可见随着医药产业的发展,我国医药贸易也获得了高速度的发展,我国医药市场已经成为国际医药市场的重要组成部分,对外医药贸易不断扩大。

二、我国对外医药贸易的主要挑战

(一)我国制药业的 GMP,GLP 管理落后,造成我国药品进入国际医药贸易市场困难

1. 医药企业多、小、散、乱的问题突出,缺乏大型龙头企业。全国医药工业企业 3613 家,其中大型企业 423 家,只占总数的 11.7%。多数企业专业化程度不高,缺乏自身的品牌和特色品种。大多数企业不仅规模小、生产条件差、工艺落后、装备陈旧、管理水平低,而且布局分散,企业的生产

集中度远远低于先进国家的水平。2000年，我国医药工业销售额最大的60家企业的生产集中度是35.7%，而世界前20家制药企业的销售额占全世界药品市场份额的60%左右。

2. 以企业为中心的技术创新体系尚未形成。新药创新基础薄弱，医药技术创新和科技成果迅速产业化的机制尚未完全形成，医药科技投入不足，缺少具有我国自主知识产权的新产品，产品更新慢，重复严重。化学原料药中97%的品种是"仿制"产品。老产品多、新产品少；低档次与低附加值产品多、高技术含量与高附加值产品少；重复生产品种多、独家品牌少。有些产品如庆大霉素、对乙酰氨基酚、维生素 B_1、甲硝唑等制剂有几十家甚至上百家企业生产。即便是新产品，重复生产现象也很严重，如二类新药左旋氧氟沙星制剂就有34个企业生产、克拉霉素制剂有35个企业生产。

应用高新技术改造传统产业的步伐较慢。多数老产品技术经济指标不高，工艺落后，成本高，缺乏国际竞争能力。

3. 制药企业GMP，GLP管理落后。国际医药贸易大多以GMP，GLP为标准，各国另外还制定自己相当苛刻的准入标准，从而使药品出口遭遇到重重非关税壁垒。GMP认证是我国医药产品打入国际市场的首要条件，而我国的药品生产同国外同行业相比确实存在很大差距，目前达到GMP，GLP标准的医药企业还很少，这不仅制约了国内药品质量的提高，也使我国医药企业很难与国外大型医药企业和跨国公司竞争，许多药品也很难进入发达国家市场。

（二）医药流通体系尚不健全

在计划经济体制下形成的三级批发格局基本打破以后，新的有效的医药流通体系尚未完全形成，非法药品集贸市场屡禁不止。加上生产领域多年来的低水平重复建设，致使多数品种严重供大于求，流通秩序混乱，治理任务艰巨。

（三）医疗器械产品质量性能较差

我国自己能生产的医疗器械产品大多数是附加值较低的常规中低档产品，而临床上所需的高、精、尖医疗器械与新型实用医疗设备多数需进口。常规医疗器械产品的更新换代慢、科技含量低，产品质量不能满足医疗卫生高质量的要求，产品返修率与停机率高于国外同类产品，产品的可靠性不稳定。

（四）制剂品种与原料药品种不相匹配

我国已是国际上原料药生产大国，但对药物制剂技术开发研究不够，制剂水平低，大多数制剂产品质量不高，难以进入国际市场；我国平均一种原料药只能做成三种制剂，而国外一种原料药能做成十几种甚至几十种制剂；制剂技术落后，制剂产品质量稳定性不高。

（五）医药产品进出口结构不合理

我国仍然没有摆脱传统的出口附加值较低、污染较重的化学原料药及常规手术器械、卫生材料、中药材，而进口价格昂贵的制剂及大型、高档医疗设备的进出口模式，高新技术产品出口比重较低。

国际市场开发力度不够，信息渠道不畅，对国际市场信息反应迟缓。特别是缺乏联合开拓国际市场的意识与机制。

第二节　当代国际医药贸易发展趋势

随着计算机网络技术、信息技术以及运输技术等的发展，国际贸易呈现出前所未有的繁荣与发展，现代国际贸易理论和医药贸易态势面临着前所未有的崭新变化。新的科学技术的不断突破，大量跨国资本的复杂组合，各国医药经济的相互依存关系日益加深，国际化程度大幅度提高。国际医药贸易正向着集团化、现代化、多元化和综合化的趋势发展。

（一）国际医药贸易呈集团化趋势

国际医药贸易集团化二次大战后就已出现，20 世纪 50～60 年代曾出现大批医药经济贸易集团，而在 70～80 年代初期则处于停顿状态，80 年代后半期出现的国际医药贸易集团化的高潮，到目前为止，全球最有经济实力、引人瞩目的医药集团为欧、美、日三个。据统计 2000 年世界各大地区的医药市场份额中，北美占 32.4%、欧洲占 26.4%、日本占 17.9%。医疗器械的国际市场主要是被欧洲的西门子、飞利浦以及日本的东芝等少数几家跨国公司垄断。值得注意的是，由于亚太地区人口多，医药经济发展快、活力强，该地区的医药贸易集团正在逐步形成并具有很大的发展空间。

（二）国际医药贸易营销手段呈现代化趋势

20 世纪 80 年代以来，开办长期展销和短期展销交易相结合的大型国际医药商品展销中心，已经成为世界各国之间发展对外医药贸易的重要途径之一。这些国际商品展销中心实质是国际贸易的延伸和发展，为医药贸易的发展提供了良好的现实条件、扩大了国际医药贸易的交易机会，促进了医药贸易在世界医药市场上的竞争与渗透能力。

各国在医药贸易营销手段上，不断使用新兴的高科技技术，通过计算机网络，利用电子数据交换进行国际医药贸易变得越来越普遍。这种方式的贸易不仅降低了成本，而且提高了工作效率，增强了国际竞争力。据统计，这种方式的贸易提高了文件传递速度高达 81%，文件成本降低 44%，减少由错漏造成的商业损失 40%，降低文件处理费 38%，竞争力提高了 34%。

（三）国际医药贸易呈多元化和综合化趋势

现代国际医药贸易已不仅仅采用：将一国货物运送到另一国进行交换原始的贸易方式，还采用多元化和综合化的模式。直接进入他国投资建厂，充分利用国际国内两个市场，即通过加强进入他国医药市场，对外开放本国市场来拓宽对外医药贸易。利用跨国公司的优势和强大的经济实力，通过开展“全球型”国际化经营战略，扩大在海外各国的生产与销售，间接增加本国收入。

（四）国际医药贸易产品呈优质化趋势

在国际医药贸易中，各种科技含量高、附加值高的产品越来越多。如制剂产品所占比重逐渐上升，而原料药和中间体所占比重在下降。高科技的医药产品贸易量逐步攀升。据统计，2000 年销售额超过 5 亿美元的高科技新药已有 55 种，其中销售额超过 10 亿美元的有 29 种。伴随着知识经济浪潮的涌动，世界医药科学技术不断创新发展，而由医药技术、信息和职能构成的“软技术”已成为国际医药贸易中的独立贸易商品，随着当代医药科技领域不断拓宽，贸易前景十分广阔。

由于天然药物毒副作用小，开发费用少，周期短，特别是疗效好等特点，已越来越被世界各国人民所喜爱。世界范围内“回归大自然”的呼声日趋高涨，一些发达国家正在掀起“草药风”。天然药物，在国际医药贸易中的份额也呈上升趋势。

第三节　我国医药对外贸易发展战略

根据我国医药贸易现状以及国际医药市场的发展趋势，我国应积极主动地制定各种行之有效的医药贸易发展战略。

（一）进一步扩展现有优势，积极寻找新的贸易增长点

化学原料药历来是我国医药行业的出口支柱，并已形成了规模大、成本低、产量高的比较优势。

随着国际医药市场分工的进一步细化，今后跨国制药公司制剂生产的原料将有70％～80％来自委托生产，我国的原料药生产企业在这项国际医药贸易中具有显著优势，应在巩固现有优势的同时，更多地开发附加值高的品种，在大宗原料药的关键生产技术上要有所突破，已确保我国化学原料药的国际市场占有率更大幅度的提高，稳步拓展我国化学原料药生产大国的地位，积极开拓除欧盟、北美和亚洲以外的东欧、非洲和拉美贸易市场。

在生物工程技术方面，我国与国际先进水平的差距较小。我们要积极开发具有我国自主知识产权的生物工程药物，同时积极采用先进适用的生物工程技术对化学制药、中药、生化制药进行技术改造，促进产品升级，发挥后发优势，实现跨越式发展，为我国对外医药贸易创造新的增长点。

（二）大力发展中药，使中药成为我国药品出口的优势产品

中药是我国具有比较优势的产业之一，加入世贸组织后，出口快速上涨，2004年中药出口额达7.25亿美元，创历史新高。随着天然药物需求的日益扩大，中药受到世界范围内的广泛认同，将为中药进一步开拓国际市场提供机遇，贸易前景一片光明。

为此，我们应抓住这有利时机，积极寻找对策，主动适应国际市场需求，采取各种应对措施，扩大中药出口。

1. 政府要在政策导向上鼓励中药的出口　为发展我国的中药产业，提高中药产品在国际上的竞争力，国家要从政策上支持在国际市场有销路的品种和高科技新品种，在资金上优先扶持，减免税收。同时，国家应对主要出口品种的价格进行管理，以防止因出口同类产品的低价竞销对中成药声誉的不良影响；调整中成药与中药材出口政策，提高中药材出口的价格和税率，适当降低中成药出口的价格和税率，以限制初级产品的出口，增加中成药的出口。

2. 重视对中医药的知识产权保护　加强对传统中医药的知识产权保护，尤其是对列入国家药典保密处方的中药制剂应退出与外资合作的领域，以保护自己的知识产权。

3. 加强研究与管理，确保中药材质量　中药材生产企业和研究机构要加强对中药材有效成分含量、稳定性及产地、炮制工艺等的标准化研究，以确保产品达到无污染、重金属含量低等质量要求，实现中药材生产的现代化，以提高中药的国际市场竞争力。

（三）积极推进医药企业国际认证，帮助我国医药企业进入规范市场

我国医药业的制造能力，特别是仿制能力已居世界领先。通用名药品市场已经占全球药品市场的40％以上，随着众多销售额超过10亿美元的“重磅炸弹级”专利药品在2006年迎来一个专利到期高峰，通用名药品市场也将迎来一轮新的发展。同时，我们制剂制造能力也出现过剩，我国政府应积极鼓励并帮助更多的制药企业实行全面质量管理，获得国际认证，为参与国际市场竞争创造有利条件，抓住世界通用名药物市场高速增长的机会，扩大出口。

（四）鼓励医药行业并购重组，打造具有较强国际竞争力的大型医药集团

为改变目前我国医药企业产生与流通企业规模小、数量多、布局过度分散的局面，政府应鼓励医药行业通过各种形式的联合、兼并与重组，提高了生产与流通的集中度，实现资本、人才、技术的优化配置，走规模化、集约化的发展道路，增强其在国际医药商场的竞争力，使我国的医药产品更多地走向世界。同时还要进一步提高企业内在素质建设，增强自主研发能力，大力加强创新药物的研制，努力发展高新技术产品，在国际上创造出我国自己的民族品牌。

（五）加强科技和人才的凝聚，提供我国在国际医药市场上的竞争力

国际医药贸易竞争方式和手段，无论是全方位、综合化，还是日趋现代化，究其实质，无非是新医药科技成果的开发与获取以及人才的聚集。为适应国际医药贸易竞争的需要，一方面，我们要加

大医药科技的研发力度，尽快尽早出成果，占领国际医药科研的制高点；另一方面，我们要积极培养既懂医药又精通国际国内医药市场、既懂国际贸易原则又能熟练运用医药贸易谈判技巧以及不断开拓的复合型医药贸易人才。只有这样，才能使我们在国际医药贸易的竞争中处于优势地位。

（六）应用先进的远程科学技术，提高我国对外医药贸易的工作效率

市场竞争除了要有优质的产品，还需要有及时、准确的信息。为了提高获取国际医药市场信息及缩短与国外贸易伙伴交流的时间，我们应鼓励企业创建或利用现有的计算机网络及各种通讯平台，实现信息的时时交换，提高工作效率，抢先占领国际医药贸易市场。

复 习 题

1. 我国医药对外贸易发展现况？
2. 现代国际医药贸易的发展趋势？
3. 我国医药贸易的发展战略？

（马　进）

附　录

附录 1　反倾销协议

各成员协议如下：

第 一 部 分

第一条　总　则

反倾销措施应仅在 1994 年关贸总协定第六条规定的情况下实施，并按照本协议的规定发起和进行调查。根据反倾销法或者条例采取行动而适用 1994 年关贸总协定第六条时，适用下列规定：

第二条　倾销的确定

1. 本协议之目的，如果一项产品从一国出口到另一国，该产品的出口价格在正常的贸易过程中，低于出口国旨在用于本国消费的同类产品的可比价格，也即以低于其正常价值的价格进入另一国的商业，则该产品即被认为是倾销。

2. 在出口国国内市场在正常贸易过程中不存在该同类产品的销售时，或者该项销售由于该市场的特定情况，或在出口国国内市场的销售量太少，而不能用于适当的比较时，则倾销幅度应通过与向一个合适的第三国出口的同类产品的可比价格（如果该价格是有代表性的话），进行比较而确定，或者与原产地国的生产成本，加上合理数额的管理费、销售费和一般成本并加利润进行比较而确定。

(a)在出口国国内市场上同类产品的销售，或者向一个第三国销售，其价格低于每单位（固定的和可变的）生产成本加上行政管理费、销售费和一般费用，其销售可作为不是由于价格原因而处在正常贸易过程中，并且只有由当局决定该项销售的很大部分是在持续的长时期间内做出的，且该项销售的价格未能预订可以在一段合理期间内收回其全部成本的，则在确定正常价值时可不予考虑。如果在销售时，其价格低于单项成本；但高于其在调查期间的平均单项成本，则该价格应被认为是在一段合理的期间内收回了成本；

(b)本条第 2 款规定的成本费用，通常应根据受调查的出口商或生产商存有的记录计算，如果该记录是符合出口国普遍接受的会计原则，合理反映与生产有关的成本以及有关产品的销售，当局应考虑全部现有的成本适当分配的证据，包括出口商或生产商在调查过程中做出的分配证据，其前提是该分配在历史上一直被出口商或生产商所使用，特别应对有关确立适当的分期付款和折旧期限、按资费用以及其他开发成本的补助费加以考虑，除非根据本款规定已在成本分配中得到反映，否则成本应对那些有利于将来或当前生产的非经常性项目成本做出适当的调整，或者对在调查期间成本费用因刚开始生产而受到影响的情况做出适当调整。

(c)本条第 2 款所指的管理费、销售费和一般费用以及利润数额，应以与生产有关的实际数据以及受调查的出口商或生产商在正常贸易过程中相关产品的销售为根据。在该数额不能以此为基础确定时，则可依照下更基础确定。

(i)该出口商或生产商在国内市场上有关生产和销售原产地的一般相同类别产品所产生和实现的实际费用数额。

(ii)其他受调查的出口商或生产商在国内市场上有关生产和销售原产地同类产品所产生和实现的实际费用数额的加权平均额。

(iii)任何其他合理的方法，假如确定的利润数额，不超过其他出口商或生产商在国内市场上销售原产地的一般相同类别产品通常所获得的利润数额。

3. 如果不存在出口价格，或者对有关当局来说，由于出口商与进口商或者第三者之间有联合或补偿安排而使出口价格不可靠时，则出口价格可以下述价格为基础构成，即进口产品首次转售给独立买主的价格；在该产品不是转售给独立买方，也不是以进口的条件转售的情况下，则当局可以在合理的基础上决定其构成。

4. 对出口价格和正常价值应进行公平比较，此项比较应在同一贸易水平上进行，通常指在出厂价的水平上和尽可能接近于在做出销售的同一时间基础上比较。应根据每一案件的具体情况，对影响价格比较的不同因素做出适当的补偿，包括销售条件不同、税收的差异、贸易水平的高低、数量和物理性能的不同以及任何表明将会影响价格比较的其他因素。如果涉及本条第 3 款所指情况时，关于成本费用，包括进口与转售之间产生的关税、税收以及所获利润，也应做出补偿。如果在这些情况下，价格的可比性受到了影响，当局应确定某一贸易水平的正常价值相等于该贸易水平的构成出口价格，或者根据本款的规定应做出适当的补偿。当局应向有关当事人指明确保进行公平比较的必备的信息资料，但不得对这些当事人强加不合理的举证责任。

(a)按本条第 4 款规定的比较需要进行货币兑换时，该兑换应按销售日使用的外汇汇率做出。假如在期货市场上出售外币与有关的出口销售有直接联系，则应使用期货销售的外汇汇率。汇率的波动不予考虑，但在一项调查中，当局应给予出口商至少 60 天时间调整其出口价格，以反映调查期间出现的外汇汇率持续的变动。

(b)根据本条第 4 款有关公平比较的规定，调查期间倾销幅度的成立，通常应在加权平均正常价值与全部可比的出口交易的加权平均价格之间进行比较的基础上予以确定，或在正常价值与每项交易的出口价格进行比较的基础上予以确定。如果当局发现某一出口价格的模式在不同的购买人、地区或时间之间的差别很大，以及如果认为不能适当考虑使用加权平均对加权平均或进行比较的差别提出解释，则在加权平均基础上确定的正常价值可以与单独出口交易的价格进行比较。

5. 如果产品不是直接从原产地国进口，而是从一个中间国向进口成员国出口的，则该产品从出口国向进口成员国销售的价格通常应与出口国的可比价格进行比较，但是也可以与原产地国的价格进行比较。例如，如果产品只是通过出口国转运的，或者该产品不是出口国生产的，或者在出口国不存在与其进行价格比较的可比价格。

6. 本协议所用“同类产品”(like product)一词应解释为同样的(identical)产品，即在所有方面都跟该产品相似(alike)，或者在缺乏这一产品时，指那种虽然在所有方面与其不尽相同，但具有与该产品非常类似的特征的其他产品。

7. 本条规定不得有损 1994 关贸总协定附件一第六条第 1 款(b)项的补充规定。

第三条　损害的确定

1. 1994 关贸总协定第六条的损害确定应根据确实的证据做出，并包括对下述两方面的客观审查：

(a)倾销的进口产品的数量，倾销的进口产品对国内市场同类产品价格造成的影响；

(b)这些进口产品对国内该同类产品生产商造成的后续影响。

2. 关于倾销的进口产品的数量问题，调查当局应考虑是否已存在着倾销进口产品的大量增加，不论其在进口成员的生产或消费方面是绝对的或是相对的。关于倾销的进口产品对价格的影响问题，调查当局应当考虑，与进口成员的同类产品相比，倾销的进口产品是否已存在着大幅度地降价销售的情况，或者从另一方面来看，该进口产品是否产生严重抑制价格的情况，或者是否在很大程度上会导致阻碍产品价格的提高。单独一个因素或其中几个因素都不能必然地起到决定性的指导作用。

3. 对从一个以上的国家进口的某项产品同时受到反倾销调查，调查当局可累积评估该进口产品的影响，只要他们确认：

(a)对来自每一国家进口产品所确定的倾销幅度是大于第五条第8款规定时，以及从每一国的进口量不能忽略不计时；

(b)进口产品影响的累积评估根据进口产品间的竞争条件以及进口产品与国内同类产品之间的竞争条件是恰当的。

4. 审查倾销的进口产品对有关国内产业的冲击程度，应包括对有关产业状况的所有有关的经济因素和指数的评估，包括销量实际或潜在的下降，利润、产量、市场份额、生产率、投资收益、生产设备的利用，影响国内价格的因素，倾销幅度大小，对现金流动、库存、就业、工资、增长率、筹措资金或者投资能力等方面实际或潜在的负面作用。这里的列举并非概括无遗，这些因素中的一个或几个因素也都不能起到决定性的作用。

5. 必须表明，因倾销的结果，正如本条第2款和第4款所规定的，倾销的进口产品正在造成本协议所指的损害。表明倾销的进口产品和对国内产业造成损害之间的因素关系，应以当局对其所拥有的全部相关证据的审查为基础。当局也应审查除倾销的进口产品之外的其他已知的因素，这些因素同时正在造成对产业的损害，由其他因素造成对产业的损害不得归咎于倾销的进口产品。这方面特别可能包括有关的因素是：以非倾销价格出售的进口产品数量和价格，需求的减少或者消费模式的变化，外国与国内生产商之间的竞争，以及贸易限制措施，技术的发展以及出口实际和国内产业的生产能力。

6. 在现有资料足以诸如生产加工、生产商的销售和利润标准的基础上，对该生产做出单独鉴别时，倾销的进口产品的影响应根据同类产品的国内生产来估量。当对该生产进行单独鉴别不可能时，倾销的进口产品的影响应通过审查能提供必要信息资料的最接近的一组或一类的产品的生产，包括同类产品的生产来估量。

7. 重大损害威胁的确定应依据事实，而不是仅仅依据宣称、猜测或者遥远的可能性。某种倾销将会导致出现损害情况的变化必须是明确地被预见得到的，并且是迫近的。在做出关于重大损害威胁存在的裁定时，当局应特别考虑下述这些因素：

(a)倾销的进口产品以极大的增长比例进入进口国国内市场，表明由此引起进口巨大增加的可能性；

(b)出口商能充分自由处置迫近的大量增长的情况，表明存在着倾销产品向进口成员市场出口大量增长的可能性，考虑其他出口市场存在吸收另外出口产品的能力；

(c)进口产品是否会对国内价格带来重大的压抑或抑制性影响，以及可能会增加进一步进口的需求；

(d)受调查产品的库存情况。

单单这些因素中的一个因素不能必然地起到决定性的指导作用，但是，全部被考虑的因素必须导致得出这一结论，即进一步倾销出口产品的情况迫在眉睫，实质性损害将会发生，除非采取保护性措施。

8. 在涉及倾销的进口产品造成损害威胁时，适用反倾销措施应特别小心地加以考虑和做出决定。

第四条　国内产业的定义

1. 本协议所使用的“国内产业”一词应解释为国内同类产品的全部生产商，或者是他们之中的那些生产商，其合计总产量构成全部国内产品产量的大部分，除非：

(a)在生产商与出口商或进口商有关系，或者他们自已就是被称为倾销产品的进口商时，“国内产量”则可解释为是指其他的生产商。

(b)在例外情况下，一成员国的地域范围就生产而言，可以分成两个或多个竞争市场，每一市场内的生产者可以被视为一个独立的产业，条件是：

(i)该市场内的生产者在该市场出售他们生产的全部或几乎全部的产品；

(ii)该市场的需求在实质程度上不是由位于其他地域范围该产品的生产者提供的。在这种情况下，如果倾销的进口产品集中地进入该独立市场，以及如果该倾销产品正在对该市场内部或几乎全部产品的生产者造成损害，则可确定损害是存在的，即使全国内产业的主要部分没有受到损害。

2. 当国内产业被解释为某一地区的生产商时，即按本条第 1 款(b)项所指的一个市场，反倾销税只应对进入该地区用来最终消费的产品征收，在进口成员的宪法不允许以此为由征收反倾销税时，进口的成员只有在下述情况下可不受限制地征收反倾销税：

(a)已给予出口商在该有关地区停止以倾销价格出口的机会，或者要根据本协议第八条的规定给予担保，然而出口商对此没有及时提供足够的担保；

(b)对向该地区提供特定生产者的产品未能征收该税。

3. 根据 1994 关贸总协定第二十四条第 8 款(a)的规定，当两个或两个以上的国家已达到这样一种一体化程度时，即它们具有单一的统一市场的性质特点，则该整个地区的产业应被视为符合第 1 款的所述的国内产业。

4. 本协议第三条第 6 款的规定适用于本条。

第五条　发起和后续调查

1. 除本协议第五条第 6 款规定外，决定任何一起所宣称的倾销存在，其程度和影响的调查，应由本协议所定义的国内产业或者代表他们提出书面申请而开始。

2. 本条第 1 款所指的申请应包括下列证据：

(a)倾销；

(b)本协议解释的 1994 关贸总协定第六条内容规定的损害；

(c)倾销产品与宣称的损害之间有因果关系。

仅仅是简单的断言，而没有确实的有关证据，则不能被认为是充分地达到了本款的要求。一项申请应包括那些对申请人来说合理获得的下述信息资料：

(i)申请人的身份以及申请人对国内同类产品生产价值和数量的陈述。如果书面申请是由代表国内产业的当事人提出来的，申请应证明该申请是由代表了该产业的国内同类产品的全部已知生产商(或者国内相同产品生产商协会)的要求提出的，并且尽可能地提供代表这些国内同类产品价值和数量的陈述。

(ii)被视为倾销产品的一套完整的描述，该产品所属国家的名称，或出口国或原产地国的名称，每一个已知的出口商或外国生产者的身份以及已知的进口该产品人员的名单。

(iii)该产品在原产地国或出口国国内市场上出售时的价格资料(或者在适当时，指该产品从原产地国或出口国向一个或多个第三国出售时的价格资料，或者是该产品构成价格的资料，以及有关出口价格的资料，或者在适当时，有关该产品在进口成员地域内首次向一个独立的买主转售时的价格资料。

(iv)所宣称倾销进口产品数量发展变化的资料。进口产品对国内市场相同产品价格影响以及对国内有关产业造成后续冲击的程度的资料，表明有关影响国内产业状况的有关因素和指数，诸如本协议第三条第2款和第4款所列明的情况。

3. 当局应审查申请书中所提供的证据的准确性和充分性，确定是否有足够的证据证明发起一项调查是正当的。

4. 除非当局在审查对同类产品的国内生产商申请书中的陈述支持或者反对程度的基础上，确定了申请是由国内产业或其代表提出的，否则一项根据本条第1款规定的调查不应发起。如果申请受到国内生产商的支持，其集体产量构成了国内产业同类产品生产商生产量的50%以上，他们对申请表示支持或者反对，则该申请应被视为由国内产业或者代表国内产业提出的。但是，如果表示支持申请的国内生产的产量不足国内产业同类产品全部生产量的25%，则调查不应发起。

5. 当局应避免公开申请要求发起调查的情况，除非已经做出决定要发起调查。然而，在收到一份适当的正式书面申请之后，在开始发起调查之前，当局应通知有关出口成员的政府。

6. 在特殊情况下，如果有关当局在没有收到国内产业或代表国内产业提出调查的书面申请的情况下决定发起一项调查，它们只有在本条第2款所述有关倾销与损害和因果关系存在的充分证明发起调查是正当的情况下，才应开始调查。

7. 倾销与损害的证据应在：

(a)做出是否启动调查的决定中；

(b)其后从一个在不迟于依本协议可能采取临时措施的最早日期的日子启动的调查过程中，加以考虑。

8. 有关当局一旦确认没有充分的倾销或损害证据以证明案件程序的进行是有理由的，则应对根据本条第1款规定提出的申请予以驳回，并尽速终止调查。在当局确定倾销幅度是最小的、或实际的或潜在的倾销产品的数量或者损害可以忽略不计时，案件也应立即终止。如果倾销幅度按出口价格的百分比表示小于2%，该幅度应被视为是最小的。如果从一个特定国家进口倾销产品的数量被确定为出口成员国内市场上同类产品不足3%，则该倾销产品的数量通常可忽略不计，除非占进口成员国内市场上同类产品不足2%的那些单个国家，其集体总量超过了该进口成员同类产品进口量的7%。

9. 一项反倾销诉讼不应妨碍清关程序的进行。

10. 除特殊情况外，调查应在调查开始之后1年之内，无论如何不得超过调查后的18个月结束。

第六条　证　　据

1. 在反倾销调查中，应将当局要求提供的信息资料通知所有有利害关系的当事人，并给予充分的机会让其用书面提出他们认为与该调查有关的全部证据。

(a)出口商或外国生产者在收到反倾销调查中使用的调查表后，应给予至少30天的答复时间。对提出要延长30天期限的要求应给予充分的考虑。根据所提出的理由，该项延长要求应尽可能地予以同意。

(b)除了需要对机密资料进行保护外，一个有关当事人用书面提出的证据应迅速提供给参加调查的其他有利害关系的当事人。

(c)一旦调查开始，当局应将第五条第1款项下的书面申请的全文提供给已知的出口商和出口成员方当局，并应在受到要求时，向其他有利害关系的当事人提供。根据本条第5款规定，对资料保密的要求应予应有的考虑。

2. 在整个反倾销期间，所有有利害关系的当事人应有充分的机会为其利益进行辩护。为了达到这一目的，当局应在受到要求时，为所有有利害关系的当事人提供与其相反利益的当事人会见的机会，以便让不同的观点得到陈述，并为双方提供辩驳的机会。有关提供该机会的规定必须考虑保护机密的需要和方便有关当事人。任何一方当事人均无必须参加某项会议的义务，不得因当事人未参与会议对其案件处理产生偏见，有利害关系的当事人也应有权在有正当理由时，以口头方式陈述其他有关情况。

3. 根据本条第2款提供的口头情况，只有在其事后以书面形式复制，并按照本条第1款(b)项向其他有利害关系的当事人提供时，当局才应予考虑。

4. 无论何时，只要切实可行，当局应及时向所有有利害关系的当事人提供机会，使其看到一切与陈述案件有关的资料，该资料是本条第5款项上规定的非机密资料和当局在反倾销调查中使用的资料，以便它们在这些资料基础上准备他们的陈述。

5. 任何机密性资料(例如，因为资料的公开将会对一个竞争对手带来巨大的竞争优势，或者因为资料的公开将会对提供资料的人，或者对要求提供资料的人带来巨大的不利后果)，或者在保密条件下，由当事人向当局提供的资料，只要有充分的理由，应由当局作为机密对待，该项资料未得到提供者的特别允许不得公开。

(a)当局应要求提供机密资料的有利害关系当事人提交一份非机密性的概要，概要应足以使人对所提供的机密资料的实质内容有一个合理的了解，在特殊情况下，该当事人可以表明该资料是不容许作为概要方式的。在此特殊情况下，该当事人必须提供一份不能作成概要的理由的声明。

(b)如果当局发现请求保密的要求没有多大理由，以及如果提供人不愿使资料公开，或者不同意以一般化方式或概要形式公开，当局有权对该资料不予理会，除非能满意地从适当渠道向当局提供证明，证明资料是正确的。

6. 除本条第8款规定的情况下，当局在调查过程中，应对由有利害关系的当事人提供的资料的准确性进行调查，直至当局认为事实有据可依，并感到满意。

7. 为了证实提供的资料或者为了获得进一步的详情，当局在接到要求时，如果它与有关企业达成协议，并通知了该成员方政府的代表，可在其他的成员领域内进行调查，除非该成员反对调查。附件1中规定的程序应适用于在出口成员领域内进行的调查活动，以符合保护资料保密的要求为条件，当局应向有关企业提供调查结果，或按照本条第9款规定，向该所属企业公开，并使申诉人获得这些调查结果。

8. 当任何一个有利害关系的当事人在合理的时间内拒绝接受或者不提供必要的资料，或者极大地妨碍调查，则最初和最终的裁定，不论是肯定或否定的，都可以在现在事实的基础上做出。在适用本款时，应遵循附件二的规定。

9. 在做出最终裁定时，当局应将考虑中的事实通知所有有利害关系的当事人，这些事实是否决定适用最终措施的基础。这种公布应使当事人有充分的时间维护其利益。

10. 当局一般说来应为受调查产品的每一已知的出口商或生产者确定一个单独的倾销幅度。如果被卷入调查的出口商、生产者、进口商的数目特别大，产品类别特别多，以致实际上不能做出这种决定时，当局可以把其审查限制于：

A. 使用根据当局在抽样选择时的现有信息资料做出的有效统计抽样，对一个合理数目的有关的当事人或者生产品进行审查；

B. 对能合理地对它进行调查的一国的最大百分比出口数量进行审查。

(a)任何根据本款做出的对出口商、生产者、进口商或者产品类别的选择，最好应与有关出口商、生产者或进口商协商，取得他们的同意后做出选择。

(b)如果当局根据本款规定对其审查做了限制，他们仍应对那些及时提供必要资料但没有被选择的每一出口商或生产者，单独做出一个倾销幅度，除非该出口商或生产商的数目特别大，以致单独审查会对当局造成过分的负担并妨碍调查的及时完成，应予主动答复并鼓励。

11. 本协议所称“有利害关系的当事人”包括：

(a)受调查的出口商或外国生产者或产品的进口商，或其大多数成员是该产品的生产者、出口商或进口商的商会或同业公会；

(b)出口成员政府；

(c)进口成员的同类产品的生产商，或者其成员的大多数是进口成员地域内生产同类产品的商会和同业公会。这个名单并不排除成员可以将上述名单之外的其他国内国外当事人包括有利害关系的当事人之列。

12. 当局应向受调查产品的工业用户提供机会，如果该产品通常是零售渠道出售的，还要向有代表性的消费者组织提供机会，让它们提供关于倾销、损害以及因果关系的有关调查的任何资料。

13. 当局应充分考虑到有利害关系的当事人，特别是小公司在提供所要求的资料时所面临的困难，并应提供任何实际可行的帮助。

14. 上述规定的程序不是为了阻止成员当局行使要求迅速开始调查的权力，做出不论是肯定的、否定的、最初的或最终的裁决，或者根据本协议有关条款规定实施临时或最后措施的权力。

第七条 临时措施

1. 只有在下列情况下，才可以实施临时措施：

(a)根据第五条的规定已开始进行调查，已经予以公告，并且已给予有利害关系的当事人以提供资料和提出意见的充分的机会；

(b)已做出倾销存在的肯定性的最初裁定以及因此对国内产业造成损害；

(c)有关当局断定该措施对防止在调查期间发生损害是必需的。

2. 临时措施可以采取征收临时税的形式，或者，更可取的是采用担保方式，即支付现金或保证金。其数额相等于临时预计的反倾销税，但不得高于临时预计的倾销幅度。只要指明正常税和预计的反倾销税税额，并且暂时估价也像其他临时措施一样受同样条件的制约，则暂不估算也是一样合适的临时措施。

3. 临时措施不得早于开始调查之日 60 天内采取。

4. 临时措施的适用应限制在尽可能短的时间内。一般来说，不得超过 4 个月，或者根据代表有关贸易很大百分比的出口商的要求，由有关当局决定，其期限可不超过 6 个月。在调查过程中，在当局审查税额低于倾销幅度就会足以消除损害时，则上述期间可分别为 6 个月和 9 个月。

5. 在适用临时措施时，应遵守本协议第九条的有关规定。

第八条 价格承诺

1. 当收到出口商令人满意的主动承诺修改其价格或停止以倾销价格向该地区出口，从而使当局对倾销有害影响的消除感到满意时，诉讼程序可以暂时中止或终止而不采取临时措施或征收反倾销税。按该承诺做出的价格提高不得超过需要抵消的倾销幅度。如果这种提价就足以消除对国内产业的损害，则提价幅度小于倾销幅度是可取的。

2. 除非进口成员当局已经做了肯定性的倾销和由此倾销造成损害的初步决定，否则就不得寻求或者接受出口商的价格承诺。

3. 出口商所提供承诺，如果当局认为其接受实际上是行不通时，例如实际的或者潜在的出口商数目过大，或者由于其他原因，包括一般政策上的原因，则当局就没有必要接受。在这种情况下及实际上可行时，当局应向出口商提出已经导致其认为接受承诺是不合适的理由，并尽可能给出口商发表其意见的机会。

4. 一旦一项承认被接受，在出口商提出要求或当局做出决定之后，则应结束对有关倾销和损害的调查。如果做出了倾销或损害的否定裁决，承诺应自动终止，除非该裁决主要是由于价格承诺的存在而做出的。在此情况下，当局可根据本守则规定，要求承诺维持一段合理的时间。如果做出的倾销和损害的肯定裁决，则承诺将依照本协议条款的规定继续有效。

5. 进口成员当局可以提出价格承诺的建议，但不能强迫出口商达成该项价格承诺协议。出口商不主动提出该种承诺，或者不接受做出该种承诺要求的事实。均不应对该案的考虑产生不利影响。然而，如果进口产品在继续倾销，当局可对损害威胁很可能会存在做出自由裁量。

6. 进口成员当局可要求承诺已被接受的出口商定期提供执行该承诺的有关信息资料，允许接受有关的数据证明。如果出现违反承诺的情况，进口成员当局可根据本协议相应的规定，迅速采取行动，当局可根据本协议对在采取临时措施之前进入消费不超过 90 天的产品征收最终确定税，但是有追溯力的税额估算不适用于在违反承诺之前就已进口的产品。

第九条　反倾销税的征收

1. 在全部征收条件都已满足的情况下是否要征收反倾销税，以及征收反倾销税的数额是否按倾销幅度的全部或者小于倾销幅度，均由进口成员当局决定。本协议所有缔约成员地域内的当局都有权征收反倾销税，如果较少的征税就能足以消除对国内产业达成的损害，则最好征税额小于倾销幅度。

2. 在对所有有关产品都要征收反倾销税时，应根据每一案件情况，对构成倾销和造成损害的进口产品在无歧视的基础上按适当数额征收反倾销税；但对按照本协议条款规定已接受价格承诺的那些产品除外。当局应列明有关产品供应者的名称。但是，如果涉及到几个供应者来自同一个国家，并且事实上不可能将所有的供应者名称都列出来，当局可只列明有关供应国的名称。如果涉及几个供应者来自数个国家，当局可以列举所有的供应者，或者如果实际上做不到时，只列上所有有关的供应国名称。

3. 反倾销税的数额按第二条规定不得超过倾销幅度。

(a)当反倾销税数额是按照追溯基础估算时，最终支付反倾销税责任的裁定应尽快做出，在提出要求做出反倾销税最终估算的数额之后，通常在 12 个月内做出，但最长不得超过 18 个月。任何退款项目应尽快支付，通常应在根据本项规定做出最终责任裁定后的 90 天之内，在任何情况下，如果退款不能在 90 天之内支付，当局应在受到要求时提供解释。

(b)当反倾销税数额是按照预期基础估算时，应做出决定将超过实际倾销幅度已支付的税款，按要求迅速归还。对于超过实际倾销幅度、已支付该税款的归还决定通常应当在被征收反倾销税产品的进口商提供了有说服力的证据、提出了归还要求之日后的 12 个月内做出，无论如何不得超过 18 个月，被批准的归还通常应在上述规定的 90 天之内完成。

(c)如果出口价格是按照第二条第 3 款规定为构成价格，在做出是否予以偿还以及偿还的范围程度的决定时，当局应考虑正常价值的变化，进口与转售之间产生的成本费用的变化，以及转售价格中合理反映在其后的销售价格的波动，当局还应考虑在当事人提供上述真凭实据时，对于不扣除已支付的反倾销数额的出口价格进行计算。

4. 在当局根据第六条第 10 款(b)项的规定已对其审查做出了限制时，适用于不包括在审查范围内的出口商或生产者的产品的反倾销税不应超过：

(a)被选择受审查出口商或生产商的倾销幅的加权平均数；

(b)在反倾销税的支付责任是按照预期正常价值基础估算时，被选择受审查出口商或生产商的加权平均价值与没有单独受审出口商或生产商的出口价格之间的差额。条件是当局根据本款规定，对第六条第 8 款项下所述而确立了零幅度、最小幅度和限度。当局应对那些在调查期间，按第六条第 10 款(b)项的规定已经提供了必要的信息资料，不包括在审查范围里的出口商或生产商的产品适用单独税或正常价值。

5. 当某一成员的出口产品在进口国被征收反倾销税，而在调查期间出口商或生产者并没有出口该产品，它们能证明自己与出口国被征收反倾销税的出口商或生产商没有任何联系时，当局应迅速进行审查以确定这些出口商或生产者的单独的倾销幅度。这种审查应比进口成员正常价值估算及审查程序更快的速度发起和进行。在审查进行期间，不应对该出口商或生产者的产品征收反倾销税，然而当局可以拒绝估算和(或)要求对此提供担保，以保证一旦审查结果证实该出口商或生产者的产品构成倾销，能够自审查开始之日起追溯征收其反倾销税。

第十条　追　溯　力

1. 临时措施和反倾销税只应适用于那些分别根据第六条第 1 款和第九条第 1 款做出的生效之后进入消费领域的产品，但受本条例外规定的限制。

2. 在损害最终裁定(但不是损害威胁或者对一项产业的建立造成严重阻碍)做出时，或者在损害威胁最终裁定的情况下，由于缺乏临时措施，倾销产品导致做出损害的裁定时，反倾销税可从临时措施(如果存在的话)已经适用的时候开始追溯征收。

3. 如果最终反倾销税高于已支付或应支付的临时(反倾销)税，或者预计的担保数额，则其差额不再征收。如果该最终税低于已支付的或应支付的临时税，或者预计的担保数额，则其差额应于退还或重新计算税额，按实际情况而定。

4. 除了上述第 2 款的规定以外，如果在做出损害威胁或者严重阻碍的裁决时(然而损害还没有发生)，最终反倾销税只能从损害威胁或者严重阻碍的裁决做出的那天起计征。在临时措施适用期间支出的现金押金应予归还，担保应尽速解除。

5. 如果最终裁决是否定的，在临时措施适用期间交出的现金押金应予以归还，担保应尽快解除。

6. 可对那些在临时措施适用之前 90 天内进入消费领域的产品征收最终反倾销税，条件是在当局对该倾销产品做出如下决定时：

(a)存在造成损害的倾销历史，或者进口商知道或应知道出口商在实施倾销，并且该倾销会造成损害；

(b)损害是由于在相当短的时期内倾销产品的大量而造成的，根据倾销产品的时间和数量以及其他情况例如进口产品的库存急剧增加，如果已给予有关的进口商发表意见的机会，很可能要严重破坏适用最终反倾销税的补救效果。

7. 在开始调查后，按本条第 6 款的规定，当局掌握了充分的证据，这些证据表明是符合上述条款规定的条件的，在有必要追溯征收反倾销税的情况下，则可采取扣估价税的措施。

8. 不得对调查开始之日前进入消费的产品按本条第 6 款追溯征税。

第十一条　反倾销税和价格承诺的期限及复议

1. 反倾销税应一直有效，直到能抵消倾销造成的损害。

2. 在任何有利害关系的当事人提出审查要求，并提交证明有必要进行审查的确实资料时，当局认为合理，或者，假如自征收最终反倾销税起已过了一段合理的期限，当局应对继续征收反倾销税的必要性进行复议；在有授权时，可主动发起，有利害关系的当事人应有权要求当局审查继续征收反倾销税是否对抵消倾销是必要的；如果取消或变更反倾销税或者两者兼而实施，损害是否将重新发生。如果根据本款审查结束后，当局决定征收反倾销税不再是合理的，则应立即终止它。

3. 虽然有本条第 1 款和第 2 款的规定，但最终反倾销税仍应自征税起不超过 5 年之内结束(或者，根据本条第 2 款规定自最近复审之日起，如果对倾销和损害进行复审的话，或者根据本款的规定)，除非当局主动发起的复审在该日期之前，或者在该日期之前的一段合理时间内，国内产业或其代表及时提出了具体的有根据的要求，当局决定继续征收反倾销税对于防止倾销产品继续造成损害或者损害重新产生是必要的。在复审结果出来之前，征税可继续有效。

4. 关于证据和程序的第六条规定应适用于依照本条进行的复审。复审应迅速地进行，通常应自复审开始之日起的 12 个月内结束。

5. 本条的各项规定在细节上已做必要的修正，适用于第八条规定的价格承诺。

第十二条　公告和裁决的解释

1. 在当局认为有充分证据证明根据第五条规定开始反倾销调查是正当的，产品受到调查的有关成员和其他对调查当局来说已经知道的有利害关系的当事人须予通知，并且须予以公告。

发起调查的公告应包括或者通过单独的报告载有下列充足的信息资料：

(i)出口国的名称和涉及的产品；

(ii)开始调查的日期；

(iii)申请书声称倾销的依据；

(iv)导致产生利害声称损害存在的因素的概要说明；

(v)指明有利害关系的当事人提交其陈述的地址；

(vi)允许有利害关系的当事人公开陈述其观点的时间限制。

2. 任何有关最初或最终的裁决，不论其是肯定或否定的，根据第八条规定中有关接受承诺的决定和最终反倾销税终止的决定，都应予以公告。每项公告都应列明或者通过单独的报告，载有调查当局认为是重大的所有有关问题和法律的十分详细的调查事实和结论。所有这种公告和报告都应送交调查或承诺的产品的成员和已知的其他与此有利害关系的当事人。

(a)实施临时措施的公告应发表或者通过单独的报告载有关于倾销和损害最初裁决的详细解释，并应提及导致接受或拒绝的事实和法律问题。该公告或报告对于保护机密资料的要求应予以考虑，须包括下列特定事项：

(i)供应者名称，倘若实际上不可行时，则是有关涉及到的供应国名称；

(ii)产品说明，该说明对于海关来说是充分的；

(iii)确定的倾销幅度以及有关确定时使用方法的理由的充分说明和根据第二条进行出口价格和正常价值比较的充分说明；

(iv)根据第三条规定有关损害裁决的种种考虑；

(v)导致裁决的主要理由。

(b)关于一项规定要征收最终反倾销税或价格承诺的肯定裁决，在其暂停或终止调查的公告中应包括或者通过的单独的报告载有所有有关情况，即事实和法律问题，导致实施最终措施或接受价格承诺的理由，但对保护机密资料的要求要给予充分的注意。公告或报告尤其应包括本条第4款第1项中规定的情况，接受或拒绝出口商和进口商提出的有关争论或请求事项的理由，以及根据第六条第13款(b)项规定做出决定的依据。

(c)一项根据第八条规定因接受承诺而终止或暂停调查的公告，其内容应包括或者通过单独的报告载有该承诺的非保密部分的情况。

3. 本条的规定一般应运用于依据第十一条所进行的审查的开始和终结，以及依第十条所作的有关追溯征税的决定。

第十三条　司 法 审 议

各成员，其国内立法包括有关反倾销措施的规定。根据本协议第十一条的内容规定，对最终裁决和复审决定的行政行为可特别要求司法、仲裁或行政法庭或者通过诉讼程序，迅速进行审议，该法庭或诉讼程序应完全独立负责做出该裁决或复审决定的当局。

第十四条　代表第三国的反倾销诉讼

1. 代表某个第三国进行反倾销诉讼的申请应由要求诉讼的第三国当局指出。

2. 这种申请应有价格资料做出证实，以表明进口产品正在倾销，并有详细资料证明所声称的倾销正对该第三国的有关国内产业造成损害。第三国政府应向进口国当局提供一切帮助，进口国当局可提出要求以获得更为详尽的资料。

3. 进口国当局在研究该申请时，应考虑所声称倾销的结果对第三国有关产业的整体影响，这就是说，损害不应只根据声称倾销的结果对进口国产业出口的影响或者对整个产业出口的影响来估计。

4. 关于诉讼案件是否受理的决定应取决于进口国。如果进口国决定准备采取行动，进口国应与货物贸易委员会联系以取得它们批准行动。

第十五条　发展中国家成员

根据本协议在考虑适用反倾销措施时，发达国家对发展中国家的特殊情况必须给予特别的考虑，反倾销税可能会给发展中国家的根本利益带来影响，因此，在适用反倾销税之前，应尽可能采取本协议规定的建设性补救措施。

第 二 部 分

第十六条　反倾销措施委员会

1. 应建立一个反倾销措施委员会(以下在本协议中称“委员会”)，其成员由每一成员代表组成。委员会应选举产生主席，每年至少举行两次会议或者按本协议有关规定应任何一个缔约方要求召开会议，委员会应履行本协议或缔约方授予的职责，并要向成员提供机会就有关本协议的实施和促进协议目标实现的有关事项进行磋商，世界贸易组织秘书处应作为委员会的秘书处。

2. 委员会可设立适当的附属情况。

3. 委员会和其附属机构在行使其职责时，可与其认为适当的有关方面进行协商并索求信息资料。但是在委员会或其附属机构向成员管辖范围内的某一方面索求信息资料之前，它应通知有关的成员，并获得该成员以及拟进行协商的企业的同意。

4. 各成员应尽快地向委员会报告其采取的所有的最初或最终反倾销行动。该报告将存放在世界贸易组织秘书处，供其他成员检索。各成员也应每半年一次就其在前 6 个月内采取的反倾销行动提供报告，半年报告应按规定的标准形式提交。

5. 各成员应通知委员会，(a)哪一个主管部门(当局)负责发起和进行第五条规定的调查，和(b)发起和进行该项调查的国内程序。

第十七条　协商和争端解决

1. 除非本协议另有规定，争端解决谅解通用于本协议规定的协商和争端解决。

2. 每一成员对另一成员提出的有关影响本协议实施的任何陈述，应给予同情的考虑，并应提供充分的机会进行协商。

3. 如果某一成员认为其他成员正在使它丧失或损害了从本协议中直接或间接地获得的利益，或者正在妨碍本协议目标的实现，为对该事项有个相互满意的结果，该成员可书面提出与其他成员进行协商的要求。各成员对其他成员提出协商的要求应给予同情的考虑。

4. 如果提出协商要求的某一成员认为：根据本条第 3 款规定的协商没有达成相互满意的解决办法，进口成员行政当局如果已经采取最终措施，征收最终反倾销税或接受价格承诺，则该成员可将此事提交争端解决机构处理。如果某一项临时措施具有重大影响，要求协商的该成员方认为该临时措施违背了本协议第六条第 1 款的规定，则该成员也可将此事提交给争端解决机构处理。

5. 争端解决机构在有争议的当事人的要求下，应设立一个专家组，按下述规定对该事项进行审查：

(a)提出要求的成员的书面声明，该声明指出该方从本协议中直接或间接地获得的利益是如何丧失或受到损害的，或者本协议目标的实施是如何受到妨碍的；

(b)依据适当的国内程序向进口国当局提供业已存在的事实。

6. 参考本条第5款审查该事项时：

(a)在评估该项事实时，专家组应决定当局确立的事实是否适当以及他们对事实的评估是否公正和客观，如果确立的事实是适当的，估价是公正的和客观的，即使专家组可能做出不同的结论，该项评估也不应被推翻。

(b)专家应根据国际公法关于解释的习惯规则，解释本协议有关条款的规定。在专家认为本协议的有关条文规定可以做出一种以上的可允许的解释的情况下，专家组可依据其中的一种解释。认为当局的措施符合本协议。

7. 提供给专家组的机密资料在没有得到提供资料者、机构或当局的正式授权时，不得泄露。专家组要求提供资料，而该专家组尚未被授权发布该资料时，应向该专家组提供经提供资料的人、机构同意或当局批准的非机密资料的概要。

第三部分

第十八条 最后条款

1. 对来自另一成员的出口产品倾销不得采取具体行动，除非根据本协议对1994年关贸总协定条文规定的解释而采取行动。

2. 在没有其他成员的同意下，不能对有关本协议的各条规定提出保留。

3. 在本条第3款(a)项和(b)项的条件下，本协议条款将运用于建立WTO的协议对某成员生效之日或之后，根据其提出的申请开始的调查和现有措施的审查。

(a)根据第九条第3款有关退还程序中关于倾销幅度的计算，在最近的倾销裁决或复审中使用的规则应予适用。

(b)根据第十一条第3款的规定，现行的反倾销措施应被认为是从不迟于建立WTO的协议对其成员生效之日起开始实施，除非一成员国内立法在该日已经生效，包括了该款规定类型的条款。

4. 每一成员应采取一切必要步骤，不论是一般的或者特殊性质的，不迟于建立WTO的协议对其生效之日，确保其法律、条例和行政性的程序均与可适用于该成员的本协议条文的规定一致。

5. 每一协议均应将与本协议有关的法律和条例，以及它们的行政执行程序的变化通知委员会。

6. 委员会应客观实际地对本协议执行和运作情况进行年度审议，并将该审议期间的进展情况每年向货物贸易委员会通报。

7. 本协议的附件部分构成本协议的不可分割部分。

附录2　反补贴协议

补贴与反补贴措施协议

各成员协议如下：

第一部分　总　　则

第一条　补贴的定义

1. 为本协议之目的，以下情况应视为存在补贴：

(a)(1)在某一成员的领土内由政府或任何公共机构(在本协议中统称“政府”提供的财政资助，即：

(i)涉及资金直接转移的政府行为(如赠予、贷款、投股)、资金或债务潜在的转移(如贷款担保)；

(ii)政府本应征收收入的豁免或未予征收(如税额减免之类的财政鼓励)；

(iii)政府不是提供一般基础设施而是提供商品或服务，或收购产品；

(iv)政府通过向基金机构支付或向私人机构担保或指示后者行使上述所列举的一种或多种通常应由政府执行的功能，这种行为与通常的政府从事的行为没有实质性差别，或

(2)存在1994年关贸总协定第十六条规定所定义的任何形式的收支或价格支持；

(b)由此而给予的某种利益。

2. 上述第1款所定义的补贴应遵守第二部分条款的规定，如果该项补贴根据第二条规定是属于专向性的，则仅遵守第3部分或第5部分规定。

第二条　专　向　性

1. 判定上述第一条第1款所定义的补贴是否属于授予当局专向性地给予管辖范围内的某个企业、产业、企业集团或多个产业(在本协议中均称“特定企业”)的专向往，应适用以下原则：

(a)如果补贴授予当局或该当局以执行的立法将补贴的获得明确限于特定企业，这种补贴即具有专向性。

(b)如果补贴授予当局据已执行的立法对获得补贴的资格和数额规定了客观的标准或条件，如能严格遵守这些标准和条件，并且一旦符合资格便能自动获得补贴，该补贴即不具有专向性。有关的标准或条件必须在法律、规章或其官方文件中明确写明，以便能够对其加以核实。

(c)如果虽按上述(a)项和(b)项规定的原则而表现为非专向性，但有理由使人相信其在实际上具有专向性，则应考虑其他的因素。这些因素包括：由数量有限的特定企业使用的补贴计划，主要由特定企业支配使用的补贴，向特定企业提供按比例说是过分大的补贴，补贴授予当局以任意的方式做出授予补贴的决定。在引用本项规定时应考虑到补贴授予当局管辖范围内经济活动多样化的程序，以及已在实施的补贴计划的时间跨度。

2. 仅仅给予补贴授予当局管辖权范围内指定地区的特定企业的补贴是专向性的。不言而喻，由各级政府的税收部门对普遍通用税率加以制定或改变不应被视为是一种专向性的补贴。

3. 第三条内规定的补贴应认为具有专向性。

4. 根据本条规定对专向性进行认定需在正面证据的基础上加以明确证实。

第二部分　禁止的补贴

第三条　禁　　止

1. 除在农产品协议中已有规定的以外，下述的属于第一条规定范围内的补贴应于禁止：

(a)在法律或事实上，作为唯一或多种条件之一，以出口实绩作为条件而提供的补贴，包括附件1所列举的补贴。

(b)将进口替代作为唯一或多种条件之一而提供的补贴。

2. 成员既不应授权、也不应维持第三条第1款中所指的补贴。

第四条　补　　救

1. 任何时候一成员有理由认为另一成员在授予或维持某项被禁止的补贴，该成员可要求与另一成员进行磋商。

2. 上述第1款提请磋商的请求应提供一份对所涉及的补贴的存在和性质的说明，并附有可以得到的证据。

3. 对于按第1款所提请的磋商，被认为授予或维持有关补贴的成员应尽快进行磋商。磋商的目的应是澄清事实并达成相互同意的解决办法。

4. 如果在提请磋商后的30天内不能达成为各方都能接受的解决办法，参与磋商的任一成员均可将该事项提交争端解决机构，以便立即建立专家组，除非争端解决机构认为不必要成立该专家组。

5. 专家组一经成立，即可请求设专家小组(在本协议中称为“PGE”)帮助判定所涉及的措施是否为一项被禁止的补贴。一旦收到请求，常设专家小组应立即审查有关补贴的存在及性质的证据，并向使用及维持该补贴的成员提供机会，以便表明有关措施不是被禁止的补贴。常设专家小组应在专案组限定的期限内报告所得出的结论，常设专家小组对有关措施是否为一项受禁止补贴的结论应由专家组无修改地予以接受。

6. 专家组应向争议各方提出一份最终报告。该报告应在专家组建立和权限确定之日起的90天内在所有成员之间传阅。

7. 如所涉及的措施被认为是一种被禁止的补贴，专家组将建议实行该补贴的成员立即取消该项补贴。为此，专家组应在建议中指定一个必须撤销上述补贴的期限。

8. 在专家组向所有成员提交报告的30天内，争端解决机构应接受该报告，除非争议的某一方正式通知争端解决机构决定进行上诉，或争端解决机构一致决定不接受该报告。

9. 对专家组的报告提出上诉时，上诉机构应在争议当事人正式通知进行上诉的30天内做出决定。如果上诉机构认为它不能在30天内提出该报告，它应向争端解决机构提供一书面材料解释它必须延期的理由并告知它可提出报告的时间。不论如何，该程序不得超过60天。上诉报告应得到争端解决机构的采纳，并由争端各方无条件地接受，除非争端解决机构在申诉报告向所有成员提交的20天内做出不接受该上诉报告的一致决定。

10. 如果专家组没有按指定的期限执行争端解决机构的指示，则应从采纳专家组报告或上诉机构报告之日开始，争端解决机构应允许提出指控的成员采取适当的反补贴措施，除非争端解决机构一致决定反对该要求。

11. 在争端一方当事人要求按争端解决的谅解第二十二条第6款进行仲裁时，仲裁员应对该补贴反措施的适当与否做出裁决。

12. 为使争端依本条规定解决，除在本条有专门规定的期限情况外，其他按争端解决谅解解决争端适用的期限应为其中规定时间的一半。

第三部分　可申诉的补贴

第五条　不利影响

任何成员不能因实施本协议第一条的第1、2款的补贴而对其他成员造成不利的影响，即：

(a)损害另一成员的国内产业；

(b)使其他成员享受在1994年关贸总协定中直接或间接获得的利益取消或减少；特别是根据1994年关贸总协定第二条约束性减让的利益；

(c)严重损害另一成员的利益；

本条不适用于农产品协议第十三条规定中对农产品所保留的补贴。

第六条　严重损害

1. 以下情况将被认为存在第五条(c)款中所认定的严重损害；

(a)对某产品的从价补贴总额超过5%；

(b)对某产业的经营亏损实施弥补的补贴；

(c)对某企业的经营亏损实施弥补补贴，但不包括为长期发展和避免严重社会问题而向该企业而提供的非循环性和不能重复的一次性补贴；

(d)直接的债务免除，即免除政府债权，和以补助抵消债务。

2. 尽管有第1款的规定，如果实施补贴的成员证明有关补贴没有造成第3款所列举的结果，应不认为存在严重损害。

3. 如存在以下一种或几种情况，即存在第五条(c)款所指的严重损害；

(a)补贴的结果是排斥或阻碍另一成员某一同类进口商品进入实施补贴的成员市场；

(b)补贴的结果是排斥或阻碍其他成员的同类产品进入第三国市场；

(c)补贴的结果是在同一市场上，与其他成员同类产品的价格相比获得补贴产品的价格明显下降，或对同一市场的同类产品造成了严重的价格抑制，跌价、销售量减少等后果；

(d)与以往3年的平均市场份额相比，补贴的结果造成了实施补贴成员的特定受补贴的初级产品或商品在世界市场上的份额增加，并且这一增加是自实施补贴后呈持续上升趋势。

4. 为第3款(b)项的目的，关于对进口的排斥或阻碍应包括除第七款另有规定应受该款约束外，对同类未受补贴产品相对市场份额的不利影响证明(在一段合适的代表期内，充分表明有关产品市场变化的明确趋势，在通常情况下，该期限至少应为1年)，"相对市场份额变化"应包括以下任何一种情况；

(a)受补贴产品的市场份额增加；

(b)由于受补贴而使该产品市场份额稳定，否则应会减少；

(c)受补贴产品的市场份额在减少，但若无此补贴会减少的更快。

5. 为第3(c)目的，价格下降应包括任何情况下在同一市场受补贴产品与未受补贴产品的价格比较所显示的价格下降。价格比较应在可比时期内在同等贸易水平上进行，并应适当考虑影响价格比较的任何其他因素。然而，如果这种直接的价格比较不可能做出，则可以出口单价作为判定价格下降的基础。

6. 凡被指控存在严重损害的成员，除附件5第3款另有规定应受该款约束外，应向由第七条引起争端各方和按第七条第4款成立的专家组提供所有能够得到的，关于争端各方有关产品价格及市场份额变化的资料。

7. 在相关时期内存在以下任何一种情况，即不应认为存在上述第三款所指的严重损害所导致的排斥或阻碍：

(a)对来自起诉的成员的同类产品出口采取禁止或限制，或对它向有关第三国市场的进口采取禁止或限制；

(b)在有关产品上实行垄断贸易或国有贸易的进口方政府以非商业理由决定将由起诉成员进口转向其他国家；

(c)起诉成员有关产品的生产、质量、数量、价格受到自然灾害、罢工、交通混乱或其他不可抗力的严重影响；

(d)存在由起诉成员出口的限制的安排；

(e)起诉成员自动减少有关产品的出口能力除(其他情况外，包括起诉成员企业自动将产品出口调整到新的市场)；

(f)未能达到进口国家的标准或其他法规要求。

8. 在未发生第7款所列情况时，对存在严重损害的确认应在向专家组提供或由专家组获得(包括根据附件5规定而提供的资料基础上做出)。

9. 本条不适用于按农产品协议第十三条对农产品保留补贴的情况。

第七条　补　　救

1. 平分秋色在农产品协议第十三条中另有规定以外，无论何时当一成员有理由认为另一成员实施了本协议第一条所指的任何一种补贴，对其国内产业造成了损害、取消、减少或严重损害时，它就可以要求与实施了该项补贴的成员进行磋商。

2. 按上述第1款提出的磋商要求应包括有以下的可以得到的证据的声明：(a)有关补贴的存在和性质，和(b)对提出磋商要求的成员的国内产业造成的损害，或对其利益造成的取消、减少或严重损害。

3. 对于按上述第1款所提出的磋商要求，被认为授予或维持了有关补贴的成员应尽快进行磋商。磋商的目的应是澄清事实以及达成能共同同意的解决办法。

4. 如果经过磋商未能在60天内达成共同接受的解决办法，参加磋商的任何一方可将问题提交争端解决机构以求建立专家组，除非争端解决机构一方认为不需建立这个专家组。并应在建立之日起15天内决定其人员构成及其权限范围。

5. 专家组应审议提交的问题并向涉及纠纷的各成员提出最终意见报告。该报告应在专家组的组成及权限确定后的120天内递交至所有成员。

6. 在专家组向所有成员提交报告的30天内，争端解决机构应接受该报告，除非争端的一方正式通知争端解决机构它决定上诉或争端解决机构以一致同意方式决定拒绝该报告。

7. 对专家组的报告提出上诉的，上诉机构应在争端当事人正式通知其上诉决定的60天内做出它的决定。如果该上诉机构认为无法在60天内提出该报告，则应以书面的形式报告争端解决机构说明它推迟呈交报告的原因和预计提出报告的日期。在任何情况下，该程序不能超过90天。争端解决机构应采纳该报告，争端双方也应无条件地接受该报告，除非争端解决机构在报告提交后的20天内以一致同意方式拒绝采纳该报告。

8. 专家组报告或上诉机构的报告得到了采纳，而这些报告判定补贴已经对另一成员利益造成第五条所称的不利影响的，提供或维持了该补贴的成员应采取适当的步骤来消除这些不利影响或撤销该补贴。

9. 如果在争端解决机构采纳了专家组报告或上诉机构报告后的6个月内，受指控的成员没有采取适当的步骤来消除补贴的不利影响或撤销该补贴，在没有达成补偿协议的情况下，争端解决机构可授权起诉的一方采取反补贴措施，这些措施应与判定存在的不利影响的性质与程度相当，除非争端解决机构以一致意见驳回实施反补贴措施的请求。

10. 如果争议的一方要求按争端解决谅解第二十二条第 6 款进行仲裁，仲裁方则应对反补贴措施是否与判定存在的不利影响的程度和性质相当做出裁决。

第四部分　不可申诉的补贴

第八条　不可申诉补贴的鉴定

1. 以下补贴应认为是不可申诉的补贴：

(a)按第二条定义，该补贴不具有专向性；

(b)按第二条属于具有专向性的补贴，但符合下述第 2 款(a)和(b)或(c)项中一切条件的补贴。

2. 尽管有第三部分和第五部分的规定，下列补贴仍为不可申诉的补贴：

(a)对企业或高等教育、科研机构在与企业合同基础上进行研究的资助，条件是：资助不超过工业研究费用 75%，或竞争前开发活动费用的 50%。并且这些资助仅限于：

(i)人员费用(专为研究活动而录用的研究人员、技术人员和其他辅助人员)；

(ii)专门并长期(在商业的基础上处分的除外)用于科研活动的仪器、设备、土地和建筑费用；

(iii)仅用于研究活动的咨询及类似服务的费用，包括购买研究成果、技术知识、专利等费用；

(iv)由研究活动直接产生的额外附加费用；

(v)由研究活动直接产生的其他运转费用(诸如资料费、供应和类似花费)。

(b)在成员的领土范围内根据地区发展总体规划并且不具有(第二条意义上的)专向性地在适当区域对不利地区提供的资助，其条件是：

(i)每个不利地区必须是一种明确界定的，连续的地理区域，它必须具有可以认定的经济或行政同一性。

(ii)该地区认为不利的地区应基于中性和客观的标准，表明该地区所面临的困难超出了暂时的状况；这种标准应在法律、法规或其他官方文件中阐明，以便能加以核查。

(iii)该标准应包括经济发展的指标，该指标至少应基于以下因素中的一种：

——人均收入或家庭平均收入，或人均国内生产总值，上述指标不应超过有关领土平均水准的 85%；

——失业率，必须至少达到有关领土平均水平的 110%；

由于是一个三年期的指标，这样的指标可以是综合性的，也可以包含其他因素。

(c)改造现有设施使之适应由法律和/或法规所提出的新的环境要求而是提供的资助，这些环境保护上的要求会对企业构成更大的限制和更重的负担，所以只要这些资助：

(i)是一种一次性的，非重复性的措施；和

(ii)限制在适应性改造工程成本的 20%以内；和

(iii)不包括对辅助性投资的安装与测试费用，该项支付必须完全由企业负责；和

(iv)与企业减少废料、污染有直接和适当的关联，而不包括任何制造业能够取得的成本节约；和

(v)应是能给予所有使用新设施和/或生产工艺的企业。

3. 适用于第 2 款规定的补贴计划，应按照第七部分的规定于执行之前通知委员会，以便能够使其他成员就补贴计划及其条件与标准是否与上述第 2 款规定相一致进行评价。成员还应每年向委员会提供最新情况的报告，特别要提供每项补贴计划全球性支出方面的信息，以及对该计划的任何修改。其他成员应有权要求得到已通知的补贴计划中各个事项方面的资料。

4. 根据成员的要求，秘书处应对按上述第 3 款所作的通知进行审查，在必要情况下，还可要求提供补贴的成员提供被通知而正在审议的计划的补充资料。秘书处应向委员会报告他们审核的结果。然后委员会将根据要求，尽快地审核秘书处的结论(或在要求秘书处进行审核的情况下对通报

本身进行审议)，以确定其是否符和上述第 2 款的条件和标准。如果在做出通知的时间和委员会例会的时间间隔在 2 个月以上，则本款所规定的程序最迟应在自补贴计划通知发出后委员会第一次例会上完成。本款所议及的审议程序还将根据要求将第 3 款的仲裁程序进行仲裁。

第九条　磋商与授权的补救

1. 在执行上述第八条第 2 款所述的补贴计划过程中，尽管该项计划符合该款所规定的标准，但如果某成员有理由认为该项补贴计划对其国内产业产生严重的不利影响，以至造成难以补救的损害，则该成员可以要求与授予或维持该补贴的成员进行磋商。

2. 对于按上述第 1 款提出的磋商要求，授予或维持该补贴计划的成员应尽可能快地进行磋商。磋商的目的应是澄清事实并达成可共同接受的解决办法。

3. 如在提出磋商要求后的 60 天内，磋商各方未能按第 2 款达成能共同接受的解决办法。提出磋商要求的成员可以将该问题提交委员会处理。

4. 委员会收到提交的问题后，应立即就事实本身及上述第 1 款所提及的影响的证据进行审查。如果委员会认为这种影响存在，它可建议实施补贴的成员对补贴计划进行修改，以致消除这些影响。委员会应按第三条规定在事件提交后的 120 天内做出裁决。如果委员会的建议在提出的 6 个月内没有得到贯彻实行，委员会可授权提出申诉的成员根据认定存在的影响的性质及程度做出相应的反措施。

第五部分　反补贴措施

第十条　1994 年关贸总协定第六条的适用

各成员应采取一切必要的措施，以保证对来自任何另一方领土的任何产品反补贴税的征收，都符合 1994 年关贸总协定第六条及本协议的规定，反补贴措施只有根据本协议以及农产品协议的有关规定才可以发起，调查、执行对反补贴税的征收。

第十一条　调查的发起和继续

1. 除第 6 款的规定外，对指控的一项补贴的存在、程度和效果而进行的调查，应由或代表国内产业提供的一份书面请求而发起。

2. 仅第 1 款提出的申请应包括充足的证据说明存在着(a)某项补贴以及如果可能的话，它的数额，(b)在按本协议解释的 1994 年关贸总协定第六条定义的损害以内，以及(c)受补贴进口产品和有关损害之间的因果关系。简单的断言，但有关证据不足，都将被认为不符合本款要求。请求书还应包括申请者有理由得到的下列资料：

(i)申请者身份，其所从事的相同产品的国内生产数量和价值，当以代表国内产业名义提出书面申请时，申请书应表明代表国内产业相同产品全部已知的生产厂商名录(或该产业的同业商会)，并尽可能地阐明这类厂商生产的全国生产总值和生产总量；

(ii)对指控受补贴产品的完整描述，所涉及的国家或原产地国或出口国，所涉及产品的每个出口商及国外生产者的名录，以及进口该产品的进口商名单；

(iii)有关补贴的存在、数量和性质的证据；

(iv)由补贴的进口而使国内产业遭受损害的证据；这些证据包括对受补贴进口数量的估计，这些进口对国内市场同类产品价值的影响，和由此对国内产业进口的影响，这些影响通过在本协定第 2 款、第 4 款所列出的，与国内产业状况有关的因素及有影响作用的指数来说明。

3. 调查当局应对申请者提出并据以要求发起调查的证据的正确与否及充分与否加以审查，并根据审查结果决定是否发起调查。

4. 调查当局只有在经过审查由国内产业提出的或以其名义提出的申请受到该产业在国内同行中所受支持或反对程度的基础上，才能根据上述第1款发起调查。如果是由合计产出大于国内同类产业产出50%以上的国内生产者对一项起诉提出支持和反对，则这种意见可以认作是“由国内产业提出，或以国内产业名义提出的”。然而，在明显支持一项申诉的国内生产者的集体产出不足国内同类产业的25%时，就不能发起调查。

5. 除非是在已做出发起一项调查的决定以后，调查当局应避免对外公开要求发起的调查的申请。

6. 在某些特殊情况下，调查当局未收到国内产业发起调查的书面请求而决定发起调查，只有他们掌握有上述第2款中述及的补贴和损害存在，及其因果关系的证据，证明发起调查是有理由的，才能进行调查。

7. (a)在对是否发起一项调查和(b)对在随后的调查期间，在不迟于本协议规定的最早日期里采取临时性措施做出决定时，应对补贴和损害的证据同时加以考虑。

8. 在有关产品不是从原产国直接进口，而是由中间国向进口成员出口的情况下，本协议的规定应完全运用，根据本协议，有关的交易活动应被视为发生在原产国和进口成员之间。

9. 一旦调查当局得到证实，不存在据以发起调查的有关存在补贴或损害的足够证据，即应拒绝根据上述第1款提出的调查申请，并立即停止调查。在证实补贴的数量微小，或受补贴产品的实际或潜在进口量，或损害小到可以忽略不计，也应立即中止调查。在本协议中，少于总价值1%的补贴应被视为微小数量。

10. 调查不应妨碍清关程序。

11. 除特殊情况外，调查应在发起之日的1年内结束，并且在任何情况下不得超过18个月。

第十二条　证　　据

1. 对一项反补贴调查利害有关的成员和所有利害有关方应得到调查当局要求的资料方面的通知，并给予充分的机会来书面提供它们认为与调查的问题有关的证据。

(a)收到一项反补贴调查问卷的出口商、外国生产者或利害有关的成员都至少应得到30天的时间作答复。对要求对30天的期限加以延长的任何要求都应给予考虑。并且在说明原因以后，只要客观条件许可，均应给予延长。

(b)以对资料的保密要求为条件，由一个利害有关成员或利害有关方以书面形式提供的证据应及时向参与调查的其他利害有关成员和利害有关方提供。

(c)调查一开始，调查当局即应将按第十一条第1款提交的书面调查请求书的全文提供给已知的出口商和出口成员当局及其他提出要求的利害有关方。并按第十一条第4款的规定对机密资料的保密要求予以应有的关注。

2. 在说明理由后，利害有关成员和利害有关方也应有权以口头形式提供信息。在口头提供信息后，利害有关成员和利害有关方应将所提供的信息写成书面材料。调查当局只能基于有关当局的书面记录做出决定，并且这些记录应供给涉及该项调查的利害有关成员和利害有关方，同时对机密资料的保密要求给予必要的关注。

3. 调查当局应在一切可行的情况下及时向所有利害有关成员和利害有关方提供查阅有关他们的案件的一切资料的机会，只要这些资料不属于下述第4款所定义的保密资料，或仅供反补贴调查当局使用的，并且是在该上述材料基础上准备提供出来的材料。

4. 任何具有机密性质的材料(例如因为它的泄露会使某一竞争对手获得重大竞争优势，或因为它的泄露会使资料的提供者或者曾向资料提供者提供资料的人受到重大不利影响，或由调查的各方在保密基础上提供的资料)，在说明充分理由的情况下，调查当局应作为机密材料对待。这些资料在未得到资料提供方特定允许的情况下均不得加以公开。

(a)调查当局应要求提供机密资料的利害有关成员或利害有关方提供这些材料的非机密的要求。这些提要应足够的详尽，以能造成对所代替的资料合理的理解。在某些特殊情况下，这样的成员或当事方可能表示该资料无法归纳成摘要。在这种特殊情况下，应提交不能加以摘要的理由的声明。

(b)如果调查当局认为保密要求无正当理由，并且如果资料的提供者不愿将资料公开或向调查当局提供资料的概况或摘要形式的替代性资料，调查当局可以拒绝这样的资料，除非该成员能证明资料取自适当来源，并且其内容是正确的。

5. 除在下述第 7 款中所指的情况外，在调查过程中调查当局应对利害有关成员或利害有关方所提供资料的正确性予以承认，并以其作为判定的依据。

6. 根据要求，调查当局可在另一成员领土上进行调查，只要他们及时地通知了有关成员，如该成员拒绝接受该调查即不进行调查。此外，调查当局可在一个公司内进行调查，并检查该公司的记录，只要(a)该公司同意接受调查，(b)通知了有关成员，而未提出反对。附件 6 中的规定可适用于在公司内的调查。调查当局在要求保守秘密信息的前提下，公开任何这类调查的结果，或根据下述第 3 款向被调查的企业说明调查结果，并向申请者提供调查的结果。

7. 在利害有关成员或利害有关方拒绝调查方取得、或以其他方式拒绝在适当期间内提供必要的情报资料，或严重地妨碍调查的情形下，初步和最终的裁决，肯定或否定的，都可以在已经得到的事实基础上做出。

8. 在做出最终裁决之前，调查当局应向所有利害有关成员和其他利害有关方通告他们考虑可以据以作为是否采取一定措施决定的事实要点。这种通知应留下足够时间给当事方进行辩护。

9. 根据本协议，"利害有关方"应包括：

(a)作为调查对象的产品的出口商或外国生产商或进口商，联合了这种产品的大多数生产商、出口商或进口商的行会或商会；和

(b)进口成员同类产品的生产商或联合了在进口成员境内大多数成员生产同类产品的行会或商会。

本名单不应排除各成员允许将前面未提到过的国内外的有关方也列为利害有关方。

10. 调查当局应对被调查产品的工业用户，在产品大多以零售方式出售的情况下，则是消费者组织的代表给予机会提供有关补贴、损害和因果关系等有关该项调查的信息。

11. 调查当局对利害有关方，特别是小型公司在提供所要求的资料方面所遇到的任何困难给予应有的考虑，并应提供任何可行的帮助。

12. 以上规定的程序并不意味着阻止成员的当局按本协议的有关规定，尽快地发起调查，或做出肯定或否定的，初步或最后的裁决，或采取临时的或最终的措施。

第十三条　磋　商

1. 根据第十一条所提出的调查申请一旦被接受，和在发起任何调查以前的任何时机，应邀请其产品可能成为被调查对象的成员进行磋商，以澄清上述第十一条第 2 款所述的情况，并达成为各方所同意的解决办法。

2. 之后，在整个调查期间，对于其产品为调查对象的成员应给予适当的机会继续进行磋商，以便澄清事实情况和达成为各方所接受的解决办法。

3. 在不影响提供适当磋商义务的前提下，这些有关磋商的规定不意味着阻止成员当局按本协议前规定尽快发起调查，做出肯定或否定，初步或最终的裁定、或采取临时的或最终的措施。

4. 意图发起调查或正在进行调查的成员，根据请求，应允许其产品为该项调查对象的成员了解非机密性证据，包括机构材料的非机密性摘要，这些资料是发起和进行调查的依据。

第十四条　以接受补贴者所获利益计算补贴量

为第五部分的目的，调查当局在计算依照第一条第1款授予接受者的利益时，所用的任何方法，均应在有关成员的全国性立法或实施细则中加以规定，该规定在对各个具体事例使用时应该透明并加以充分说明。上述任何方法应符合以下规则：

(a)政府提供的产权资本不应看作是一项利益的授予，除非这一投资决定可以被认定与该成员境内的私人投资者的常规投资作法(包括风险资金的提供)不相一致。

(b)政府提供的贷款不应看作是一项利益的授予，除非在接受贷款的企业向政府支付的利息与从市场上获得的同样商业贷款本应支付的利息之间存在差异。在这种情况下，受益量应为两种数额之差。

(c)由政府提供的贷款担保不应视为一项利益的给予，除非获得这项担保的企业为政府担保支付的担保与无政府担保的同类商业贷款所支付的担保费之间存在差别。在这种情况下，得益量应是这两种支付在经过任何费用调整后存在的差额。

(d)由政府提供商品或服务，或采购商品不应视为一项利益的给予。除非供应所得少于足够的报酬，或购买所付多于足够的报酬。所谓足够的报酬应按有关商品或服务在该国一般市场的关系来确定(包括价格、质量、效用、适销性、运输和其他购销条件)。

第十五条　损害的确定

1. 为1994年关贸总协定第六条的目的对损害的确定应基于肯定的证据和客观的调查。

(a)受补贴产品的进口量及其对国内市场上同类产品的价格影响。和

(b)这些进口对国内此类产品生产者造成的影响。

2. 在考察受补贴产品进口量时，调查当局应从绝对量与进口成员的生产和消费比较的相对量方面考虑，受补贴产品是否出现重大的增长。在考察受补贴进口产品对价格的影响方面，调查当局应考虑与进口国同类产品价格相比，受补贴产品是否有重大削价，或受补贴进口产品是否大幅度压低了价格，或阻止了本可出现的价格上涨。这些因素的一项或几项都不足据以做出决定。

3. 当来自一个以上国家的进口产品同时涉及到反补贴调查时，调查当局只有在认定：

(a)来自每个国家的有关进口的补贴数量都超过了第十一条第9款所定义的极小量、或来自每一国的进口都不得少到可忽略不计；以及

(b)根据进口产品之间的竞争条件及进口产品与国内同类产品的竞争条件考虑，对进口产品的影响做累计估算是适当的，调查当局才能以累计的方式估算该进口产品的影响。

4. 测定对有关国内产业的影响时，应考虑到对该产业状况的一切有关经济因素和指数的估评，如产出、销售量、市场份额、利润、生产能力、投资收益、设备利用率的实际和潜在的下降；影响国内价格的诸因素；以及对资金流向、库存、就业、工资、产业成长、筹资或投资能力的实际和潜在的不利影响，及在农业方面是否增加了政府支持计划的负担。上述清单并非概括无遗，这些因素某一或某几项也不足以做出决定。

5. 对于受补贴进口产品因其补贴的作用而造成本协议意义上的损害的情况必须加以说明。受补贴进口及其对国内产业损害之间的因果关系必须在向调查当局提供有关证据的基础上加以说明。调查当局还应调查在补贴产品以外的，同时期内也损害着国内产业的因素，由这些因素造成的后果不应归咎于受补贴的进口。在这方面有关的因素包括，除其他外，包括有关产品的非补贴进口的数量和价格，需求的收缩，消费模式的改变，贸易限制活动，以及国内外制造商之间的竞争，技术的发展和国内产业出口实绩及生产效率等。

6. 在现拥有的资料可供作为对诸如生产程序、生产者的销售和利润等生产的各个方面的标准分别举证的依据时，对受补贴进口作用的评估应联系国内同类产业的生产进行，如果上述的对生产

各方面分别举证方式难以做到，对补贴进口作用的评估应通过对尽可能窄范围的，包括该同类产品的某类产品生产的审查来进行，从中取得必要的信息资料。

7. 对实质性损害威胁的判定应根据事实而不应根据推断、预测或极小的可能性做出，因环境变化而可能形成使补贴造成损害的局势必须是能清楚预见和急迫的。在对实质性损害威胁的存在做出判断时，调查当局应特别考虑到下述诸因素：

(a)该项或多项补贴的性质和因而将造成对贸易的影响；

(b)意味着进口大量增加的受补贴产品进入国内市场的高增长率；

(c)出口商能充分自由处置迫近的大量增长的情况，表明存在遭受补贴产品向进口成员市场出口大量增长的可能性，并应考虑到其他出口市场吸收另外出口产品的现实能力。

(d)进入的产品是否以压价或抑制国内市场价格的水准进入，并可能将引起对更多进口产品的需求；和

(e)被调查产品的库存增况。

上述因素中的某一项不一定能作为认定的依据。但考虑所有这些因素必须导致这样的结论：受补贴出口产品进一步增长是紧迫的，除非采取保护行动，否则实质性损害即将发生。

8. 在认定补贴进口造成损害威胁的情况下，要求采取反补贴措施的请求应特别小心地加以考虑和做出决定。

第十六条 国内产业的定义

1. 除第 2 款规定的以外，本协议的"国内产业"一词应该解释为国内同类产品生产者全体，或其产量总和占国内该产品生产总量大部分的那些国内生产者；若其中有些生产者与进口商有关或其本身就是从其他国家进口被控补贴产品或同类产品的进口商，"国内产业"一词则可解释为除他们以外的所有生产者。

2. 在某些特殊情况下，成员境内的有关生产被划分为两个或两个以上竞争的市场，这时每个市场的生产者可视为单位的生产者，只要：

(a)每一市场的生产者将其生产的有关产品的全部或几乎全部在本市场内销售；和

(b)该市场的需求在实质程度上不是由座落在其他地域范围该产品的生产者提供的。在这种情况下，即使国内产业从总体上看大部分未受到损害，但如果受补贴进口集中地进入某一独立市场，并且对该市场内的所有，或几乎所有的生产者造成损害，仍将认定存在损害。

3. 当按第 2 款的定义，将国内产业解释为某一区域内的生产者时，反补贴税也只能对进入该地区进行最终消费的有关产品征收。若进口国家的宪法不允许在这样的基础上征收反补贴税，进口国只能在下述情况下无区域限制地征收反补贴：

(a)已经给了出口商以机会来减少以补贴价格向有关区域出口，或出口商应按第十八条做出承诺，但却未能及时做出充分的承诺。和

(b)补贴税不得仅仅针对某些特定生产厂商在有关区域市场供应的产品征收。

4. 两个或两个以上的国家在 1994 年关贸总协定第二十四条第 8 款(a)项的规定之下形成以单一的统一市场为特征的一体化，在该一体化区域里的产业可按上述第 1 款和第 2 款作为国内产业来对待。

5. 第十五条第 6 款的规定应适用于本条。

第十七条 临时措施

1. 临时性措施只有在以下情况下方可实施：

(a)根据第十一条规定发起的调查业已开始，并就此点做了公开通知，并且各利害有关成员和利害有关方都已得到充分的机会来提供情况和表示意见。

(b)已就补贴的存在和受补贴的进口对国内产业的损害做出初步肯定的裁决。

(c)有关当局判定为防止在调查期间造成损害,采取临时措施是必要的。

2. 临时措施可采用临时反补贴的形式,临时反补贴税由按相等于初步确定的补贴额所交存的现金存款或债券来担保。

3. 临时措施不得早于自发起调查之日以后的60天。

4. 临时措施的实施应限定在尽量短的时期内,不得超过4个月。

5. 实施临时措施应遵守第十九条的有关规定。

第十八条 承 诺

1. 如果收到下述令人满意的和自愿的承诺,可以中止或终止调查程序,而不采取临时措施或反补贴税。

(a)出口成员政府同意取消或限制补贴,或采取其他关于其效力的措施;或者

(b)出口商同意修正价格,并使调查当局满意地认为补贴所造成的损害作用业已消除。为此而实行的价格提高应不高于取消补贴所必要的程度,只要这种价格的提高已足以消除对国内产业的损害,价格的提高少于补贴数量应是可以接受的。

2. 除非在进口国当局已对补贴和补贴所造成的损害做出初步肯定的裁决,至于出口商的价格承诺,已经得到出口成员的同意,才能寻求和接受价格承诺。

3. 如果进口成员认为难以接受,可以拒绝该价格承诺,比如如果现有和潜在的出口商数量太大,或由于其他的原因,包括一般政策上的原因。在这种情况下,接受是不可行的。如果这种情况发生,进口国当局应告知出口方无法接受该价格承诺的原因,并尽可能给予出口商对此发表意见的机会。

4. 如果一项价格承诺得到接受,在出口成员要求下或根据进口成员的决定,对补贴和损害的调查仍可完成。在这种情况下,如果认定不存在损害或损害威胁,承诺即应自动取消,除非得出上述结论的主要原因是价格承诺的存在。在这种情况下有关当局可以要求根据本协议的规定,将价格承诺维持在一个合理的时间期限内。在认定补贴和损害存在的情况下,价格承诺应按原议定的条件和本协定的规定继续维持。

5. 价格承诺可由进口成员当局提出建议而做出,但不应强迫出口商做出价格承诺。出口商或政府不做出价格承诺或不接受做出价格承诺的事实本身不应妨碍在该补贴案上的考虑。然而,当局可以自由认定补贴进口的继续将使损害的威胁成为现实。

6. 进口成员当局可以要求对其做出了价格承诺的政府或出口商就承诺的执行定期提供情况,并允许对有关数据加以核实,若违反承诺,进口成员的当局可按照本协议规定迅速采取行动,包括根据现有信息采取立即的临时性措施。在这种情况下,可按本协定对前期进入本国消费在临时性措施之前不超过90天以上的产品征收确定的反补贴税,但对于违反承诺之日前已进入的产品不能实施这一追溯性征税。

第十九条 反补贴税的征收

1. 如做出过适当的努力以完成磋商后,一成员最终认定补贴的存在及其数量,而且因补贴作用,受补贴的进口正在造成损害,它即可根据本条的规定征收反补贴税,除非该项或几项补贴已被取消。

2. 所有关于征收反补贴税的条件都得到满足后,是否征收反补贴税,以及反补贴税是按补贴全额征收,还是低于全额征收,由进口成员政府当局做决定。在各个成员的领土内征收反补贴税应该是允许的,征收的税以较低的税率足以抵消对国内产业所造成的损害,补税额就应低于实际的补贴额,此外还应建立一种程序能使有关当局考虑国内其他利害有关方的意见,他们的利益可能会因实施反补贴税而受到不利的影响。

3. 当一种反补贴税是针对某种产品而征收时,这一反补贴税应以适当的税率,对来自任何地

方的，被认定是受到补贴并造成损害的产品无歧视地征收；但对来自已撤销补贴，或已按本协定规定做出承诺的供应国的进口应给予例外。任何出口商的产品如已成为反补贴税征收对象，并因拒不合作以外的原因没经受实际调查，有权要求对其进行快速调查并由调查当局尽快地为其出口订立单独的反补贴税率。

4. 对任何产品征收的反补贴税，不得超过经确认存在的补贴额，补贴额应以每单位受补贴和出口产品受到的补贴来计算。

第二十条 追 溯 力

1. 只有在第十七条第1款和第十九条第1款分别做出裁定生效后，方可对进入市场进行消费的产品实行临时措施或征收反补贴税，但本条规定的例外情况除外。

2. 最终确认存在损害（而不是存在损害的威胁或对建立某一产业的具体延缓），或在认定损害威胁的同时认定如不采取临时措施，受补贴的进口肯定会导致损害的，对于本应实施临时措施那一段时期可追溯性地征收反补贴税。

3. 若最终反补贴税高于现金存款或债券所担保的数额，超出部分不应再征收。若最终反补贴税额低于现金存款或债券所担保的金额，对于多征收部分尽快地退款或解除担保金。

4. 按上述第2款规定的例外，当就损害威胁或实质性阻碍（但尚未造成损害）做出裁定时，只能从该裁定做出之日起征收确定的反补贴税，对在采取临时性措施期间的现金存款应尽快退还，债券尽快解除。

5. 若最终的结论是否定的，在执行临时措施期间所提交现金存款或债券担保都应尽快地退还和扣除。

6. 在违反了1994年关贸总协定和本协议规定，受益于补贴的产品在一相对短暂的时期内大量涌入的紧急情况下，有关当局发现对该受补贴进口所造成的损害难以弥补，并确信为了防止再度发生损害，有必要对该进口实施追溯性征收反补贴税，对先前进口并进入消费在实施临时措施日期前不超过90天以上的产品征收已确定的反补贴税。

第二十一条 反补贴税和价格承诺的期限及复议

1. 反补贴税只能在为抵消补贴造成损害所必需的时间和范围内执行。

2. 当局应该主动，或者在征收反补贴税后经过一个适当时期，根据已提供需加以复查的资料的利害有关方的要求，对继续执行反补贴税的必要性加以复查。利害有关方应有权要求当局对继续征收反补贴税以抵消补贴作用是否必要，及对如果取消或修正反补贴税，是否会继续造成或再度造成因它单独或同时地进行检查。如果根据本款所做出的复议，当局认为反补贴不再必要的，就应立即予以终止。

3. 尽管有第1款及第2款的规定，对任何一项特定的反补贴税的征收，应在起征之日（或从按第2款发起的最新一次包括补贴和损害的复议，或按本款发起的一项复议的发起之日）起算不迟于5年期限之内停止征收。除非在该最后期限前的适当时间内，当局自身决定，或是为代表或应本国产业附有证明的要求而做出的调查，其结果表明如果停止反补贴税的征收将可能造成补贴的继续和损害的再度发生。在等待这样的调查结果的期间，可以继续实行反补贴税的征收。

4. 本协议第十二条有关证据和程序的规定应适用于按本条所实行的任何复议。这样复议应尽快地发起，并一般应在复议开始后12个月内结束。

5. 本条规定应比照适用于按第十八条接受的承诺。

第二十二条 反补贴裁定的公告和解释

1. 当调查当局确信有充分证据表明有必要发起本协议第十一条所规定的调查，其产品应受到调查的某一或某些成员，以及为调查当局所知的对调查有利害关系其他利害有关方，都应得到通知，并予公告。

2. 发起调查的公告应包括或从其他单独报告的形式提供下列的充分信息：

(a)出口国名称以及所涉及产品的名称；

(b)发起调查的日期；

(c)对调查所涉及的补贴行为的说明；

(d)对造成补贴指控的损害的因素的概要说明；

(e)利害有关成员各利害有关方投寄陈述的地址；

(f)有利害关系的成员和各利害有关方陈述意见的期限。

3. 对于任何初步或最终的不论肯定或否定的裁定，按第十八条接受承诺的决定，及终止承诺或终止最终反补贴税的决定等，都应予以公告。调查当局做出的每一个公告或其他单独报告都应尽量详细地提供调查当局认为重要的所有事实和法律问题的认定和结论。所有这类通告或报告都应送交其产品受到调查的成员以及为调查当局所知的对调查有利害关系的其他利害有关方。

4. 采取临时措施的公告或其他单独报告应就补贴和损害的初步认定做出足够详细的说明，并应叙述导致论点被接受或驳回的法律和事实问题。这样的通告或报告尤其应包括以下方面的信息，但应对保密的请求给予充分考虑：

(a)供应商的名称，如果未查明则为涉及的供应国的名称；

(b)为海关目的所需的对产品性质的描述；

(c)确定补贴的数量和确定补贴存在的根据；

(d)按十五条列举的理由而认定损害存在考虑；

(e)做出采取临时措施决定的主要理由。

5. 在就征收反补贴税和接受承诺做出肯定的决定后，在考虑到保密要求的前提下，结束和中止调查的通告应包括导致采取最终措施或接受承诺的所有事实和法律问题的有关信息和理由。该通告和报告特别还应包括上发第 4 款中列举的信息，及利害有关成员及进口商、出口商提出的各种接受或否定有关论点的理由或要求。

6. 一项根据第十八条接受承诺而终止或中止调查的通告，应包括或以其他单独报告的形式提供该项承诺的非机密性资料。

7. 本条的规定细节上略作修改后应比照适用于按第二十一条发起和结束的复议，以及按第二十条追溯性征收反补贴税的决定。

第二十三条　司法审议

成员的国内立法中包括有反补贴措施规定的，应维持司法的、仲裁的或行政的法庭或程序，以便对与仲裁有关的行政行为尽快实行审议和对第二十一条意义上的裁定复议进行迅速的审议。此类法庭和程序应独立于负责有关裁定和复议的调查当局，并向参与该行政程序和直接地和个别地受到该行政行为影响的所有利害有关方提供申请审议的机会。

第六部分　组织机构

第二十四条　补贴与反补贴措施委员会及其下属机构

1. 成立一个由各成员代表组成的补贴与反补贴委员会。该委员会应选举自己的主席，每年至少召开两次会议，并按本协议的有关规定应任一成员的请求而召开会议。委员会应执行本协议或全体成员所授予的职责，并为与实施本协定和推进其目标有关的事项向成员提供磋商的机会。世界贸易组织秘书处应作为该委员会秘书处。

2. 该委员会可以建立适当的下属机构。

3. 委员会应建立一个由5位补贴与贸易关系领域内资深独立专家组成的常设专家小组。这些专家由委员会挑选，并每年有一名被轮换。专家小组可应请求根据第四条第5款规定对专家组提供帮助。委员会也可就任何补贴的存在与性质向专家小组征求咨询意见。

4. 常设专家组可向任何成员提供咨询，并可就该成员准备实施或正在维持的补贴的性质提供咨询性意见。该咨询意见应给予保密，并可不对其适用第七条的程序。

5. 为了行使其职责，委员会及其下属机构可向任何他们认为适合的对象进行磋商并寻求信息资料。然而，委员会或下属机构在向某一成员管辖范围的来源寻求资料时，应通知该有关成员。

第七部分　通知与监督

第二十五条　通　　知

1. 各成员同意，它们有关补贴的通知应在每年6月30日以前提交，并遵守下述第2款至第6款的规定，同时应不妨碍1994年关贸总协定第十六条第1款的规定的执行。

2. 各成员应将在其境内实施或维持的、第一条第1款所界定并在第二条专向意义上的任何补贴做出通知。

3. 通知内容应足够明确，以便其他成员能够就其对贸易的影响做出评价和了解所通知的补贴计划的实施情况。在不影响通知内容和补贴问题调查表格式的前提下，各成员应保证其通知包括以下资料：

(a)补贴的形式（如赠予、贷款、税收减让等）；

(b)单位补贴量，或在单位补贴量不可能计算时，总补贴量或预算中用于补贴的年度总量（若可能应包括上一年的平均单位补贴量）；

(c)政策目标和/或补贴目的；

(d)补贴期间和或其他有关补贴的任何期限；

(e)能凭以估算补贴的贸易影响的统计数字。

4. 如上述第3款中的某些项目未在通知中明确列入，则通知应就此做出解释。

5. 如果补贴是按特定产品或部门给予的，则通告应按产品或部门进行组织。

6. 认为在其境内不存在1994年关贸总协定第十条第1款要求通知的措施的成员，应将此情况以书面形式通知秘书处。

7. 各成员认识到，对某项措施所作通告对其在1994年关贸总协定下和在本协议的法律地位、及在本协议下的影响，及措施本身的性质产生不利影响。

8. 任何成员在任何时候，都可以通过书面形式要求提供其他成员所实施或维持的任何补贴的性质和规模的资料（包括上述第四部分的任何一种补贴），或要求对某项措施被认为不应受通告要求制约的理由作出说明。

9. 受到以上要求的成员应尽快提供这些资料，这些资料还应是以综合方式提供，并随时准备应要求提交补充资料。提供的资料应足够的详细，以便其他成员能就其是否与本协议相符作出评价。任何成员认为没有得到所要求的情况，可将有关事项提交给委员会。

10. 任何成员认为其他成员的某项措施具有补贴作用，并且未根据1994年关贸总协定第16条及本条的规定进行公告，即可将该事项向各其他成员通告以求引起注意。如果此后被诉的补贴仍未及时进行通告，提出指控的成员可自行将所提交的补贴提请委员会注意。

11. 各成员应就反补贴税方面所采取的所有初步或最终行动及时向委员会报告。这类报告应提交到秘书处以供其他成员代表们查询。每隔半年,各成员还应就前6个月内采取的任何反补贴税行为进行汇报。半年期的报告应以共同商定的标准格式提交。

12. 每个成员应通告委员会(a)它的哪一个主管机关能胜任按第十一条发起和进行的调查,和(b)其规范发起和进行这类调查行为的国内程序。

第二十六条 监 督

1. 委员会应在3年一届的特别会议上审议根据 GATT 1994 第16条第1款和本协定第25条第1款提交的新的和全面的通知。在两届特别会议之间提交的通知(更新通知)应在委员会的每次例会上审议。

2. 委员会还应在每次例会上审议按前述第二十五条第11款提交的报告。

第八部分 发展中国家成员

第二十七条 对发展中国家成员的特殊和差别待遇

1. 各成员承认,补贴可以在发展中国家成员的经济发展计划中发挥重要作用。

2. 本协议第三条和(a)款下的禁止不适用;

(a)附件7中所界定的发展中国家成员。

(b)在建立 WTO 的协议生效后8年期内,适用第4款的其他发展中国家。

3. 本协议第三条第1款(b)项的禁止,在建立 WTO 的协议生效的最初5年内,不适用于发展中国家成员,8年之内不适用于最不发达国家。

4. 上述第2款(b)项中所涉及的发展中国家成员,应在8年内逐步清除其出口补贴,这种消除最好以循序渐进的方式进行。不过,一个发展中国家成员不应提高其出口补贴的水平,在这种补贴与其发展的需要不相符合时,更需在比本款规定的时限更短的时期内消除这些补贴。如果一发展中国家成员认为必须在8年期满后继续实行这种补贴,则应在期限届满之前1年与委员会进行磋商,委员会在审查有关发展中国家成员的经济、财政和发展需要等所有问题后再决定是否应当准予延长。若委员会认为延期是有理由的,该发展中国家成员则应每年与委员会就维持补贴的必要性问题进行一次磋商。如委员会未做出这样的决定,该发展中国家成员就应自授权期满后的2年之内取消剩余的出口补贴。

5. 在任何特定产品上获得出口竞争能力的发展中国家成员应在2年之内取消其给予该产品的补贴。但对附件7中所提及的发展中国家成员,如在某项或更多产品上获得出口竞争能力,则应在8年内逐步取消对这类产品的出口补贴。

6. 若发展中国家成员的某项产品连续2年在世界贸易中取得3.25%的市场份额,该产品即为具有出口竞争力。对出口竞争力存在的认定可依据:

(a)基于获得出口竞争力的发展中国家成员所作的通知,或

(b)基于秘书处应任一成员要求而进行的计算,本款对产品的定义系根据协调税则的分类而划分。对于在建立 WTO 的协议生效之日已不实施出口补贴的发展中国家成员,本款规定应在1986年出口补贴的水平基础上执行。在建立 WTO 的协议生效5年后,委员会应对本款的执行情况进行审议。

7. 发展中国家成员的出口补贴凡符合上述第2款至第5款条件的,将不适用本协定第四条,而应适用本协定第七条。

8. 就第六条第1款而言,不得推断发展中国家给予的补贴构成本协议界定的严重损害。当适用本条第9款时,应根据第六条第3款至第8款的规定,对这种严重损害,应以明确的证据加以证明。

9. 对于第六条第1款界定范围以外的由发展中国家给予或维持的可申诉补贴，除非该补贴的存在造成了对关税减让或1994年关贸总协定其他义务的利益丧失或损害，从而取代或阻止另一成员同类产品进入实施了该补贴发展中国家的市场，或造成在进口成员市场对国内产业的损害，才可根据本协议第七条授权或采取行动。

10. 对原产于发展中国家成员的产品而进行的任何补贴调查，应在有关当局确认以下情况后立即终止；

(a)对有关产品的总体补贴未超过其单位价值的2%；

(b)受补贴的进口产品占进口成员同类产品进口量不足4%，但多个进口比重少于4%的发展中国家成员构成的进口总量超过了进口成员该类产品进口总量的9%的除外。

11. 对属于适用第2款(d)项范围以内的发展中国家成员，及适用附件第七条的发展中国家成员，如在建立WTO的协议生效之间8年届满之前已取消了出口补贴，则上述和(a)款所规定的数值应从2%调整为3%。该规定自有成员通知委员会决定取消该出口补贴，并做出这样通知的成员不再之日起适用。本款规定自建立WTO的协议生效后满8年时失效。

12. 上述第10款与第11款规定应适用于按照第十五条第3款的任何对最小量认定的规定。

13. 第三部分的规定不适用于以直接债务豁免或补贴等做出社会支出偿付，当这种补贴与该发展中国家成员的私有化计划有直接或间接联系时，则不论它是以什么形式做出的，包括放弃政府收入就其他债务转移，也不适用第三部分条款，只要这种计划与补贴是在有限时期内实行的，并将此通告了委员会，同时该计划最终使有关成员确实实现了私有化。

14. 委员会在应任何一个有利害关系成员的请求时，对发展中国家成员特定的出口补贴行为进行审查，以检验该补贴是否符合该国的发展计划。

15. 委员会在受到任何有利害关系的发展中国家成员请求时，应对一特定反补贴措施实行审查，以检验其是否符合适宜于有关发展中国家成员的第10款、第11款的规定。

第九部分　过渡性安排

第二十八条　现有的补贴计划

1. 在一成员在其就建立WTO的协议进行签署之前即已在其领土内存在的，与本协定规定不符合的补贴计划，应：

(a)在建立WTO协议对该成员生效之日后的90天内通知委员会，和

(b)在建立WTO的协议对该成员生效之日后的3年内，使补贴计划与本协议的规定相一致，在此之前不受第二部分的制约。

2. 任何成员不得扩大这类补贴计划也不得在计划期满后再延长。

第二十九条　向市场经济转化

1. 从中央计划经济向自由企业和市场经济转化的成员，可以实施这种转换所必需的计划和措施。

2. 对于这些成员，属于第三条界定范围以内，并按下述第29条第三款(c)项进行通知的补贴计划，应在建立WTO的协议生效之日后的7年内取消或使其与本协议第三条相符合。在这种情况下将不适用本协议第四条。此外，在此同一期间：

(a)属于第六条第1款(d)项范围的补贴计划不应根据第七条成为可申诉的补贴；

(b)其他可申诉的补贴，将适用第二十七条第9款的规定。

3. 属于第三条范围的补贴，应在建立WTO的协议生效后的最早可行日期通知委员会。对该

类补贴的进一步通知，则需在建立 WTO 的协议生效之日后的 2 年内进行。

4. 在特殊情况下，第 1 款提及的成员可背离其向委员会所通知的补贴计划与措施及所确定的时间进程，只要这些背离是体制转换进程所必需的。

第十部分　争端解决

第三十条

经争端解决谅解所解释和运用的 1994 年关贸总协定第二十二条及第二十三条，应适用于根据本协议的磋商和争端，除非另有特殊规定。

第十一部分　最后条款

第三十一条　临时适用

本协议第六条第 1 款及第八条、第九条的规定，将在建立 WTO 的协议生效之日起 5 年内适用。委员会将在这一期限结束的 180 天以前对这些规定的执行情况加以审议，以便决定是否延期适用上述规定，以及将继续适用现有条款还是经过修改后的各款。

1. 除非根据 1994 年关贸总协定的规定，如本协议所阐明的，不应对另一成员的补贴采取特定的行动。

2. 除非得到其余各成员的许可，对本协定任何规定均不得予以保留。

3. 除非第四款另有规定应适用该规定，对于在建立 WTO 的协议生效之日或以后做出的对现有补贴措施的调查及审议，均应适用本协议的有关规定。

4. 为第二十一条第 3 款之目的，现行的反补贴措施，应视为不迟于建立 WTO 的协议生效之日所实施的，除非某成员在该日施行的国内立法已包括了该款所指的那类条款。

5. 每个成员都应通过来取普遍或特殊的各处必要措施，以确保不迟于建立 WTO 的协议对该成员生效之日，使其法律、法规及行政程序在对有关成员适用方面，与本协定规定相符合。

6. 任何成员都应将其与本协议有关的法律、法规上的任何变更，及对这些法律法规的执行的变更向委员会通报。

7. 委员会应逐年考虑本协议的目标，对本协议的完成和实行情况进行审议。委员会应每年向货物贸易委员会通报在上述审议期间发生的变化。

8. 本协议的附件构成本协议的不可分割部分。

附录3　保障措施协议

各成员，

考虑到各成员改善和加强以GATT1994为基础的国际贸易体制的总体目标；

认识到有必要澄清和加强GATT1994的纪律，特别是其中第19条的纪律（对某些产品进口的紧急措施），而且有必要重建对保障措施的多边控制，并消除逃避此类控制的措施；

认识到结构调整的重要性和增加而非限制国际市场中竞争的必要性；以及进一步认识到，为此目的，需要一项适用于所有成员并以GATT1994的基本原则为基础的全面协议；

特此协议如下：

第1条　总则

本协定为实施保障措施制定规则，此类措施应理解为GATT1994第19条所规定的措施。

第2条　条件

1. 一成员只有在根据下列规定确定正在进口至其领土的一产品的数量与国内生产相比绝对或相对增加，且对生产同类或直接竞争产品的国内产业造成严重损害或严重损害威胁，方可对该产品实施保障措施。

2. 保障措施应针对一正在进口的产品实施，而不考虑其来源。

第3条　调查

1. 一成员只有在其主管机关根据以往制定的程序进行调查、并按GATT1994第10条进行公开后，方可实施保障措施。该调查应包括对所有利害关系方做出的合理公告，及进口商、出口商和其他利害关系方可提出证据及其意见的公开听证会或其他适当方式，包括对其他方的陈述做出答复并提出意见的机会，特别是关于保障措施的实施是否符合公共利益的意见。主管机关应公布一份报告，列出其对所有有关事实问题和法律问题的调查结果和理由充分的结论。

2. 任何属机密性质的信息或在保密基础上提供的信息，在说明理由后，主管机关应将其视为机密信息。此类信息未经提供方允许不得披露。可要求机密信息的提供方提供一份此类信息的非机密摘要，或如果此类提供方表明此类信息无法摘要，则应提供不能提供摘要的理由。但是，如主管机关认为有关保密的请求缺乏理由，且如果有关方不愿披露该信息，或不愿授权以概括或摘要形式披露该信息，则主管机关可忽略此类信息，除非它们可从有关来源满意地证明该信息是正确的。

第4条　严重损害或严重损害威胁的确定

1. 就本协定而言：

(a)“严重损害”应理解为指对一国内产业状况的重大全面减损；

(b)“严重损害威胁”应理解为指符合第2款规定的明显迫近的严重损害。对存在严重损害威胁的确定应根据事实，而非仅凭指控、推测或极小的可能性；以及

(c)在确定损害或损害威胁时，“国内产业”应理解为指一成员领土内进行经营的同类产品或直接竞争产品的生产者全体，或指同类产品或直接竞争产品的总产量占这些产品全部国内产量主要部分的生产者。

2.(a)在根据本协定规定确定增加的进口是否对一国内产业已经或正在威胁造成严重损害的调查中，主管机关应评估影响该产业状况的所有有关的客观和可量化的因素，特别是有关产品按绝对值和相对值计算的进口增加的比率和数量，增加的进口所占国内市场的份额，以及销售水平、产量、生产率、设备利用率、利润和亏损及就业的变化。

(b)除非调查根据客观证据证明有关产品增加的进口与严重损害或严重损害威胁之间存在因果关系，否则不得做出(a)项所指的确定。如增加的进口之外的因素正在同时对国内产业造成损害，则此类损害不得归回于增加的进口。

(c)主管机关应依照第3条的规定，迅速公布对被调查案件的详细分析和对已审查因素相关性的确定。

第5条　保障措施的实施

1. 一成员应仅在防止或补救严重损害并便利调整所必需的限度内实施保障措施。如使用数量限制，则该措施不得使进口量减少至低于最近一段时间的水平，该水平应为可获得统计数字的、最近3个代表年份的平均进口，除非提出明确的正当理由表明为防止或补救严重损害而有必要采用不同的水平。各成员应选择对实现这些目标最合适的措施。

2. (a)在配额在供应国之间进行分配的情况下，实施限制的成员可就配额份额的分配问题寻求与在供应有关产品方面具有实质利益的所有其他成员达成协议。在该方法并非合理可行的情况下，有关成员应根据在供应该产品方面具有实质利益的成员在以往一代表期内的供应量占该产品进口总量或进口总值的比例，将配额分配给此类成员，同时适当考虑可能已经或正在影响该产品贸易的任何特殊因素。

(b)一成员可背离(a)项中的规定，只要在第13条第1款规定的保障措施委员会主持下根据第12条第3款进行磋商，并向委员会明确证明(i)在代表期内，自某些成员进口增长的百分比与有关产品进口的总增长不成比例，(ii)背离(a)项规定的理由是正当的，以及(iii)此种背离的条件对有关产品的所有供应商是公正的。任何此种措施的期限不得延长超过第7条第1款规定的最初期限。以上所指的背离不允许在严重损害威胁的情况下使用。

第6条　临时保障措施

在迟延会造成难以弥补的损害的紧急情况下，一成员可根据关于存在明确证据表明增加的进口已经或正在威胁造成严重损害的初步裁定，采取临时保障措施。临时措施的期限不得超过200天，在此期间应满足第2条至第7条和第12条的有关要求。此类措施应采取提高关税的形式，如第4条第2款所指的随后进行的调查未能确定增加的进口对一国内产业已经造成威胁或造成严重损害，则提高的关税应予迅速返还。任何此类临时措施的期限应计为第7条第1款、第2款和第3款所指的最初期限和任何延长期的一部分。

第7条　保障措施的期限和审议

1. 一成员仅应在防止或补救严重损害和便利调整所必需的期限内实施保障措施。该期限不得超过4年，除非根据第2款予以延长。

2. 第1款所述的期限可以延长，只要进口成员的主管机关以符合第2条、第3条、第4条和第5条所列的程序已经确定保障措施对于防止或补救严重损害仍然有必要，且有证据表明该产业正在进行调整，且只要第8条和第12条的有关规定得到遵守。

3. 一保障措施的全部实施期，包括任何临时措施的实施期、最初实施期及任何延长，不得超过8年。

4. 在根据第12条第1款的规定做出通知的一保障措施的预计期限超过1年的情况下，为便利调整，实施该措施的成员应在实施期内按固定时间间隔逐渐放宽该措施。如措施的期限超过3年，则实施该措施的成员应在不迟于该措施实施期的中期审议有关情况，如适当应撤销该措施或加快放宽速度。根据第2款延长的措施不得比在最初期限结束时更加严格，而应继续放宽。

5. 对于在《WTO协定》生效之日后已经受保障措施约束的一产品的进口，在与先前实施保障措施的期限相等的期限内，不得对其再次实施保障措施，但是不适用期至少为2年。

6. 尽管有第5款的规定，但是期限等于或少于180天的保障措施可对一产品的进口再次实施，条件是：

(a)自对该产品的进口采用保障措施之日起已至少过去1年；且

(b)自采用该保障措施之日起5年期限内，该措施未对同一产品实施2次以上。

第8条　减让和其他义务的水平

1. 提议实施保障措施或寻求延长保障措施的成员，应依照第12条第3款的规定，努力在它与可能受该措施影响的出口成员之间维持与在GATT1994项下存在的水平实质相等的减让和其他义务水平。为实现此目标，有关成员可就该措施对其贸易的不利影响议定任何适当的贸易补偿方式。

2. 如根据第12条第3款进行的磋商未能在30天内达成协议，则受影响的出口成员有权在不迟于该保障措施实施后90天，并在货物贸易理事会收到此中止的书面通知之日起30天期满后，对实施保障措施成员的贸易中止实施GATT1994项下实质相等的减让或其他义务，只要货物贸易理事会对此中止不持异议。

3. 第2款所指的中止的权利不得在保障措施有效的前3年内行使，只要该保障措施是由于进口的绝对增长而采取的，且该措施符合本协定的规定。

第9条　发展中国家成员

1. 对于来自发展中国家成员的产品，只要其有关产品的进口份额在进口成员中不超过3%，即不得对该产品实施保障措施，但是进口份额不超过3%的发展中国家成员份额总计不得超过有关产品总进口的9%。

2. 一发展中国家成员有权将一保障措施的实施期在第7条第3款规定的最长期限基础上再延长2年。尽管有第7条第5款的规定，但是一发展中国家有权对已经建立在《WTO协定》生效之日后采取保障措施约束产品的进口，时间要在等于以往实施该措施期限一半的期限后，再次实施保障措施，但是不适用期至少为2年。

第10条　先前存在的第19条措施

各成员应在不迟于保障措施首次实施之日后8年，或在《WTO协定》生效之日后5年内，以在后者为准，终止根据GATT1947第19条采取的、且在《WTO协定》生效之日存在的所有保障措施。

第11条　某些措施的禁止和取消

1. (a)一成员不得对某些产品的进口采取或寻求GATT1994第19条列出的任何紧急行动，除非此类行动符合依照本协定实施的该条的规定。

(b)此外，一成员不得在出口或进口方面寻求、采取或维持任何自愿出口限制、有序销售安排或其他任何类似措施。这些措施包括单个成员采取的措施以及根据两个或两个以上成员达成的协议、安排和谅解所采取的措施。在《WTO协定》生效之日有效的任何此类措施，应使其符合本协定或依照第2款逐步取消。

(c)本协定不适用于一成员根据除第19条外的GATT1994其他条款和除本协定外的附件1A所列其他多边贸易协定，或根据在GATT1994范围内订立的议定书、协定或安排所寻求、采取或维持的措施。

2. 第1款(b)项所指的措施的逐步取消应按照有关成员在不迟于《WTO协定》生效之日后180天提交保障措施委员会的时间表实施。这些时间表应规定第1款所指的所有措施应在《WTO协定》生效之日后不超过4年的期限内逐步取消或使其符合本协定，但每一进口成员⑤不得多于一项特定措施，且措施的期限不得超过1999年12月31日。任何此类例外必须在直接有关的成员之间达成协议，并通知保障措施委员会，供其在《WTO协定》生效起90天内进行审议和接受。本协定附件列出一项经同意属此类例外范围的措施。

3. 各成员不得鼓励或支持公私企业采用或维持等同于第1款所指措施的非政府措施。

第12条　通知和磋商

1. 一成员在下列情况下应立即通知保障措施委员会：

(a)发起与严重损害或严重损害威胁相关的调查程序及其原因；

(b)就因增加的进口所造成的严重损害或严重损害威胁提出调查结果；以及

(c)就实施或延长保障措施做出决定。

2. 在做出第1款(b)项和(c)项所指的通知时，提议实施或延长保障措施的成员应向保障措施委员会提供所有有关信息，其中应包括增加的进口所造成严重损害或严重损害威胁的证据、对所涉及的产品和拟议措施的准确描述、拟议采取措施的日期、预计的期限以及逐步放宽的时间表。在延长措施的情况下，还应提供有关产业正在进行调整的证据。货物贸易理事会或保障措施委员会可要求提议实施或延长该措施的成员提供其认为必要的额外信息。

3. 提议实施或延长保障措施的成员应向作为有关产品的出口方对其有实质利益的成员提供事先磋商的充分机会，目的特别在于包括审议根据第2款提供的信息、就该措施交换意见以及就实现第8条第1款所列目标的方式达成谅解。

4. 一成员应在采取第6条所指的临时保障措施之前，向保障措施委员会做出通知。磋商应在采取措施后立即开始。

5. 本条所指的磋商的结果、第7条第4款所指的中期审查的结果、第8条第1款所指的任何形式的补偿以及第8条第2款所指的拟议减让或其他义务的中止，均应由有关成员立即通知货物贸易理事会。

6. 各成员应迅速向保障措施委员会通知它们与保障措施有关的法律。法规和行政程序以及任何修改。

7. 维持在《WTO协定》生效之日存在的第10条和第11条第1款所述措施的成员，应在不迟于《WTO协定》生效之日后60天将此类措施通知保障措施委员会。

8. 任何成员可将本协定要求其他成员通知的、而其他成员未通知的本协定处理的所有法律、法规、行政程序及任何措施或行动通知保障措施委员会。

9. 任何成员可将第11条第3款所指的任何非政府措施通知保障措施委员会。

10. 本协定所指的向货物贸易理事会做出的所有通知通常应通过保障措施委员会做出。

11. 本协定有关通知的规定不要求任何成员披露会妨碍执法或违背公共利益或损害特定公私企业合法商业利益的机密信息。

第13条　监督

1. 特此设立保障措施委员会，由货物贸易理事会管理，对任何表示愿意在其中任职的成员开放。该委员会具有下列职能：

(a)监督并每年向货物贸易理事会报告本协定的总体执行情况,并为改善本协定提出建议;

(b)应一受影响成员的请求,调查本协定中与一保障措施有关的程序性要求是否得到遵守,并向货物贸易理事会报告其调查结果;

(c)如各成员提出请求,在各成员根据本协定规定进行的磋商中提供协助;

(d)审查第10条和第11条第1款涵盖的措施,监督此类措施的逐步取消,并酌情向货物贸易理事会报告;

(e)在采取保障措施的成员请求下,审议中止减让或其他义务的提议是否是"实质相等",并酌情向货物贸易理事会报告;

(f)接收和审议本协定规定的所有通知,并酌情向货物贸易理事会报告;

(g)履行货物贸易理事会可能确定的、与本协定有关的任何其他职能。

2. 为协助委员会行使其监督职能,秘书处应根据通知和可获得的其他可靠信息,就本协定的运用情况每年准备一份事实报告。

第14条 争端解决

由《争端解决谅解》详述和适用的GATT1994第22条和第23条的规定适用于本协定项下产生的磋商和争端解决。

附件第11条第2款所指的例外

有关成员产品终止时间

欧共体/日本客车、越野车、轻型商用车、1999年12月31日

轻型卡车(5吨以下)以及上述车辆的成套散件(CKD)。

注释

①一关税同盟可作为一单独整体或代表一成员国实施保障措施。如关税同盟作为一单独整体实施保障措施,则本协定项下确定严重损害或严重损害威胁的所有要求应以整个关税同盟中存在的条件为基础。如代表一成员国实施保障措施,则确定严重损害或严重损害威胁的所有要求应以该成员国中存在的条件为基础,且保障措施应仅限于该成员国。本协定的任何规定不预断对GATT1994第19条与第24条第8款之间关系的解释。

②一成员应立即将根据第9条第1款采取的行动通知保障措施委员会。

③符合GATT1994和本协定有关规定的以保障措施形式实施的进口配额,经双方同意,可由出口成员管理。

④类似措施的例子包括下列任何可提供保护的措施:出口节制、出口价或进口价监控体制、出口或进口监督、强制进口卡特尔以及酌情发放进出口许可证的方案等。

⑤欧共体有权实施的唯一此种例外列在本协定附件中。

附录 4　药品 EDMF-COS 提纲一例

药品 EDMF-COS 内容提纲一例，具体内容如下：

(1)一般信息

a. 公司名称和地址

b. 法人代表

c. 联系人姓名和地址

d. 公司组织表

e. 给外国代理商的委托信

(2)规格和常规试验

a. 产品释放规格

b. USP 专论，EP 未论

c. USP，EP 专论和释放试验比较表

d. 分析方法

e. 试验中所用标准

(3)命名

a. 化学名称

b. 密码号

c. 别名

d. 商品名

(4)性状

a. 物理形状

b. 分子式

c. 分子量

d. 手性

(5)生产方法

a. 合成路线

b. 工艺摘要

c. 工艺流程表

d. 起始原料和规格

e. 中间体的控制

(6)发展化学

①鉴别

a. 化学结构证明

b. 化学名和化学式

c. 元素分析

d. 质谱

e. 高效液相色谱

f. 红外光谱

g. 核磁共振
h. 紫外分光光谱
②特性
a. 理化性质描述
b. 溶解度
c. 比旋度
d. 结晶形式
e. 分解的研究
f. 堆密度和紧密度
(7)分析方法验证和杂质
①方法验证
a. 试剂
b. 分析方法
c. 规格
d. 检出限
e. 稳定性
f. 结论
②杂质研究
A. 最终产品中潜在杂质
B. 降解研究
a. 酸降解
b. 碱降解
c. 氧化降解
d. 紫外光降解
e. 结论
C. 有机挥发杂质的分析方法
D. 生产批现有杂质
(8)批分析
(9)稳定性报告
A. 加重条件下稳定性资料
a. 对高湿度的敏感度
b. 对高温的敏感度
c. 对光的敏感度
d. 对酸的敏感度
e. 对碱的敏感度
f. 对氧化的敏感度
g. 对紫外光的敏感度
h. 结论
B. 40℃,75%相对湿度下的加速稳定性
C. 25℃,60%相对湿度下的长期稳定性
(10)物料安全数据表

附录 5　注册药品一般需要的材料

(1)技术报告所需要的信息

①一般资料

a. 药品包装的剂型。

b. 产品处方，说明其主要成分(如有可能，最好以克、毫升或其他国际单位来计量)。

c. 用药途径或用药方法。

d. 适应证，治疗用途或预定用途。

e. 补充的治疗用途。

f. 禁忌证，副作用和不良反应。

g. 限度和注意事项。

h. 货架寿命。

i. 储藏方法。

j. 必要时附有用药指南(说明书)。

②药效学信息

a. 作用机制。

b. 剂量(最高剂量和最低剂量)。

c. 用药剂量方案。

③生产和质量控制的资料

a. 资料的制造处方，包括规定组分的技术名称；每种物质的量必须用十位计量系统或使用国际单位并指出该物质是否用做指示剂。

b. 制造工艺过程，包括对所进行的规程简短描述。

c. 产品活性组分的质量控制报告以及对原料和最终产品所进行的试验。

d. 含量测定和剂量偏差限度(如果没有法定标准时)。

e. 公司为鉴别各批所用产品(批号)所用密码或常规。

f. 指出在包装材料和产品之间没有理化配伍禁忌的技术报告。

g. 有关储藏和运输的资料。

④补充资料

a. 药典、处方集或其他药学官方出版物或科技出版物中有关主要组分的参考资料。

b. 关于产品的有关文献(如系外文应附有译文)。

c. 如使用麻醉药、催眠药、巴比妥酸盐或其他特种管理药物时，应指明应遵守的有关特殊规则。

d. 所提出的处方的优点，包括临床的合理性。

e. 卫生主管当局在判断时所需要的其他有关资料。

(2)其他有关资料

①公司必须提供本国药品监督当局发出的 GMP 证书。

②所在国发给的经过公证的或领事馆证明的产品注册证书和自由销售证书。

③三批产品的稳定性研究资料。

④标签和包装材料的复印件。

⑤GMP 手册。

⑥包括各种治疗试验的报告，重点是生物利用度和毒性的报告。

⑦其他有关证件的复印件。

参考文献

1. 方士华.国际贸易——理论与实务.大连:东北财经大学出版社,2003
2. 刘朝明.国际贸易.重庆:重庆大学出版社,2002
3. 元·脱脱.宋史?大食专[M].北京:中华书局,1997
4. 马慧芳.我国医药贸易的现状及入世后可采取的发展对策.上海医药,2003,24(3):101-104
5. 韦挥德.加入WTO对我国医药卫生行业的影响和对策分析研究.中国卫生事业管理,2001,(6):326-328
6. 李德杏,等.浅析中国与阿拉伯医药交流的实现途径.天津中医学院学报,2004,23(3):119-120
7. 涂永士、江虹、欧阳北松.国际贸易——理论与实务.广东高等教育出版社,广州,2005
8. 张林等.国际贸易理论与政策.北京:科学出版社,2004
9. 薛荣久.国际贸易.北京:对外经贸大学出版社,2003
10. 尹翔硕.国际贸易教程.上海:复旦大学出版社,2005
11. 刘立平.国际贸易.合肥:中国科学技术大学出版社,2002
12. 申俊龙,佟子林.《医药国际贸易》.北京:科学出版社,2005
13. 杨世民.药事管理学.北京:中国医药科技出版社,2002
14. 么厉,肖诗鹰,刘铜华.国内外中药市场分析.北京:中国医药科技出版社,2003
15. 马爱霞.国际医药贸易.北京:军事医学科学出版社,1995
16. 冷柏军.国际贸易理论与实务.北京:中国财政经济出版社,2002
17. 董瑾.国际贸易实务理论与实务.北京:北京理工大学出版社,2005
18. 崔日明.国际贸易实务.北京:机械工业出版社,2005
19. 吴百福.国际贸易结算实务.北京:中国对外经济贸易出版社,1997
20. 尚玉芳,阎寒梅.新编国际贸易实务.大连:东北财经大学出版社,2005
21. 孟祥年.国际贸易实务操作教程.北京:对外经济贸易大学出版社,2005
22. 甘碧群.国际市场营销学.北京:高等教育出版社,2001
23. 仲鑫.国际贸易实务.北京:机械工业出版社,2005
24. 陈红蕾.国际贸易实务.广州:暨南大学出版社,2001
25. 胡廷熹.国际药事法规解说.北京:化学工业出版社,2004
26. 徐景霖.国际贸易实务.大连:东北财经大学出版社,2003
27. 王耀中.国际贸易理论与实务:长沙.中南大学出版社.2003
28. 黄进,张丽英.国际法·国际私法·国际经济法.全国律师资格考试指定用书,北京:法律出版社,2001
29. 黎孝先.国际贸易实务.北京:对外经济贸易大学出版社,2000
30. 童宏祥.国际贸易实务.上海:华东理工大学出版社,2003
31. 马慧芳.我国医药贸易的现状及入世后可采取的发展对策.上海医药,2003,23(3):101-103
32. 金鑫.当代国际医药贸易发展态势.江苏企业管理,2002,(2):47-48